高等职业教育土建类专业“互联网+”数字化创新教材

建筑工程施工测量

（第三版）

林乐胜　主编

中国建筑工业出版社

图书在版编目（CIP）数据

建筑工程施工测量 / 林乐胜主编. -- 3 版. -- 北京 ：中国建筑工业出版社，2025. 3. --（高等职业教育土建类专业“互联网+”数字化创新教材）. -- ISBN 978-7-112-31104-0

Ⅰ. TU198

中国国家版本馆 CIP 数据核字第 20258DM387 号

本教材根据建筑工程施工全过程所进行的测量工作，共分 8 个项目，29 个任务。包括：建筑工程测量任务及测绘系统、场区主干道中心线高程测量及高程放样、场区主干道中心线平面位置测量、建筑土方工程测量、拟建建筑定位测量、拟建建筑施工测量、工程竣工测量及施工测量方案编制、地形图识读及使用。每个项目均包括学习目标、关键概念、素质元素、课后讨论、练习题等环节，具有较强的实用性和通用性。

本教材有两个特色：其一，强调规范的权威性，明确各种工作的唯一标准是现行国家及行业相关规范、规程及技术规定。其二，强调内容的操作性，内容贴近实际，与现场零距离，初学者学会即可上岗作业。

本教材可作为高等职业院校土木建筑大类的专业教材，也可作为测绘地理信息类等专业的等效教材，亦可供相关工程技术人员学习参考。

为了便于本课程教学，作者自制课件资源和相关资料，索取方式为：1. 邮箱 jckj@cabp.com.cn；2. QQ 服务群 760699638。

责任编辑：司　汉　李　阳

责任校对：姜小莲

高等职业教育土建类专业“互联网+”数字化创新教材

建筑工程施工测量（第三版）

林乐胜　主编

*

中国建筑工业出版社出版、发行(北京海淀三里河路 9 号)

各地新华书店、建筑书店经销

北京鸿文瀚海文化传媒有限公司制版

廊坊市文峰档案印务有限公司印刷

*

开本：787 毫米×1092 毫米　1/16　印张：20　字数：496 千字

2025 年 4 月第三版　　2025 年 4 月第一次印刷

定价：**58.00** 元（赠教师课件）

ISBN 978-7-112-31104-0

（44573）

出版说明

党和国家高度重视教材建设。2016 年，中办国办印发了《关于加强和改进新形势下大中小学教材建设的意见》，提出要健全国家教材制度。2019 年 12 月，教育部牵头制定了《普通高等学校教材管理办法》和《职业院校教材管理办法》，旨在全面加强党的领导，切实提高教材建设的科学化水平，打造精品教材。住房和城乡建设部历来重视土建类学科专业教材建设，从“九五”开始组织部级规划教材立项工作，经过近 30 年的不断建设，规划教材提升了住房和城乡建设行业教材质量和认可度，出版了一系列精品教材，有效促进了行业部门引导专业教育，推动了行业高质量发展。

为进一步加强高等教育、职业教育住房和城乡建设领域学科专业教材建设工作，提高住房和城乡建设行业人才培养质量，2020 年 12 月，住房和城乡建设部办公厅印发《关于申报高等教育职业教育住房和城乡建设领域学科专业“十四五”规划教材的通知》（建办人函〔2020〕656 号），开展了住房和城乡建设部“十四五”规划教材选题的申报工作。经过专家评审和部人事司审核，512 项选题列入住房和城乡建设领域学科专业“十四五”规划教材（简称规划教材）。2021 年 9 月，住房和城乡建设部印发了《高等教育职业教育住房和城乡建设领域学科专业“十四五”规划教材选题的通知》（建人函〔2021〕36 号）。为做好“十四五”规划教材的编写、审核、出版等工作，《通知》要求：（1）规划教材的编著者应依据《住房和城乡建设领域学科专业“十四五”规划教材申请书》（简称《申请书》）中的立项目标、申报依据、工作安排及进度，按时编写出高质量的教材；（2）规划教材编著者所在单位应履行《申请书》中的学校保证计划实施的主要条件，支持编著者按计划完成书稿编写工作；（3）高等学校土建类专业课程教材与教学资源专家委员会、全国住房和城乡建设职业教育教学指导委员会、住房和城乡建设部中等职业教育专业指导委员会应做好规划教材的指导、协调和审稿等工作，保证编写质量；（4）规划教材出版单位应积极配合，做好编辑、出版、发行等工作；（5）规划教材封面和书脊应标注“住房和城乡建设部‘十四五’规划教材”字样和统一标识；（6）规划教材应在“十四五”期间完成出版，逾期不能完成的，不再作为《住房和城乡建设领域学科专业“十四五”规划教材》。

住房和城乡建设领域学科专业“十四五”规划教材的特点，一是重点以修订教育部、住房和城乡建设部“十二五”“十三五”规划教材为主；二是严格按照专业标准规范要求编写，体现新发展理念；三是系列教材具有明显特点，满足不同层次和类型的学校专业教学要求；四是配备了数字资源，适应现代化教学的要求。规划教材的出版凝聚了作者、主审及编辑的心血，得到了有关院校、出版单位的大力支持，教材建设管理过程有严格保障。希望广大院校及各专业师生在选用、使用过程中，对规划教材的编写、出版质量进行反馈，以促进规划教材建设质量不断提高。

住房和城乡建设部“十四五”规划教材办公室
2021 年 11 月

第三版前言

本教材第二版自2021年8月出版以来，经过几年的使用，现进行第三版更新。本次修订结合当前现场一线的实际情况，主要内容包括：(1) 删除了一些过时现场不用的施工测量方法；(2) 更新了最新的知识点、技能点和理论；(3) 更新了数字资源以及相关信息化素材。

本教材按照《工程测量标准》GB 50026—2020、《城市测量规范》CJJ/T 8—2011、《建筑变形测量规范》JGJ 8—2016、《砌体结构工程施工质量验收规范》GB 50203—2011、《混凝土结构工程施工质量验收规范》GB 50204—2015、《高层建筑混凝土结构技术规程》JGJ 3—2010、《钢结构工程施工质量验收标准》GB 50205—2020等标准及规范，按照基于工作过程的指导原则编写。教材内容涵盖建筑工程全过程的测量、测绘工作，叙述深入浅出，通俗易懂。基本概念清晰，基本理论简明扼要，注重职业技能和素质的培养。反映新技术、新理论、新标准和新规范。

本教材突出思政教育的重要性，每个项目均有素质元素，将思想政治教育融入课堂教学、项目实施中，每时每刻加强对学生的思想政治教育，教育学生明辨是非，宣传正能量，抵制不正之风，培养正确的世界观、价值观、人生观。通过学习这门课程，让学生知道测量工作是一切建设工程的基础，是工程建设的眼睛，必须高度重视。学生要养成强烈的责任与工程质量意识，遵守国家、行业规范与标准的法律意识，增强团队沟通协作的能力，锻炼吃苦耐劳、严谨的工作作风，塑造健全的人格。

本教材由林乐胜任主编并统稿，赵金生、隋浩智、孙雪梅任副主编，江苏省基础地理信息中心朱风云主审。中建八局第三建设有限公司上海公司冯辉编写任务1.1，龙信建设集团有限公司龚咏晖编写任务1.2，徐州市勘察测绘研究院有限公司吕建国编写任务1.3、项目7，常州工程职业技术学院程和平编写任务2.1、2.2，江苏建筑职业技术学院高学芹编写任务2.3，淄博职业学院赵金生编写任务2.4、2.5，潍坊工程职业学院隋浩智编写任务3.1、3.2，黑龙江农业工程职业学院孙雪梅编写任务3.3，江苏建筑职业技术学院年立辉编写任务3.4、3.5，江苏众勤项目管理咨询有限公司张永编写任务6.4，广东南方数码科技有限公司唐伟成编写项目4，江苏建筑职业技术学院林乐胜编写其余任务。

本教材建议学时：80学时。

<table>
<tr><th>项目名称</th><th>学时</th><th>项目名称</th><th>学时</th></tr>
<tr><td>项目1　建筑工程测量任务及测绘系统</td><td>4</td><td>项目5　拟建建筑定位测量</td><td>12</td></tr>
<tr><td>项目2　场区主干道中心线高程测量及高程放样</td><td>24</td><td>项目6　拟建建筑施工测量</td><td rowspan="2">8</td></tr>
<tr><td>项目3　场区主干道中心线平面位置测量</td><td rowspan="2">28</td><td>项目7　工程竣工测量及施工测量方案编制</td></tr>
<tr><td>项目4　建筑土方工程测量</td><td>项目8　地形图识读及使用</td><td>4</td></tr>
</table>

感谢广东南方数码科技股份有限公司唐伟成对项目 4 中全部案例以及对南方 CASS 软件案例的大力支持，感谢广州南方测绘科技股份有限公司任大勇对 SouthMap 软件应用案例的大力支持，编写过程中参考了部分文献资料，在此一并表示衷心的感谢！

限于编者的经验水平有限，书中难免存在缺点和错误，恳请专家、同行、读者批评指正！

目　录

项目1 Chapter 01

建筑工程测量任务及测绘系统

知识目标

通过本项目的学习，你将能够：

1. 明确建筑工程测量的任务及工作程序和基本原则；
2. 掌握测量外业工作的基准面和基准线；
3. 熟悉测绘系统及地球曲率对测量数值的影响；
4. 了解测量误差及衡量测量精度的指标。

素质元素

本项目在讲授测量基本知识时，将测绘在国家建设过程中所起到的巨大作用和贡献，通过“测绘成果展”视频、“厉害了我的国”影片等融入教学环节中，学生以小组的形式，收集我国工程建设中测绘行业取得的各项成绩，歌颂我国近年来取得的伟大成就。让学生知道我们国家的测量水平和成绩，今后进入建筑行业工作离不开测量工作，有榜样引路，自我加压，向先进看齐，在学校就要努力学习，为将来就业打下坚实基础。

1-1 案例：经纬之光、厉害了我的国

思维导图

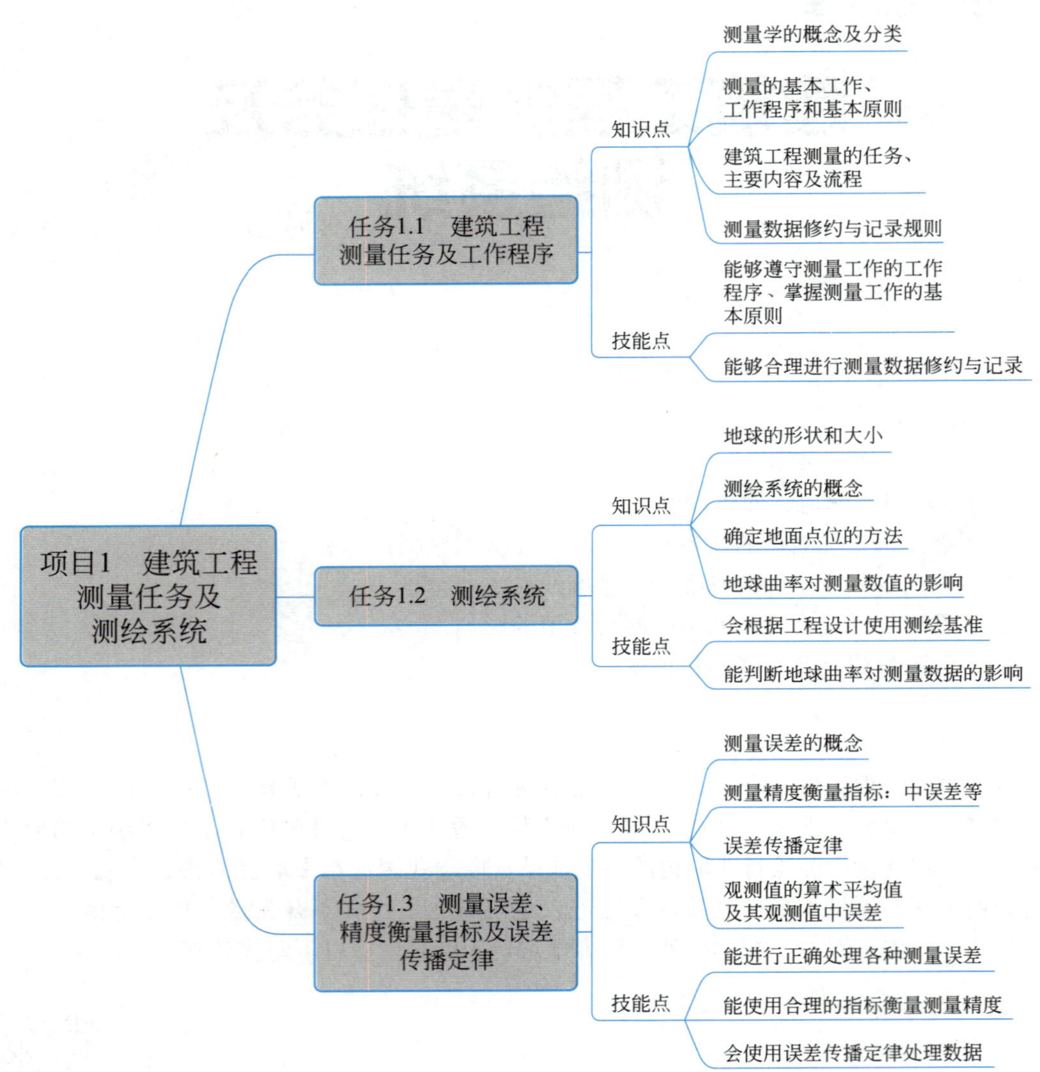

引言

测量工作贯穿于工程建设项目全过程，测量工作质量会严重影响工程建设项目的总体质量。测量工作能力是建筑工程施工技术人员必须重点掌握的核心技能。本项目需要从业人员掌握测量工作基本知识。

任务 1.1　建筑工程测量任务及工作程序

学习目标

1. 了解测量学的概念；
2. 明确建筑工程测量的任务；
3. 掌握测量工作的基本内容；
4. 熟悉测量工作基本原则；
5. 掌握建筑工程施工测量作业流程；
6. 会进行测量数据修约。

关键概念

测定、测设、测量的基本工作、测量的工作程序、测量工作基本原则、测量工作基本要求、数据修约规则、测量原始记录规则。

1.1.1　测量学的概念及分类

测量学是研究地球的形状和大小以及确定地面点位的科学，它的内容包括测定和测设两部分（测定俗称“测绘”，测设俗称“放样”）。

（1）测定是指使用测量仪器和工具，通过测量和计算得到一系列测量数据，把地球表面的地物和地貌缩绘成地形图。

（2）测设是指将设计图纸上规划设计好的建筑物、构筑物的位置及标高，在地面上标定出来，作为施工的依据。

测量学按照研究对象、性质及采用技术的不同分为：

（1）大地测量学。是研究和确定地球形状、大小、重力场、整体与局部运动和地表面点的几何位置以及它们的变化的理论和技术的学科。

（2）普通测量学。是研究地球表面局部区域内测绘工作的基本理论、仪器和方法的学科，是测绘学的一个基础部分。局部区域指在该区域内进行测量、计算和制图时，可以不顾及地球的曲率，把这个区域的地面简单地当作平面处理，而不致影响测图的精度。

（3）摄影测量与遥感学。是通过使用无人操作的成像和其他传感器系统进行记录和测量，然后对数据进行分析和表示，从而获得关于地球及其环境和其他自然物体和过程的可靠信息的学科。根据获得影像的方式及遥感距离的不同，又分为地面摄影测量学、航空摄影测量学和航天遥感测量学等。

（4）地图制图学。是研究地图及其编制和应用的一门学科。它研究用地图图形反映自然界和人类社会各种现象的空间分布、相互联系及其动态变化，具有区域性学科和技术性学科的两重性，亦称“地图学”。它的基本任务是利用各种测量成果编制各类地图，其内容一般包括地图投影、地图编制、地图整饰和地图制印等。

（5）工程测量学。是研究各种建设工程在勘测设计、施工建设和运营管理阶段所进行的各种测量工作的学科。它主要以建设工程、机器和设备为研究服务对象。

1.1.2　测量的基本工作、工作程序和基本原则

1. 测量的基本工作

确定点位的基本要素是测定地面点平面直角坐标和地面点高程。因此，测量点间的水平角、水平距离、高差是测量的基本工作。

测量全过程的基本内容是测量、计算、绘图，技术人员要具备“质量第一”的意识，严肃认真的工作态度，保持测量成果的真实、客观和原始性；同时要爱护测量仪器与工具，以保证测绘成果的正确性。

2. 测量的工作程序

先在测区选择若干有控制意义的点，称为“控制点”，精确地测量出这些少数点的位置。控制点相互连接构成一定的几何图形，称为“控制网”。测量控制点的工作称为“控制测量”。以控制点为基础，测量它周围的地形，也就是测量每一控制点周围各地形特征点的位置，称为“碎部测量”，这样可以减少误差积累，保证测图精度分布均匀，还可以分幅测绘，加快测图进度。

对于地形图测绘，测量工作是将地表复杂形态的地物和地貌分区测量。因为在某一个已知点上无法测绘整个测区所有的地物和地貌，仅能测量该控制点附近一定的范围。所以，如图 1-1 所示，在测区内选择 A、B、C、D、E、F 等一些具有控制意义的点（控制

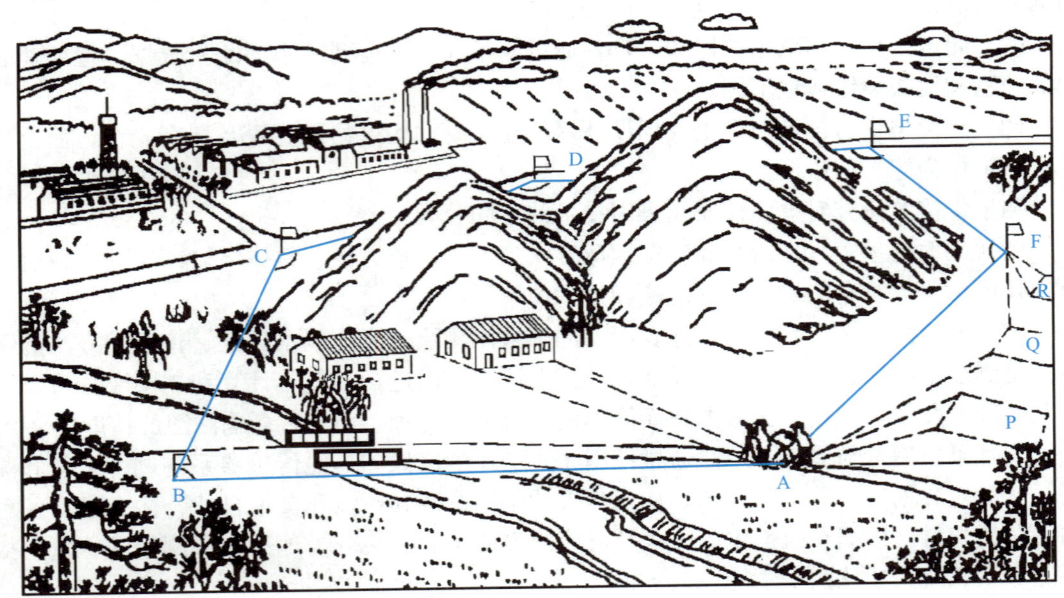

图 1-1　地形图测绘

点），精确测定这些点的坐标和高程，然后再根据这些控制点进行分区域观测，测定各控制点周围地物和地貌特征点（碎部点）的坐标和高程，最后将各区域所测图形拼成一幅该测区完整的地形图。

3. 测量工作的基本原则

无论采取何种测绘方法、测量仪器进行测定或放样，由于环境因素的影响，仪器误差、测量误差的存在，都会给其成果带来误差。为防止其误差的逐渐传递和累积，要求测量工作必须遵循以下三个基本原则：

（1）整体控制原则："从整体到局部，先控制后碎部"

在测点布局上遵循"从整体到局部"的原则。测量工作必须先进行总体布局，然后再按区域、子项目实施局部测量工作。

在施测程序上遵循"先控制后碎部"的原则。先建立控制网进行控制测量，测定测区内若干控制点的坐标和高程，作为后续测量工作的依据，然后根据控制网进行碎部测量。

（2）逐级控制原则："从高级到低级"

在精度上遵循"从高级到低级"的逐级控制原则。先布设并施测高精度的控制点，再逐级布设、施测低一等级的图根点（最后进行碎部测量）。

（3）步步检核原则："前一步工作未检核通过，不进行下一步工作"

测绘作业还必须进行严格的校核工作。前一步工作未检核通过，不得进行下一步工作。

1.1.3　建筑工程测量的任务

建筑工程测量是工程测量学的一个组成部分。它是研究建筑工程在勘测设计、施工和运营管理阶段所进行的各种测量工作的理论、技术和方法的学科。它的主要任务是：

（1）大比例尺地形图的应用。根据工程建设区域的大比例尺地形图，进行工程建设规划设计和工程施工。

（2）施工放样和竣工测量。把建筑设计图纸上的建、构筑物的轮廓特征点，按设计要求在现场标定出来，作为施工的依据；配合建筑施工工序，进行各种测量放样及验收工作，保证施工质量；工程完工后进行竣工测量，为工程总体验收、日后运营、扩建和维修管理提供资料。

（3）建筑物的变形观测。对高层建筑及重要的工业设备基础，在施工和运营期间，为了确保工程安全，了解建筑物变形规律，定期对建筑物进行变形观测。

由于测量工作贯穿于工程建设的全过程，测量工作的质量直接关系到工程建设的质量和进度。所以，每一位从事工程建设的人员，都必须掌握必要的测量知识和技能。

1.1.4　建筑工程测量的主要内容及流程

1. 建筑工程施工测量工作的主要内容

施工前期的场地测量，控制测量，工程定位测量、放线测量，基础和主体施工测量，装饰装修施工测量，工程后期的竣工测量和施工过程中至投入使用阶段的变形测量。

2. 建筑工程施工测量作业流程

对于建筑工程施工，其测量工作一般按如下流程进行：

（1）施工前准备：现场踏勘→平整清理施工现场→收集原始数据→阅读设计图纸（图纸会审）编制测量方案；

（2）控制测量：根据测量方案实施场区平面及高程控制测量；

（3）定位放线：施工前原始地面标高方格网施测→建筑角点定位→主要控制轴线放样→依据开挖边线放线；

（4）基础施工：基槽开挖→垫层→承台→柱筋预插；

（5）主体施工：柱→梁→板→墙体砌筑；

（6）其他：大型设备基础、构件安装；

（7）竣工测量：竣工测量、竣工图编绘。

1.1.5 测量数据修约与记录规则

1. 测量数据修约规则："四舍六入五成双"

对于位数很多的近似数，当有效位数确定后，其后面多余的数字应该舍去，只保留有效数字最末一位，对于"四舍五入"修约（舍入）规则，从统计学的角度，在大量运算时逢五就入，舍入后的结果会偏向大数，使得误差产生积累进而产生系统误差。

"四舍六入五成双"修约规则（银行家舍入法）：

这里"四"是指≤4 时，舍去；"六"是指≥6 时，进位；"五"指的是看 5 前面的数字，若是奇数则进位（向前进位成双），若是偶数还要看 5 后面的尾数：如果后面为 0 或者为空，则舍（直接舍 5 成双），否则只要有不为 0 的数，都进位（向前进位成奇）。总之，遇到 5，对于测量数据，进位结果均为偶数（"五成双"）。

如：数据保留 4 位有效数字：1.1235 和 1.1245 进位均为 1.124。

【例 1-1】 用上述规则对下列数据保留 4 位有效数字。

【解】 9.18249=9.182，9.182671=9.183（左式：四舍；右式：六入）

9.18350=9.184，9.183511=9.184（左右两式：5 前均奇数进位，不再看后数）

9.18250=9.182，9.182501=9.183（左：5 前偶后 0，舍；右：5 前偶后非零，进）

从统计学的角度，"四舍六入五成双"比"四舍五入"要科学。在大量运算时，"四舍六入五成双"使舍入后结果误差的均值趋于零，并使测量结果受到舍入误差的影响降到最低。因此，测量工作一般均采用"四舍六入五成双"的数据修约规则。

【例 1-2】 1.15+1.25+1.35+1.45=？（式 1）

【解】 若按"四舍五入"取一位小数，先进位再计算，结果：1.2+1.3+1.4+1.5=5.4。

对（式 1）按"四舍六入五成双"计算，结果：1.2+1.2+1.4+1.4=5.2，舍入后的结果更能反映实际结果（为 5.2）。

2. 测量记录与计算规则

测量原始记录，必须按照下述规定进行，以确保其正确性和真实性。

（1）所有观测成果均要使用硬性（2H 或 3H）铅笔记录，同时熟悉表中各项内容及填写、计算方法。

（2）记录观测数据之前，应将表头的仪器型号、日期、天气、测站、观测者及记录者姓名等无一遗漏地填写齐全。

（3）观测者读数后，记录者应随即在测量手簿上的相应栏内填写，并复诵回报，以防听错、记错。不得另纸记录事后转抄。

（4）记录时要求字体端正清晰，字体的大小一般占表格行高的一半左右，字脚靠近表格底线，留出上部空隙作改正错误用。

（5）更正错误，测站内均应将错误数字、文字用直尺横线整齐划去，在上方另记正确数字和文字。划改的数字和超限划去的成果，均应注明原因和重测结果的所在页数。对于整测站错误或超限的数据，应用直尺统一按左下至右上或左上至右下方向划去。

（6）数据要全，不能省略零位。如水准尺三丝读数“0369”、度盘读数分秒中的“16°01′06″”占位零均必须填写。

（7）水平角观测，秒值读记错误应重新观测、不可更改，度、分读记错误可在现场更正，但同一方向盘左、盘右相关读数不得同时更改，否则即为连环修改。

（8）距离测量和水准测量中，厘米、毫米数值读记错误应重新观测、不得更改，米和分米的读记错误可在现场更正，但在同一距离测段、高差同一目标的两次测量读数中不得连环更改。

（9）距离测量、水准及角度观测值读数，在观测中不得连环修改。**测回法测角、双仪高法测高差，同一方向的两次读数同时修改就是连环修改。**

3. 测量常用角度计量单位与换算

测量工作中一般使用 60 进制和弧度制，两者关系见表 1-1。

60 进制和弧度制的关系　　**表 1-1**

60 进制	弧度制
1 圆周＝360° 1°＝60′ 1′＝60″	1 圆周＝2π 弧度 1 弧度＝ρ＝180°/π＝57.29577951° ＝3438′＝206265″

课后讨论

1. 测定和测设的概念是什么？
2. 建筑工程测量的任务是什么？
3. 测量工作的基本内容是什么？
4. 测量工作的三个基本原则是什么？
5. 简述建筑工程施工测量作业流程。
6. 简述测量数据修约及原始记录规则。

任务 1.2 测绘系统

学习目标

1. 了解我国曾经及现在采用的几个平面坐标系统和高程系统；
2. 掌握测量工作的基准面和基准线；
3. 熟悉确定地面点位的方法；
4. 掌握地球曲率对量距的影响；
5. 掌握地球曲率对测高差的影响。

关键概念

水准面、水平面、大地体、大地水准面、铅垂线、参考椭球体、大地原点、测量工作的基准面和基准线、水平面代替水准面、距离误差、相对误差。

1.2.1 地球的形状和大小

建筑测量工作是在地球表面上进行的，其基本任务是地面点位置的确定。为确定地面点位，需要相应的基准面和基准线作为依据，测量工作的基准面和基准线和地球的形状和大小有关。

地球的自然表面是很不规则的，有高山、深谷、丘陵、平原、江河、湖海等，最高的珠穆朗玛峰高出海平面 8848.86m，最深的太平洋马里亚纳海沟低于海平面大概 11022m，其相对高差不足 20km，与地球的平均半径 6371km 相比，是微不足道的。就整个地球表面而言，陆地面积仅占 29%，而海洋面积占了 71%。因此，我们可以设想将静止的海水面延伸，穿越整个陆地，形成一个包围了地球的封闭曲面，此封闭曲面称为水准面。

水准面的特点是水准面上任意一点的铅垂线都垂直于该点的曲面。

如图 1-2 所示，水准面有无数多个，其中与平均海水面相吻合的水准面称为大地水准面，它是测量工作的基准面。由大地水准面所包围的形体称为大地体，通常用大地体来代表地球的真实形状和大小。

由于地球内部质量分布不均匀，致使地面上各点的铅垂线方向产生不规则变化，所以，大地水准面是一个不规则的、无法用数学式表述的曲面，在这样的面上是无法进行测量数据的计算及处理的。因此人们进一步设想，用一个与大地体非常接近的又能用数学式表述的规则球体，即旋转椭球体来代表地球的形状，如图 1-3 所示，它是由椭圆 NESW 绕短轴 NS 旋转而成的。旋转椭球体

1-2 大地水准面

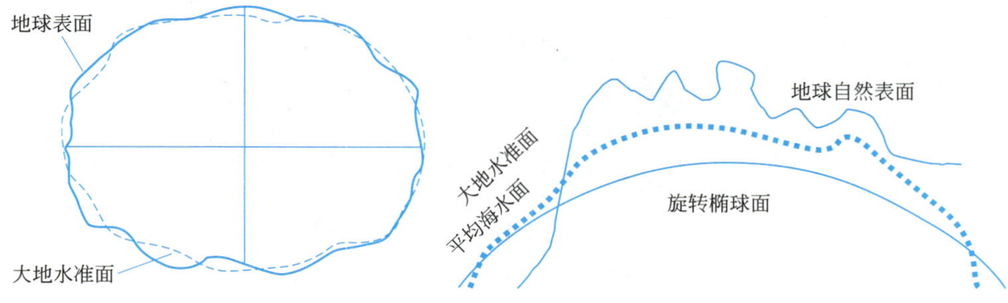

图 1-2 地球自然表面

的形状和大小由椭球基本元素确定，即椭圆的长半轴 a、短半轴 b 及扁率 α，其关系式为：

$$\alpha = \frac{a-b}{a} \qquad \text{（式 1-1）}$$

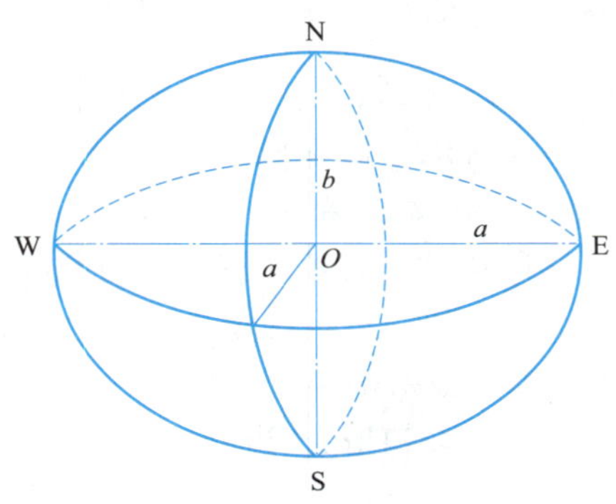

图 1-3 旋转椭球体

如图 1-4 所示，某一国家或地区为处理测量成果而采用与大地体的形状大小最接近、又适合本国或本地区要求的旋转椭球，这样的椭球体称为参考椭球体。确定参考椭球体与大地体之间相对位置关系的工作，称为椭球体定位。

总地球椭球只有一个，是全球范围内大地水准面差距平方和最小的那个椭球面。参考椭球有无数个，在使用时必须顾及具体使用区域，要求它必须是在本区域内与大地水准面符合最好的那个。参考椭球体与区域大地体最契合的点称为大地原点。

参考椭球的定位和定向，就是依据一定的条件，将具有确定参数的椭球与地球大地体的相关位置确定下来。参考椭球是一个在局部范围内（一个国家或地区）与大地水准面在各个方面都最接近的理想椭球体。

参考椭球面，只具有几何意义而无物理意义，是测量计算的基准面。

根据参考椭球面，可以建立经纬度大地坐标系统，使地球上任何一点的位置可以用经纬度来描述。

经度线即与地轴重合的平面与参考椭球面之交线；纬度线即垂直地轴的平面与参考椭球面之交线。

我国 1954 年北京坐标系（P54）采用的是苏联的克拉索夫斯基椭球；1980 国家大地

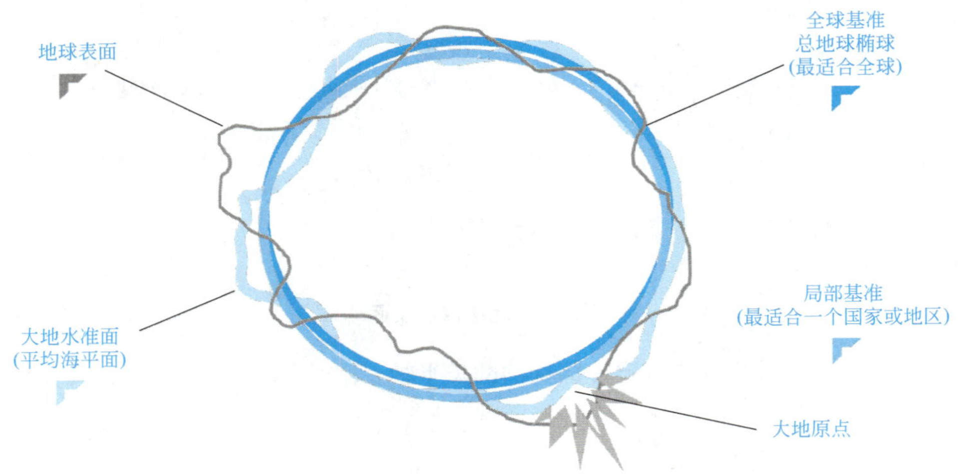

图 1-4　地球表面、大地体及椭球体定位

坐标系（C80）采用的是 1975 国际椭球；而 GPS 全球定位系统地心坐标系采用的是 World Geodetic System 1984（WGS-84）国际椭球；我国 2008 年 7 月 1 日启用的地心坐标系——2000 国家大地坐标系，英文名称为 China Geodetic Coordinate System 2000（CGCS2000），采用的是 2000 国际椭球，其地球椭球体的参数值为：

$$a=6378137\text{m}，b=6356752.31414\text{m}，\alpha=1:298.257222101$$

如图 1-5 所示，由于参考椭球的扁率很小，在小区域的普通测量中可将地（椭）球看作圆球，其半径 $R=(a+a+b)/3=6371\text{km}$。当测区范围更小时还可以把地球看作是平面，使计算工作更为简单。

图 1-5　地表与地心之间的距离（平均曲率半径）

（来自 Earth2014 全球地形模型的数据）

两个基本概念：

（1）水平面。与水准面相切的平面，称为水平面。

（2）铅垂线。重力作用的方向线称为铅垂线，它是测量外业工作的基准线。在测量工作中，取得铅垂线的方法如图1-6所示。

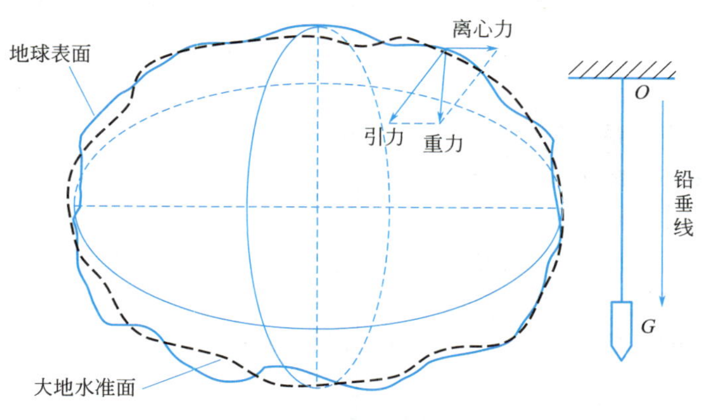

图1-6　铅垂线（地球重力线）

大地水准面、铅垂线是外业测量工作的基准面和基准线。

测量工作的坐标系建立在参考椭球面上，参考椭球面是测量内业计算工作的基准面。在建筑施工场地区域不太大的范围内，以参考椭球面与以大地水准面为基准面建立的坐标系统，其对水平距离及水平角度的影响小到可以忽略不计。另外，测绘仪器很容易得到大地水准面的铅垂线，所以把铅垂线作为测量外业工作的基准线（以其作为仪器安平的依据），进而把大地水准面作为测量工作的基准面。

1.2.2　测绘系统的概念

测绘系统指由测绘基准延伸，在一定范围内布设的各种测量控制网，它们是各类测绘成果的依据，包括大地坐标系统、平面坐标系统、高程系统、地心坐标系统和重力测量系统。

1. 大地坐标系统

大地坐标系统是用来表述地球空间点位置的一种地球坐标系统，它采用一个接近地球整体形状的椭球作为点的位置及其相互关系的数学基础，大地坐标系统的三个坐标是大地经度（L）、大地纬度（B）、大地高（H）。我国先后采用的1954北京坐标系、1980西安坐标系和2000国家大地坐标系，是我国在不同时期采用的大地坐标系统的具体体现。我国目前建立的大地坐标系统是确定地貌、地物平面位置的坐标体系，按控制等级和施测精度分为一、二、三、四等。

2. 地心坐标系统

地心坐标系统是以坐标原点与地球质心重合的大地坐标系统，或称空间直角坐标系统。我国目前采用的 2000 国家大地坐标系即是全球地心坐标系在我国的具体体现，其原点为包括海洋和大气的整个地球的质量中心。

3. 平面坐标系统

平面坐标系统指确定地面点的平面位置所采用的一种坐标系统。大地坐标系统是建立在椭球面上的，而绘制的地图则是在平面上的，因此，必须通过地图投影把椭球面上的点的大地坐标科学地转换成展绘在平面上的平面坐标。平面坐标用平面上两轴相交成直角的纵、横坐标表示。

我国统一平面坐标系统采用“高斯-克吕格平面直角坐标系”，是利用高斯投影将不可平展的地球椭球面转换成平面而建立的一种平面直角坐标系。

4. 高程系统

高程系统是用于传算全国高程控制网中各点高程所采用的统一系统。我国规定采用的高程系统是正常高系统，高程起算依据是黄海 1985 国家高程基准。

国家高程控制网是确定地貌地物海拔高程的坐标系统，按控制等级和施测精度分为一、二、三、四等。

5. 重力测量系统

重力测量系统指重力测量施测与计算所依据的重力测量基准和计算重力异常所采用的正常重力公式的总称。我国曾先后采用的 57 重力测量系统、85 重力测量系统和 2000 重力测量系统，即为我国在不同时期的重力测量系统。

1.2.3 确定地面点位的方法

地面点的空间位置需由三个参数来确定，即该点在大地水准面上的投影位置（两个参数）和该点的高程。

1. 地面点在大地水准面上的投影位置

地面点在大地水准面上的投影位置，可用地理坐标和平面直角坐标表示。

（1）地理坐标：是用经度 L 和纬度 B 表示地面点在大地水准面上的投影位置，由于地理坐标是球面坐标，不便于直接进行各种计算。

（2）高斯-克吕格平面直角坐标（一般简称高斯平面直角坐标）：是利用高斯投影法建立的平面直角坐标系。

高斯投影法是将地球沿两极方向从西向东划分成若干带，然后将各带投影到平面上。

如图 1-7 所示，投影带是从首子午线起，每隔经度 6°划分一带，称为 6°带，将整个地球划分成 60 个带。带号从首子午线起自西向东编序，0°～6°为第 1 号带，6°～12°为第 2 号带……位于各带中央的子午线，称为中央子午线，第 1 号带中央子午线的经度为 3°，任意号带中央子午线的经度 L_0，可按式（1-2）计算。

$$L_0 = 6°N - 3° \quad \text{（式 1-2）}$$

反之，已知地面任一点的经度 L，要计算该点所在 6°带的带号的公式为：

$$N = \mathrm{int}\left(\frac{L+3}{6} + 0.5\right) \quad \text{（式 1-3）}$$

式中　N——6°带的带号；

int——取整函数（不管小数部分有多大，直接去掉小数部分）。

我们把地球看作椭球，并设想把椭圆柱套在椭球上，在球心设置点光源如图 1-8 所示，使椭圆柱的轴心通过椭球的中心，并与某 6°带的中央子午线相切，将该 6°带上的图形中心投影到椭圆柱面上。然后，将椭圆柱沿过南、北极的母线剪开，并展开成平面，这个平面称为高斯投影平面。中央子午线和赤道的投影是两条互相垂直的直线。中央子午线的投影无任何变形，而赤道的投影虽为直线，但发生了长度增大的变形。

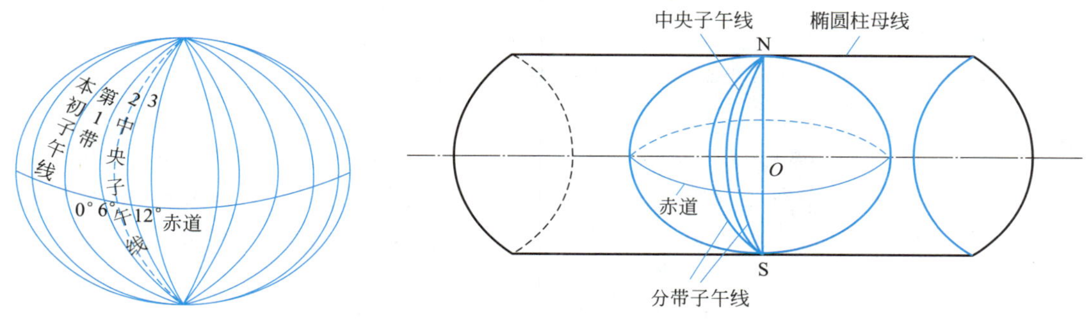

图 1-7　高斯平面直角坐标的分带

图 1-8　高斯平面直角坐标的投影

规定：中央子午线的投影为高斯平面直角坐标系的纵轴 x，向北为正；赤道的投影为高斯平面直角坐标系的横轴 y，向东为正；两坐标轴的交点 O 为坐标原点。由此建立高斯-克吕格平面直角坐标系，如图 1-9 所示。

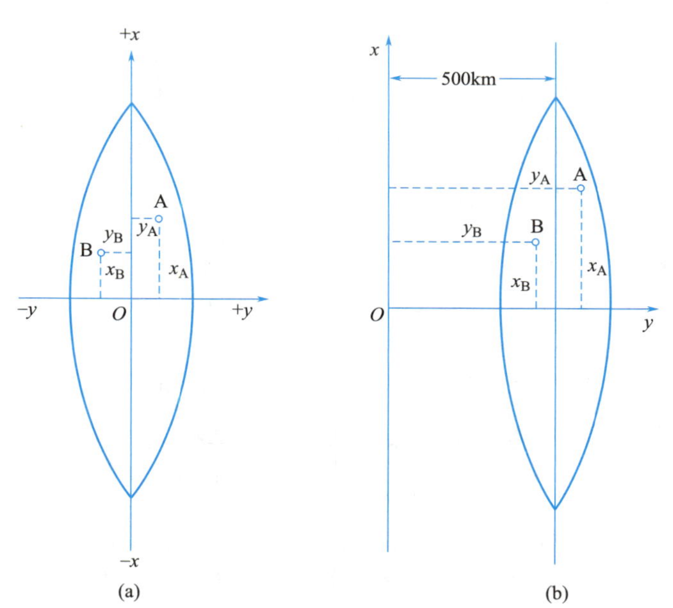

图 1-9　高斯平面直角坐标

（a）坐标原点西移前的高斯平面直角坐标；（b）坐标原点西移后的高斯平面直角坐标

地面点的平面位置，可用高斯平面直角坐标 x、y 来表示。由于我国位于北半球，x 坐标均为正值，y 坐标则有正有负。这样的坐标值称为自然坐标值。

如图 1-9（a）所示，y_A＝＋136780m，y_B＝－272440m。为了避免 y 坐标出现负值，将坐标原点向西平移 500km，如图 1-9（b）所示，纵轴西移后：

y_A＝500000＋136780＝636780m，y_B＝500000－272440＝227560m。

规定在横坐标值前冠以投影带带号。如 A、B 两点均位于第 20 号带，则：y_A＝20636780m，y_B＝20227560m。这样 y 坐标加 500 公里并冠以带号的坐标称为国家统一坐标。

高斯平面直角坐标系坐标原点向西平移 500km 的讨论。

高斯 6°带对应的赤道弧全长为［$-y$，$+y$］，WGS-84 地球椭球参数长半轴 a＝6378.137km，则 6°带赤道弧全长为 $6°\times a=(6\pi/180)\times 6378.137=667.9169$km，则赤道弧全长的一半即为横坐标 y 负值部分的最大值 y_{max}＝333.958km，将坐标纵轴向西平移 500km，则该带内的所有点的横坐标均为正值（最小也为 500－333.958＝166.042km）。

如图 1-10 所示，高斯平面直角坐标系与数学中的笛卡尔坐标系不同。高斯直角坐标系纵轴为 x 轴，横轴为 y 轴，坐标象限编号顺时针方向递增；角度从 x 轴的北方向起算，顺时针方向增大。这些都与笛卡尔的数学坐标系正好相反，其目的是使内业数据计算系统与外业测量系统一致（测绘仪器外业定向只能是北方向），并能将三角公式不做任何变动地应用到测量计算中来。

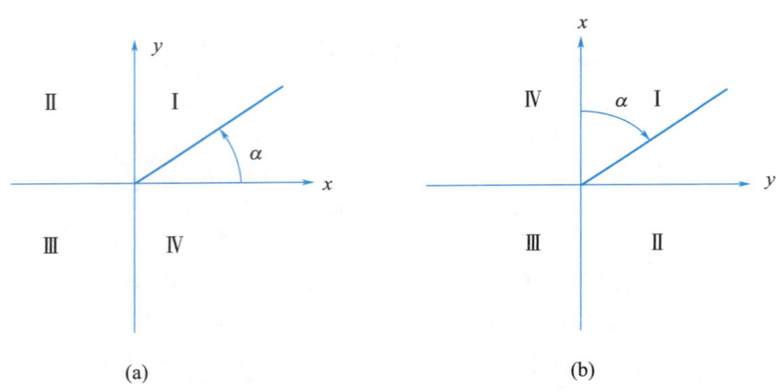

图 1-10　笛卡尔坐标系与直角坐标系

（a）笛卡尔坐标系；（b）高斯平面直角坐标系

当要求投影变形更小时，可采用 3°带投影。如图 1-11 所示，3°带是从东经 1°30′开始，每隔经度 3°划分一带，将整个地球划分成 120 个带。每一带按前面所述方法，建立各自的高斯平面直角坐标系。

各带中央子午线的经度 L_0'，可按式（1-4）计算。

$$L_0'=3°n \qquad \text{（式 1-4）}$$

反之，已知地面任一点的经度 L，要计算该点所在 3°带编号的公式为：

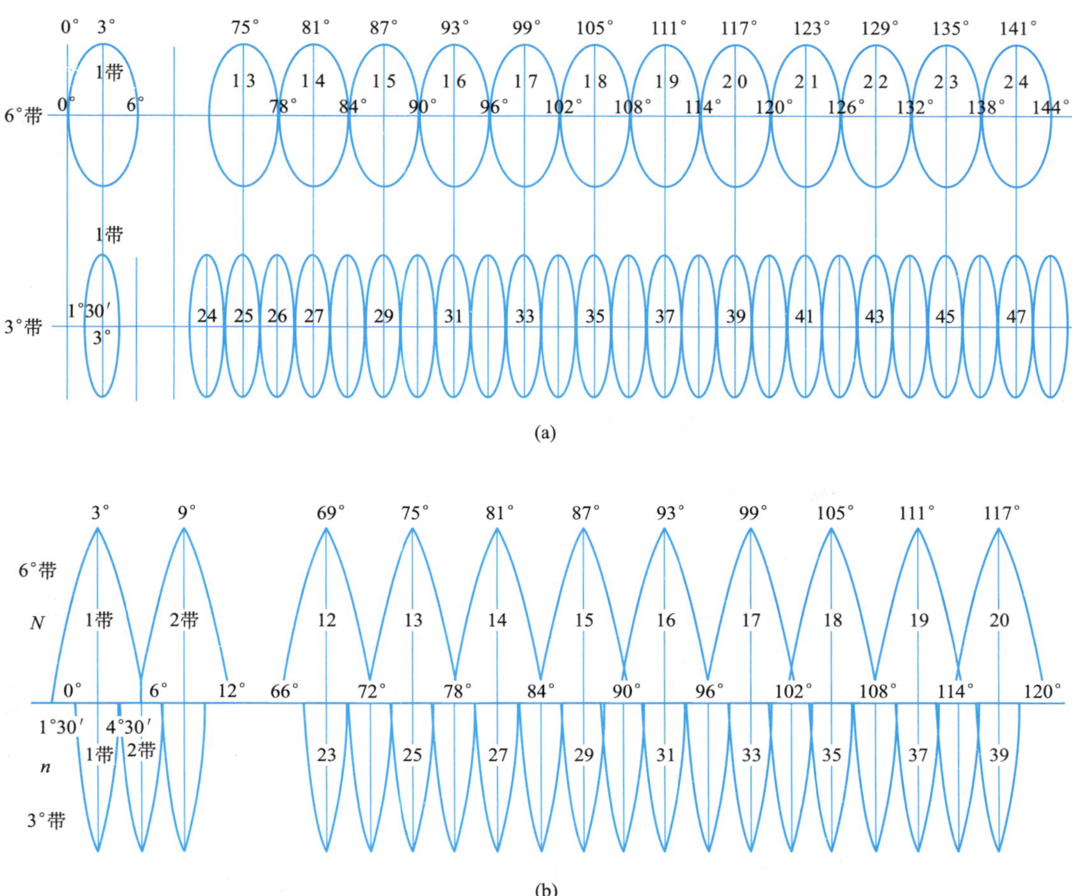

图 1-11　高斯平面直角坐标系 6°带投影与 3°带投影的关系

（a）6°、3°分带独立表示图；（b）6°、3°分带合并表示图

$$n = \text{int}\left(\frac{L}{3} + 0.5\right) \qquad \text{（式 1-5）}$$

式中　n——3°带的带号；

int——取整函数。

（3）独立平面直角坐标。如图 1-12 所示，当测区范围较小时，可以用过测区中心点 C 的任意水平面来代替大地水准面。在这个平面上建立的测区平面直角坐标系，称为独立平面直角坐标系。在局部区域内确定点的平面位置，可以采用独立平面直角坐标。

在独立平面直角坐标系中，规定南北方向为纵坐标轴，记作 x 轴，向北为正，向南为负；以东西方向为横坐标轴，记作 y 轴，向东为正，向西为负；为使测区内各点的 x、y 坐标均为正值，坐标原点 O 选在测区的西南角；坐标象限按顺时针方向编号，如图 1-13 所示，其目的是便于将数学中的公式直接应用到测量计算中，而不需作任何变更。

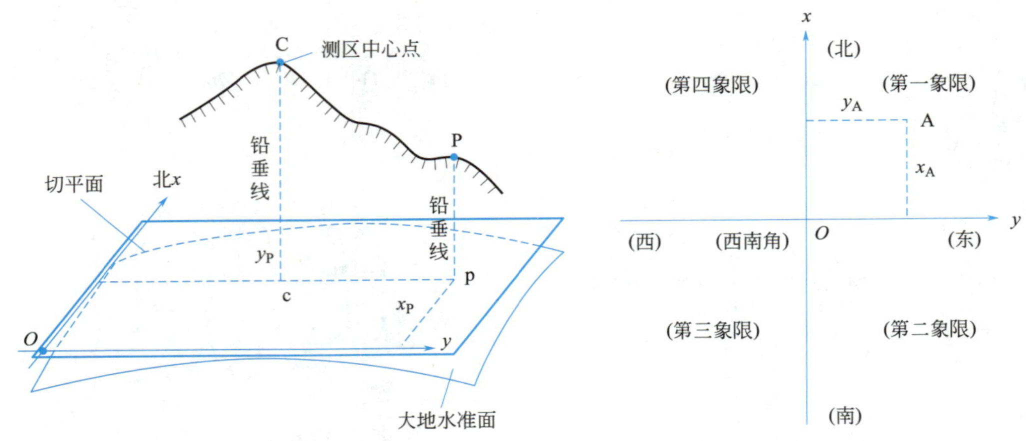

图 1-12　独立平面直角坐标系　　　图 1-13　坐标象限

2. 地面点的高程

（1）绝对高程。地面点到大地水准面的铅垂距离，称为该点的绝对高程，简称高程，用 H 表示。如图 1-14 所示，地面点 A、B 的高程分别为 H_A、H_B。

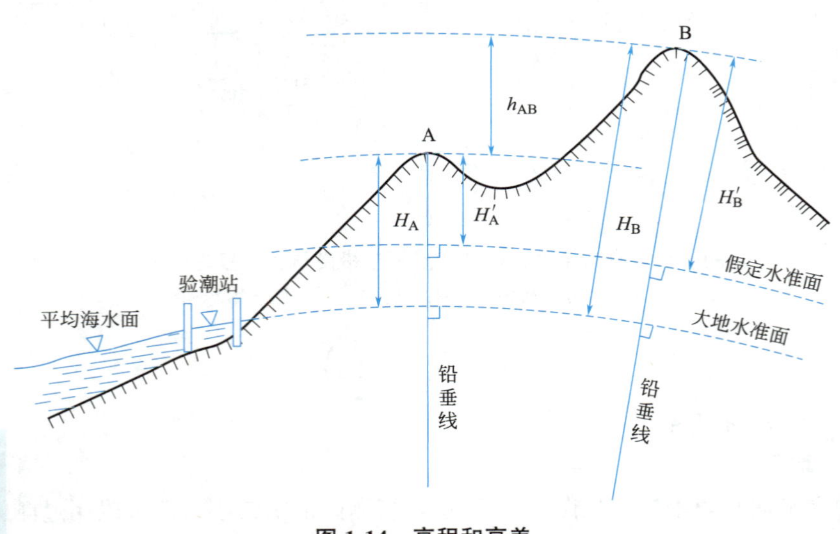

图 1-14　高程和高差

我国以黄海平均海水面作为高程起算面，在青岛建立了国家水准原点，统一了高程系统，先后共有两个。一个是 1956 年的黄海高程系，水准原点高程为 72.289m；一个是目前采用的“1985 国家高程基准”，水准原点高程为 72.260m。后者的大地水准面（平均海水面）高出前者大地水准面 0.029m。

（2）相对高程。地面点到假定水准面的铅垂距离，称为该点的相对高程或假定高程。图 1-14 中，A、B 两点的相对高程为 H'_A、H'_B。

（3）高差。地面两点间的高程之差，称为高差，用 h 表示，高差有方向和正负。A、B 点的高差为：

$$h_{AB}=H_B-H_A \qquad \text{（式 1-6）}$$

当 h_{AB} 为正时，B点高于A点；当 h_{AB} 为负时，B点低于A点。B、A两点的高差为：

$$h_{BA}=H_A-H_B \qquad \text{（式 1-7）}$$

A、B两点的高差与B、A两点的高差，绝对值相等，符号相反，即：

$$h_{AB}=-h_{BA} \qquad \text{（式 1-8）}$$

根据地面点的三个参数 x、y、H，地面点的空间位置就可以确定了。

建筑工程中，除了室外部分使用绝对高程与场区外部联系起来以外，室内部分均采用相对高程系统。以首层主要房间的地坪绝对高程作为假定±0.000m高程，其他部位的标高均为从地坪开始向上（＋）、向下（－）标注的铅垂距离。

1.2.4　地球曲率对测量数值的影响

1. 对水平距离的影响

如图1-15所示（为了更好地分析问题，地面点至大地水准面的距离，及大地水准面至地球球心的距离不按比例绘制。因为对Ob长度来讲，bB距离基本上可以忽略不计），地面点A、B在水平面上的投影距离为切线长 ab′＝D'，在大地水准面上的投影距离为弧长 ab＝D；两者之差即为水平面代替水准面所产生的距离误差，称为 ΔD，由图可见：

$$\Delta D=D'-D=R\cdot\tan\theta-R\theta=R(\tan\theta-\theta) \qquad \text{（式 1-9）}$$

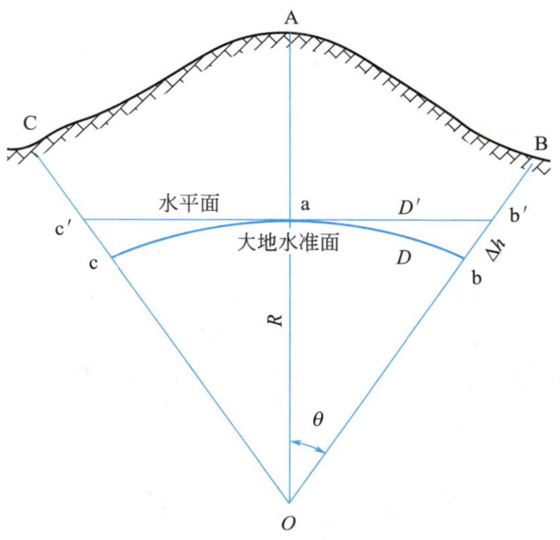

图1-15　用水平面代替水准面对量距及测高差的影响

将 $\tan\theta$ 按级数展开，得：$\tan\theta=\theta+\frac{1}{3}\theta^3+\frac{2}{15}\theta^5+\cdots\cdots$

因为 θ 角很小，只取其前两项代入式（1-9）得 $\Delta D=\frac{1}{3}R\theta^3$，又因 $\theta=\frac{D}{R}$，所以：

$$\Delta D=\frac{D^3}{3R^2} \qquad (式 1\text{-}10)$$

或

$$\frac{\Delta D}{D}=\frac{D^2}{3R^2} \qquad (式 1\text{-}11)$$

以 R＝6371km 和不同的 A、B 两点间距离 D 值代入式（1-10）和式（1-11），算得 ΔD 见表 1-2。由表列数值可见，在 10km 范围内，用水平直线长代替弧长所产生的最大误差为 0.8cm，相对误差（相对精度）为 1/1217689，远远高于目前世界上所能达到的最高 1/600000 的距离测量精度，10km 范围内 0.8cm 的长度变形误差，可以忽略不计，因此，在半径 10km 的范围内可以用水平面代替水准面。进行一般地形测量时，测量范围的半径可以扩大到 25km。

水平面代替水准面对距离的影响　　表 1-2

距离 D(km)	距离误差 ΔD(cm)	相对误差 $\Delta D/D$
10	0.8	1/1217689
25	12.8	1/194830
50	102.6	1/48708
100	821.2	1/12177

2. 对水平角度的影响

以大地水平面为基准测量的地面水平角，投影到水平面上会产生一定的变形。由球面投影到平面的多边形内角和会产生一个差值，这个差值称为球面角超。球面三角形内角和与平面三角形内角和 180°之差称球面三角形的角超 ε。球面角超的大小与球面多边形的面积成正比：

$$\varepsilon=\rho\cdot\frac{P}{R^2} \qquad (式 1\text{-}12)$$

式中　P——球面多边形面积；

R——地球曲率半径；

ρ——206265″。

上式中，当 P＝100km² 时，代入 R＝6371km，则有 ε＝0.51″。可见，当测区面积不大时，用水平面代替大地水准面，水平角度不加角超改算，可以满足一定精度的测量要求，更会使测量计算工作大为简化，从而提高工作效率。

结论：在 100km² 面积范围之内进行角度测量时，一般精度要求的测量工作不需考虑地球曲率对水平角的影响。

3. 对高程的影响

在图 1-15 中，从大地水准面起算，地面点 B 点高程为 H_B；从水平面 ab′起算，到 B 点高程为 H'_B，其差 Δh 即为用水平面代替大地水准面所产生的高程误差，即地球曲率对高程的影响，则得：

$$(R+\Delta h)^2=R^2+D'^2 \qquad (式 1\text{-}13)$$

因为 D'和 D 相差甚小，以 D 代替 D'，由上式解得：

$$\Delta h=\frac{D^2}{2R} \qquad (式 1\text{-}14)$$

以不同的 D 值代上式，算得相应的 Δh 值见表 1-3，表中数值证明，用水平面代替大地水准面所产生的高程误差，随着距离的平方而增加，很快就达到不容许的程度。为了求得正确的高程，即使距离很短，也不可以使用水平面代替大地水准面来进行测量，必须顾及地球曲率的影响，按照水准测量的技术要求进行“逐站传递”测量。

水平面代替水准面对高程的影响　　表 1-3

距离 D(km)	0.1	0.2	0.5	1	2	3	4	5	10
Δh(mm)	0.78	3.1	20	78	314	706	1250	1962	7848

课后讨论

1. 我国曾经采用的坐标系统有哪几个？高程系统有哪几个？
2. 测量外业工作的基准面和基准线分别是什么？
3. 高斯投影 6°带、3°带其中央子午线经度值如何计算？
4. 高斯直角坐标系如何建立？
5. 为避免高斯直角坐标系中的 y 坐标出现负值，一般如何处理？
6. 画图说明绝对高程、相对高程的概念。
7. 地球曲率对水平量距的影响，在多大范围内可以忽略不计？为什么？
8. 对于地球曲率对高差测量的影响，有何结论？

任务 1.3　测量误差、精度衡量指标及误差传播定律

学习目标

1. 了解测量误差的概念；
2. 熟悉测量误差产生的原因；
3. 了解测量误差的分类及其特性；
4. 能计算中误差；
5. 了解相对中误差、极限误差的概念；
6. 了解误差传播定律；
7. 熟悉算术平均值及观测值中误差。

关键概念

中误差、极限误差、真值、测量误差、观测条件、偶然误差的特性、误差传播定律、算术平均值。

1.3.1　测量误差

1. 测量误差的含义

任何测量工作，由于各种因素的影响，测量所得的量值 l 并不准确地等于被测量的真值 X，二者之差称为测量误差。反映一个量真正大小的绝对准确的数值称为真值 X。真误差＝观测值－真值，即：$\Delta = l - X$

由于测量误差不可避免，因而无法知道误差的准确值。人们只能估计在一定概率下可能达到的误差限，这样估计的误差限称为测量的不确定度。

2. 测量精度的概念

精度的概念是指测量值与“真实”值之间的最大偏差的绝对值，是指测量值的重复性偏差。而实际工作中，常用它来表征测量结果偏离其真值或似真值的程度，其含义等价于“测量结果的准确度”。

仪器的精度就是指用该仪器测量所得到结果的精度。

根据误差理论可知，在测量次数无限增多的情况下，可以使随机误差趋于零，而获得的测量结果与真值偏离程度——测量准确度，将从根本上取决于系统误差的大小，因而系统误差大小反映了测量可能达到的准确程度。

3. 精密度、准确度与精确度

任何测量都要求精确。精确度是评价观测成果优劣的精密度与准确度的总称，简称精度。精密度指在某一个量的多次观测中，各观测值之间的离散程度，若观测值非常集中则精密度高，反之则低。如图 1-16 所示，以打靶举例，清楚地说明了三者之间的关系。

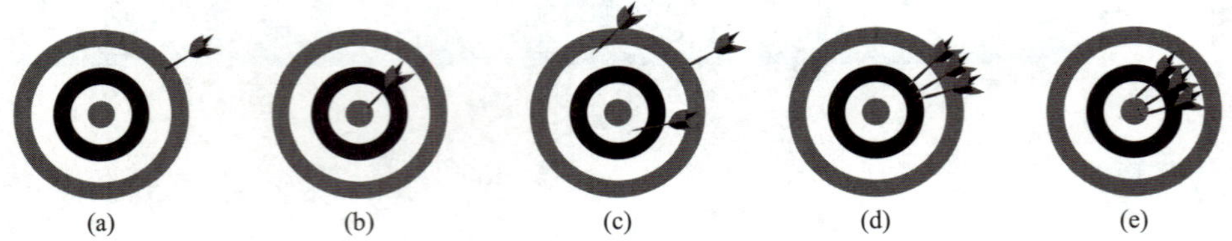

图 1-16　精密度、准确度与精确度三者的关系

（a）准确度差；（b）准确度好；（c）精密度差；（d）精密度好；（e）精确度好

准确度是指在对某一个量的多次观测中，观测值对该量真值的偏离程度，观测值偏离真值愈小，则准确度愈高。一个观测列可能精密度高而准确度低，也可能精密度低而准确度高。如图 1-17 所示，说明了准确度与精密度的关系。

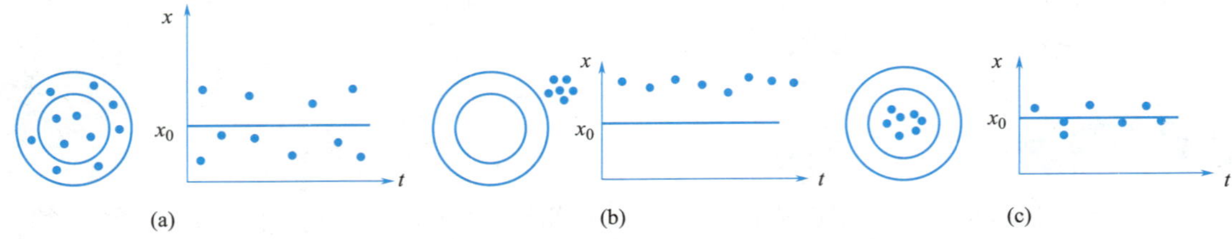

图 1-17　准确度与精密度的关系

（a）准确度好，精密度不好；（b）精密度好，准确度不好；（c）准确度和精密度都好

如图 1-16 所示，还拿打靶举例：如果弹着点分布很松散，射击精密度就低，如弹着点密集在一起，则射击精密度高。在射击精密度高的情况下，若弹着点密集于靶子中心部分，则准确度也高。射击的优劣主要看其射击的精确度如何。测量结果也要求精确度好。

4. 测量误差的来源

（1）测量仪器和工具

测量工作需要用测量仪器进行，测量仪器尽管在不断地改进，但总是受到当前科学和生产水平的限制而只具有一定的精确度，因此测量结果受其影响。另外，虽然仪器使用前进行了检校，但仪器的残差同样会或多或少地影响观测结果。

（2）观测者

由于观测者感觉器官鉴别能力的局限性所引起的误差。例如在厘米分划的水准尺上，由观测者估读毫米数，则 1mm 左右的读数误差是完全有可能的。此外，观测者的技术熟练程度也会给观测成果带来不同程度的影响。

（3）外界条件影响

测量工作进行时所处的外界环境中的空气温度、风力、日光照射、大气折光、烟雾等情况时刻在变化，也会使测量结果产生误差。

人、仪器和外界条件是引起测量误差的主要因素，通常称为观测条件。观测条件相同的各次观测，称为等精度观测；观测条件不相同的各次观测，称为非等精度观测。

5. 测量误差的分类

先作两个前提假设：①观测条件相同；②对某一量进行一系列的直接观测，在此基础上分析出现的误差的数值、符号及变化规律。

测量误差分为粗差、系统误差和偶然误差三类。

（1）粗差：也称过失误差，观测中的错误叫粗差。主要是因测量人员疏忽、粗心大意、不按操作规程作业或仪器故障、环境的改变（如受到振动、冲击）等原因产生。一旦发现粗差，应及时更正或重测（可在重复测量、比较分析后消除）。例如：读错、记错、算错、瞄错目标、测量时发生未察觉的异常情况等，这种误差是可以避免的。粗差在观测结果中是不允许出现的，为了杜绝粗差，除认真仔细作业外，还必须采取必要的检核措施。

（2）系统误差：在相同的条件下进行多次重复测量，若每次测量的误差是恒定的，或者是按照一定规律而变化的，这类误差称为确定性误差或系统误差。产生系统误差的原因（误差源）一般是可以掌握的，系统误差的出现是有规律可循的。系统误差具有累积性，对观测结果的危害性极大。系统误差的存在必然影响观测结果。但如果能找出系统的影响规律，就可以采取措施将其消除。例如：钢尺尺长误差、钢尺温度误差、水准仪视准轴误差、经纬仪视准轴误差等。

（3）偶然误差：若在一系列等精度测量中，每次测量的误差是无规律的，其值或大或小、或正或负，这类误差就称为随机误差或偶然误差。任何测量误差的出现都必然有其原因和规律，但由于人们对复杂客观事物的认识有限，对于未能掌握的部分就只能归之于偶然。一旦掌握了某一部分随机误差的原因和规律，这一部分误差就成为一种系统误差。反之，某些误差，虽已掌握其原因和规律，但由于中间掺杂着某些难以控制的偶然因素，以致误差的具体数值也呈现出一定的随机性。成批生产的仪器的制造公差、测量过程中操作员对仪器的调谐和电子测量中的噪声影响等，就是典型的事例。这类误差也称为随机性系统误差或半系统误差，在测量实践中常被当作随机误差来处理。

6. 偶然误差的特征

偶然误差从表面上看没有任何规律性，但是随着对同一量观测次数的增加，大量的偶然误差就表现出一定的统计规律性。

例如，对一个三角形的三个内角进行测量，三角形各内角之和 l 不等于其真值 180°，用 X 表示真值，则 l 与 X 的差值 Δ 称为真误差（即偶然误差），即：

$$\Delta = l - X \qquad \text{（式 1-15）}$$

在相同的观测条件下观测了 358 个三角形，按上式计算出 358 个内角和观测值的真误差。再按绝对值大小，取误差区间间隔 dΔ 为±3″，将该组真误差按其绝对值的大小排列。统计出在各区间内的正、负误差的个数，列成误差频率分布表，以显示误差在各个区间的分布情况。出现在某区间的误差的个数称为频数，用 k 表示，计算其相对个数 k/n（n=358），k/n 也称为误差在该区间的频率。统计结果列于表 1-4 中。从表中可以看出：

（1）绝对值较小的误差比绝对值较大的误差个数多。

（2）绝对值相等的正负误差的个数大致相等。

（3）最大误差不超过 24″。

为了更直观地表示误差的分布情况，也可以采用直方图的形式来表示。绘制直方图时，横坐标取误差区间间隔 dΔ 的大小，纵坐标取误差出现于各区间的频率除以区间的间隔值 dΔ，如图 1-18 所示，形象地表示了该组误差的分布情况。

当误差个数 $n \to \infty$ 时，如果把误差间隔 dΔ 无限缩小，则可以看出，图 1-18 中的各长方形顶点折线就变成了一条光滑的曲线，如图 1-19 所示，该曲线称为误差分布曲线，即正态分布曲线。图 1-19 中曲线的形状越陡峭，表示误差分布越密集，观测质量越高；曲线的形状越平缓，表示误差分布越离散，观测质量越低。

偶然误差的统计　　表 1-4

误差区间 dΔ（″）	负误差		正误差		误差绝对值	
	个数 k	频率 k/n	个数 k	频率 k/n	个数 k	频率 k/n
0～3	45	0.126	46	0.128	91	0.245
3～6	40	0.112	41	0.115	81	0.227
6～9	33	0.092	33	0.092	66	0.184
9～12	23	0.064	21	0.059	44	0.123
12～15	17	0.047	16	0.045	33	0.092
15～18	13	0.036	13	0.036	26	0.072
18～21	6	0.017	5	0.014	11	0.031
21～24	4	0.011	2	0.006	6	0.017
＞24	0	0	0	0	0	0
合计	181	0.505	177	0.495	358	1.000

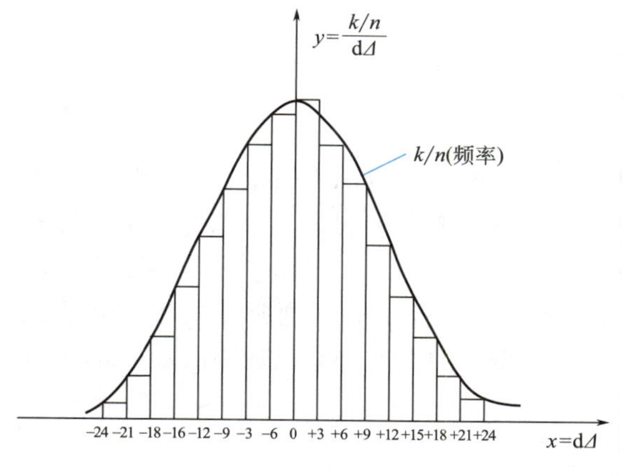

图 1-18　偶然误差频率直方图

图 1-19　正态分布曲线图

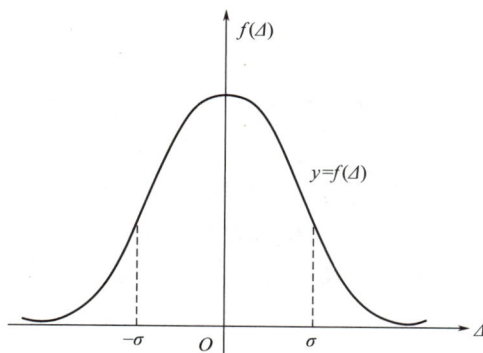

根据以上分析，以及人们长期对大量测量数据的统计和分析，总结出了偶然误差的四个特性：

（1）在一定观测条件下，偶然误差的绝对值有一定的限值，或者说，超出该限值的误差出现的概率为零。

（2）绝对值较小的误差比绝对值较大的误差出现的概率大。

（3）绝对值相等的正、负误差出现的概率相同。

（4）同一量的等精度观测，其偶然误差的算术平均值，随着观测次数 n 的无限增大而趋于零，即：

$$\lim_{n \to \infty} \frac{[\Delta]}{n} = 0 \qquad \text{（式 1-16）}$$

式中　$[\Delta]$——偶然误差的代数和，$[\Delta]=\Delta_1+\Delta_2+\cdots\cdots+\Delta_n$。

上述第四个特性是由第三个特性导出的，说明偶然误差具有抵偿性。

仪器精度的高低是用误差来衡量的，误差大精度低、误差小精度高。仪器精度是客观存在的，它表现在误差之中。误差按其性质分为系统误差、随机误差；按被测参数的时间特性可分为静态参数误差、动态参数误差。因此精度也要相应地加以区分。

仪器正确度是指仪器实际测量对理想测量的符合程度。它是仪器测量范围位置误差的函数，表示了仪器系统误差大小的程度。

精密度表示测量结果中随机误差分散的程度，即在一定的条件下进行多次测量时，所得测量结果彼此之间的符合程度。反映了给定仪器的随机误差。

准确度是测量结果中系统误差与随机误差的综合，表示测量结果与被测量的真值的接近程度。

1.3.2　测量精度衡量指标

1. 中误差

为了统一测量在一定观测条件下观测结果的精度，取标准值作为依据，在统计理论上是合理的。但是，在实际测量工作中，不可能对某一量做无穷多次观测，因此，定义按有限次数观测的偶然误差用标准差计算式求得的值称为“中误差”，亦称“标准差”或“均方根差”，是在相同观测条件下的一组真误差平方和中数的平方根。通常用最小二乘法求得的观测值改正数来代替真误差，它是观测值与真值偏差的平方和除以观测次数 n 的平方根。即：

$$m=\pm\sqrt{\frac{[\Delta\Delta]}{n}} \tag{式 1-17}$$

式中　$[\Delta\Delta]$——真误差的平方和，$[\Delta\Delta]=\Delta_1^2+\Delta_2^2+\cdots\cdots+\Delta_n^2$。

式中显示出中误差与真误差之间的关系。中误差不等于真误差，它只是一组真误差的代表值。中误差值的大小反映了这组观测值精度的高低，因此，对于有限次数的观测，通常称中误差为观测值的中误差。用中误差评定其精度，实践证明是比较合适的。测量上一般采用中误差作为衡量观测质量的标准。

一组观测值中，虽然其真误差各不相等，但由于其中误差 m 值相等，所以该组观测为等精度观测。

【例 1-3】 设有 1、2 两组观测值，各组均为等精度观测，它们的真误差分别为：

1 组：$+3''$，$-2''$，$-4''$，$+2''$，$0''$，$-4''$，$+3''$，$+2''$，$-3''$，$-1''$。

2 组：$0''$，$-1''$，$-7''$，$+2''$，$+1''$，$+1''$，$-8''$，$0''$，$+3''$，$-1''$。

试计算 1、2 两组各自的观测精度。

【解】 根据式（1-17）计算 1、2 两组观测值的中误差为：

$$m_1=\pm\sqrt{\frac{(+3'')^2+(-2'')^2+(-4'')^2+(+2'')^2+(0'')^2+(-4'')^2+(+3'')^2+(+2'')^2+(-3'')^2+(-1'')^2}{10}}=\pm2.7''$$

$$m_2=\sqrt{\frac{(0'')+(-1'')+(-7'')+(+2'')+(+1'')+(+1'')+(-8'')+(0'')+(+3'')+(-1'')}{10}}=\pm3.6''$$

比较 m_1 和 m_2 可知，1 组的观测精度比 2 组高。中误差所代表的是某一组观测值的精度，而不是这组观测中某一次的观测精度。

2. 真值未知时的中误差

由式（1-15）可知，计算 Δ_i 需要知道观测量的真值 X，在实际测量工作中，观测量的真值一般是未知的，因此就计算不出 Δ_i，这时应使用算术平均值 $\bar{l}$ 来推导中误差的计算公式。设观测量的改正数为：

$$V_i = l_i - \bar{l} \quad i=1, 2, \cdots\cdots, n \tag{式 1-18}$$

则观测量的中误差为：

$$m = \pm\sqrt{\frac{[VV]}{n-1}} \tag{式 1-19}$$

式（1-19）也称贝塞尔公式。

对同一组等精度独立观测量，理论上只有当 $n \to \infty$ 时，式（1-17）和式（1-19）的计算结果才相同。当 n 有限时，两个计算公式的结果将存在差异。

【例 1-4】 某段距离未知，使用 50m 钢尺丈量该距离 6 次，观测值见表 1-5，试求钢尺每次丈量的中误差。

【解】 计算在表中进行，结果如下：

距离测量算术平均值及中误差计算表　　表 1-5

测序	观测值(m)	改正数 V(mm)	VV	计算过程
1	49.986	+4	16	$m = \pm\sqrt{\frac{[VV]}{n-1}} = \pm\sqrt{\frac{91}{5}} = \pm 4.27$(mm)
2	49.981	−1	1	
3	49.984	+2	4	
4	49.979	−3	9	
5	49.976	−6	36	
6	49.987	+5	25	
Σ	$\bar{l}$ =49.982	—	$[VV]$=91	

3. 相对中误差

在某些测量工作中，对观测值的精度仅用中误差来衡量还不能正确反映出观测的质量。例如距离测量时，用钢尺丈量 200m 和 40m 两段距离，量距的中误差都是±2cm，但不能认为二者的精度是相同的，因为量距的误差大小与其长度有关。为此，用观测值的中误差与观测值之比的形式描述观测的质量，称为“相对中误差”。在上述例子中，前者的相对中误差为 0.02/200=1/10000，而后者则为 0.02/40=1/2000，显然前者的量距精度高于后者。

4. 极限误差（允许误差）

在一定观测条件下，偶然误差的绝对值不应超过的限值，称为极限误差，也称限差或容许误差、允许误差。

通常将 2 倍或 3 倍中误差作为偶然误差的容许值，即：

$$\Delta_{容} = 2m \quad 或 \quad \Delta_{容} = 3m$$

当测量精度要求较高时，一般以 2 倍中误差作为容许误差，即 $\Delta_{容} = 2m$。

如果某个观测值的偶然误差超过了容许误差，就可以认为该观测值含有粗差，应舍去不用或返工重测。

我国现行各种测量规范均以中误差作为衡量测量精度的标准，并以 2 倍中误差作为极限误差。

1.3.3 误差传播定律、观测值的算术平均值及其观测值中误差

1. 误差传播定律

前面探讨了衡量一组等精度观测值的精度指标，并指出在测量工作中通常以中误差作为衡量精度的指标。但在实际工作中，某些未知量不可能或不便于直接测定，而需要由另外一些直接观测量根据一定的函数关系计算出来，这些量称为间接观测值。间接观测值是直接观测值的函数，直接观测值的误差必然会传递给间接观测值。例如，欲测量不在同一水平面上两点间的水平距离 D，可以用电磁波测距仪测量斜距 D'，并用经纬仪测量竖直角 α，以函数关系 $D=D'\cdot\cos\alpha$ 来推算。显然，在此情况下，函数值 D 的中误差与观测值 D' 及 α 的中误差之间，必定有传递关系。由于变量含有误差，而使函数受其影响也含有误差，称之为误差传播。阐述观测值中误差与观测值函数中误差之间关系的定律称为误差传播定律。误差传播定律包括线性函数（和差函数、倍数函数等）的误差传播定律、非线性函数的误差传播定律。

（1）和差函数的中误差

现有和（或差）函数 $z=x\pm y$，且 x、y 为独立观测值，已知其中误差分别为 m_x、m_y，求 z 的中误差 m_z。

设 x、y、z 的真误差分别为 Δx、Δy、Δz，由 $z=x\pm y$ 可得出：$\Delta z=\Delta x\pm\Delta y$，当对 x、y 观测了 n 次，则有 $\Delta z_i=\Delta x_i\pm\Delta y_i$（$i=1$，2，……，$n$），将此式平方得：$\Delta_{z_i}^2=\Delta_{x_i}^2+\Delta_{y_i}^2\pm2\Delta_{x_i}\Delta_{y_i}$，按此式求和并除以 n，得：

$$\frac{[\Delta_z^2]}{n}=\frac{[\Delta_x^2]}{n}+\frac{[\Delta_y^2]}{n}\pm2\frac{[\Delta x\Delta y]}{n} \quad （式 1\text{-}20）$$

因为 Δx、Δy 均为偶然误差，其乘积 $\Delta x\Delta y$ 也为偶然误差，根据偶然误差的特性，当 n 趋近于无穷大时，$\lim\limits_{n\to\infty}\frac{[\Delta x\Delta y]}{n}=0$，根据中误差定义，有：$m_z^2=\frac{[\Delta_z^2]}{n}$，$m_x^2=\frac{[\Delta_x^2]}{n}$，$m_y^2=\frac{[\Delta_y^2]}{n}$，将上述两式代入式（1-20）得误差传播公式：

$$m_z^2=m_x^2+m_y^2 \quad （式 1\text{-}21）$$

即两观测值代数和（或差）的中误差平方，等于两观测值中误差的平方和。

当 z 是一组观测值 x_1、x_2、……、x_n 代数和（差）的函数时，即 $z=x_1\pm x_2\pm\cdots\cdots\pm x_n$，则 z 的中误差的平方为：

$$m_z^2=m_{x_1}^2+m_{x_2}^2+\cdots\cdots+m_{x_n}^2 \quad （式 1\text{-}22）$$

n 个观测值代数和（差）的中误差平方，等于 n 个观测值中误差平方之和。

在同精度观测时，观测值代数和（差）的中误差，与观测值个数 n 的平方根成正比，即：

$$m_z=m\cdot\sqrt{n} \quad （式 1\text{-}23）$$

【例 1-5】 设用长为 L 的钢尺量距，共丈量了 n 个尺段，已知每尺段量距的中误差都为 m。求：全长 S 的中误差 m_S。

【解】 因为全长 $S=L+L+\cdots\cdots+L$（式中共有 n 个 L），而 L 的中误差为 m，则有：$m_S=m\cdot\sqrt{n}$，即：量距的中误差与丈量段数 n 的平方根成正比。

【示例】 以 30m 长的钢尺丈量 90m 的距离，当每尺段量距的中误差为 ±5mm 时，全长的中误差为：$m_S=m\cdot\sqrt{n}=\pm5\sqrt{3}=\pm8.7$（mm）。

当量距使用的钢尺长度相等，每尺段的量距中误差都为 m_L 时，则每公里长度的量距中误差 m_{km} 也是相等的。当对长度为 S 公里的距离丈量时，全长的真误差将是 S 个 1km 丈量真误差的代数和，于是 S 公里的中误差为：

$$m_S=m_{\mathrm{km}}\cdot\sqrt{S} \quad \text{（式 1-24）}$$

上式中 S 的单位是公里。即：在距离丈量中，距离 S 的量距中误差与长度 S 的平方根成正比。

【例 1-6】 为了求得 A、B 两水准点间的高差，自 A 点开始进行水准测量，经 n 站后测完。已知每站高差的中误差均为 $m_{站}$，求 A、B 两点间高差的中误差。

【解】 因为 A、B 两点间高差 h_{AB} 等于各站的观测高差 h_i（$i=1$，2，……，n）之和，即：$h_{\mathrm{AB}}=H_{\mathrm{B}}-H_{\mathrm{A}}=h_1+h_2+\cdots\cdots+h_n$，则高差中误差为：

$$m_{h_{\mathrm{AB}}}=m_{站}\cdot\sqrt{n} \quad \text{（式 1-25）}$$

即：水准测量高差的中误差，与测站数 n 的平方根成正比。

在不同的水准路线上，即使两点间的路线长度相同，设站数不同时，两点间高差的中误差也不同。但是，当水准路线通过平坦地区时，每公里的水准测量高差的中误差可以认为相同，设为 m_{km}。当 A、B 两点间的水准路线为 S 公里时，A、B 点间高差的中误差为：$m^2_{h_{\mathrm{AB}}}=m^2_{\mathrm{km}}+m^2_{\mathrm{km}}+\cdots\cdots+m^2_{\mathrm{km}}=S\cdot m^2_{\mathrm{km}}$，或：

$$m_{h_{\mathrm{AB}}}=m_{\mathrm{km}}\cdot\sqrt{S} \quad \text{（式 1-26）}$$

即水准测量高差的中误差，与距离 S 的平方根成正比。

【例 1-7】 已知用某种仪器，按某种操作方法进行水准测量时，每公里高差的中误差为 ±10mm，则按这种水准测量进行了 25km 后，测得高差的中误差为 $\pm10\sqrt{25}=\pm50$mm。

在水准测量作业时，对于地形起伏不大的地区或平坦地区，可用 $m_{h_{\mathrm{AB}}}=m_{\mathrm{km}}\cdot\sqrt{L}$ 式计算高差的中误差。《工程测量标准》GB 50026—2020 规定：使用 DS3 水准仪在平坦地区进行四等水准测量，其线路允许闭合差为：

$$m_{h允许}=m_{极限}\cdot\sqrt{L}=2\times m_{\mathrm{km}}\times\sqrt{L}=\pm2\times10\times\sqrt{L}=\pm20\sqrt{L} \quad \text{（式 1-27）}$$

对于起伏较大的地区，则用 $m_{h\mathrm{AB}}=m_{站}\cdot\sqrt{n}$ 式计算高差的中误差。《工程测量标准》GB 50026—2020 规定：使用 DS3 水准仪在山地进行四等水准测量，其路线允许闭合差为：

$$m_{h_{允许}}=m_{极限}\cdot\sqrt{n}=2\times m_{站}\times\sqrt{n}=\pm2\times3\times\sqrt{n}=\pm6\sqrt{n} \quad \text{（式 1-28）}$$

（2）倍数函数的中误差

倍数函数一般形式为：$z=kx$，z 为观测值的函数，中误差为 m_z，k 为常数，x 为观测值的函数，中误差为 m_x。由函数式则有 $\Delta_z=k\Delta_x$，若对 x 观测了 n 次，则有 $\Delta_{z_i}=k\Delta_{x_i}$（$i=1$，2，……，$n$），将此式平方，得 $\Delta_{z_i}^2=k^2\Delta_{x_i}^2$，将此式求和并除以 n，有 $\frac{[\Delta_z^2]}{n}=\frac{k^2\ [\Delta_x^2]}{n}$，由中误差的定义得误差传播公式：

$$m_z^2=k^2\cdot m_x^2 \text{ 或 } m_z=\pm k\cdot m_x \qquad \text{（式 1-29）}$$

即观测值与常数乘积的中误差，等于观测值中误差乘常数。

【例 1-8】 在 1∶500 比例尺的地形图上，量得 A、B 两点之间的距离 $S_{AB}=23.4\text{mm}$，其中误差为 $m_{S_{AB}}=\pm0.2\text{mm}$，求：A、B 两点间的实际距离 D_{AB} 及其中误差 $m_{D_{AB}}$。

【解】 $D_{AB}=500\times S_{AB}=500\times23.4=11700(\text{mm})=11.700\ (\text{m})$

$m_{D_{AB}}=500\times m_{S_{AB}}=500\times(\pm0.2)=\pm100(\text{mm})=\pm0.100\ (\text{m})$

因此，$D_{AB}=11.700\pm0.100\ (\text{m})$。

（3）线性函数的中误差

线性函数一般形式为：$z=k_1x_1\pm k_2x_2\pm\cdots\cdots\pm k_nx_n$，则有误差传播公式：

$$m_z^2=k_1^2m_1^2+k_2^2m_2^2+\cdots\cdots+k_n^2m_n^2 \qquad \text{（式 1-30）}$$

（4）非线性函数（一般函数）的中误差

一般函数形式为：$z=f\ (x_1,\ x_2,\ \cdots\cdots,\ x_n)$，对其全微分进而推导出误差传播公式为：

$$m_z=\sqrt{\left(\frac{\partial f}{\partial x_1}\right)^2 m_{x_1}^2+\left(\frac{\partial f}{\partial x_2}\right)^2 m_{x_2}^2+\cdots\cdots+\left(\frac{\partial f}{\partial x_n}\right)^2 m_{x_n}^2} \qquad \text{（式 1-31）}$$

求观测值函数的精度时，可归纳为如下三步：

1）按问题的要求写出函数式：$z=f\ (x_1,\ x_2,\ \cdots\cdots,\ x_n)$；

2）对函数式全微分，得出函数的真误差与观测值真误差之间的关系式；

3）写出函数中误差与观测值中误差之间的关系式。

2. 等精度观测值的算术平均值及其观测值中误差

（1）算术平均值

设对某量进行 n 次等精度观测，观测值为 L_i（$i=1$，2，……，n），其算术平均值为 $x=\frac{L_1+L_2+\cdots\cdots+L_n}{n}=\frac{[L]}{n}$，一般情况下，被观测量的真值 X（例如一条边长的真值、两点之间的高差、某个角度值）是无法得知的，对一组等精度观测值而言，算术平均值就是被观测量真值的最可靠值，即最或是值或者是最或然值。

（2）观测值中误差

令算术平均值与每个观测值的差值为观测值改正数 $V_i=L_i-x$，代入式（1-32）即可计算出观测值的中误差，该式即为利用观测值改正数计算观测值中误差的实用公式。

$$m=\pm\sqrt{\frac{[VV]}{n-1}} \qquad \text{（式 1-32）}$$

（3）算术平均值中误差

根据算术平均值的定义式有 $x=\frac{[L]}{n}=\frac{1}{n}L_1+\frac{1}{n}L_2+\cdots\cdots+\frac{1}{n}L_n$，又因 L_i 为等精度观测，具有相同的中误差 m，运用误差传播定律可得：

$$m_x=\pm\sqrt{\left(\frac{1}{n}\right)^2m^2+\left(\frac{1}{n}\right)^2m^2+\cdots\cdots+\left(\frac{1}{n}\right)^2m^2} \qquad \text{（式 1-33）}$$

即 $m_x=\pm\frac{m}{\sqrt{n}}=\pm\sqrt{\frac{[VV]}{n\ (n-1)}}$，上式可见，算术平均值中误差较观测值中误差缩小 $\sqrt{n}$ 倍。

【例 1-9】某角度观测 6 个测回，平差计算：

水平角观测算术平均值及中误差计算表　　**表 1-6**

序号	观测值	改正数 $V('')$	VV	计算
1	36°50′30″	+4	16	1)测角中误差： $m=\pm\sqrt{\frac{[VV]}{n-1}}$ $=\pm\sqrt{\frac{34}{6-1}}$ $=\pm2.6''$ 2)算术平均值中误差： $m_x=\pm\sqrt{\frac{[VV]}{n(n-1)}}$ $=\pm\sqrt{\frac{34}{6\times5}}$ $=\pm1.1''$
2	36°50′26″	0	0	
3	36°50′28″	+2	4	
4	36°50′24″	−2	4	
5	36°50′25″	−1	1	
6	36°50′23″	−3	9	
算术平均值 $x=36°50'26''$		$[V]=0$	$[VV]=34$	

最终该角度值为：$x=36°50'26''\pm1.1''$

3. 不等精度观测值的算术平均值及其观测值中误差

（1）权的概念

在对某量进行不等精度观测时，各观测结果的中误差不同。在不等精度观测中，因各观测的条件不同，所以各观测值具有不同的可靠程度。各不等精度观测值的不同可靠程度，可用一个数值来表示，该数值称为权，用 P 表示。“权”是权衡轻重的意思。观测值的精度高，可靠性强，则权也大。

设第一组观测了 4 次，观测值为 L_1、L_2、L_3、L_4；第二组观测了 2 次，观测值为 L_1'、L_2'。这些观测值的可靠程度相同，则每组分别取算术平均值作为最后观测值。即：$x_1=\frac{L_1+L_2+L_3+L_4}{4}$，$x_2=\frac{L_1'+L_2'}{2}$，两组观测合并，相当于等精度观测 6 次，故两组观测值的最后结果应为 $x=\frac{L_1+L_2+L_3+L_4+L_1'+L_2'}{6}$，但对 x_1、x_2 来说，彼此是不等精度观测。如果用 x_1、x_2 来计算，则上式计算实际是 $x=\dfrac{4x_1+2x_2}{4+2}$，从不等精度观点来看，观测值 x_1 是 4 次观测值的平均值，x_2 是 2 次观测值的平均值，x_1 和 x_2 的可靠性是不一样的，用 4、2 表示 x_1 和 x_2 相应的权，也可用 2、1 表示 x_1 和 x_2 相应的权，分别代入上面公式，计算 x 的结果是相同的。因此“权”可看作是一组比例数字，用比例数值大小来表示观测值的可靠程度。

（2）权与中误差的关系

设一组不同精度观测值为 L_i，相应的中误差为 m_i，中误差越小，可靠度越大，即权越大，故定义权为：

$$P_i=\frac{\mu^2}{m_i^2} \tag{式 1-34}$$

式中 μ 为任意常数，可看出权与中误差的平方成反比。

【例 1-10】 不等精度的水平角观测值分别为 L_1、L_2、L_3，其相应的中误差为 $m_1=\pm2''$、$m_2=\pm4''$、$m_3=\pm6''$，请按式（1-34）计算各观测值的权。

【解】 当 $\mu=m_1$ 时，$P_1=1$、$P_1=1/4$、$P_1=1/9$；

当 $\mu=m_2$ 时，$P_1=4$、$P_1=1$、$P_1=4/9$；

当 $\mu=m_3$ 时，$P_1=1/4$、$P_1=9/4$、$P_1=1$。

由此可见，权是一组比例数字，μ 值确定后，各观测值的权就确定；μ 值不同，各观测值的权数值也不同，但权之间的比例关系不变。

等于 1 的权称为单位权，而权等于 1 的观测值称为单位权观测值，单位权观测值的中误差称为单位权中误差，例 1-10 中，$\mu=m_1$ 时 $P_1=1$，即 L_1 为单位权观测值，L_1 的中误差 m_1 称为单位权中误差。

【例 1-11】 设对某一未知量进行 n 次等精度的观测，求算术平均值的权。

【解】 设一测回角度观测值的中误差为 m。则算术平均值中误差为 $m_x=\pm\dfrac{m}{\sqrt{n}}$，一测回观测值的权为 P，设 $\mu=m$，则 $P=\dfrac{\mu^2}{m^2}=1$，n 测回观测算术平均值的权：

$$P=\frac{\mu^2}{m_x^2}=\frac{m^2}{\left(\frac{m}{\sqrt{n}}\right)^2}=n$$

由例可知，取一测回观测值的权为 1，则 n 测回算术平均值的权为 n。可见角度观测值的权与其测回数成正比。

（3）不等精度观测值的最或然值——加权平均值

设对某量进行了 n 次不同精度观测，观测值为 L_1、L_2、……、L_n，其相应的权为 P_1、P_2、……、P_n，测量上取加权平均值为该量的最或然值 x，即：

$$x=\frac{P_1L_1+P_2L_2+\cdots\cdots+P_nL_n}{P_1+P_2+\cdots\cdots+P_n}=\frac{[PL]}{[P]} \tag{式 1-35}$$

（4）不等精度观测值的精度评定

1）单位权观测中误差：　　$\mu=\pm\sqrt{\dfrac{[PVV]}{n-1}}$

2）观测值中误差：　　$m_i=\pm\mu\sqrt{\dfrac{1}{P_i}}$

3）加权平均值的中误差：　　$m_x=\pm\sqrt{\dfrac{[PVV]}{[P](n-1)}}=\pm\dfrac{\mu}{\sqrt{[P]}}$

【例1-12】 如图1-20所示，为求得P点高程，从已知三个水准点A、B、C向P点进行水准测量。已知 $H_A=50.148$m、$H_B=54.032$m、$H_C=49.895$m，A至P的高差 $h_{AP}=+1.535$m、B至P的高差 $h_{BP}=-2.332$m、C至P的高差 $h_{CP}=+1.780$m，路线长度 $L_{AP}=2.4$km、$L_{BP}=3.5$km、$L_{CP}=2.0$km，求P点的高程最或然值及其中误差。

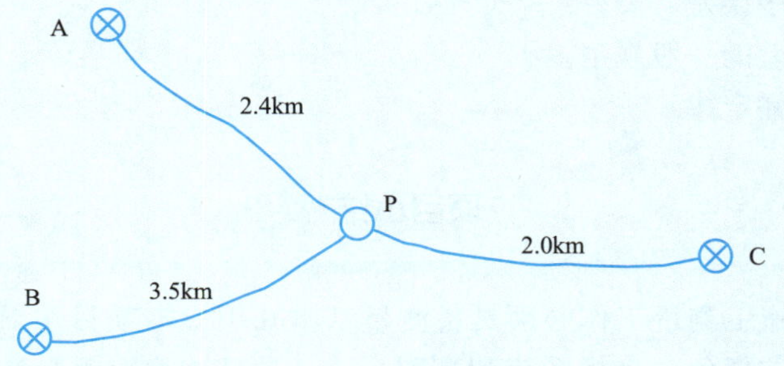

图1-20　加权水准路线

【解】 首先通过三个已知点ABC的高程由三条路线分别推算P点高程：

$$H_{A\to P}=H_A+h_{AP}=50.148+1.535=51.683$$

$$H_{B\to P}=H_B+h_{BP}=54.032-2.332=51.700$$

$$H_{C\to P}=H_C+h_{CP}=49.895+1.780=51.675$$

然后按照路线长度计算各条路线对高程的权，最后通过加权计算求出P点最终高程，求出单位权观测值中误差及P点高程最或然值中误差，见表1-7。

高程最或然值及中误差计算表　　**表1-7**

测段	推算高程值(m)	路线长度 L_i(km)	权 $P_i=1/L_i$	V(mm)	PV	PVV
A-P	51.683	2.4	0.417	−0.7	−0.292	0.204
B-P	51.700	3.5	0.286	+16.3	+4.662	75.991
C-P	51.675	2.0	0.500	−8.7	−4.350	37.845
Σ	加权平均值51.684		1.203		+0.020	114.040

P点高程为：

$$H_P=\frac{0.417\times51.683+0.286\times51.700+0.500\times51.675}{1.203}=51.684\ (\text{m})$$

单位权观测值中误差为：$\mu=\pm\sqrt{\frac{[PVV]}{n-1}}=\pm\sqrt{\frac{114.040}{2}}=\pm7.6$（mm）

P 点高程最或然值中误差为：$m_x=\pm\frac{\mu}{\sqrt{[P]}}=\pm\frac{7.6}{\sqrt{1.203}}=\pm6.9$（mm）

课后讨论

1. 什么是测量误差？
2. 测量误差分哪两类？各有什么特点？
3. 简述产生测量误差的原因及消除误差的措施。
4. 什么是中误差？它与真误差的关系是什么？
5. 什么是相对中误差？
6. 简述容许误差的一般规定。
7. 简述误差传播定律。

项目小结

从事建筑工程施工测量工作必须具备测量基本知识。本项目主要要求学习者了解或掌握建筑工程测量的任务、坐标系统和高程系统、地球曲率对测量数值的影响、建筑工程测量工作程序、测量误差以及测量精度衡量指标等内容。在学习时，要正确理解测量基本概念，掌握测量基本原则，熟知测量基本工作任务。本项目是后续项目学习的全面基础。

练习题

一、填空题

1. 测量外业工作的基准线是____________。
2. 测量外业工作的基准面是____________。
3. 测量内业计算的基准面是____________。
4. 真误差为____________减____________。
5. 在高斯平面直角坐标系中，中央子午线的投影为坐标______轴。
6. 通过______海水面的水准面称为大地水准面。
7. 地球的平均曲率半径为______km。
8. 地面某点的经度为 131°58′，该点所在统一 6°带的中央子午线经度是______。
9. 水准面是处处与铅垂线______的连续封闭曲面。
10. 为了使高斯平面直角坐标系的 y 坐标恒大于零，将 x 轴自中央子午线西移______km。
11. 衡量测量精度的指标有______、______、______。

12. 天文经纬度的基准是__________，大地经纬度的基准是__________。

13. 测量误差产生的原因有__________、__________、__________。

14. 用钢尺在平坦地面上丈量AB、CD两段距离，AB往测为476.4m，返测为476.3m；CD往测为126.33m，返测为126.3m，则AB比CD丈量精度要__________。

二、单选题

1.（　　）是研究在工程建设的设计、施工和管理各阶段中进行测量工作的理论、方法和技术。

A. 大地测量学　　B. 普通测量学

C. 工程测量学　　D. 地图制图学

2. 工程野外测量工作的基准线是（　　）。

A. 子午线　　B. 铅垂线

C. 坐标纵线　　D. 法线

3. 工程野外测量工作的基准面是（　　）。

A. 参考椭球面　　B. 大地水准面

C. 任意水平面　　D. 赤道面

4. A点高斯坐标为x=112240m，y=19343800m，则A点所在6°带的带号及中央子午线的经度分别为（　　）。

A. 11带，66°　　B. 11带，63°

C. 19带，117°　　D. 19带，111°

5. 地面某点的经度为东经85°32′，该点应在3°带的第（　　）带。

A. 28　　B. 29

C. 27　　D. 30

6. 在高斯平面直角坐标系中，纵轴为（　　）。

A. x轴，向东为正　　B. y轴，向东为正

C. x轴，向北为正　　D. y轴，向北为正

7. 在高斯平面直角坐标系中，x轴方向为（　　）方向。

A. 东西　　B. 左右

C. 南北　　D. 前后

8. 测量使用的高斯平面直角坐标系与数学使用的笛卡尔坐标系的区别是（　　）。

A. x轴与y轴互换，第一象限相同，象限逆时针方向编号

B. x轴与y轴互换，第一象限相同，象限顺时针方向编号

C. x轴与y轴不变，第一象限相同，象限顺时针方向编号

D. x轴与y轴互换，第一象限不同，象限顺时针方向编号

9. 我国目前使用的高程系标准名称是（　　）。

A. 1956黄海高程系　　B. 1956年黄海高程系

C. 1985年国家高程基准　　D. 1985国家高程基准

10. 绝对高程是地面点到（　　）的铅垂距离。

A. 参考椭球面　　B. 大地水准面

C. 任意水准面　　D. 赤道面

11. 相对高程是地面点到（　　）的铅垂距离。

A. 参考椭球面　　B. 大地水准面

C. 任意水准面　　D. 赤道面

12. 地面两点间的高程之差，称为（　　）。

A. 高差　　B. 高程

C. 绝对高程　　D. 相对高程

13. 在以（　　）km 为半径的范围内，可以用水平面代替水准面进行距离测量。

A. 5　　B. 10

C. 15　　D. 20

14. 对高程测量，用水平面代替水准面的限度是（　　）。

A. 10km 为半径的范围内可以代替　　B. 20km 为半径的范围内可以代替

C. 不论多大距离都可代替　　D. 不能代替

15. 钢尺的尺长误差对距离测量产生的影响属于（　　）。

A. 偶然误差　　B. 系统误差

C. 粗差　　D. 偶然误差或系统误差

16. （　　）影响观测值的准确度，（　　）影响观测值的精密度。

A. 偶然误差　　B. 系统误差

C. 粗差　　D. 偶然误差或系统误差

17. 高斯投影属于（　　）。

A. 等面积投影　　B. 等距离投影

C. 等角投影　　D. 等长度投影

18. 地理坐标分为（　　）。

A. 天文坐标和大地坐标　　B. 天文坐标和参考坐标

C. 参考坐标和大地坐标　　D. 三维坐标和二维坐标

三、多选题

1. （　　）是设计图纸上规划设计好的建筑物、构筑物位置及标高，在地面上标定出来，作为施工的依据。

A. 测设　　B. 测绘

C. 测定　　D. 放样

2. （　　）是使用测量仪器和工具、通过测量和计算得到一系列测量数据，把地球表面的地物和地貌绘成地形图。

A. 测设　　B. 测绘

C. 测定　　D. 放样

3. 工程施工测量主要任务是（　　）。

A. 测绘大比例尺地形图　　B. 施工放样

C. 竣工测量　　D. 建筑物的变形观测

4. 我国从建国至今使用过的高程系标准名称有（　　）。

A. 1956 黄海高程系　　B. 1956 年黄海高程系

C. 1985 年国家高程基准　　D. 1985 国家高程基准

5. 我国使用的平面坐标系的标准名称有（　　）。

A. 1954 北京坐标系　　B. 1954 年北京坐标系

C. 1980 西安坐标系　　D. 1980 年西安坐标系

6. 测量工作的基本原则包括（　　）。

A. 从整体到局部、先控制后碎部的整体控制原则

B. 从高级到低级的逐级控制原则

C. 两级检查一级验收原则

D. 步步检核原则

7. 测量误差产生的原因有（　　）。

A. 仪器误差　　B. 观测误差

C. 外界环境　　D. 粗差

8. 偶然误差的特征有（　　）。

A. 在一定观测条件下，偶然误差的绝对值有一定的限值

B. 绝对值较小的误差比绝对值较大的误差出现的概率大

C. 绝对值相等的正、负误差出现的概率相同

D. 抵偿性

四、判断题

1. 大地水准面所包围的地球形体，称为地球椭圆体。（　　）

2. 天文地理坐标的基准面是参考椭球面。（　　）

3. 大地地理坐标的基准面是大地水准面。（　　）

4. 系统误差影响观测值的准确度，偶然误差影响观测值的精密度。（　　）

5. 高程测量时，测区位于半径为 10km 的范围内时，可以用水平面代替水准面。（　　）

五、名词解释

1. 大地水准面

2. 测定

3. 测设

4. 精度

5. 偶然误差

六、简答题

1. 测量工作的基本原则是什么？

2. 地球曲率对量距、测水平角、测高差的影响是什么？

3. 中误差的概念是什么？

4. 我国曾经采用的坐标系统有哪几个？高程系统有哪几个？

七、计算题

1. 在 1∶2000 地形图上，量得一段距离 $d=23.2\text{cm}$，其测量中误差 $m_d=\pm 0.1\text{cm}$，求该段距离的实地长度 D 及中误差 m_D。

2. 在同一观测条件下，对某水平角观测了五测回，观测值分别为：39°40′30″，39°40′48″，39°40′54″，39°40′42″，39°40′36″，试计算：

（1）该角的算术平均值；

（2）一测回水平角观测中误差。

3. 在相同的观测条件下，对某段距离丈量了5次，各次丈量的长度分别为：139.413m、139.435m、139.420m、139.428m、139.444m。试求：

（1）距离的算术平均值；

（2）观测值的中误差。

项目2 Chapter 02

场区主干道中心线高程测量及高程放样

知识目标

通过本项目学习，你将能够：

1. 熟悉进行建筑工程控制测量技术设计的方法。具有根据施工合同及现场具体情况，编制场区工程测量施工方案的能力；

2. 掌握控制测量的方法、步骤及内外业工作流程；

3. 能使用水准仪及工具完成高程测量工作；

4. 能进行四等水准测量等观测与记录以及平差计算；

5. 具有进行坡度及多层、高层建筑点位高程放样的能力；

6. 能对常用光学水准仪进行检验和校正。

素质元素

让学生深刻领会，高程控制测量要遵守“从整体到局部、从高级到低级”逐级控制，“上道工序不检核通过，不能进行下道工序”的基本要求，培养学生正确的方法论，做事情有全局观念，树立全局意识，明确局部利益、个人利益要服从整体利益、服从国家利益。让学生知道控制测量是一切建筑工程的基础，是工程建设的眼睛，必须高度重视，养成一丝不苟、严肃认真的工作态度，切实提高责任意识。高程测量关乎工程定位的竖向位置，设计位置放样高了、低了都会对工程造成经济损失，导致工程后续施工在错误的空间位置上，会对业主的投资效益产生巨大影响，轻则修改设计，重则拆除返工。

2-1
案例：施工高程放样错误导致修改设计变成“下沉式广场”

思维导图

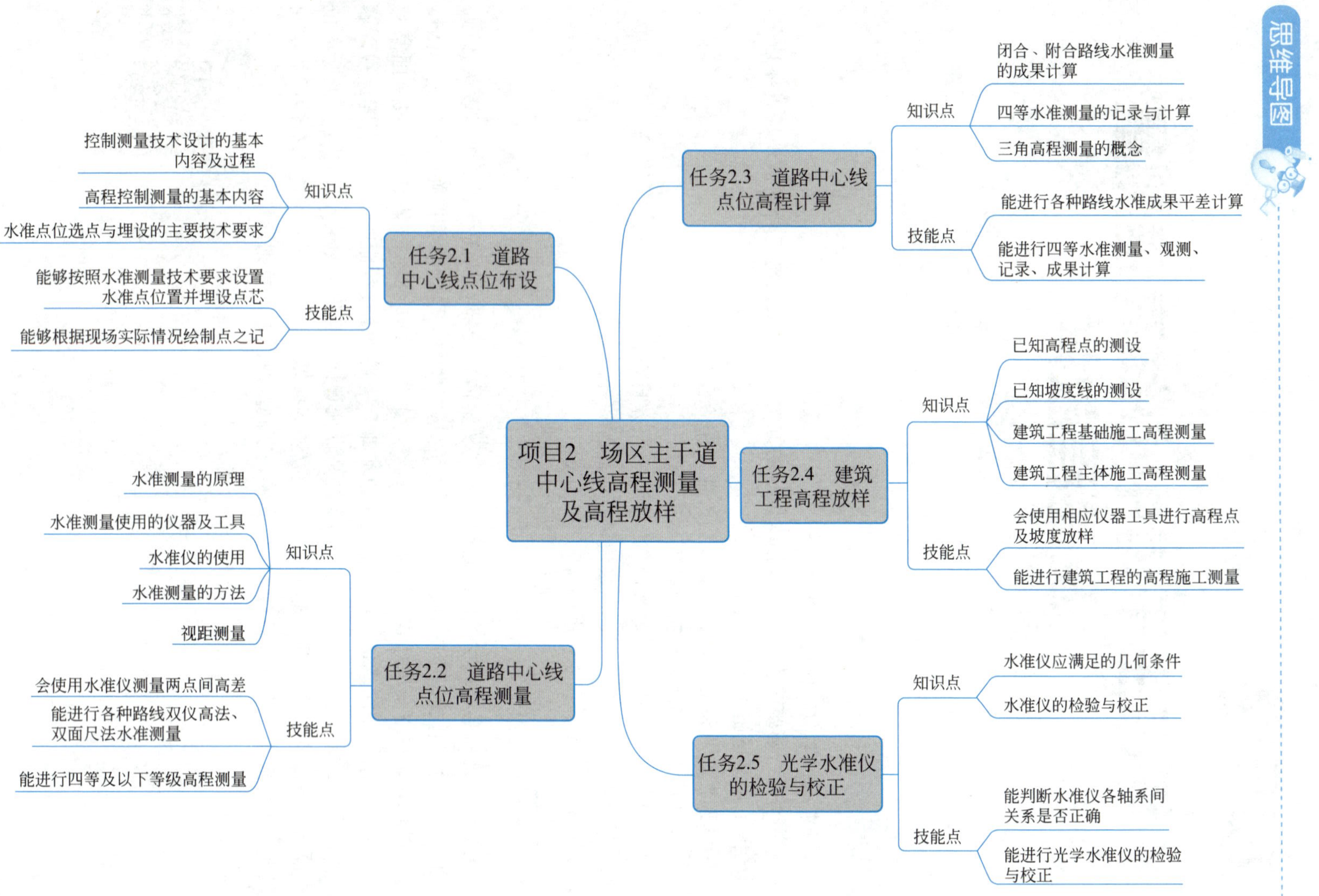

项目2 场区主干道中心线高程测量及高程放样
任务2.1 道路中心线点位布设
知识点
控制测量技术设计的基本内容及过程
高程控制测量的基本内容
水准点位选点与埋设的主要技术要求
技能点
能够按照水准测量技术要求设置水准点位置并埋设点芯
能够根据现场实际情况绘制点之记
任务2.2 道路中心线点位高程测量
知识点
水准测量的原理
水准测量使用的仪器及工具
水准仪的使用
水准测量的方法
视距测量
技能点
会使用水准仪测量两点间高差
能进行各种路线双仪高法、双面尺法水准测量
能进行四等及以下等级高程测量
任务2.3 道路中心线点位高程计算
知识点
闭合、附合路线水准测量的成果计算
四等水准测量的记录与计算
三角高程测量的概念
技能点
能进行各种路线水准成果平差计算
能进行四等水准测量、观测、记录、成果计算
任务2.4 建筑工程高程放样
知识点
已知高程点的测设
已知坡度线的测设
建筑工程基础施工高程测量
建筑工程主体施工高程测量
技能点
会使用相应仪器工具进行高程点及坡度放样
能进行建筑工程的高程施工测量
任务2.5 光学水准仪的检验与校正
知识点
水准仪应满足的几何条件
水准仪的检验与校正
技能点
能判断水准仪各轴系间关系是否正确
能进行光学水准仪的检验与校正

通过前一项目我们熟悉了测量工程的工作任务及流程，明确建筑工程施工测量主要是测设（放样）工作，而要完成测量任务的前提是首先要做好场区的控制测量工作，即“先控制后碎部”。控制测量包括高程控制测量和平面控制测量两部分内容。场区高程测量主要采用水准测量方法，场区平面控制测量主要采用导线测量的方法。本项目主要完成场区主干道中心线高程测量及高程放样等内容。

任务2.1 道路中心线点位布设

学习目标

1. 明确高程控制测量的概念；
2. 掌握高程控制网的建立方法和要求；
3. 能进行测区道路中心线高程控制点点位布点；
4. 了解建筑工程施工控制测量技术设计的内容；
5. 能编制控制测量技术设计；
6. 了解建筑工程施工控制测量现场踏勘的过程；
7. 能进行测量控制点标志建立。

关键概念

国家高程控制测量、城市高程控制网、建筑施工高程控制网、平高点、技术设计原则及过程、高程控制点点位布设、实地选点、埋石建标。

2.1.1 控制测量技术设计

1. 控制测量基本概念

为了限制测量误差的累积，确保区域测量成果的精度分布均匀，并加快测量工作进度，测量工作必须遵循“从整体到局部，先控制后碎部”的整体控制原则。首先在地面测区范围内选定若干对整体具有控制作用的点，称为“控制点”，组成一定的几何图形，称为“控制网”，然后用适当精度的测量仪器和工具，采用一定的测量方法，精确测定各控制点的平面位置坐标和高程，这项工作称为“控制测量”。

测定各控制点平面位置坐标的工作称为“平面控制测量”，测定各控制点高程的工作称为“高程控制测量”。

2. 技术设计的一般规定

技术设计是根据工程建设项目的规模和对施工测量精度及合同、业主的要求，结合测区自然地理条件的特征，选择最佳布网方案和观测方案，确保在规定工期内合理、经济地完成工程施工测量任务的重要技术文件。

为确保施工测量任务顺利完成，控制测量技术设计必须切实可行，因此，技术设计书必须经企业技术主管部门批准，作为工程项目施工组织设计的一部分，经监理审批后方可组织实施。

3. 技术设计的依据

（1）工程项目施工合同；

（2）工程相关施工图纸；

（3）有关的法规和技术标准。

4. 技术设计的基本原则

（1）广泛收集、分析、利用业主提供的与测绘相关的资料；对业主提供的已知数据进行检核。

（2）现场踏勘实地情况，做好控制测量方案设计准备；

（3）技术设计应遵循整体控制原则，先考虑整体而后局部，顾及细部加密；

（4）结合场区实际情况及本企业作业人员技术素质和装备情况，选择最佳方案。

5. 技术设计必须包括的主要内容

（1）任务概述：简述工程概况，包括建设项目名称、工程规模、来源、用途、测区范围、地理位置、行政隶属、任务的内容和特点、工作量以及采用的技术依据。

（2）测区概况：说明测区的地理特征、居民地、交通、气候等情况，并划分测区困难类别。

（3）已有资料的分析、评价和利用：说明已有资料的作业单位、施测年代、采用的技术依据和选用的基准；分析已有资料的质量情况，并作出评价和指出利用的可能性。

（4）平面控制：说明控制网采用的平面基准、等级划分以及各网点、GNSS点或导线点的点号、位置、图形、点的密度、已知点的利用与联测方案；初步确定的测点类型、标石（点芯）的类型与埋设要求；观测方法及使用的仪器。

（5）高程控制：说明采用的高程基准及高程控制网等级，路线长度及其构网图形，高程点或标志的类型与埋设要求；拟定观测与连测方案，观测方法及技术要求等。

（6）内业计算：外业成果资料的分析和评价，选定的起算数据及其评价，选用的计算数学模型，计算与检校的方法及其精度要求，成果资料的要求等。

6. 控制测量技术设计过程

（1）分析已有控制网成果的精度，必要时实测部分角度和边长，掌握起算数据的精度情况。

（2）根据控制网的用途、工程规模、类型及建筑布置、精度要求来确定控制网的等级；根据测区地形、起算点情况及使用的仪器设备来确定控制网的类型。平面控制可采用GNSS测量和导线测量。高程控制可采用水准测量和三角高程测量，布设成闭合环线、附合线路或结点网。

（3）控制网图上设计

结合现场踏勘情况，根据工程设计意图及其对控制网的精度要求，拟定合理布网方案，利用测区地形地物特点在图上设计出一个图形结构强的控制网形。

1）平面控制导线网对点位的要求

① 图形结构好，边长适中（最理想形状为等边直伸形）；

② 导线点要有足够的密度，且分布均匀，以控制整个场区；

③ 导线边长大致相等，其平均边长符合导线等级要求；

④ 能埋建牢固的测量标志，且能长期保存；

⑤ 充分利用测区内原有的旧点，以节省开支；

⑥ 为了安全，点位要离开公路、铁路、高压线等危险源。

2）图上设计步骤

① 利用工程总平面图展绘已有控制网点；

② 按照保证精度、方便施工和测量的原则布设施工控制测量网点；

③ 判断和检查点间通视情况；

④ 估算控制网的精度；

⑤ 拟定三角高程起算点及水准联测路线。

7. 附表资料

根据对测区情况的调查和图上设计的结果，写出技术设计文字说明书，整理各种数据、图表，并拟定作业计划。附表资料包括：

（1）技术设计图；

（2）工作量表；

（3）作业计划安排表；

（4）主要物资器材表；

（5）预计上交资料表等。

8. 报请审核

控制测量技术设计完成后，经企业技术主管部门批准，报监理审批后方可实施。

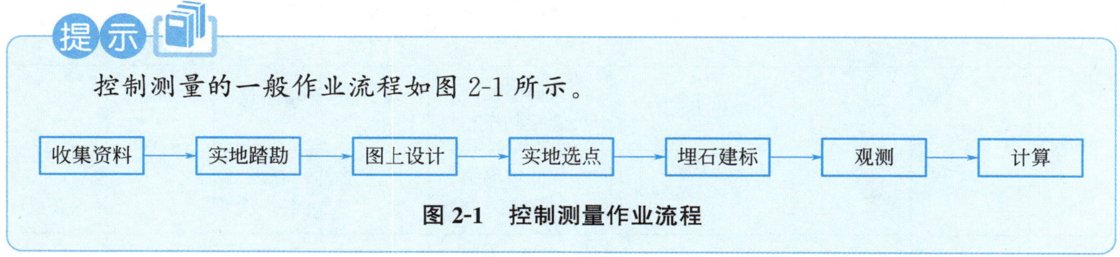

提示
控制测量的一般作业流程如图 2-1 所示。
收集资料
实地踏勘
图上设计
实地选点
埋石建标
观测
计算

图 2-1　控制测量作业流程

2.1.2　高程控制测量

测量地面上各点高程的工作称为高程测量。按使用的仪器和测量原理的不同，高程测量可分为水准测量、三角高程测量、GNSS 拟合高程测量等。

（1）水准测量精度最高，是高程测量的主要方法，工程上通常采用水准测量的方法来确定地面点位的高程。

（2）三角高程测量是使用全站仪测出两点之间的水平距离和竖直角计算两点的高差，然后求出所求点的高程；主要用于山区高差大、距离较远、精度要求较低的图根高程控制以及位于较高建筑物上面的控制点的高程测量。

（3）GNSS 高程测量是使用卫星定位测量，由于水准测量的基准面是大地水准面，而 GNSS 高程测量基准面是参考椭球面，在地面同一点处两面存在垂线偏差，导致后者精度较低，随着大地水准面精化不断深入，小地区大地水准面与参考椭球面越来越接近，GNSS 所测的点位高程精度越来越高，但目前很难用于高等级的控制测量中，仅适用于平原或丘陵地区的五等高程测量。

高程控制测量精度等级的划分，依次为一、二、三、四等。与平面控制不同，只有“等”，没有“级”的概念。各等级高程控制测量均可采用水准测量方法，四等及以下等级也可采用电磁波测距三角高程测量、GNSS 高程测量。

五等因精度太低很少用于工程控制测量，仅用于测图等其他精度要求较低的工作，因此也可采用 GNSS 高程测量方法。

测区的高程系统，宜采用 1985 国家高程基准。在已有高程控制网的地区测量时，可沿用原有的高程系统；当小测区联测有困难时，也可采用假定高程系统。《工程测量标准》GB 50026—2020 规定，高程控制点间的距离，一般地区应为 1～3km，工业厂区、城镇建筑区宜小于 1km。一个测区至少应有 3 个高程控制点，以便互相检核。水准路线一般布置成单独的或交叉的节点路线，有时也布置成环状的闭合路线。

表 2-1 为《工程测量标准》GB 50026—2020 中有关水准测量路线及测站的技术要求。

水准测量路线技术要求 **表 2-1**

等级	每千米高差全中误差（mm）	路线长度（km）	水准仪级别	水准尺	观测次数		往返较差、附合或环线闭合差	
					与已知点联测	附合或环线	平地（mm）	山地（mm）
二等	2	—	DS1、DSZ1	条码因瓦、线条式因瓦	往返各一次	往返各一次	$4\sqrt{L}$	—
三等	6	≤50	DS1、DSZ1	条码因瓦、线条式因瓦	往返各一次	往一次	$12\sqrt{L}$	$4\sqrt{n}$
			DS3、DSZ3	条码式玻璃钢、双面		往返各一次		
四等	10	≤16	DS3、DSZ3	条码式玻璃钢、双面	往返各一次	往一次	$20\sqrt{L}$	$6\sqrt{n}$
五等	15	—	DS3、DSZ3	条码式玻璃钢、单面	往返各一次	往一次	$30\sqrt{L}$	—

注：1. 结点之间或结点与高级点之间的路线长度不应大于表中规定的 70%；
2. L 为往返测段、附合或环线的水准路线长度（km），n 为测站数；
3. 数字水准测量和同等级的光学水准测量精度要求相同，作业方法在没有特指的情况下均称为水准测量；
4. DSZ1 级数字水准仪若与条码式玻璃钢水准尺配套，精度降低为 DSZ3 级；
5. 条码式因瓦水准尺和线条式因瓦水准尺在没有特指的情况下均称为因瓦水准尺。

水准观测应在水准点标石埋设稳定后进行，观测精度除了对仪器的技术参数有具体规定之外，对观测程序、操作方法、视线长度都有严格的技术指标，其主要技术要求应符合表 2-2 和表 2-3 的规定。

数字水准仪测站观测的主要技术要求　　表 2-2

等级	水准仪级别	水准尺类别	视线长度（m）	前后视的距离较差（m）	前后视的距离较差累积（m）	视线离地面最低高度（m）	测站两次观测的高差较差（mm）	数字水准仪重复测量次数
二等	DSZ1	条码式因瓦尺	50	1.5	3.0	0.55	0.7	2
三等	DSZ1	条码式因瓦尺	100	2.0	5.0	0.45	1.5	2
四等	DSZ1	条码式因瓦尺	100	3.0	10.0	0.35	3.0	2
	DSZ1	条码式玻璃钢尺	100	3.0	10.0	0.35	5.0	2
五等	DSZ3	条码式玻璃钢尺	100	近似相等	—	—	—	—

注：1. 二等数字水准测量观测顺序，奇数站应为后—前—前—后，偶数站应为前—后—后—前；
2. 三等数字水准测量观测顺序应为后—前—前—后；四等数字水准测量观测顺序应为后—后—前—前；
3. 水准观测时，若受地面振动影响时，应停止测量。

光学水准仪测站观测的主要技术要求　　表 2-3

等级	水准仪级别	视线长度（m）	前后视距差（m）	任一测站上前后视距差累积（m）	视线离地面最低高度（m）	基、辅分划或黑、红面读数较差（mm）	基、辅分划或黑、红面所测高差较差（mm）
二等	DS1、DSZ1	50	1.0	3.0	0.5	0.5	0.7
三等	DS1、DSZ1	100	3.0	6.0	0.3	1.0	1.5
	DS3、DSZ3	75				2.0	3.0
四等	DS3、DSZ3	100	5.0	10.0	0.2	3.0	5.0
五等	DS3、DSZ3	100	近似相等	—	—	—	—

注：1. 二等光学水准测量观测顺序，往测时，奇数站应为后—前—前—后，偶数站应为前—后—后—前；返测时，奇数站应为前—后—后—前，偶数站应为后—前—前—后；
2. 三等光学水准测量观测顺序应为后—前—前—后；四等光学水准测量观测顺序应为后—后—前—前；
3. 二等水准视线长度小于 20m 时，实现高度不应低于 0.3m；
4. 三、四等水准采用变动仪器高度观测单面水准尺时，所测两次高差较差，应与黑面、红面所测高差之差的要求相同。

1. 国家高程控制网

在全国领土范围内，由一系列按国家统一规范测定高程的水准点构成的网称为国家水准网。它是全国统一的高程系统，按照下述四个原则布设：

（1）分级布网、逐级控制。由高级到低级，逐级控制。

（2）足够的精度。保证控制网具有必要的精度。

（3）足够的密度。点位密度应满足测图和工程测量的需要。

（4）统一的规格。各作业单位应遵守统一的标准及相关规范。

图 2-2 为国家高程控制网，采用精密水准测量方法建立。国家高程控制网除布设成水准网，还包括闭合环线和附合水准路线。

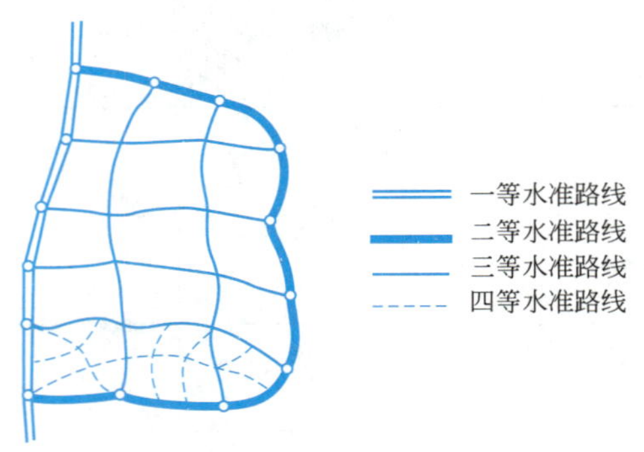

图 2-2　国家高程控制网

国家控制网按精度由高到低分为一、二、三、四共四个等级。一等精度最高，是国家高程控制的骨干，沿地质构造稳定和坡度平缓的交通线布满全国，构成网状，确保精度是其重点考虑的指标；二等精度次之，它是国家高程控制网的全面基础，二等水准环线布设在一等水准环内，一般沿铁路、公路和河流布设，必须兼顾精度和密度两个方面的要求；三、四等是在二等控制网下的进一步加密，是为了满足测图和工程建设的需要。

2. 城市或厂矿地区控制测量

城市或厂矿地区范围较大，也遵循"从整体到局部，先控制后碎部"的整体控制原则，一般应在国家等级控制点的基础上，根据测区的大小、城市规划或施工测量的要求，布设不同等级的城市平面控制网，供地形测图和测设建（构）筑物时使用。

水准测量的等级依次分为二、三、四等。城市首级控制网不应低于三等水准；测区则视需要，各等级高程控制网均可作为首级控制。可采用水准测量和三角高程测量等方法建立。

3. 建筑施工控制测量

建筑施工测量同样应遵循"从整体到局部，先控制后碎部"的整体控制原则，即在建筑施工前首先要建立施工控制网。施工控制网不仅是施工放样的依据，也是工程竣工测量的依据，同时还是建筑物变形监测以及建筑物改建、扩建的依据。

施工控制网可在已有高程控制网基础上建立，当已有的控制网在密度、精度上不能满足施工测量的技术要求时，应重新建立统一的施工高程控制。布设形式有附合水准路线、闭合水准路线或结点水准网等，布网等级分二、三、四等，采用水准方法施测。

在施工期间，要求在建筑物附近的不同高度上都必须布设临时水准点。临时水准点的密度应保证放样时只设置一个测站，即能将高程传递到建筑物上。

高程控制网通常分两级布设，即整个施工场地的基本高程控制网与根据各施工阶段放样需要而布设的加密网。加密网点一般均为临时水准点，为了放样的方便，可以在已浇筑的混凝土上布设临时水准点。基本高程控制网通常采用三等水准测量施测，加密高程控制网则采用四等水准测量施测。

对于起伏较大的山岭地区，平面和高程控制网通常各自单独布设。对于平坦地区，平面控制点通常均联测在高程控制网中，同时兼做高程控制点使用，此类同时具有平面坐标和高程的点称为“平高点”。

《工程测量标准》GB 50026—2020 规定，建筑物高程控制：（1）应采用水准测量；（2）附合路线闭合差，不应低于四等水准的要求；（3）水准点可设置在平面控制网的标桩或外围的固定地物上，也可单独埋设，不应少于 2 个；（4）当场地高程控制点距离施工建筑物小于 200m 时，可直接利用；（5）当施工中高程控制点标桩不能保存时，应将其高程引测至稳固的建筑物或构筑物上，引测的精度，不应低于四等水准。

2.1.3 踏勘选点

1. 实地选点

（1）水准点

用水准测量方法测定高程的高程控制点，称为水准点（Bench Mark），建筑工地上常用 BM 表示起始引进水准点。水准点有永久性水准点和临时性水准点两种。永久性水准点一般用石料或混凝土制成，深埋在地面冻土线以下，如图 2-3 所示，其顶面嵌入一个金属或瓷质的水准标志，标志中央半球形的顶点表示水准点的高程位置。有的永久性水准点埋设在稳固建筑物的墙脚上，如图 2-4 所示，称为墙上永久水准点。永久水准点在图上用符号“⊗”表示。

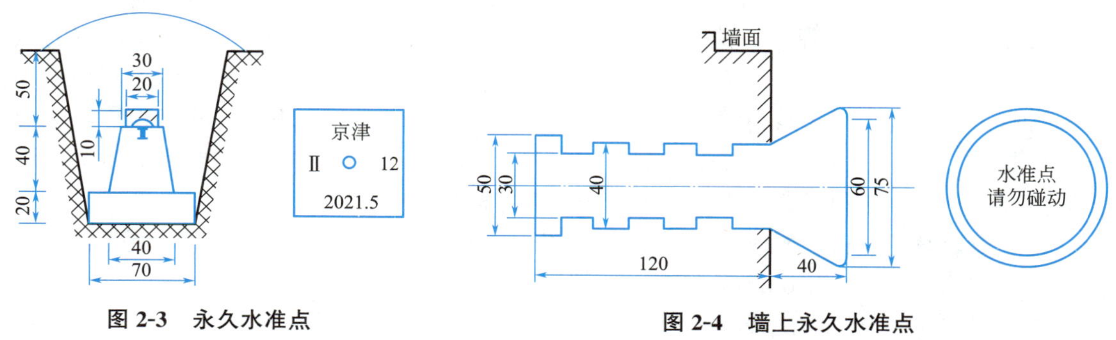

图 2-3 永久水准点　　图 2-4 墙上永久水准点

建筑工地上的永久性水准点一般用混凝土制成。顶部嵌入半球状凸起金属标志。临时性水准点，常用大木桩打入地面，桩顶钉入一半球状头部的铁钉，以示高程位置。临时水准点在图上用符号“○”表示。

为了便于以后的寻找和使用，每一水准点都应绘制点之记，绘出水准点附近的地形草图，标明点位到附近最少两处明显、稳固地物点的距离，便于使用时寻找，水准点应注明点号、等级、高程等情况。

（2）水准点位置的选择

根据工程需要，一般先在图纸上概略选定位置。如果为测量路线剖面起伏状态，应在路线变坡处选点；如果为工程施工高程控制，应按以下要求进行：

1）在空旷场区选点时，应在距离拟建建筑物 100m 左右、视野开阔处，选择具有控制意义的点位，方便向拟建建筑物传递高程，并且便于加密；

2）在已硬化道路选点时，应选在道路两侧人行道或路沿石外绿化带上，且在同一侧，视线尽量不横穿路面，点位应具控制意义，不得选在行车道或道路中心线上，以确保测量人员及仪器安全；

3）所选点位应确保视线高出或旁离障碍物 1.5m 以外，以消除大气折光差影响。

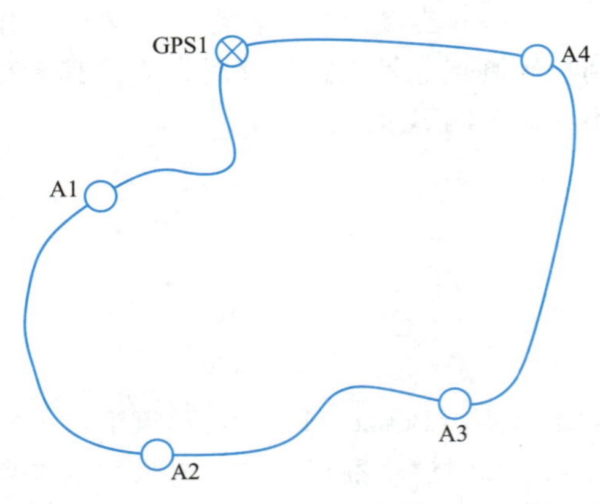

图 2-5　水准路线布设示意

控制点在图上设计好以后，应画草图、为各点命名编号。如图 2-5 所示，整个水准路线草图应为弧线（两点间不能画成直线），意为所有测站仪器均安置在两点连线的垂直平分线上，而不是像角度测量那样安置在测点上。点号命名一般为两部分，前面是数位大写英文字母，后面是数位阿拉伯数码。如图 2-5 五测段闭合水准路线中所示，GPS1 为已知高程控制点，A1～A4 为未知高程控制点。

（3）点位现场确认

根据已完成的控制测量技术设计，通过现场踏勘比对设计拟定的水准路线和点位是否合理可行，如果因现场情况不能按照设计布点，应现场修正布网方案调整点位。

2. 埋石建标

如图 2-6、图 2-7 所示，控制点现场选定好以后，即可挖坑埋点。根据工期，对于工期较长需数年使用的工程，应建立永久控制点，挖 600mm×600mm×600mm 左右的点坑，在点坑内浇筑素混凝土，埋设顶面为凸起球形的高程控制点芯（对于平面点则顶面为平面带有十字刻划、平高点为顶面凸起并带有十字刻划）；对于工期较短的工程，可建立临时控制点，挖 500mm×500mm×400mm 左右的点坑，在点坑内打入抗腐烂的木桩并浇筑素混凝土，在木桩顶部钉入不锈钢小钉作为点芯标志。

控制点埋设完成后，要根据技术设计书的统一编号，绘制控制点点之记，便于日后找点使用，如图 2-8～图 2-10 所示。

点之记是在测绘学中记载等级控制点位置和结构情况的资料，分为三角点、导线点、水准点、GNSS 点等。点之记的内容包括：点名、等级、所在地、与周围固定地物相关尺寸的点位略图、实埋标石断面图及委托保管等信息和为后续工作方便而描述的内容等。在测量过程中需要根据已知点的坐标去现场找点，常用的找点方法有两种：①根据纸质点之记的描述找到相应的点位；②利用手持 GNSS 接收机或带 GNSS 功能的手机找到相应的点位。第一种方法的优点是无需设备，但不直观，而且实际情况中并不是每个点都有点之记；第二种方法是使用方便，找点的精度在 10m 左右，但找点之前对控制点周围的情况无从知晓，只能用逐步趋近法寻找控制点。

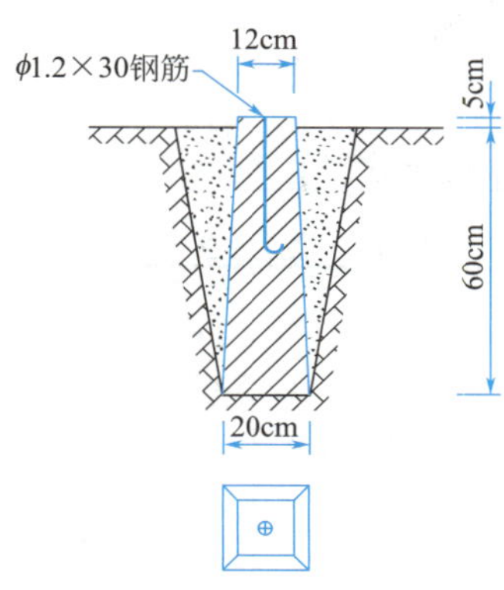

图 2-6　永久控制点标石埋设图

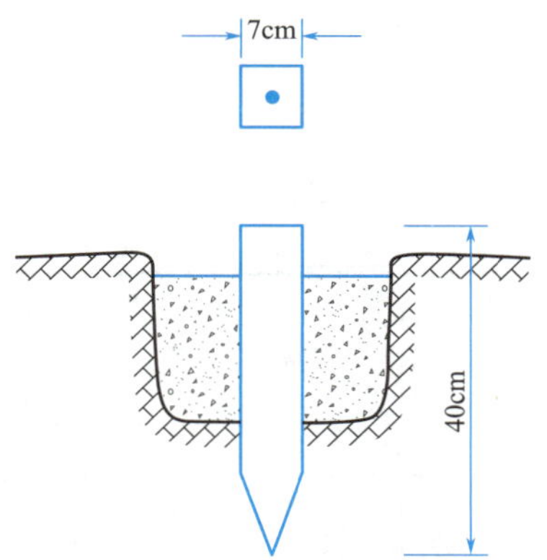

图 2-7　临时控制点标石埋设图

图 2-8　控制点总图

控制点点之记

项目名称：××建筑职业技术学院校区地形图测绘首级控制网

日期：×××　　　　记录绘图：×××　　　　校对：×××

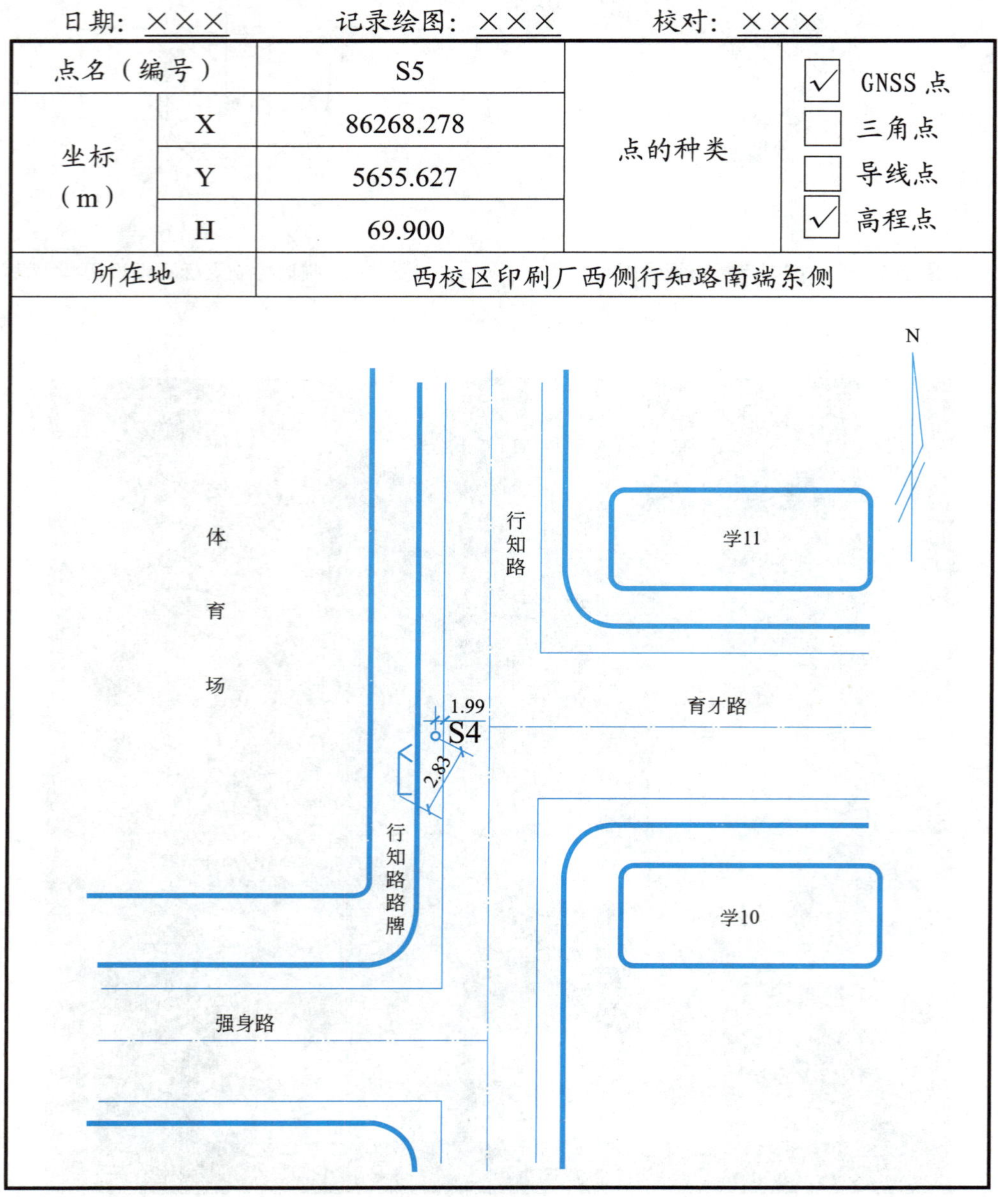

点名（编号）		S5	点的种类	☑ GNSS点 ☐ 三角点 ☐ 导线点 ☑ 高程点
坐标（m）	X	86268.278		
	Y	5655.627		
	H	69.900		
所在地		西校区印刷厂西侧行知路南端东侧		

图 2-9　控制点点之记之一

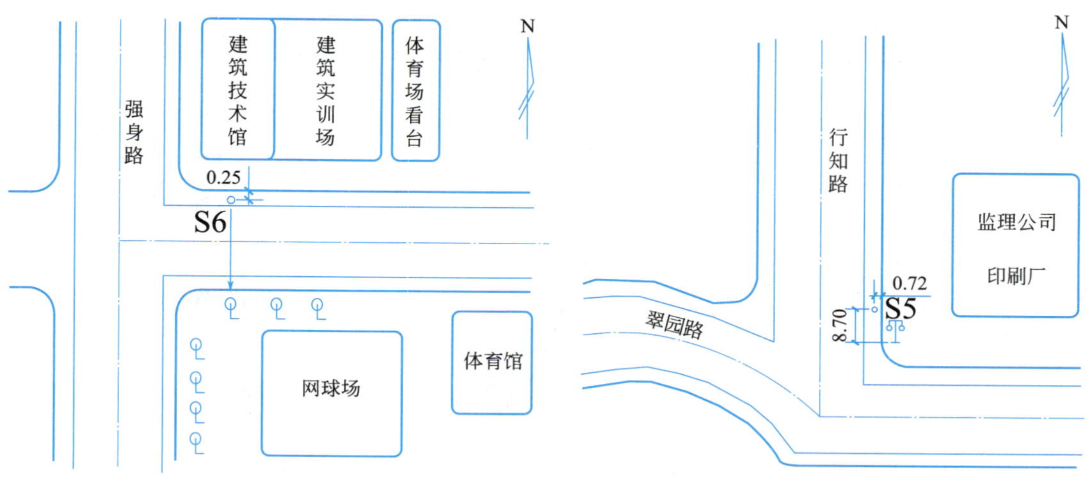

图 2-10　各种点之记草图绘制示例

3. 绘制点之记点位略图建筑现场常用符号

点之记点位略图绘制，根据控制点向周围距离一般 10m 内寻找最明显的固定地物或标志两三处即可，要确保事后便于寻找，而不会被破坏。建筑现场常用符号详见表 2-4。

建筑现场绘制点之记点位略图常用符号　　表 2-4

序号	名称	符号	简要说明
1	房屋	混3	在符号里面或外侧注记建筑物名称，并在符号里面注记房屋结构及层数
2	路标		在“ ”符号旁注明路标名称
3	桥		须注记位置及桥名
4	路灯		注明从某路口或特征点开始第几个路灯
5	照射灯		注明从某路口或特征点开始第几个照射灯
6	岗亭、岗楼		须注记位置及名称

续表

序号	名称	符号	简要说明
7	水塔	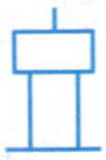	须注记位置及名称
8	双柱多柱宣传橱窗、广告牌		须注记位置及名称
9	单柱宣传橱窗、广告牌		须注记位置及名称
10	独立树		须注记位置及从某路口或特征点开始第几棵独立树
11	假山石		须注记位置及名称
12	给水检修井孔		须注记位置及名称从某处起第几个孔
13	排水（污水）检修井孔		须注记位置及名称从某处起第几个孔
14	热力检修井孔		须注记位置及名称从某处起第几个孔
15	燃气检修井孔		须注记位置及名称从某处起第几个孔
16	不明用途井孔		须注记位置及名称从某处起第几个孔
17	污水、雨水箅子（圆形或矩形）	 	须注记位置及名称从某处起第几个污水箅子
18	消火栓		须注记位置及名称从某处起第几个消火栓
19	阀门		须注记位置及名称从某处起第几个阀门

续表

序号	名称		符号	简要说明
20	水龙头			须注记位置及名称从某处起第几个水龙头
21	独立石			须注记位置及名称
22	控制点	导线点		须注记位置及名称
		水准点		须注记位置及名称
		GNSS 点		须注记位置及名称

课后讨论

1. 国家控制网的等级有哪些？有无“级”的概念？
2. 城市高程控制网如何分等级？
3. 高程控制测量有哪些方法？
4. 控制测量技术设计的依据是什么？
5. 技术设计必须包括哪些主要内容？
6. 简述技术设计的过程。
7. 技术设计实施前还要经过哪道重要手续？
8. 水准点位选取的要求有哪些？
9. 埋设控制点有几种情况？各自适用条件是什么？
10. 点之记应记录哪些内容？

任务 2.2　道路中心线点位高程测量

学习目标

1. 了解高程测量基本概念；
2. 能进行水准测量工作；

3. 了解水准测量使用的仪器；

4. 会进行水准测量测站检核。

关键概念

水准仪、水准测量路线、高差法水准测量、视线高法水准测量。

2.2.1 水准测量的原理

1. 水准测量原理

水准测量是利用水准仪提供的一条水平视线，借助于带有分划的标尺，测量出地面两点之间的高差，然后根据测得的高差和已知点的高程，推算出另一个点的高程的方法。

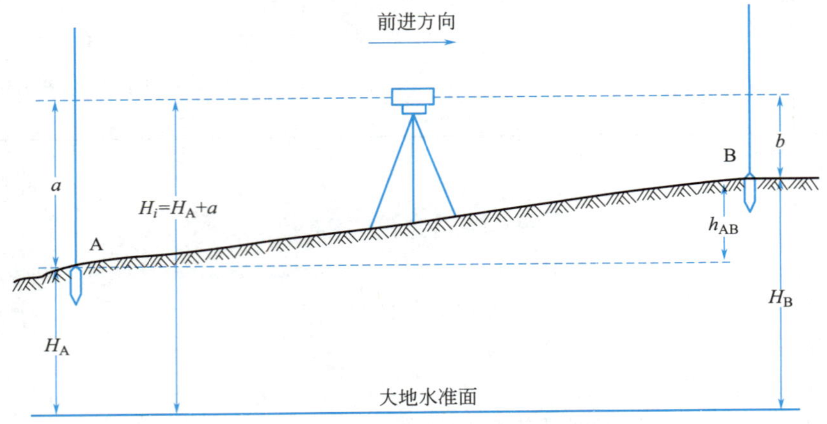

图 2-11 水准测量原理

如图 2-11 所示，已知地面上 A 点的高程为 H_A，欲测定 B 点的高程 H_B，需要先测出 A、B 两点间的高差 h_{AB}，为此要在 A、B 之间安置一台水准仪，再在 A、B 两点上各竖立一根水准尺，利用仪器所提供的水平视线，分别读取 A、B 尺上的读数 a 和 b，则 B 点对于 A 点的高差为：

$$h_{AB}=a-b \quad \text{（式 2-1）}$$

2-2 水准测量基本原理

水准测量是由 A 点到 B 点方向进行的，如图中的箭头所示，A 点为后视已知高程点，则 A 点尺上的读数称为后视读数，记为 a；B 点为前视待定高程点，B 点尺上的读数称为前视读数，记为 b；两点间的高差等于后视读数减去前视读数，即 $h_{AB}=a-b$。若 a 大于 b，则高差为正，B 点高于 A 点；反之高差为负，则 B 点低于 A 点。

2. 高程计算方法

（1）高差法

如图 2-11 所示，如果已知后视 A 的高程为 H_A，则可由测定的高差 h_{AB} 计算前视点的高程 H_B：

$$H_B = H_A + h_{AB} = H_A + (a - b) \quad \text{（式 2-2）}$$

由式（2-2）根据高差推算待定点高程的方法称为高差法。

（2）视线高法

如图 2-11 所示，B 点高程也可以通过仪器视线高程 H_i 求得。

$$\text{视线高程} \quad H_i = H_A + a \quad \text{（式 2-3）}$$

$$\text{待定点高程} \quad H_B = H_i - b \quad \text{（式 2-4）}$$

由式（2-4）通过视线高程推算待定点高程的方法称为视线高法。

高差法和视线高法的测量原理是相同的，区别在于计算高程时次序上的不同。在安置一次仪器需求出几个点的高程时，视线高法比高差法方便，因而视线高法在各种工程中被广泛采用。

2.2.2 水准测量的仪器及工具

水准测量所使用的仪器为水准仪，工具有水准尺和尺垫。

水准仪按精度高低可分为普通水准仪和精密水准仪，国产水准仪按精度分有 DS05、DS1、DS2、DS3 等。工程测量中一般使用 DS3 型微倾式、自动安平水准仪，D、S 分别为“大地测量”和“水准仪”的汉语拼音第一个字母，数字 3 表示该仪器的标称精度，即每公里往返测量高差中数的中误差不超过±3mm。

本节重点介绍 DS3 微倾式水准仪。

1. DS3 水准仪的构造

水准仪是能够提供水平视线，并能够照准水准尺进行读数的仪器，主要由望远镜、水准器和基座三部分构成。

DS3 水准仪的外形和各部件名称如图 2-12 所示。

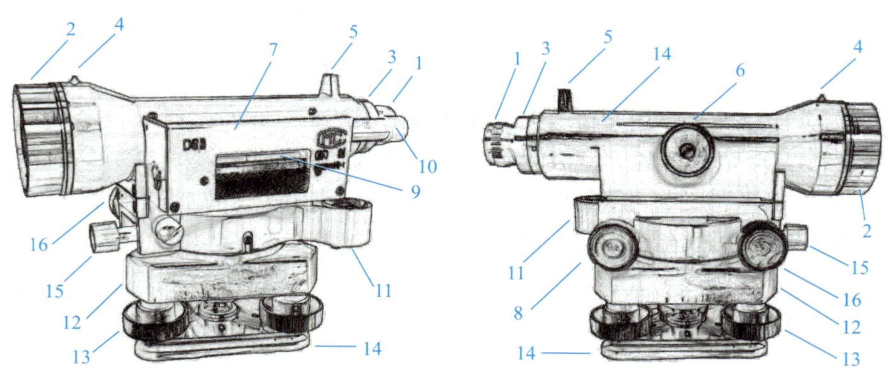

图 2-12 DS3 水准仪的构造

1—目镜；2—物镜；3—十字丝分划板；4—准星；5—照门；6—物镜调焦螺旋；7—管水准器；8—微倾螺旋；9—长水准管；10—符合气泡观察窗；11—圆水准器；12—基座；13—脚螺旋；14—基座底板；15—水平制动螺旋；16—水平微动螺旋

（1）望远镜

望远镜是构成水平视线、瞄准目标和在水准尺上读数的主要部件，如图 2-13 所示，

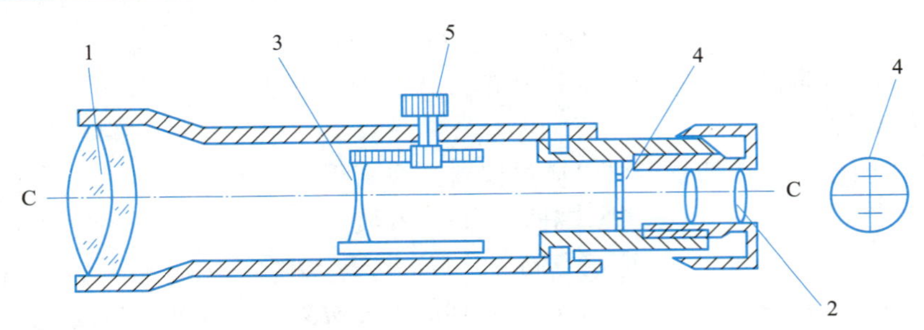

图 2-13　水准仪望远镜的构造

1—物镜；2—目镜；3—调焦透镜；4—十字丝分划板；5—调焦螺旋

它主要由物镜、目镜、调焦透镜和十字丝分划板等构成。

物镜的作用是和调焦透镜一起将远处的目标清晰成像在十字丝分划板上，形成一个倒立而缩小的实像；目镜的作用是将物镜所成的实像和十字丝一起放大成可见的虚像。

十字丝分划板是一块刻有分划线的玻璃薄片，分划板上互相垂直的两条长丝称为十字丝，纵丝称为竖丝，横丝称为中丝，纵丝与横丝是用来照准目标和读数用的。在横丝的上下还有两条对称的短丝称为视距丝，用来测定距离。

十字丝的交点和物镜光心的连线称为望远镜的视准轴。视准轴的延长线就是望远镜的观测视线。

（2）水准器

水准器是测量人员判断水准仪安置是否正确的重要装置。水准器通常有圆水准器和管水准器两种。

1）圆水准器

圆水准器装在仪器的基座上，用于对水准仪进行快速粗略整平。如图 2-14 所示，圆水准器内有一个气泡，它是将加热的酒精和乙醚的混合液注满后密封，液体冷却后收缩形成一个空间，亦即形成了气泡。

圆水准器顶面的内表面是一球面，其中央画有一圆圈，圆圈的圆心称水准器的零点，连接圆水准器零点与圆水准器球心的直线或过零点的球面法线称为圆水准器轴，当圆水准器气泡中心与零点重合时，表示气泡居中，此时圆水准器轴处于铅垂位置。圆水准器的气泡每移动 2mm，圆水准器轴相应倾斜的角度 τ 称为圆水准器分划值，一般在 $8'\sim10'$，由于它的精度较低，所以圆水准器一般用于仪器的粗略整平。

圆水准器的作用：由于其轴线与竖轴平行，因此当其气泡居中时，能够确保竖轴铅垂。

2）管水准器

如图 2-15 所示，管水准器的玻璃管内壁为圆弧，圆弧的中心点称为水准管的零点。通过零点与圆弧相切的切线 LL 称为水准管轴。当气泡中心与零点重合时称为气泡居中，此时水准管轴 LL 处于水平位置。管水准器内壁弧长 2mm 所对应的圆心角 τ 称为水准管的分划值，DS3 水准仪的水准管分划值为 $20''$。水准管分划值越小，灵敏度越高，用来整平仪器精度也越高。因此管水准器的精度比圆水准器的精度高，适用于仪器的精确整平。

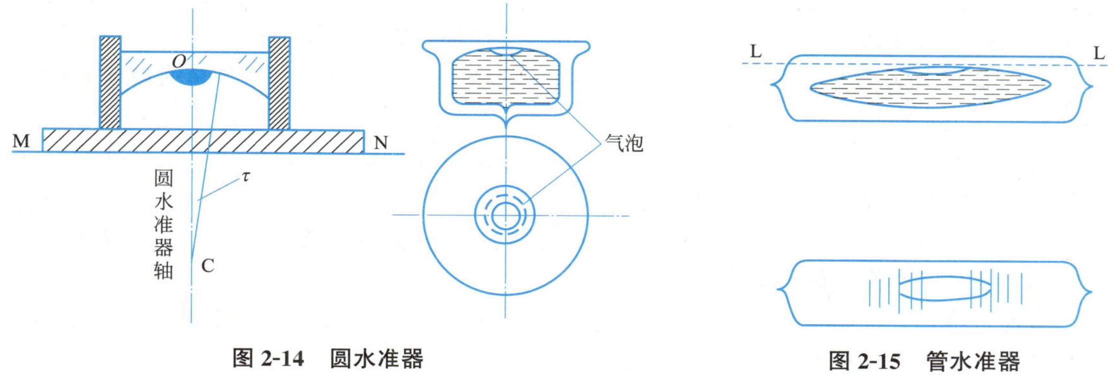

图 2-14　圆水准器

图 2-15　管水准器

为了提高水准管气泡居中精度，DS3 水准仪在管水准器的上方安装了一组复合棱镜，如图 2-16（a）所示。这样可使水准管气泡两端的半个气泡的影像通过棱镜的几次折射，最后在目镜旁的观察小窗内看到。当两端的半个气泡影像错开时，如图 2-16（b）所示，表示气泡没有居中，需转动微倾螺旋使两端的半个气泡影像符合一致，则表示气泡居中，如图 2-16（c）所示。

这种具有棱镜装置能够提高水准管气泡居中精度的管水准器称为符合水准器。

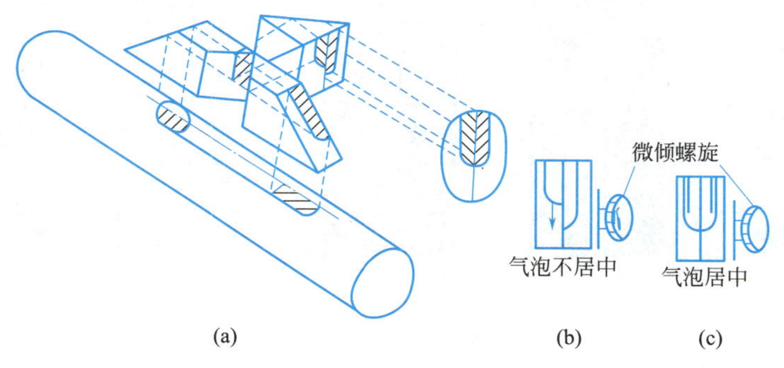

图 2-16　符合水准器

3）基座

基座主要由轴座、脚螺旋、底板和三角压板构成，如图 2-12 所示。基座的作用是支撑仪器上部，即将仪器的竖轴插入轴座内旋转。基座上有三个脚螺旋，用来调节圆水准器使气泡居其中，从而使竖轴处于竖直位置，将仪器粗略整平。底板通过连接螺旋与下部三脚架连接。

2. 水准尺和尺垫

（1）水准尺

水准尺是水准测量的重要工具，其质量好坏直接影响水准测量的成果。常用的水准尺有塔尺、双面水准尺、铟钢尺和条码水准尺四种，铟钢尺和条码水准尺用于精密水准测量。

水准尺的尺底为零点，立尺时将尺的零点放置在立尺测点上。

塔尺为塔式收缩形式，矩形抽拉式结构，在使用时方便抽出，携带时将其收缩即可，因其形状类似塔状，称之为塔尺。每抽一节有卡簧弹出，使用时务必注意卡簧是否到位，否则不仅将造成测量误差，而且用旧后接头处容易损坏，影响尺长精度。

如图 2-17 所示，塔尺通常有 3m 和 5m 两种规格（图 2-17a），以铝合金或玻璃钢材料为多，工程上木质塔尺现已不多见。

现在最常用的铝合金塔尺，一面是厘米 10 毫米分划，每厘米一注记，每 1 分米时注记到米；另一面是厘米 5 毫米分划，每厘米一注记，每 1 分米时注记到米。由于尺身为金属材质，5m 规格尺长全部抽出高度可达 5m，因使用地点多为室外，所以，一定要注意远离裸露电线，防止发生触电事故。

双面水准尺，通常长度为 2m 或 3m 定长，如图 2-17（b）所示，一般选用干燥的优质木材制成。必须由两根尺组成一对主副尺使用。

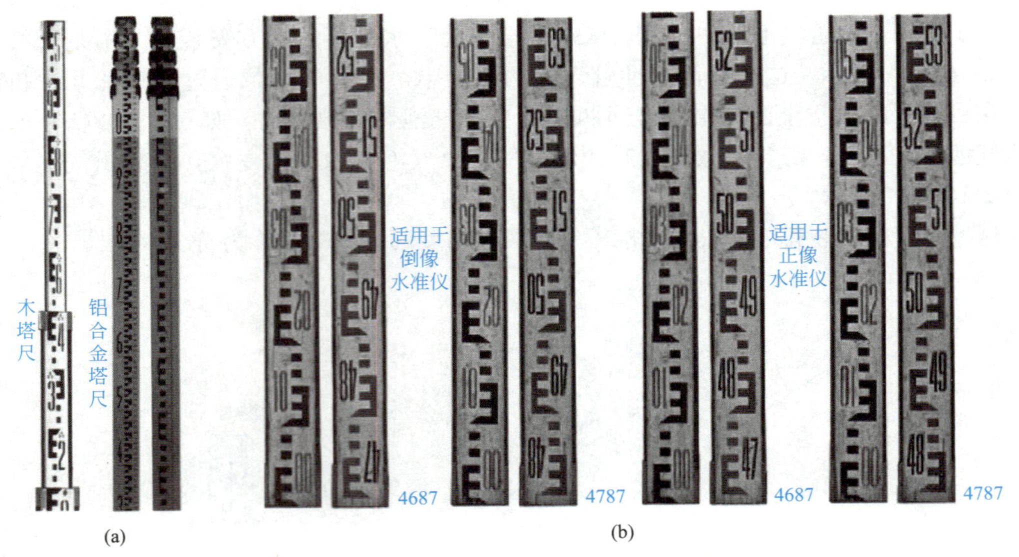

图 2-17　水准尺

每根尺两面都有分划，分划形状为大写字母“E”，实心 5cm、空心 5cm，每分米一注记。一面为黑白格相间，称为黑面尺（主尺），另一面为红白格相间，称为红面尺（副尺）。双面尺必须成对使用。黑面尺分划的起始数字为零，而红面尺起始数字则为 4687mm 或 4787mm，即主副尺正反面零点差分别为 4687 和 4787，两尺所测高差互差 100mm。

（2）尺垫

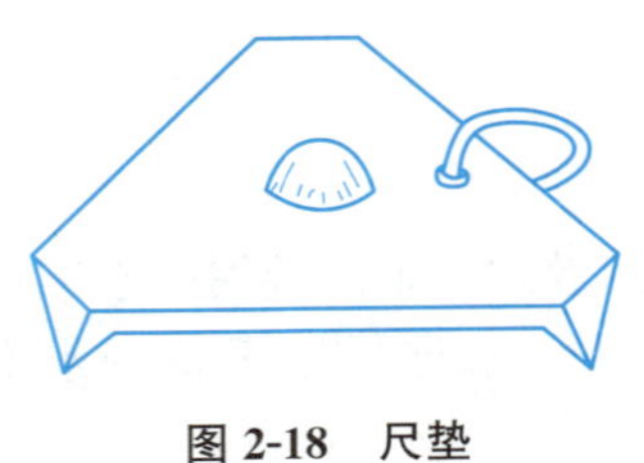

图 2-18　尺垫

也叫尺台，如图 2-18 所示，尺垫一般由生铁铸成，下部有三个尖足点，可以踩入土中固定尺垫；中部有突出的半球体，在水准测量中，尺垫踩实后再将水准尺放在尺垫顶面的半球体上，可防止水准尺下沉。

尺垫仅供转点或临时点（成果不需要该点的高程，而只起高程传递作用）竖立水准尺时使用。

2.2.3　水准仪的使用

2-3 水准仪基本操作程序

微倾式水准仪使用的基本操作程序为仪器安置和粗略整平（简称粗平）、调焦和照准、精确整平（简称精平）和读数。

1. 水准仪安置和粗平

选好平坦、坚固的地面作为水准仪的安置点。首先张开三脚架并伸缩使之高度适中、每根脚架与地面夹角在 60°～70°之间，架头大致水平，再用中心连接螺旋将水准仪固连在三脚架头上，一号脚架置于操作者正前方，二号脚架放在操作者左侧七点钟方向位置，并将此两脚架踏入地面踩实，将水准仪圆水准器转动至操作者右侧五点钟方向位置，左手握住二号脚架伸缩节顶端位置并下压住防止移动，右手持三号脚架相同位置并将其靠在右腿上，用右腿配合右手采取单桨划船方式移动，观察圆水准气泡，前后左右移动三号脚架，使气泡基本居中。最后微调三个脚螺旋，使圆水准气泡居中，此过程称为粗平。粗平后，仪器竖轴大致铅垂，视准轴也已大致水平。

使用脚螺旋整平圆水准器的方法：如图 2-19 所示，当气泡不在中心而偏在 a 处时，可先用双手按箭头指示的方向转动脚螺旋 1 和 2，使气泡移到 b 处，然后转动第 3 个螺旋使气泡从 b 处移动到圆圈的中心。气泡移动方向的规律是与左手大拇指移动的方向一致，此为整平气泡的左手定则。

水准仪安置与粗平过程，一般在 5～15s 内即可完成。

2-4 水准仪的粗平

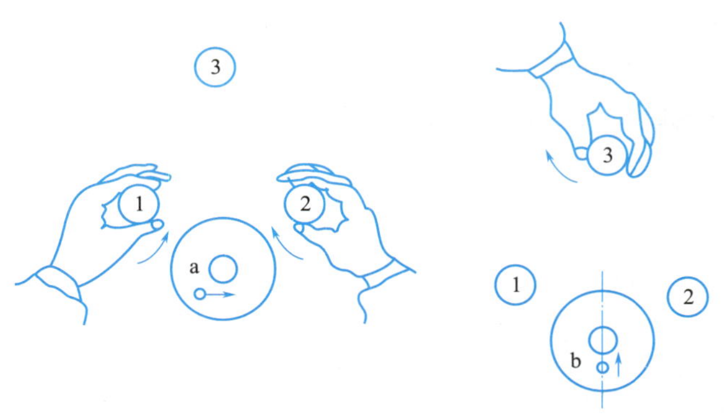

图 2-19　圆水准器整平

2. 照准和调焦

（1）照准

水准仪粗平后，转动望远镜，用镜筒上的准星和照门大致瞄准水准尺，然后旋紧制动螺旋使望远镜固定。

（2）物镜调焦

转动物镜调焦螺旋，使水准尺清晰成像。

（3）目镜调焦

转动望远镜目镜调焦螺旋，使十字丝清晰（必须是黑色的亮细线），再旋转水平微动螺旋使水准尺成像在望远镜视场中，并使十字丝竖丝照准水准尺。

此步骤与物镜调焦反复同步进行，直至十字丝和水准尺的影像均清晰为止。

（4）消除视差

瞄准目标后，眼睛在目镜处上下移动，如发现十字丝与目标影像有相对移动，读数随眼睛的移动而改变，这种现象称为视差。如图 2-20 所示，产生视差的原因是水准尺没有成像在十字丝分划板上，导致两者分离，它将影响读数的正确性。消除视差的办法是调整目镜调焦螺旋看清十字丝，再继续转动物镜调焦螺旋使尺像清晰，目镜与物镜均需反复调焦，直至成像单一、清晰，直至尺像与十字丝分划板平面重合为止。

2-5
视差

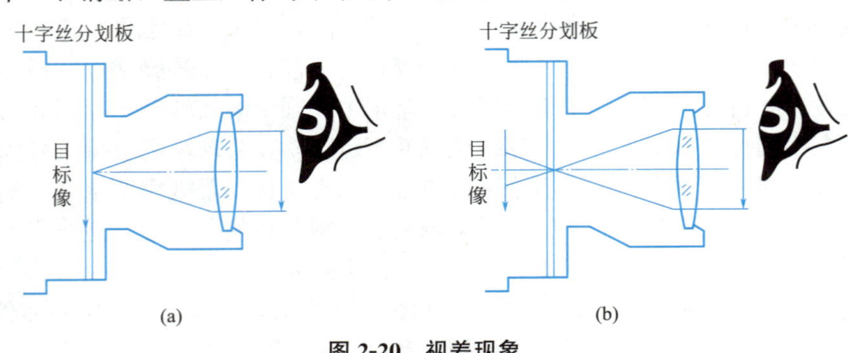

图 2-20　视差现象

（a）无视差；（b）存在视差

3. 精平

2-6
水准仪的精平

如图 2-21 所示，转动微倾螺旋，同时察看管水准器符合气泡（一个 U 字形状的影像）观察窗，气泡影像左侧的移动方向与微倾螺旋的转动方向一致，当符合水准器左右侧气泡成像吻合时（即水准管气泡 U 形丝底部对齐），表明气泡已精确整平。此时与水准管轴平行的视准轴处于水平状态，观测视线水平。

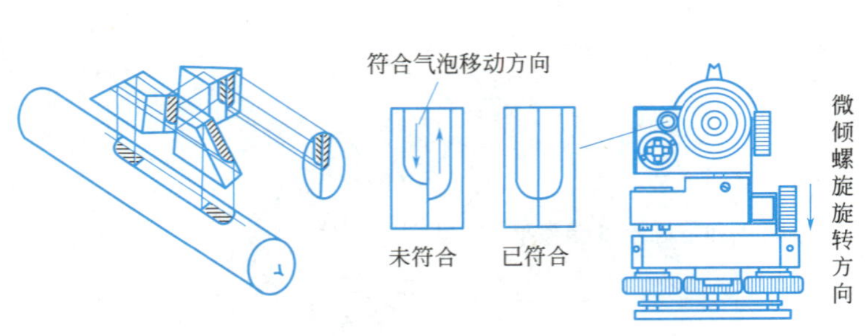

图 2-21　精平

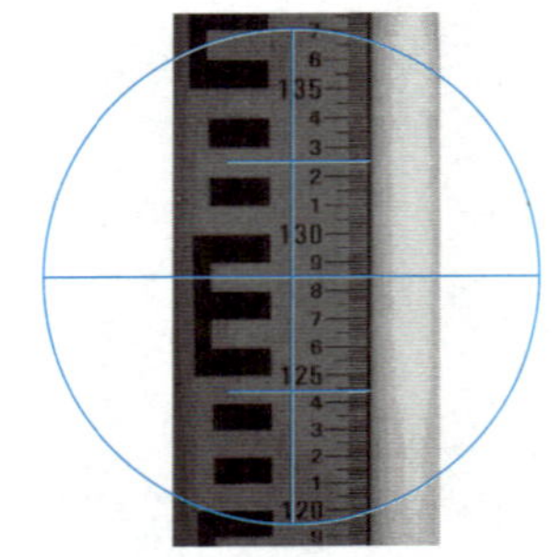

图 2-22　读数

4. 读数

2-7
水准仪的读数

当符合水准气泡居中时，立即依据十字丝的中丝在水准尺上进行读数。不论水准仪是正像还是倒像，读数总是由水准尺注记数字小的一端向数字大的一端读出。读数为四位数字——米、分米、厘米、毫米，厘米及以上可由尺上分划直接读出，毫米数则需估读（铝合金塔尺可以直接读出）。如图 2-22 所示，铝合金塔尺可直接读数为 1285，以毫米为单位。读数后不要立刻报出，要确认一下符合气泡是否移动，U 形丝底部是否对齐，否则需重新调整气泡使之符合后再次读数、报出、记录。

2.2.4　水准测量的方法

1. 水准路线

在水准测量中，为了避免观测、记录和计算中发生粗差，并保证测量成果能达到一定的精度要求，必须布设某种形式的水准路线，利用一定条件来检核所测成果的正确性（即线路检核）。在工程测量中，水准路线一般有三种形式：

（1）附合水准路线

如图 2-23 所示，BM_1、BM_2 为两个已知水准点，现需求得 1、2、3 点的高程。水准路线从已知水准点 BM_1（起始点）出发，经待定点 1、2、3 附合到另一已知水准点 BM_2（终点）上，这样的水准路线称为附合水准路线。路线中各段高差的代数和理论上应等于两个水准点之间的高差，即：

$$\sum h_{理}=H_{终}-H_{始} \quad （式 2-5）$$

由于观测误差不可避免，实测的高差与已知高差一般不可能完全相等，其差值称为高差闭合差，用符号 f_h 表示，则有：

$$f_h=\sum h_{测}-(H_{终}-H_{始}) \quad （式 2-6）$$

（2）闭合水准路线

如图 2-24 所示，由 BM_3 出发，沿环线进行水准测量，最后回到原水准点 BM_3 上，称为闭合水准路线。显然，式（2-6）中的 $H_{终}-H_{始}=0$，则路线上各点之间高差的代数和应等于零，即：

$$\sum h_{理}=0 \quad （式 2-7）$$

若不等于零，则高差闭合差为：

$$f_h=\sum h_{测} \quad （式 2-8）$$

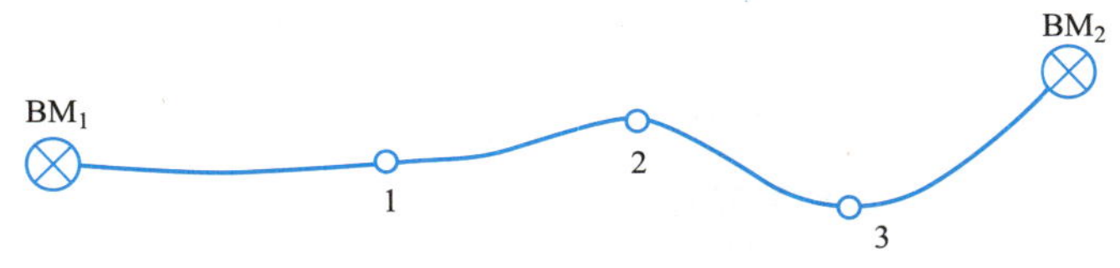

图 2-23　附合水准路线

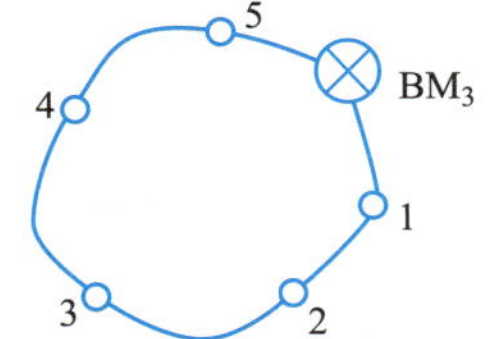

图 2-24　闭合水准路线

（3）支水准路线

如图 2-25 所示，1、2 点为未知高程点，由一水准点 BM_A 出发，既不附合到其他水准点上，也不自行闭合，称为支水准路线。支水准路线要进行往返观测，往测高差与返测高差观测值的代数和 $\sum h_{往}+\sum h_{返}$ 理论上应为零。若不等于零，则高差闭合差为：

$$f_h=\sum h_{往}+\sum h_{返} \quad （式 2-9）$$

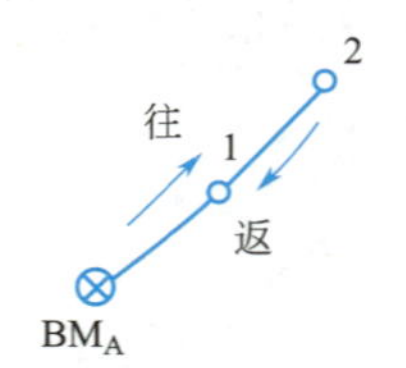

图 2-25　支水准路线

支水准路线起点至终点的高差为：$h=(|\sum h_{往}|+|\sum h_{返}|)/2$。

以上三种水准路线校核方式中，附合水准路线方式校核最可靠，它除了可检核观测成果有无差错外，还可以发现已知点是否有抄错成果、用错点位等问题。闭合、支水准路线仅靠自身闭合或往返观测校核，若起始点的高程抄录错误和该点的位置搞错，是无法发现的。因此，应用时应注意检查。

2. 水准测量的方法

当高程待定点离开已知点较远或高差较大时，仅安置一次仪器进行一个测站的工作是不能测出两点之间高差的。这时需要在两点间加设若干个临时立尺点，分段连续多次安置仪器来求得两点间的高差。这些临时加设的立尺点是作为传递高程用的，称为转点，一般用符号 TP（Turning Point）表示。

如图 2-26 所示，为一条支水准路线，无路线高差闭合差。水准点 A 的高程为 32.655m，要测定 B 点的高程。观测时临时加设了三个转点，共进行了四个测站的观测，每个测站观测时的程序相同，其观测步骤、记录、计算说明如下：

作业时，先在水准点 A 上立尺，作为后视尺，沿路线前进方向适当位置选择转点 TP_1 上立尺，作为前视尺，在距 A 点和 TP_1 点大致等距离 Ⅰ 处安置水准仪进行观测。视线长度最长不应超过 100m。

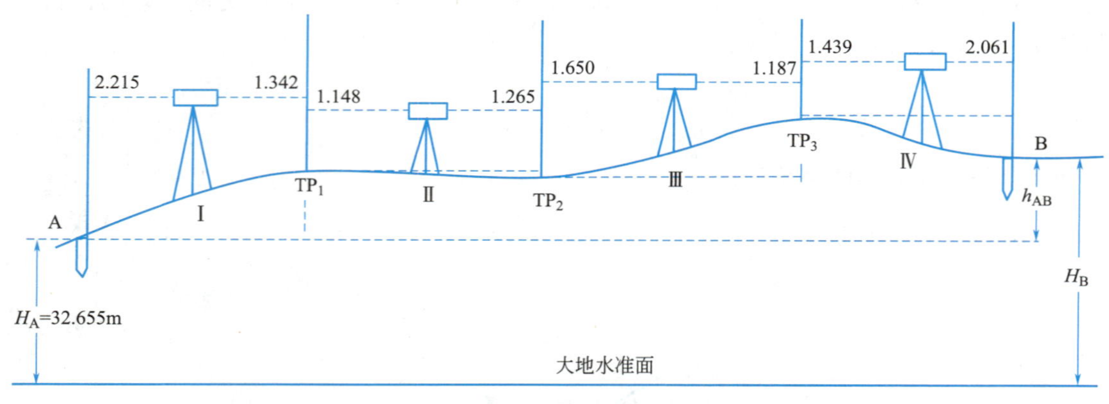

图 2-26　水准路线测量

在第一测站上的观测程序为：

（1）安置仪器，使圆水准器气泡居中。

（2）照准后视 A 点水准尺，并转动微倾螺旋使水准管气泡精确居中，用中丝读后视尺读数 $a_1=2215$。记录员复诵后记入手簿，见表 2-5。

（3）照准前视即转点 TP_1 水准尺，精平，读前视尺读数 $b_1=1342$。记录员复诵后记入手簿，计算出 A 点与转点 TP_1 之间的高差，并填入表 2-5 中高差栏：

$$h_1=2.215-1.342=+0.873$$

普通水准测量手簿　　表 2-5

测站	测点	水准尺读数(mm)		高差(m)	高程(m)	备注
		后视(a)	前视(b)			
1	A	2215		+0.873	32.655	已知点
	TP_1		1342		33.528	转点 1
2	TP_1	1148		−0.117		
	TP_2		1265		33.411	转点 2
3	TP_2	1650		+0.463		
	TP_3		1187		33.874	转点 3
4	TP_3	1439		−0.622		
	B		2061		33.252	未知点
计算检核		$\sum a-\sum b=+0597$		+0.597		

第一个测站观测完后，转点 TP_1 处的尺垫和水准尺保持不动，将仪器移到Ⅱ处安置，把 A 点处水准尺转移到转点 TP_2 尺垫上，继续进行第二站的观测、记录、计算，用同样的工作方法一直到达 B 点。所有高差值都要记录正负号。

显然，每安置一次仪器，就测得一个高差，即：

$$h_1=a_1-b_1$$

$$\cdots\cdots$$

$$h_4=a_4-b_4$$

将各式相加，得：

$$\sum h=\sum a-\sum b \tag{式 2-10}$$

B 点的高程：

$$H_B=H_A+\sum h \tag{式 2-11}$$

式（2-10）表达了后视读数总和 $\sum a$，前视读数总和 $\sum b$ 与高差总和 $\sum h$ 之间的关系，式（2-11）表达了待求点 B 的高程 H_B 与已知点 H_A 和高差总和 h_{AB} 间的关系。利用这些相互关系可对表 2-5 中的计算作校核，说明表中整个计算是正确的。应该注意，校核计算只能检查计算是否正确，并不能发现观测、记录过程中有无差错。

3. 水准测量的测站检核

为了防止测量错误，确保观测高差正确无误，须对各测站的观测高差进行检核，这种检核称为测站检核。常用的检核方法有两次仪器高法和双面尺法两种：

（1）两次仪器高法

两次仪器高法是在同一测站上用两次不同的仪器高度，两次测定高差。即测得第一次高差后，改变仪器高度约 10cm 以上，再次测定高差。对于四等水准测量，若两次测得的高差之差不超过±5mm，则取其平均值作为该测站的观测高差。否则需重测。

（2）双面尺法

双面尺法是在一测站上，仪器高度不变，分别用双面水准尺的黑面和红面两次测定高差。对于四等水准测量，若黑、红面所测高差（在红面所测高差上加或减 100mm）之差不超过±5mm，则取其平均值作为该测站的高差。否则需要重测。

4. 水准测量误差与注意事项

水准测量误差包括仪器误差、观测误差和外界条件的影响三方面。在水准测量作业中，应根据产生误差的原因，采取相应措施，尽量减少或消除其影响。

（1）仪器误差

1）仪器校正后的残余误差

水准管轴与视准轴不平行，两轴线所夹的角度称为“i 角”，此角虽经检验校正但仍然存在残余误差。这种误差是系统误差，应在观测时使前、后视距离相等，便可消除此项误差的影响。

2）水准尺误差

水准尺分划不准确、尺长变化、尺身弯曲及底部零点磨损等，都会直接影响水准测量的精度。因此对水准尺要进行检定，凡分划达不到精度要求及弯曲变形的水准尺，均不能使用。对于尺底的零点差，可采取在起终点之间设置偶数站的方法消除其对高差的影响。

（2）观测误差

1）水准管气泡居中误差

水准测量时，视线的水平是根据管水准气泡居中来实现的。由于气泡居中存在误差，也就是符合气泡观察窗里所见的“U”形丝底部不能精确重合，致使视线偏离水平位置，从而带来读数误差。减小此误差的办法是每次读数时使气泡严格居中。

2）估读水准尺的误差

在水准尺上估读毫米数的误差 m 与人眼的分辨能力、望远镜的放大倍率 V，以及视线长度 D 有关。通常按下式计算：

$$m=\frac{60''}{V}\cdot\frac{D}{\rho} \qquad \text{（式 2-12）}$$

式中 V——望远镜的放大倍率；

$60''$——人眼的极限分辨能力；

D——水准仪到水准尺的距离，$\rho=206265''$。

上式说明，视线越长，估读误差越大。因此，在测量作业中，应遵循不同等级的水准测量对望远镜放大倍率和最大视线长度的规定，以保证估读精度。

3）视差

当存在视差时，由于十字丝平面与水准尺影像不重合，若眼睛上下位置不同，便读出不同的读数，而产生读数误差。因此，观测时要反复调整物镜和目镜的焦距，使两者影像都非常清晰，严格消除视差。

4）水准尺倾斜误差

水准尺倾斜使读数增大，且视线离开地面越高，误差越大。如水准尺倾斜 3°30′，在水准尺上 1m 处读数时，将产生 2mm 的误差，若读数或倾斜角增大，误差也越大。为了减少这种误差的影响，司尺者必须持水准尺在胸前，确保水准尺通过人体中心线，头部和脚部离开水准尺身水平距离相等，大约在 20～30cm，使水准尺身在两个垂直方向观察都处于铅垂状态，且保证尺身稳定。

（3）外界条件的影响

1）仪器下沉

当仪器安置在土质松软的地面时，会产生缓慢的下沉现象，致使后视读数后，因视线降低，使前视读数减少，从而引起高差误差。如果采用二等和三等水准测量“后→前→前→后”的观测程序，可减少其影响。

2）尺垫下沉

如果转点选在土质松软的地面，尺垫受水准尺的撞击及重压后也会下沉，将使下一站后视读数增加，也将引起高差误差。采用往返观测的方法，取成果的中数，可以减少其影响。

3）地球曲率及大气折射的影响

用水平视线代替大地水准面的平行曲线，对尺上读数产生的影响为 c：

$$c=\frac{D^2}{2R} \tag{式 2-13}$$

式中　D——仪器到水准尺的距离；

R——地球的平均半径，6371km。

实际上，由于大气的折射，视线并非是水平的，而是一条曲线，曲线的半径大致为地球半径的 6～7 倍。其折射量的大小对水准尺读数产生的影响为：

$$\gamma=\frac{c}{7}=\frac{D^2}{14R} \tag{式 2-14}$$

折射影响与地球曲率影响之和称球气差 f，其值为：

$$f=c-\gamma=\frac{D^2}{2R}-\frac{D^2}{14R}=0.43\frac{D^2}{R} \tag{式 2-15}$$

计算测站的高差时，应从前、后视读数中分别减去 f，方能得出正确的高差，即：$h_{AB}=a'-b'=(a-f_a)-(b-f_b)$。

若前、后视距离相等，则地球曲率与大气折射的影响在计算高差中的 f 值被互相抵消（因水准测量视距很短，可以认为式 2-15 中的 R 相等）。所以，在水准测量中，前、后视距离应尽量相等。同时，视线高出地面应有足够的高度，在坡度较大的地面观测应适当缩短视线。此外，还应选择有利的时间进行观测，尽量避免在不利的气象条件下进行作业。

4）温度的影响

温度的变化不仅引起大气折射的变化，而且当烈日照射管水准器时，水准管和管内的液体温度升高，气泡移向温度高的一端，产生气泡居中误差从而影响仪器水平。因此，应随时注意撑伞遮阳，防止阳光直接照射仪器。

2.2.5　视距测量

视距测量是根据几何光学原理，利用望远镜内的十字丝分划板上的视距丝装置，配合水准标尺，同时间接测定两点间水平距离和高差（精度不高，一般只用于测图）的一种方法。这种方法的精度较低，相对精度约为 1/300。但操作简便，不受地形限制，且能满足地形测图中对碎部点位置的精度要求，所以视距测量广泛地应用于传统地形测图中。视距测量常用仪器有水准仪和经纬仪加水准尺。

1. 视距测量原理

（1）视线水平时的视距测量

如图 2-27 所示，A、B 为地面上两点，为测定两点间的水平距离 D 及高差 h，在 A 点安置仪器，B 点竖立视距水准尺。由于望远镜视准轴水平，照准 B 点水准尺，视准轴与水准尺垂直交于 Q 点。若尺上 M、N 两点成像在十字丝两根视距丝 m、n 处，则水准尺上 MN 长度可由上、下视距丝读数之差求得，上、下视距丝读数之差称为尺间隔，用 l 表示。

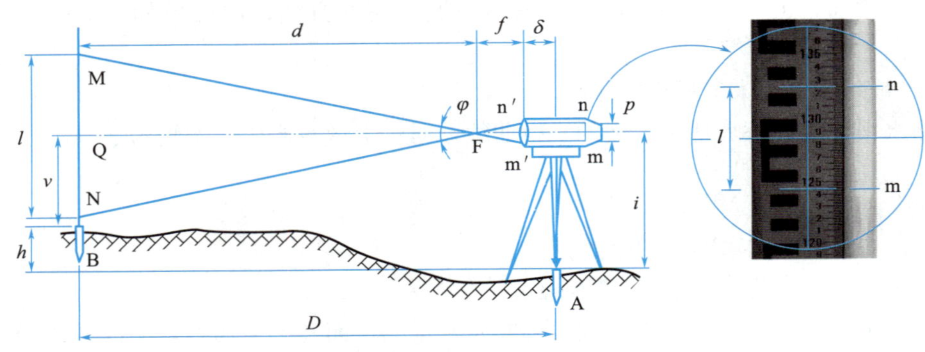

图 2-27　视线水平时的视距测量

由△m′n′F 与△MNF 相似得：

$$\frac{\overline{FQ}}{l}=\frac{f}{p}\Rightarrow\overline{FQ}=\frac{f}{p}\times l \qquad \text{（式 2-16）}$$

式中　l——尺间隔；

f——物镜焦距；

p——视距丝间隔。

由图中可以看出：

$$D=\overline{FQ}+f+\delta \qquad \text{（式 2-17）}$$

式中　δ——物镜至仪器中心的距离。

令 $\frac{f}{p}=K$ 为乘常数，$f+\delta=C$ 为加常数，则：

$$D=Kl+C \qquad \text{（式 2-18）}$$

目前测量常用的内调焦望远镜，在设计制造时，已适当选择了组合焦距及其他有关参数，使视距常数 $K=100$，C 接近于零。因此式（2-18）可写成：

$$D=Kl=100\times l \qquad \text{（式 2-19）}$$

由图 2-27 可得出两点间高差公式：

$$h=i-v \qquad \text{（式 2-20）}$$

式中　i——仪器高；

v——觇标高，即望远镜十字丝中丝在标尺上的读数。

（2）视线倾斜时的视距测量原理

如图 2-28 所示，在地面起伏较大地区进行视距测量，必须使视线倾斜才能在水准尺上读数。这时视线不再垂直于水准尺，就不能直接用式（2-19）计算水平距离，如果将视距间隔 MN 换算为与视线垂直的视距间隔 M′N′，就可用式（2-19）计算倾斜距离 D'，再根据 D' 和竖直角 α 算出水平距离 D 及高差 h，因此，解决问题的关键在于求出 MN 与 M′N′之间的关系。

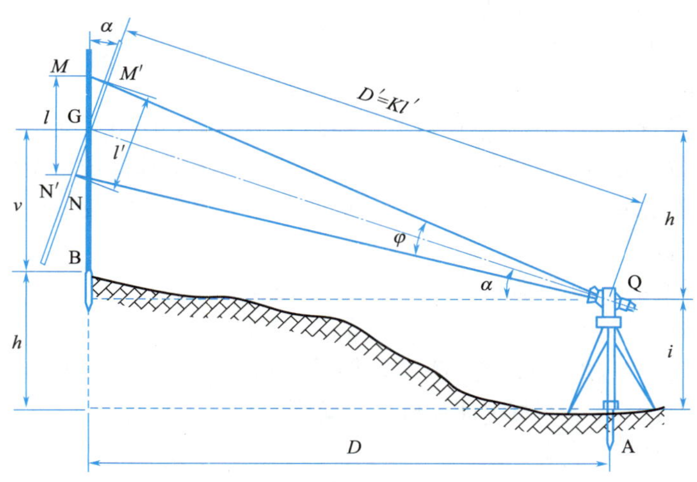

图 2-28　视线倾斜时的视距测量

从图 2-28 中可以看出：

$$D' = Kl'$$

$$\angle \mathrm{MGM'} = \angle \mathrm{NGN'} = \alpha$$

$$\angle \mathrm{MM'G} = 90° + \frac{\varphi}{2}，\angle \mathrm{NN'G} = 90° - \frac{\varphi}{2}$$

式中 $\frac{\varphi}{2}$ 的角值很小，只有 17′11″，故可近似地认为∠MM′G 和∠NN′G 是直角。

于是有：

$$\mathrm{M'G} = \mathrm{MG} \cdot \cos\alpha \Rightarrow \frac{1}{2}l' = \frac{1}{2}l \cdot \cos\alpha$$

$$\mathrm{N'G} = \mathrm{NG} \cdot \cos\alpha \Rightarrow \frac{1}{2}l' = \frac{1}{2}l \cdot \cos\alpha$$

故

$$l' = l \cdot \cos\alpha$$

将其代入式（2-19）得：

$$D' = Kl \cdot \cos\alpha$$

所以 A、B 两点间的水平距离为：

$$D = D'\cos\alpha = Kl \cdot \cos^2\alpha \tag{式 2-21}$$

由图 2-28 中还可看出，A、B 两点间的高差为：

$$h = h' + i - v$$

由 $h' = D' \cdot \sin\alpha = Kl \cdot \cos\alpha \cdot \sin\alpha = \frac{1}{2}Kl \cdot \sin2\alpha$

故

$$h = \frac{1}{2}Kl \cdot \sin2\alpha + i - v \tag{式 2-22}$$

2-8
视距
测量原理

在实际工作中，一般尽可能使觇标高 v 等于仪器高 i，这样可以简化高差 h 的计算。

式（2-21）和式（2-22）为视距测量计算的基本公式，当视线水平，竖直角 $\alpha=0$ 时，即成为式（2-19）和式（2-20）。

2. 视距测量与计算（以经纬仪为例）

（1）视距测量的观测程序

1）在测站上安置仪器，用钢卷尺量取仪器高 i，精确到 1mm，记入手簿；

2）转动经纬仪，用盘左照准水准尺，读取上、下丝水准尺读数，精确到 1mm；

3）调节竖盘指标水准管使气泡居中，读取竖直角 α 和中丝读数 v，竖直角 α 读数时，照准中丝瞄准仪器高 i 数值的位置；

4）计算水平距离 D 和高差 h。

（2）视距测量的计算

视距观测结果按式（2-21）、式（2-22）用计算器即可算出两点间的水平距离和高差，亦可根据公式编制计算程序，使用计算机更加简便、快速地计算。

3. 视距测量误差及注意事项

（1）读数误差

视距丝在水准尺上的读数误差，与尺上最小分划、视距的远近、望远镜放大倍率等因素有关，施测时距离不宜过大，不要超过规范限制的范围，读数时注意消除视差。

（2）垂直折光影响

视距读数中，光线是通过不同密度的空气层到达的，光线越接近地面，折光影响越显著，因此观测时应尽可能使视线距地面 1m 以上。

（3）水准尺倾斜引起的误差

水准尺竖立不铅直，不管尺身向前、后、左、右方向倾斜，都会使读数增大，从而影响所测距离及高差，因此视距测量时应尽可能把水准尺竖直。

（4）视距常数 K 误差

由于仪器制造及外界温度变化等因素，使视距常数 K 值不为 100。因此对视距常数 K 要严格测定，K 值应在 100±0.1 之内，否则应加以改正，或采用实测值。

此外，还有水准尺分划误差、竖直角观测误差等，对视距测量都会带来误差，由实验资料分析可知，在较好的观测条件下，视距测量所测平距的相对误差约为 1/300～1/200。

4. 视距测量的应用

视距测量可以测量架立仪器处到竖立水准尺处的距离和高差。

（1）电子测绘仪器出现之前

主要应用是在水准测量时的测站间距离测量，经纬仪联合小平板仪传统地形图测绘时的距离及高差测量，视距测量精度虽然不高，但在工程建设中被广泛应用。

（2）电子水准仪、电子全站仪出现之后

电子水准仪可以电子测距，无需再使用望远镜中的视距丝来进行视距测量；电子全站仪更是可以通过三角高程测量，直接测得地形特征点的三维坐标，“模拟测绘”已转变成“数字测绘”甚至目前的 GNSS、无人机“智能测绘”，视距测量已“毫无用武之地”。

（3）今后视距测量的主要用途

电子水准仪、电子全站仪普及的今天，只有光学水准仪在进行高程测量时才会使用视距测量，而且仅仅是测量视距，绝不会再去测量高差。

课后讨论

1. 画图叙述水准测量原理。水准测量分哪些等级？
2. 水准测量测站检核有哪几种方法？分别如何操作？
3. 为了确保测量结果的正确性，水准测量有哪几种路线？各如何布设？
4. 画图叙述视距测量的原理。视线水平及倾斜时的水平距离、高差计算公式是什么？

任务 2.3　道路中心线点位高程计算

学习目标

1. 能进行水准测量的相关数据处理工作；
2. 能完成四等水准测量工作；
3. 了解三角高程测量原理及方法。

关键概念

高差闭合差、闭合差分配、三角高程测量、新三角高程测量。

2.3.1　水准测量的成果计算

水准测量成果计算之前，必须要对外业观测手簿进行认真的检查，计算各点间的高差。经检查无误后，方可进行成果的计算。

1. 水准测量的精度要求

工程中不同等级的水准测量，对高差闭合差的限差有不同的要求，根据《工程测量标准》GB 50026—2020，四等水准测量的高差闭合差允许值为（详见表 2-1 水准测量路线技术要求）：

平地　$$f_{h容}=\pm 20\sqrt{L}\,(\mathrm{mm})\tag{式 2-23}$$

山地　$$f_{h容}=\pm 6\sqrt{n}\,(\mathrm{mm})\tag{式 2-24}$$

式中　$f_{h容}$——高差闭合差的容许值；

L——水准路线长度，以 km 为单位；

n——水准路线测站数。

当且仅当地势起伏较大，每 1km 水准路线超过 16 个测站时，可按山地计算容许闭合差，但视距仍然需要测量。

2. 水准测量成果计算

（1）附合水准路线成果计算

如图 2-29 所示，是按照四等水准技术要求进行观测的一条 4 测段水准路线，BM_A、BM_B 为两个已知水准点，BM_A 点高程为 46.216m，BM_B 点高程为 45.331m，观测成果如图中所示，计算 S1、S2、S3 点的高程。

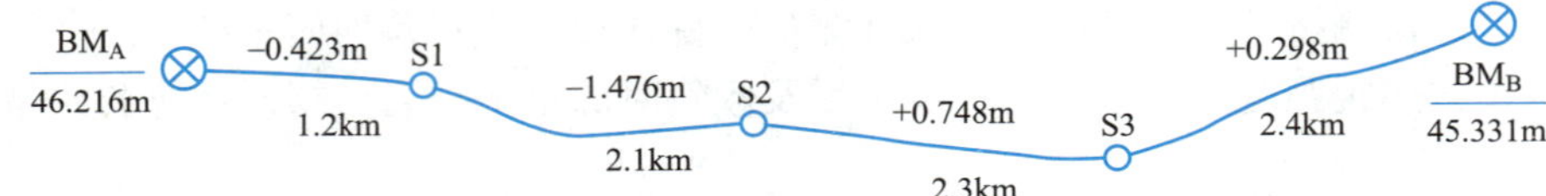

图 2-29　附合水准路线

将图中各数据按高程计算顺序列入表 2-6 进行计算。

水准测量成果计算表　　表 2-6

测段	点号	路线长度（km）	实测高差（m）	改正数（mm）	改正后高差（m）	高程（m）
	BM_A					46.216
1		1.2	−0.423	−5	−0.428	
	S1					45.788
2		2.1	−1.476	−8	−1.484	
	S2					44.304
3		2.3	+0.748	−9	+0.739	
	S3					45.043
4		2.4	+0.298	−10	+0.288	
	BM_B					45.331
$\sum$		8.0	−0.853	−32	−0.885	
辅助计算	$f_h=-0.853-(45.331-46.216)=+0.032(m)$ $f_{h容}=\pm 20\sqrt{L}=\pm 20\sqrt{8}=\pm 56.568(mm)$					

计算步骤如下：

1）高差闭合差计算

$$f_h=\sum h_{测}-(H_B-H_A)=-0.853-(45.331-46.216)=+0.032(m)$$

$$f_{h容}=\pm 20\sqrt{L}=\pm 20\sqrt{8}=\pm 56.568(mm)=\pm 0.056(m)$$

因为 $|f_h|<|f_{h容}|$，故其精度符合规范技术要求，可进行下一步闭合差平差计算。否则，应重新观测数据。

2）高差改正数计算

在同一条水准路线上，使用相同的仪器工具和相同的测量方法，各测站为等精度观测，因此，高差闭合差按与测段的距离 L_i（或按测站数 n_i）成正比例反符号分配到各测段的高差中。即：

$$v_i = -\frac{f_h}{\sum L} l_i \quad \text{或} \quad v_i = -\frac{f_h}{\sum n} n_i \qquad (\text{式 2-25})$$

本例各测段改正数 v_i 按测段视距计算如下：

$$v_1 = -\frac{f_h}{\sum L} l_1 = -\frac{32}{8} \times 1.2 = -5(\text{mm})$$

$$v_2 = -\frac{f_h}{\sum L} l_2 = -\frac{32}{8} \times 2.1 = -8(\text{mm})$$

$$v_3 = -\frac{f_h}{\sum L} l_3 = -\frac{32}{8} \times 2.3 = -9(\text{mm})$$

$$v_4 = -\frac{f_h}{\sum L} l_4 = -\frac{32}{8} \times 2.4 = -10(\text{mm})$$

改正数要凑整到毫米，但凑整后的**改正数总和必须与闭合差绝对值相等、符号相反，这是高差闭合差分配计算闭合的检核条件**，即：$\sum v = -f_h = -0.032(\text{m})$。如果计算无错误，仍有 $\sum v \neq -f_h$，说明改正数在凑整后，其和与闭合差不等、有余数（或大 1 或小 1），则必须在最长测段的路线上多改正 1mm（或在最短测段的路线上少改正 1mm）。

3）改正后高差 $h_{改}$ 的计算

各测段观测高差 h_i 分别加上相应的改正数 v_i，即得改正后高差。

$$h_{1改} = h_1 + v_1 = -0.423 - 0.005 = -0.428(\text{m})$$

$$h_{2改} = h_2 + v_2 = -1.476 - 0.008 = -1.484(\text{m})$$

$$h_{3改} = h_3 + v_3 = +0.748 - 0.009 = +0.739(\text{m})$$

$$h_{4改} = h_4 + v_4 = +0.298 - 0.010 = +0.288(\text{m})$$

改正后的高差代数和，应等于高差的理论值（$H_B - H_A$），即：

$$\sum h_{改} = H_B - H_A = -0.885(\text{m})$$

如不相等，说明有计算错误，应重新分配高差闭合差。

4）高程计算

测段起点高程加测段改正后高差，即得测段终点高程，依此类推。最后推算出的路线终点高程应与已知的高程相等，即：

$$H_{S1} = H_{BM_A} + h_{1改} = 46.216 - 0.428 = 45.788(\text{m})$$

$$H_{S2} = H_{S1} + h_{2改} = 45.788 - 1.484 = 44.304(\text{m})$$

$$H_{S3} = H_{S2} + h_{3改} = 44.304 + 0.739 = 45.043(\text{m})$$

$$H_{BM_B} = H_{S3} + h_{4改} = 45.043 + 0.288 = 45.331(\text{m})$$

$$H_{BM_B(算)} = H_{BM_B(已知)} = 45.331(\text{m})$$

计算中应注意上述三项检核的正确性。

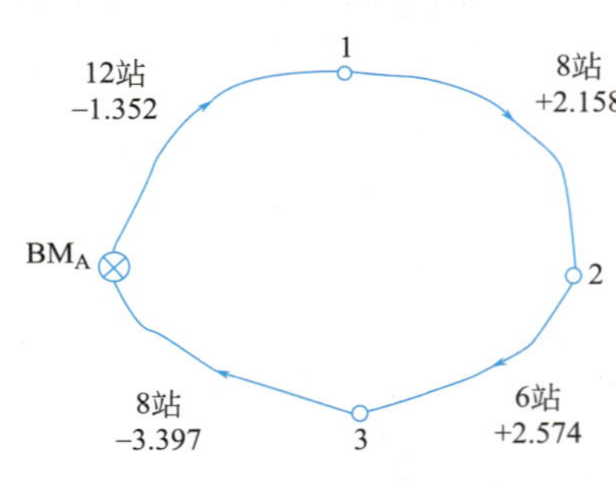

图 2-30　闭合水准路线

（2）闭合水准路线成果计算

闭合水准路线的计算步骤与附合水准路线基本相同，只是高差闭合差的计算不同，**起始与终止点为同一已知点，高程一致，高差为零，**公式为：

$$f_{\text{h}}=\sum h_{测} \qquad (式\ 2\text{-}26)$$

如图 2-30 所示，为一条山地路线，A 为已知水准点，A 点高程为 51.732m，参照四等水准技术要求观测（未测视距，四等必须观测视距），其观测成果如图中所示，计算 1、2、3 点的高程。

将图中各数据按高程计算顺序列入表 2-7 进行计算。

水准测量成果计算　　　　表 2-7

点号	测站 n_i（站）	实测高差 h_i（m）	高差改正数 v_i（mm）	改正后高差 $h_{i改}$（m）	高程 H（m）	备注
BM_A					51.732	已知点
	12	−1.352	+6	−1.346		
1					50.386	
	8	+2.158	+4	2.162		
2					52.548	
	6	+2.574	+3	2.577		
3					55.125	
	8	−3.397	+4	−3.393		
BM_A					51.732	已知点
Σ	34	−0.017	+17	0		

计算步骤如下：

1）计算高差闭合差：$f_{\text{h}}=\sum h_{测}=-0.017\text{m}=-17(\text{mm})$

允许闭合差：$f_{\text{h容}}=\pm 6\sqrt{n}=\pm 6\sqrt{32}=\pm 33(\text{mm})$

因为 $|f_{\text{h}}|<|f_{\text{h容}}|$，故其精度符合要求，可做下一步计算。否则，应重测数据。

2）计算高差改正数：高差闭合差的调整方法和原则与符合水准路线的方法一样。本例各测段改正数 v_i 计算如下：

$$v_1=-\frac{f_{\text{h}}}{\sum_n}n_1=-\frac{-17}{34}\times 12=+6(\text{mm})$$

$$v_2=-\frac{f_{\text{h}}}{\sum_n}n_2=-\frac{-17}{34}\times 8=+4(\text{mm})$$

$$v_3=-\frac{f_{\text{h}}}{\sum_n}n_3=-\frac{-17}{34}\times 6=+3(\text{mm})$$

$$v_4=-\frac{f_h}{\sum n}n_4=-\frac{-17}{34}\times 8=+4(\text{mm})$$

检核：
$$\sum v=-f_h=+0.017(\text{m})$$

3）计算改正后高差 $h_{i改}$

各测段观测高差 h_i 分别加上相应的改正数 v_i，即得改正后高差：

$$h_{1改}=h_1+v_1=-1.352+0.006=-1.346(\text{m})$$
$$h_{2改}=h_2+v_2=2.158+0.004=+2.162(\text{m})$$

……

改正后的高差代数和，应等于高差的理论值 0，即：$\sum h_{改}=0$。

如不相等，说明计算有误，应重新分配高差闭合差。

4）高程计算

测段起点高程加测段改正后高差，即得测段终点高程，以此类推。最后推出的终点高程应与起始点的高程相等。即：

$$H_1=H_{BM_A}+h_{1改}=51.732-1.346=50.386(\text{m})$$
$$H_2=H_1+h_{2改}=50.386+2.162=52.548(\text{m})$$

……

$$H_{BM_A(算)}=H_{BM_A(已知)}=51.732(\text{m})$$

计算中应注意各项检核的正确性。

（3）支水准路线成果计算

图 2-31 为一山地支水准路线。支水准路线应进行往、返观测，因为往返测高差符号相反、绝对值很接近，所以高差必须采用两者的绝对值来进行计算。已知水准点 A 的高程为 30.215m，按照四等水准技术要求进行观测，往、返测站共 16 站，求 1 点的高程。

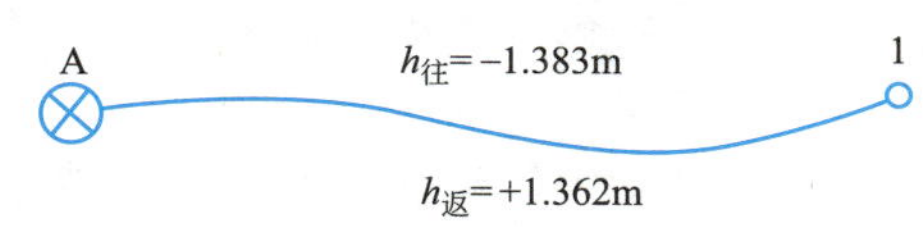

图 2-31　支水准路线

计算步骤如下：

1）计算高差闭合差

$$f_h=|h_往|-|h_返|=|-1.383|-|+1.362|=+0.021(\text{m})=+21(\text{mm})$$

容许闭合差：
$$f_{h容}=\pm 6\sqrt{n}=\pm 6\sqrt{16}=\pm 24(\text{mm})$$

因为 $|f_h|<|f_{h容}|$，故其精度符合要求，可做下一步计算。

2）计算改正后高差

支水准路线往、返测高差绝对值的平均值即为改正后高差，其符号为往测值，用公式表示：往返测高差平均值=（往测高差－返测高差）/2，即：

$$h_{A1改}=\frac{h_往-h_返}{2}=\frac{-1.383-(+1.362)}{2}=-1.372(\text{m})$$

3）计算 1 点高程

起点高程加改正后高差，即得 1 点高程，即：

$$H_1=H_A+h_{A1改}=68.254-1.372=66.882(\mathrm{m})$$

必须指出，与闭合水准路线一样，若起始点的高程抄录错误，其计算出的高程必定是错误的。因此，闭合路线和支水准路线都必须注意检查已知点高程。

2.3.2 四等水准测量

1. 四等水准测量的技术要求

四等水准测量常用于建立小地区高程控制。水准测量线路中已知点高程一般引自国家一、二等水准点。若测区附近没有国家水准点，也可建立独立的水准网，一般采用闭合环形网的布设形式，假定起算点的高程。如果是进行高程点加密，则多采用附合水准路线或结点水准网。水准点应选在土质坚硬并便于长期保存和使用方便的地方，埋设水准标石，绘制点之记。一个测区一般至少埋设三个水准点，水准点的间距一般为 1～1.5km。水准测量的主要技术要求，详见表 2-1、表 2-2。

2-9
四等水准测站的观测程序

2. 四等水准测量的施测方法

四等水准测量常用双面尺法施测，也可使用变动仪器高法（双仪高法、必须测量视距）。《国家三、四等水准测量规范》GB/T 12898—2009 规定：使用光学水准仪，四等水准测量采用中丝读数法单程观测，一个测站上双面尺法的观测程序和记录、计算方法如下，详见表 2-8。

（1）一个测站上的观测顺序

1）照准后视尺黑面，读取上、下丝读数，精平，读取中丝读数，并记录在手簿（1）、（2）、（3）位置；

2）照准后视尺红面，精平，读取中丝读数，并记录在手簿（4）位置；

3）照准前视尺黑面，读取上、下丝读数，精平，读取中丝读数，并记录在手簿（5）、（6）、（7）位置；

4）照准前视尺红面，精平，读取中丝读数，并记录在手簿（8）位置；

上述这四步观测顺序简称为“后→后→前→前（或黑→红→黑→红）”，其优点是在较短时间内完成黑、红面读数，作业效率较高。

（2）测站计算与检核

1）视距的计算与检核

后视距（9）＝［（1）－（2）］×100（m）；

前视距（10）＝［（5）－（6）］×100（m）；

前、后视距差（11）＝（9）－（10）；

前、后视距差累积（12）＝上站（12）＋本站（11）。

视距检核可参见表中第 2、3 栏。

四等水准测量观测手簿（双面尺法）　　表 2-8

起点：BM_1　终点：BM_2　　日期：××年×月×日　　仪　器：DSZ3-×××

天气：晴　　观测者：×××　　记录者：×××

测站编号	后尺 下丝 / 上丝；后视距；视距差 d（m）	前尺 下丝 / 上丝；前视距；累计视距差 $\sum d$（m）	方向及尺号	水准尺读数 黑面中丝读数	水准尺读数 红面中丝读数	K＋黑－红（mm）	平均高差（m）	备注
1	2	3	4	5	6	7	8	9
	(1)	(5)	后	(3)	(4)	(13)	(18)	括号内数值为记录计算顺序
	(2)	(6)	前	(7)	(8)	(14)		
	(9)	(10)	后－前	(15)	(16)	(17)		
	(11)	(12)						
1	1891	0758	后 1 $\mathbf{BM_1}$	1708	6395	0	＋1.134	
	1525	0390	前 2	0574	5361	0		
	36.6	36.8	后－前	＋1.134	＋1.034	0		
	－0.2	－0.2						
2	2746	0867	后 2	2530	7319	－2	＋1.885	1 号尺常数：$K_1=4687$ 2 号尺常数：$K_2=4787$
	2313	0425	前 1	0646	5333	0		
	43.3	44.2	后－前	＋1.884	＋1.986	－2		
	－0.9	－1.1						
3	2043	0849	后 1	1773	6459	＋1	＋1.188	
	1502	0318	前 2	0584	5372	－1		
	54.1	53.1	后－前	＋1.189	＋1.087	＋2		
	＋1.0	－0.1						
4	1167	1677	后 2	0911	5696	＋2	－0.5055	
	0655	1155	前 1 $\mathbf{BM_2}$	1416	6102	＋1		
	51.2	52.2	后－前	－0.505	－0.406	＋1		
	－1.0	－1.1						
检核	$\sum(9)-\sum(10)=185.2-186.3=-1.1$；末站(12)＝－1.1；总视距＝$\sum(9)+\sum(10)=371.5$			$\sum(15)+\sum(16)=+7.403$；$\sum[(3)+(4)]-\sum[(7)+(8)]=32.791-25.388=+7.403$；$2\sum(18)=+7.403$				

2）水准尺读数的检核

同一根水准尺黑面与红面中丝读数之差：

前尺黑面与红面中丝读数之差（13）＝（3）＋K－（4）；

后尺黑面与红面中丝读数之差（14）＝（7）＋K－（8）；

上式中的 K 为红面尺的起点数，为 4687mm 或 4787mm，（13）和（14）的检核可参见表中的第 8 栏。

3）高差的计算与检核

黑面测得的高差（15）＝（3）－（7）；

红面测得的高差（16）＝（4）－（8）；

黑、红面高差之差（17）＝（15）－［（16）±0.100］＝（13）－（14）；

高差的平均值（18）＝［（15）＋（16）±0.100］/2，即以黑面尺读数所测高差为准，将红面尺所测高差±0.100m，然后取平均值。

在测站上，当后尺（表中第 1 测站后 1 尺）红面起点为 $K=4.687$m，前尺（表中第 1 测站前 2 尺）红面起点为 $K=4.787$m 时，则红面尺所测高差会小 0.1m，因此算平均值时应对红面高差值＋0.1m，因第 2 站又大 0.1m，所以要减去 0.1m，即奇数测站要对红面高差值＋0.1m，偶数测站对红面高差值要－0.1m。（17）的检核参见表中的第 8 栏。

（3）每页计算的检核

1）高差部分

在每页上，后视红、黑面读数总和与前视红、黑面读数总和之差，应等于红、黑面高差之和，还应等于平均高差总和的两倍。

对于测站数为偶数的页：

$$\sum[(3)+(4)]-\sum[(7)+(8)]=\sum[(15)+(16)]=2\sum(18)$$

对于测站数为奇数的页：

$$\sum[(3)+(4)]-\sum[(7)+(8)]=\sum[(15)+(16)]=2\sum(18)\pm0.100$$

2）视距部分

在每页上，后视距总和与前视距总和之差应等于本页末站视距差累积值与上页末站视距差累积值之差。即：

$$\sum(9)-\sum(10)=\text{本页末站之}(12)-\text{上页末站之}(12)$$

检核无误后，可计算水准路线的总长度＝$\sum(9)+\sum(10)$。

（4）成果计算

对于四等水准测量的闭合路线或附合路线的成果计算，可根据手簿算出的每个测站平均高差，利用水准测量的成果计算中的计算方法，先计算其高差闭合差，若满足表 2-1 的要求，则对高差闭合差进行调整，最后按调整后的高差计算各水准点的高程。若为支水准路线，则满足表 2-1 要求后，取往返测量结果的平均值为最后结果，并以此计算各水准点的高程。

（5）读数示例

如图 2-32 所示，为使用双面水准尺其中一根水准尺的读数示例：黑红面三丝读数、黑红面读数较差。

如图 2-33 所示，为使用双面水准尺观测一测站的中丝读数示例：黑红面读数较差、黑红面所测高差的差值。

（6）特别注意

在水准测量过程中，对于测段之间设置的转点，必须使用尺垫观测。

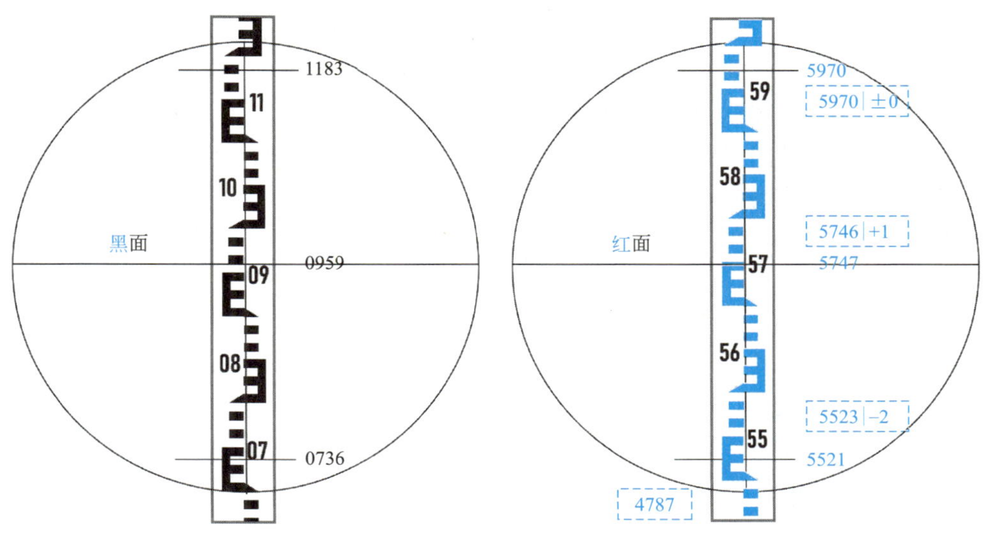

图 2-32　双面尺一根尺的读数示例

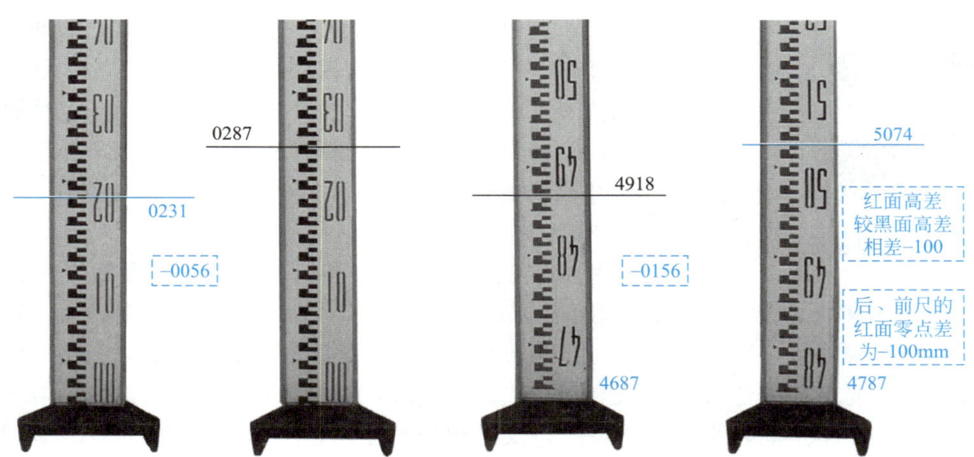

图 2-33　双面尺的一测站中丝读数示例

不可将水准尺随意放在地上，以避免在水准尺翻面转动时高差发生变化。

2.3.3　自动安平水准仪和数字水准仪简介

1. 自动安平水准仪

自动安平水准仪的特点是用自动安平补偿器代替微倾式水准仪的符合水准管和微倾螺旋。观测时只需利用圆水准器将水准仪粗平，尽管此时视准轴尚未精平，但借助于补偿器装置，仍能利用十字丝的中丝自动获得水平视线的读数。由于不需精平仪器并且可使因外界环境变化而引起的视线微小倾斜得到迅速调整而获得水平视线，因而大大缩短了水准测量的观测时间，提高了测量精度。国产自动安平水准仪系列以 DSZ 为标识。

如图 2-34 所示，当视准轴水平时，十字丝中心 A 在水准尺上正确读数为 a_0。当视准轴倾斜微小角 α 时，十字丝中心 A 移至 A′，其偏移量 $AA'=f\cdot\alpha$（f 为物镜的等效焦距），这时视准轴在水准尺上的读数为 a，显然不是视线水平的正确读数。为了在视准轴倾斜时，仍能读得视准轴水平时的准确读数 a_0，可在距 A 点为 s 的光路上，安装一个补偿器，使进入望远镜的水平视线经过补偿器偏转 β 角后，仍然通过视准轴倾斜时的十字丝中心，使水平光线从 A 点偏折到 A′点，其偏移量 $AA'=s\cdot\beta$，也即此时十字丝中心示数仍为水平视线时的示数。由图 2-34 很容易得出公式：$f\times\alpha=s\times\beta$，此即补偿器应满足的条件。

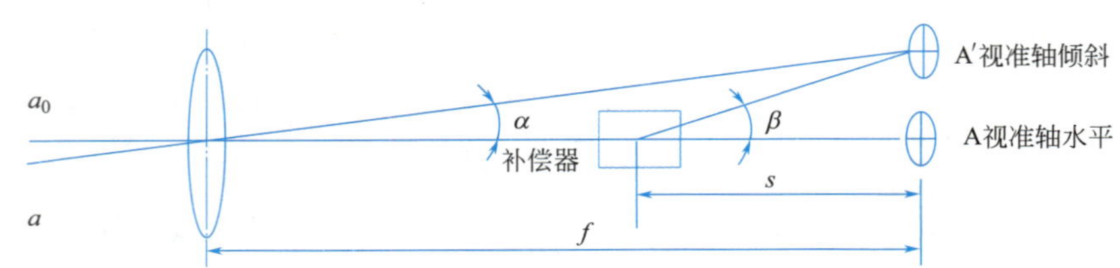

图 2-34　自动安平工作原理

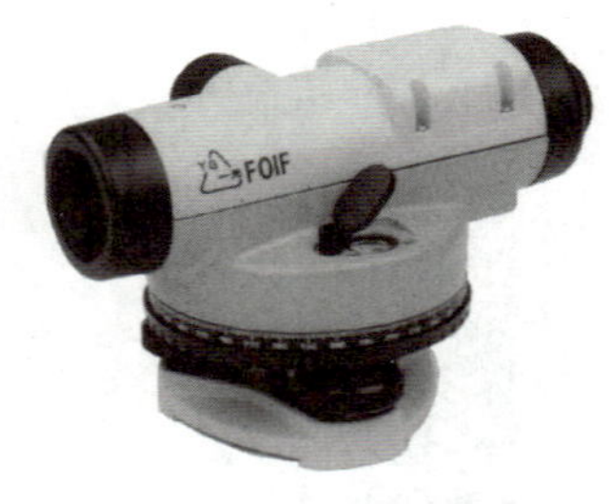

图 2-35　自动安平水准仪

图 2-35 是我国生产的一款自动安平水准仪，其上仅装有圆水准器。自动安平水准仪的操作方法与微倾式水准仪大致相同，不同之处为该类水准仪不需要“精平”这一项操作。使用时先利用脚螺旋使圆水准器气泡居中，仪器粗平照准目标 2～4 秒后，即可用十字丝横丝进行读数。由于补偿器中的金属丝相当脆弱，使用中要防止剧烈震动，以免损坏。

2. 数字水准仪

数字水准仪亦称电子水准仪，它是在自动安平水准仪基础之上发展起来的。数字水准仪采用条码水准标尺读数，在完成照准和调焦之后，标尺条码一方面被成像在望远镜分划板上，供目视观测，另一方面通过望远镜的分光镜，标尺条码又被成像在光电传感器（亦称探测器）上，即线阵 CCD 器件上供电子读数。由于不同厂家的条码尺图案不同，所以条码尺需与仪器相配套使用，不同仪器的条码尺不可互换。数字水准仪在构造上仍有光学系统和机械系统，故数字水准仪也可与区格式水准尺配相（如双面尺），像普通水准仪一样使用，但此时测量精度较低。

数字水准仪自动读数原理分为相关法（徕卡 DNA03）、几何法（蔡司 DiNi10/20）、相位法（拓普康 DL101C/102C）三种方法。

图 2-36 为徕卡 DNA03 数字水准仪，由望远镜、补偿器、光敏二极管、圆水准器及脚螺旋等部分组成。磁性阻尼补偿器补偿范围为±10′，设有 280×160 像素 LCD 中文 8 行、每行 15 个汉字或 30 个字符的显示屏，采用对话式操作界面，有各种中文提示信息，界面友好，操作方便。该仪器是目前世界上精度最高的电子水准仪之一，每千米往返测量高差中数的中误差不超过±0.3mm，最小读数 0.01mm，它有先进的感光读数系统，感应可见白光即可测量，测量时仅需读取条码尺 30cm 的范围；内存 6000 个测量数据或 1650 组测站数据，并配有 PCMCIA、SRAM 等接口数据存储卡以备份数据；具有 BF、aBF、BFFB、aBFFB 等多种水准测量模式及平差和高程放样功能，也可进行角度、面积和坐标

等测量。

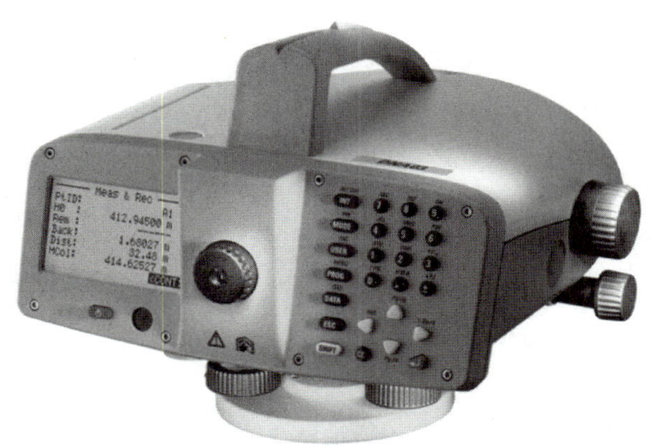

图 2-36　徕卡 DNA03 数字水准仪

操作方法：

（1）安置仪器；

（2）开机：按 ON/OFF 键开启仪器，显示闪屏信息后进入工作状态；

（3）模式设置：①选项模式设置。有单次测量、路线水准测量、校正测量三种；②测量模式设置。有后前、后前前后、后前后前、后后前前、后前（奇偶站交替）、后前前后（奇偶站交替）、后前后前（奇偶站交替）、后后前前（奇偶站交替）八种。可根据需要选择适当的测量模式进行。

（4）输入水准测量相关信息。如点号、点名、已知点高程、线路名、线号及代号。

（5）按照测量程序进行实测（照准标尺、按测量键自动读数并记录）。

（6）测量任务完成后，通过仪器随机的数据处理软件，可将观测数据及平差成果导出到电脑中。

数字水准仪的使用在安置、瞄准等基本操作方面无所区别，但各厂商所固化在仪器中的测量程序却不尽相同。因此，在具体的使用中，应针对不同的仪器，参照操作手册进行操作。

2.3.4　三角高程测量

在用水准测量方法测定控制点的高程较为困难的山地或是丘陵地区，可采用三角高程测量方法建立高程控制。但测区内必须有一定数量的水准点，作为高程起算的依据。

1. 三角高程测量原理

如图 2-37 所示，已知 A 点高程为 H_A，欲测定 B 点高程 H_B。在 A 点安置经纬仪，量取测站 A 桩顶至仪器中心的高度 i（仪器高），在 B 点竖立标志，用望远镜中丝瞄准标志顶端 M，测得竖直角 α，并量取标杆高 v。

根据 AB 之水平距离 D，则可算出 AB 之间的高差：

$$h = D \times \tan\alpha + i - v \qquad \text{（式 2-27）}$$

则 B 点高程为：

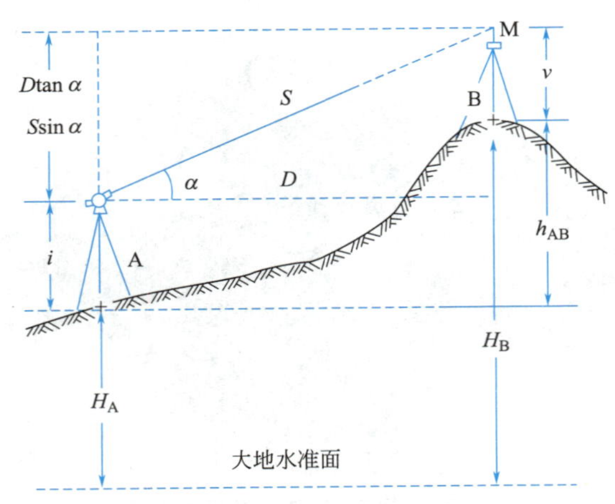

图 2-37　三角高程测量原理

$$H_B = H_A + h = H_A + D \times \tan\alpha + i - v \qquad \text{（式 2-28）}$$

式中　$D \times \tan\alpha$ ——高差主值（也叫初算高差）；

h——三角高差。

当 AB 两点间距离大于 300m 时，式（2-28）应考虑地球曲率和大气折光对高差的影响，其值 f（称为球气差改正）为 $0.43\dfrac{D^2}{R}$，D 为两点间水平距离，R 为地球半径。则有：

$$h_{AB} = D \times \tan\alpha + i - v + f \qquad \text{（式 2-29）}$$

2. 三角高程的观测

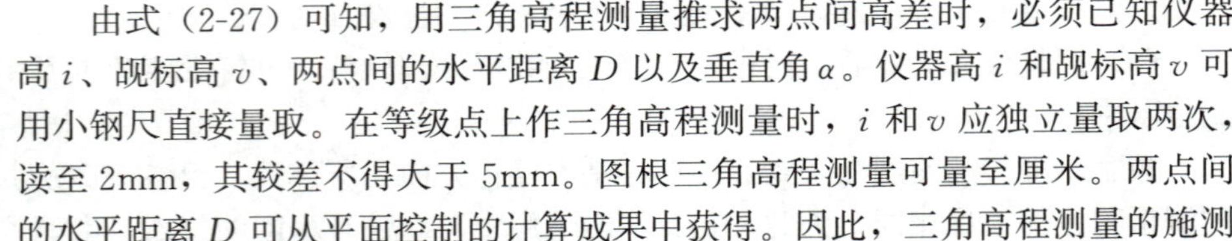

由式（2-27）可知，用三角高程测量推求两点间高差时，必须已知仪器高 i、觇标高 v、两点间的水平距离 D 以及垂直角 α。仪器高 i 和觇标高 v 可用小钢尺直接量取。在等级点上作三角高程测量时，i 和 v 应独立量取两次，读至 2mm，其较差不得大于 5mm。图根三角高程测量可量至厘米。两点间的水平距离 D 可从平面控制的计算成果中获得。因此，三角高程测量的施测主要是观测垂直角。垂直角观测一般都是在建立平面控制时与水平角的观测同时进行。对于三角高程网和三角高程路线，各边的垂直角均应进行直、反觇对向观测。

三角高程测量的主要技术要求见表 2-9、表 2-10。

3. 三角高程计算

三角高程测量计算之前，应对观测成果进行全面检查，确认各项限差符合规定要求，所需数据完备齐全之后才能开始计算。三角高程的计算步骤如下：

（1）高差的计算

由外业观测手簿中查取三角高程路线上的垂直角、仪器高、觇标高，由平面控制计算成果表中查取相应边的水平距离，填于计算表格中，然后按式（2-27）依次计算各边直、反觇高差。若直、反觇高差较差不超过表 2-9、表 2-10 中的规定，则取其中数，并以此计算三角高程路线的高差闭合差。

（2）高差闭合差的计算和分配

三角高程路线高差闭合差的计算和分配与水准测量基本相同，即：

附合路线为
$$f_h=\sum h_{测}-(H_{终}-H_{始}) \tag{式 2-30}$$
闭合路线为
$$f_h=\sum h_{测} \tag{式 2-31}$$
当高差闭合差不超过表 2-7 中的规定时，可按下式计算高差改正数：
$$v_i=-\frac{f_h}{\sum D}D_i \tag{式 2-32}$$
式中　$\sum D$——路线上各边水平边长总和；

D_i——第 i 边水平边长。

（3）高程计算

根据已知高程和平差后的高差按与水准测量相同的方法计算各点的高程。

4. 电磁波测距三角高程测量的主要技术要求

依据《工程测量标准》GB 50026—2020，电磁波测距三角高程测量的主要技术要求应符合表 2-9 的规定，电磁波测距三角高程观测的主要技术要求应符合表 2-10 的规定。

电磁波测距三角高程测量的主要技术要求　　表 2-9

等级	每千米高差全中误差(mm)	边长(km)	观测方式	对向观测高差较差(mm)	附合或环形闭合差(mm)
四等	10	≤1	对向观测	$40\sqrt{D}$	$20\sqrt{\sum D}$
五等	15	≤1	对向观测	$60\sqrt{D}$	$30\sqrt{\sum D}$

注：1. D 为测距边长度（km）；
2. 起讫点的精度等级，四等应起讫于不低于三等水准的高程点上，五等应起讫于不低于四等的高程点上；
3. 路线长度不应超过相应等级水准路线的长度限值。

电磁波测距三角高程观测的主要技术要求　　表 2-10

等级	垂直角观测				边长测量	
	仪器精度等级	测回数	指标差较差	测回较差	仪器精度等级	观测次数
四等	2″级仪器	3	≤7″	≤7″	10 mm 级仪器	往返各一次
五等	2″级仪器	2	≤10″	≤10″	10 mm 级仪器	往一次

课后讨论 

1. 四等水准测量一测站观测程序是什么？
2. 简述四等水准测量一测站记录计算步骤。
3. 三角高程测量的使用范围是什么？
4. 三角高程测量的原理及计算公式是什么？
5. 中点单觇三角高程测量方法的原理及计算公式是什么？
6. 中点单觇三角高程测量方法较传统三角高程测量方法如何得以提高精度？

2-11
中点单觇法
三角高程
测量

任务 2.4 建筑工程高程放样

学习目标

1. 掌握建筑施工基槽开挖、基础以及主体施工高程控制的方法；
2. 会进行已知点位的高程放样、已知坡度的放样。

关键概念

标高控制、高程传递、全站仪向高处传递高程、点位及坡度放样。

2.4.1 已知高程点的测设

标高是建筑物某一部位相对于基准面（标高的零点）的竖向高度，是竖向定位的依据。标高按基准面选取的不同分为绝对标高和相对标高。①绝对标高：即绝对高程，就是我们通常所说的高程；②相对标高：以建筑物室内首层主要地面高度为零作为标高的起点（±0.000m），所计算的标高称为相对标高。

通常房屋建筑图纸有结构图和建筑图部分，有建筑标高和结构标高两个数据，它们是两个不同的概念。①建筑标高：在相对标高中，凡是包括装饰层厚度的标高，称为建筑标高，注写在构件的装饰层面上；②结构标高：在相对标高中，凡是不包括装饰层厚度的标高，称为结构标高，注写在构件的底部，是构件的安装或施工高度。两者的作用主要是方便施工定位，一栋建筑施工必须先做结构后做装饰，结构施工时就要用到结构标高，装饰施工时就要用到建筑标高。一般建筑标高比结构标高高大概几厘米。

在建筑设计和施工中，为了计算方便，通常把建筑物的首层室内地坪标高定为相对高程±0.000m，用“▼”符号来表示，其上顶面即为高程点。建筑物的基础、门窗等高程都以±0.000m为依据进行测设。因此，首先要在施工现场利用测设已知高程的方法测设出室内地坪高程的位置。

1. 视线高法

已知高程点A，其高程为H_A，需要在B点标定出已知高程为$H_{B设}$的位置。

测设方法：在A点和B点中间安置水准仪，精平后分别读取A点的标尺读数为a，B点地面处的标尺读数为b，则B点地面高程为：$H_B=H_A+(a-b)$，则有B点设计高程与地面高程之差为：$\Delta h=H_{B设}-H_B$，则在B点地面处，紧贴木桩，从标尺零点向上（或下）量取Δh，在木桩侧面画一横细线，该处即为H_B点。

【例2-1】如图2-38所示，已确定建筑物的室内地坪设计高程为21.500m，附近有一水准点A，其高程为H_A=20.950m。现在要把该建筑物的室内地坪高程放样到B点处木桩上，作为施工时控制高程的依据。其方法如下：

（1）安置水准仪于 A、B 之间，在 A 点竖立水准尺，测得后视读数为 $a=1.675$m。

（2）在 B 点处设置木桩，贴紧木桩将水准尺竖立于地面上，测得前视读数为 $b=1.332$m。

（3）计算放样点处地面高程：

$$H_B=H_A+a-b=20.950+1.675-1.332=21.293\ (m)$$

则室内地坪标高（设计高程）在水准尺的位置：C=21.500－21.293=0.207（m）

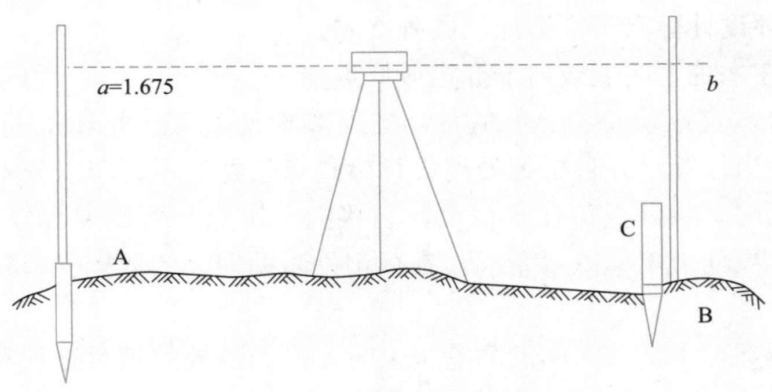

图 2-38　高程的测设

（4）与水准尺 0.207m 处对齐，在木桩上划一道红线，此线位置就是室内地坪设计高程的位置，如图 2-39（a）所示。

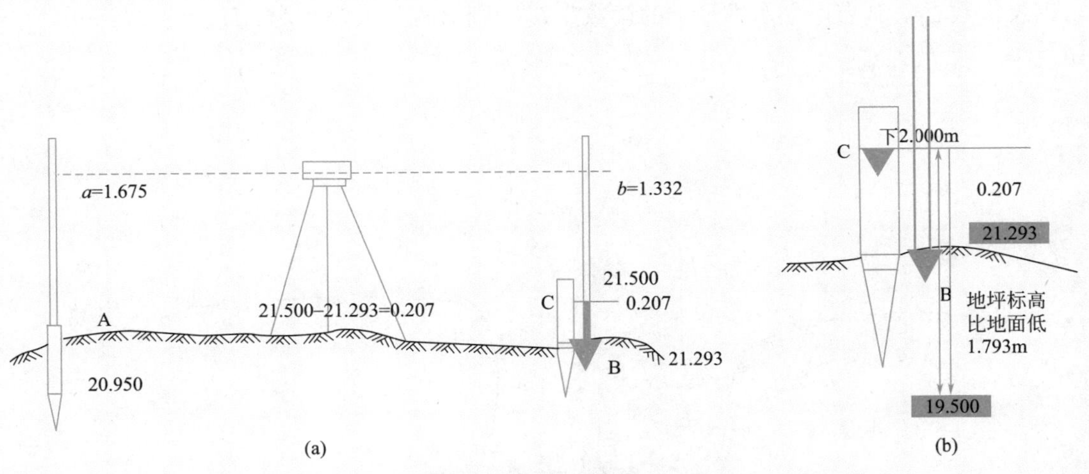

图 2-39　高程的测设

【例 2-2】题目与上例一样，仅仅将建筑物的室内地坪设计高程改为 19.500m，该如何将建筑物的室内地坪高程放样到木桩 B 上呢？具体做法如下：

（1）、（2）两步一样。

（3）计算放样点处地面高程：

$$H_B=H_A+a-b=20.950+1.675-1.332=21.293\ (m)$$

室内地坪标高在水准尺的位置：C=19.500−21.293=−1.793（m）

说明地坪标高比地面还低 1.793m。

（4）由地面向上 2.000−1.793=0.207m 处，此线位置高于设计位置 2.000m，在木桩上划一道红线，上书“下 2.000m”就是室内地坪设计高程的位置，如图 2-39（b）所示。

高程放样流程总结：

① 先实测放样点处地面高程。

② 再计算地坪设计标高与实测地面高程之差。

③ 根据差值在木桩上向上或向下标定放样点位：

一般情况下，木桩高度 500mm 左右，桩顶离地面 0.3～0.4m，标记应在高于地面 200～300mm 的适当位置，并且标记处离设计标高点位处的距离应以分米为单位。

地坪高于地面时，设计点位在木桩上，直接向上定点，否则要标注“向上”的数值；地坪低于地面时，要向上凑整一段距离，在标记处写明向下的数据（凑整到分米）。

2. 高程传递法

当测设的高程点与水准点之间的高差很大时，可用悬挂的钢尺来代替水准尺，以测设给定的高程。

如图 2-40 所示，欲向基坑内测设高程为 H_B 的 B 点，地面水准点 A 的高程为 H_A，则可在基坑边设一吊杆悬挂钢尺，钢尺零端吊一 10kg 的垂球。测设时，A 点竖立标尺，用水准仪后视标尺读数为 a_1，前视钢尺读数为 b_1；在基坑内安置另一水准仪，同一时刻读出钢尺读数 a_2，B 点所立水准尺上的读数为 b_2。则 B 点尺底高程为：$H_B=(H_A+a_1)-(b_1-a_2)-b_2$。

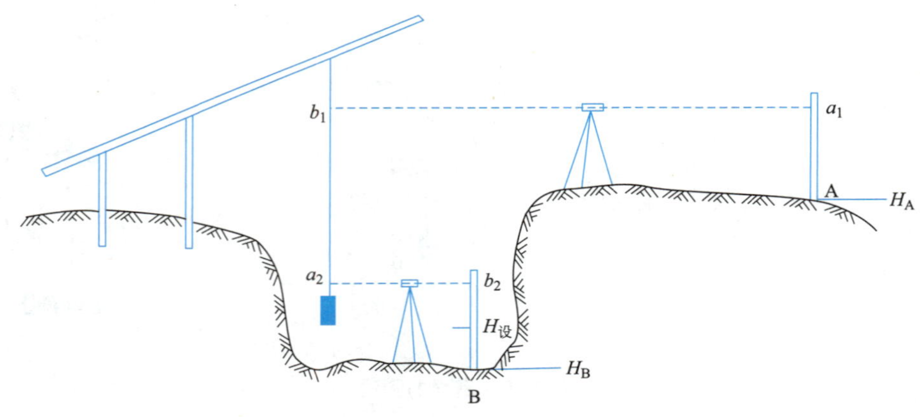

图 2-40　基坑内的高程测设

改变钢尺悬挂位置，再次观测，以便检核所量空中钢尺长度的准确性。

最后，确定 $H_设$ 的位置，根据设计高程与尺底高程之差由尺底向上（或下）量取 $H_设-H_B$ 画线。

如图 2-41 所示，当向较高的建筑物 B 处传递高程时，方法如下：

钢尺悬挂在支架上或紧贴墙柱，零端向下并挂上重10kg的重锤，A为已知高程为H_A的水准点，B为待测设50线高程为H_B的点位。

在地面和待测设点位附近安置水准仪，分别在标尺和钢尺上读数a_1、b_1和a_2，在B点楼地面处立尺，读数b_2。则B点地面处高程为：$H_{B地}=H_A+a_1+(a_2-b_1)-b_2$，改变钢尺悬挂位置，再次观测，以便钢尺长度$a_2-b_1$测量的准确性。

根据设计高程与地面点高程之差$H_B-H_{B地}$，在墙柱上划出要测设的H_B高程点的标志线。

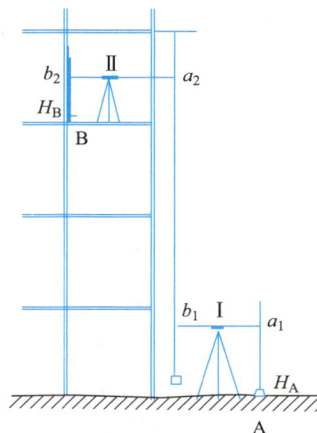

图 2-41　高处楼层的高程测设

2.4.2　已知坡度线的测设

在铺设管道、修筑道路等工程中，经常需要在地面上测设给定的坡度线。测设已知的坡度线时，如果坡度较小，一般采用水准仪；当设计坡度较大、超出了微倾式水准仪脚螺旋的最大调节范围时，要使用经纬仪进行测设（倾斜视线）；当使用全站仪时，可以将竖直度盘显示单位切换为坡度单位，直接将望远镜视线的坡度值调整到设计坡度值即可。而不需要先测设出放样B点处的平面位置和高程。

测设方法通常有水平视线法、倾斜视线法和高差法。

1. 水平视线法

当测设的坡度较小时，采用水准仪进行标定。如图2-42所示，A、B为设计坡度线的两端点，其设计高程分别为H_A、H_B，AB设计坡度为i。为了施工方便，在AB方向上每隔距离d打一木桩，要求在木桩上标定出坡度为i的坡度线。其方法如下：

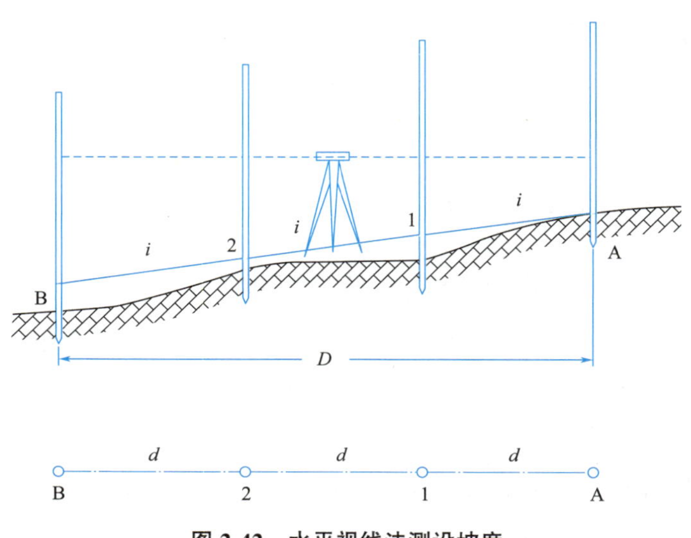

图 2-42　水平视线法测设坡度

（1）沿AB方向桩定出间距为d的中间桩1、2……n的位置。

（2）计算各桩的设计高程：

1 点的设计高程　　$H_1=H_A+i\times d$

2 点的设计高程　　$H_2=H_1+i\times d$

3 点的设计高程　　$H_3=H_2+i\times d$

……

B 点的设计高程　　$H_B=H_n+i\times d$

或以 $H_B=H_A+(n+1)i\times d$　　作为检核　　（式 2-33）

注意坡度 i 的正负，计算设计高程时同其符号一并运算。

（3）安置水准仪，后视 A 点标尺读数为 a，得仪器视线高为 $H_i=H_A+a$，然后根据各点设计高程，计算各点的应读前视尺读数 $b_i=H_i-H_{设}$（i=1、2、3、……）。

（4）将水准尺分别贴靠在各木桩的侧面，上、下移动尺子，当水准仪中丝读数为 b_i 时，水准尺的零点即为各点的测设高程。或立尺于桩顶，读得前视读数 b，再根据 b_i 与 b 之差，自桩顶向下量取画线。

2. 倾斜视线法

当测设的坡度较大时，用经纬仪进行标定。

如图 2-43 所示，A、B 为设计坡度线的两端点，其设计坡度为 $-i$（‰），具体测设方法如下：

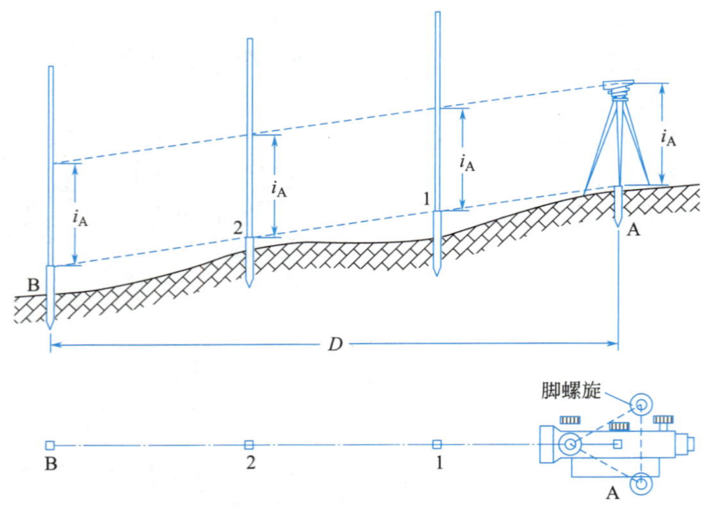

图 2-43　倾斜视线法测设坡度

（1）根据设计坡度 $-i$（‰），和标定点至已知高程点间的距离，求出标定点 B 的高程 $H_B=H_A-i\times D_{AB}$，用标定已知高程的方法标定出 B 点。

（2）安置仪器于 A 点处，量取仪器高 i_A，用望远镜照准 B 点的水准尺，使中丝读数为 i_A，固定望远镜和照准部。此时经纬仪视线与设计坡度线平行。

（3）分别在中间点 1、2 处竖立水准尺并上下移动，当仪器中丝读数为 i_A 时，水准尺的零点即为 1、2 点的测设高程。

3. 高差法（任意坡度）

如图 2-44 所示，设 A 点高程 H_A，要从 A 点沿 AB 方向测设出一条坡度为 i 的直线，

AB 间的水平距离为 D。用水准仪测设的方法如下：

先在 A 点做好标记，实测 A 点标尺读数 a，根据坡度 i（向量）计算出 AB 两点高差为 $i\times D$。B 点地面处标尺读数为 b，则 $b_0=b+i\times D-a$ 处即为坡度 i 在 B 点的位置，在木桩上画"▼"符号；中间各桩按上述方法依次测设，各"▼"符号连线即为坡度为 i 的坡度线。

总结：不管使用何种方法测设高程或坡度，最后都必须通过实测高差，以检核放样的正确性。

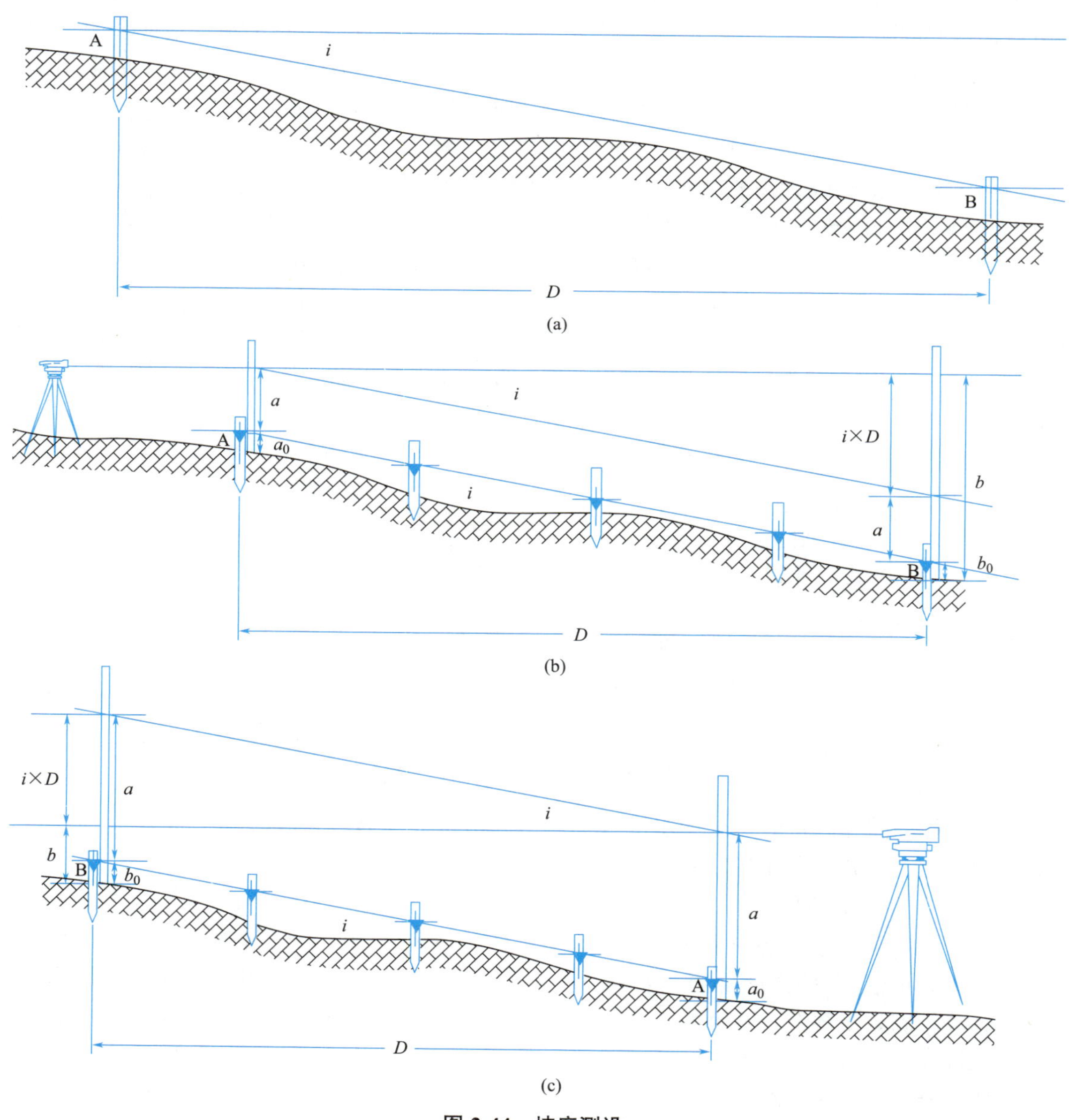

图 2-44　坡度测设

（a）任意坡度测设；（b）任意负坡度测设；（c）任意正坡度测设

2.4.3 基础施工高程测量

1. 基槽开挖深度的控制

建筑物在定位及轴线引测完成后，即可根据基槽灰线破土开挖基槽。基槽开挖时，不得超挖基底，要随时注意挖土的深度，禁止对基底老土的扰动。要特别注意基槽挖到离槽底 0.5m 左右时的标高控制，在槽底两端及中间几处各测设一垂直小木桩，用以控制挖槽深度，同时也作为槽底抄平和基础垫层施工的依据。在基坑较深、工程体量较大情况下，可以在槽底间距 5m 左右和拐角处钉垂直桩，用以控制挖槽深度及作为清理槽底和铺设垫层的依据，垂直桩高程测设的允许误差为±10mm。当工程为深基坑时，由于一般采用钢丝网、锚杆混凝土护壁，则可以在槽壁打水平桩来控制槽底开挖标高。

垂直桩是用水准仪根据现场已测设的±0.000m 标志（一般为“▼”）来测设的。如图 2-45 所示，槽底设计高程为－1.700m，欲测设比槽底设计高程高 0.500m 的垂直桩（其高程为－1.200m），首先在地面安置水准仪，在±0.000m “▼”标志顶面上立水准尺，假设后视读数为 a＝0.774m，则测设－1.200m 垂直桩标志应读的前视读数 b 为：

$$b=0.774-(-1.700+0.500)=1.974\ (\text{m})$$

在槽底打一木桩，然后紧贴木桩竖立水准尺并上下移动，直至水准仪视线读数为 1.974m 时，沿水准尺底面在木桩上画好“▼”标志即为要测设的基槽开挖高程控制桩。

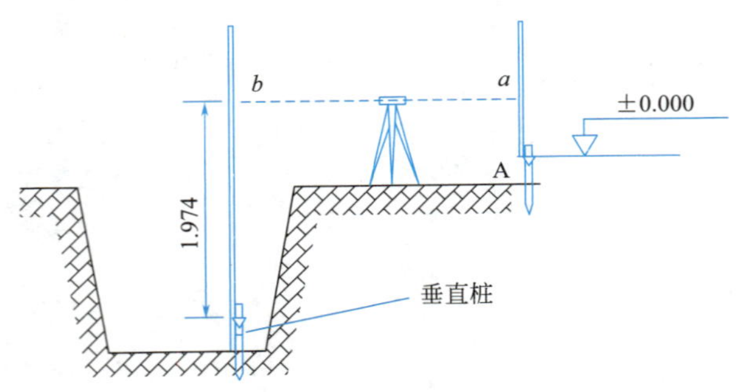

图 2-45　槽底标高的控制测量

2. 基础标高的控制

基础标高的控制目前均采用水准仪进行。利用水准仪通过±0.000m，将基础标高控制线用“▼”标志测设在基础垂直桩上。

3. 墙体基础的高程定位

基槽开挖至设计标高并清底抄平完成后，通过控制桩用经纬仪将轴线位置投测到槽底，作为确定槽底边线的基准线，再施工垫层。垫层打好后，再用经纬仪或用拉绳挂垂球法把轴线投测到垫层上，并用墨线弹出墙中线和基础边线。当基础施工结束后，用水准仪检查基础面是否水平，俗称找平。如图 2-46 所示，在基础施工结束后，利用轴线控制桩将轴线测设到基础或防潮层面上，并延长到侧面用墨线作出标志，以此作为墙体向上砌筑投测轴线的依据，投测前应对轴线控制桩进行认真检查复核，以防碰动移位。利用水准仪通过±0.000m 标志，将墙体标高控制线用“▼”标志测设在基础侧面。图 2-46 中所示基础顶面标高为±0.000m，墙体标高控制线为−0.100m。

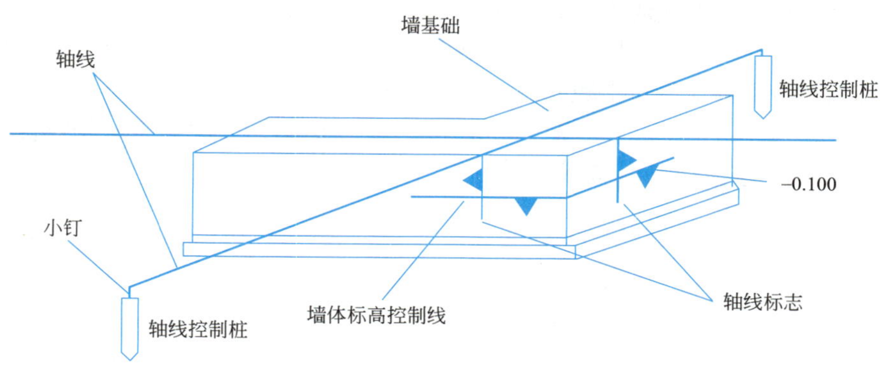

图 2-46　墙体基础弹线定位

2.4.4　主体施工高程测量

对于建筑工程高程传递必须满足限差要求，各类规范都有规定。《工程测量标准》GB 50026—2020“工业与民用建筑施工测量”和《高层建筑混凝土结构技术规程》JGJ 3—2010“施工测量”条款均有规定，见表 2-11。

建筑物竖向标高传递允许误差　　表 2-11

项目	内容		允许偏差(mm)
标高竖向传递	每层		±3
	总高 H(m)	$H\leqslant30$	±5
		$30<H\leqslant60$	±10
		$60<H\leqslant90$	±15
		$90<H\leqslant120$	±20
		$120<H\leqslant150$	±25
		$150<H\leqslant200$	±30
		$H>200$	按 40%的施工限差取值

施工层标高的传递，宜采用悬挂钢尺代替水准尺的水准测量方法进行，并应对钢尺读数进行温度、尺长和拉力改正。传递点的数目，应根据建筑物的大小和高度确定。规模较小的工业建筑或多层民用建筑，宜从 2 处分别向上传递，规模较大的工业建筑或高层民用建筑，宜从 3 处分别向上传递。传递的标高较差小于±3mm 时，可取其平均值作为施工层的标高基准，否则，应重新传递。

对于使用钢尺直接丈量传递高程，一般是在首层墙体砌筑到 1.5m 标高后，用水准仪在内墙面测设一条“+50cm”的标高线（50 线），作为首层（底层）地面施工及室内装修的标高依据。以后每砌一层，通过吊钢尺的方法，从下层的“+50cm”标高线处，向上量出设计层高，测出上一楼层的“+50cm”标高线。这样用钢尺逐层向上引测。

如图 2-47 所示，从图中的相互位置关系，可看出：

第二层楼地面高程设计值为 l_1，实测值为：$0.5+a_1+(a_2-b_1)-b_2$。

在进行第二层 50 线测设时，将标定处水准尺放在楼地面，实测读数为 b_2，则在水准尺上由地面向上量取设计值与实测值之差（即 50 线设计值 0.5m）：

$l_1+0.5-[0.5+a_1+(a_2-b_1)-b_2]=l_1-[a_1+(a_2-b_1)-b_2]$ 处在墙面上画线，即为第二层的+0.5m 标高线。

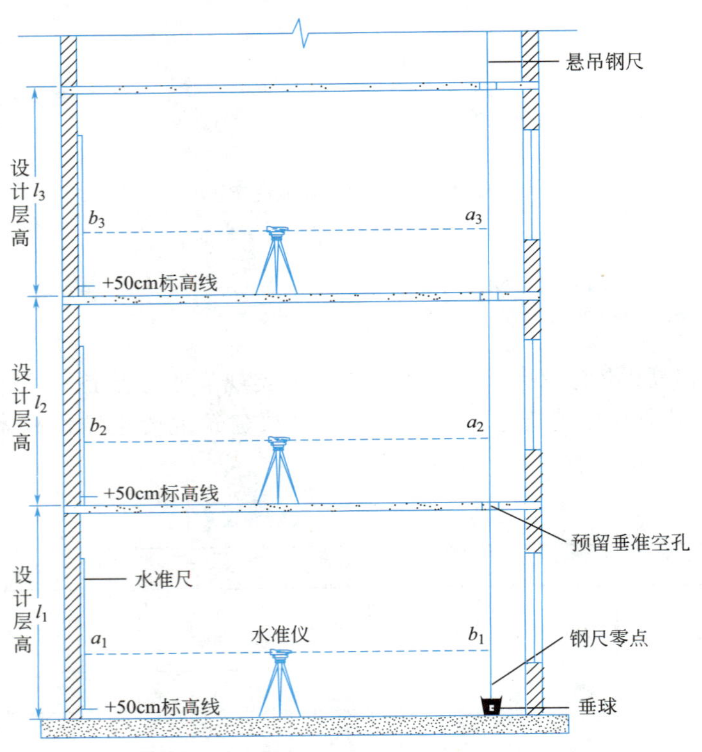

图 2-47　主体施工传递高程

依次往上一层，同理有：

第三层楼地面高程设计值为 l_1+l_2，实测值为：$0.5+a_1+(a_3-b_1)-b_3$。

在进行第三层 50 线测设时，将标定处水准尺放在楼地面，实测读数为 b_3，则在水准尺上由地面向上量取设计值与实测值之差（即 50 线设计值 0.5m）：

$l_1+l_2+0.5-[0.5+a_1+(a_3-b_1)-b_3]=l_1+l_2-[a_1+(a_3-b_1)-b_3]$ 处在墙面上划线，即为第三层的+0.5m 标高线。

依此类推，如图 2-47 所示，使用水准仪加钢尺，均由第一层向上逐层传递高程。

还可以使用全站仪沿天顶方向测距代替悬挂钢尺进行高程传递，高层建筑一般采用此法。

课后讨论

1. 如何控制基槽开挖深度？

2. 如何控制基础标高和墙体标高？
3. 如何向深基坑、高层建筑传递标高？
4. 放样已知坡度有哪几种？如何进行？
5. 高程传递如何进行？

任务 2.5　光学水准仪的检验与校正

学习目标

1. 了解水准仪的主要轴线及其关系；
2. 能完成微倾式水准仪的检验与校正工作。

关键概念

微倾式水准仪主要轴线、圆水准器的检验与校正、管水准器的检验与校正。

2.5.1　水准仪应满足的几何条件

根据水准测量的原理，水准仪必须提供一条水平视线，为此，水准仪的四条主要轴线：望远镜视准轴 CC、水准管轴 LL、圆水准器轴 L′L′和仪器竖轴 VV（图 2-48），应满足以下条件：

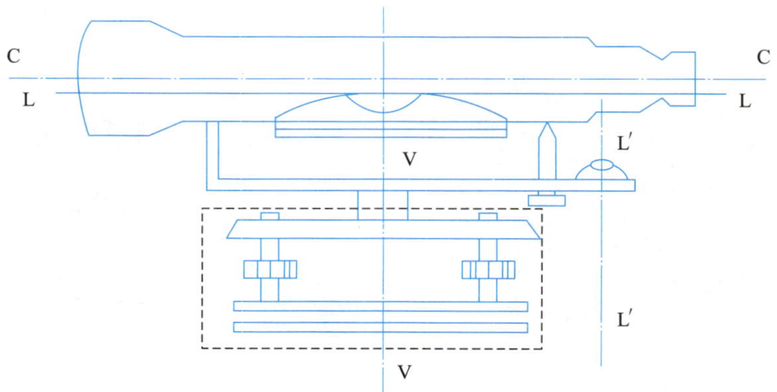

图 2-48　微倾式水准仪的主要轴线

（1）圆水准器轴 L′L′应平行于竖轴 VV；
（2）水准管轴 LL 应平行于视准轴 CC；
（3）十字丝横丝应垂直于仪器竖轴 VV。

2.5.2 水准仪的检验与校正

仪器出厂前都经过严格检校，均能满足上述条件，但经过长期使用或运输过程中的震动，轴线间的关系可能会受到破坏，若不及时检验校正，将会影响测量成果的精度。为此，水准测量之前，必须对水准仪进行检验校正。检验及校正必须按照“后面项目不影响前面已完成项目”的顺序逐项进行，其顺序如下：

1. 圆水准器轴的检验校正

（1）目的

满足条件 L′L′//VV，使圆水准气泡居中时，竖轴基本竖直，视准轴粗平。

（2）检验

如图 2-49（a～c）所示，安置仪器后，用脚螺旋使圆水准气泡居中，然后将仪器绕竖轴旋转 180°，如气泡仍居中，表明条件满足；如气泡不居中，则需校正。

（3）校正

1）如图 2-49（d）所示，首先旋转脚螺旋调整气泡偏移量的一半。

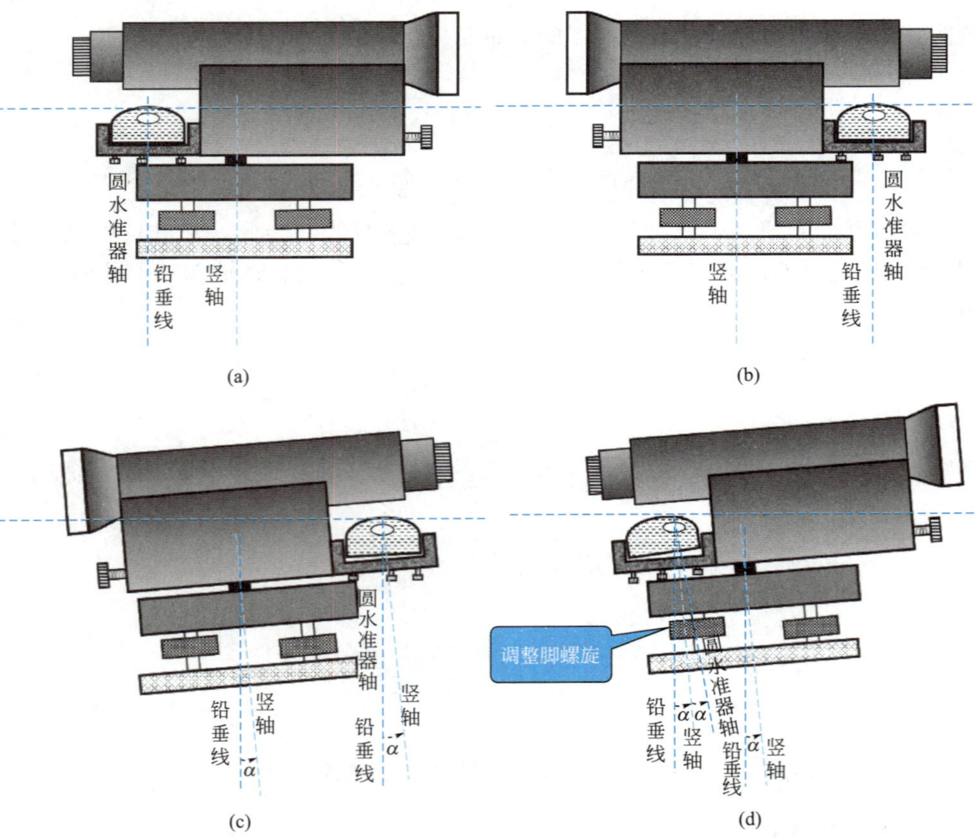

图 2-49 圆水准器轴的检验与校正（一）

（a）调整脚螺旋将气泡居中；（b）旋转 180°圆水准气泡仍然居中；

（c）圆水准器轴与竖轴不平行需要校正；（d）调整脚螺旋使偏离的气泡回半；

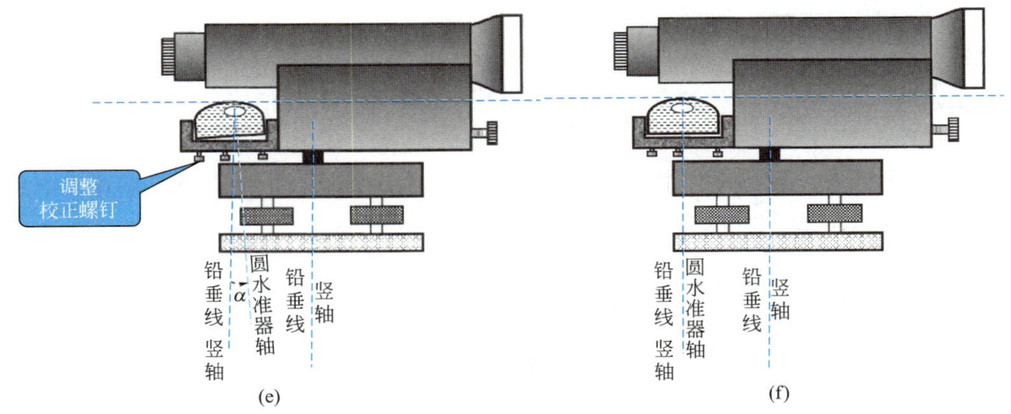

图 2-49　圆水准器轴的检验与校正（二）

（e）调整圆水准器校正螺钉使气泡居中；（f）校正后气泡居中两轴平行

2）如图 2-49（e）所示，然后，松开圆水准器背面中心固紧螺钉，用校正针拨动圆水准器校正螺钉（图 2-50），使气泡中心移到圆水准器零点（图 2-49f），即调整剩下的一半。

3）此项校正，须反复进行，直到仪器旋转到任何位置时，圆水准器气泡皆居中时为止。最后，将中心固紧螺丝拧紧。

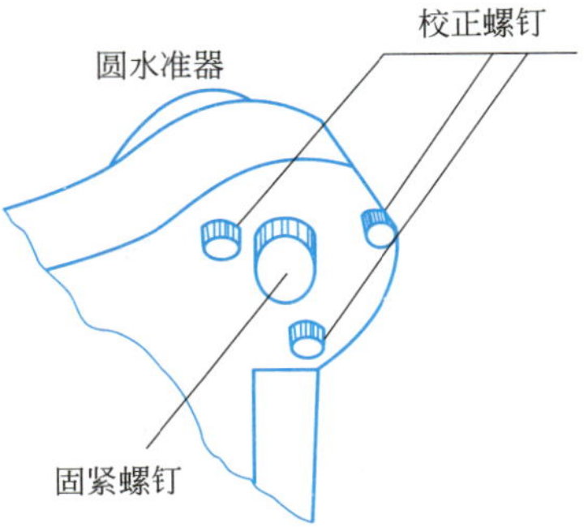

图 2-50　圆水准器轴的校正

2. 十字丝横丝的检验与校正

（1）目的

使十字丝横丝垂直于竖轴。当竖轴竖直时，横丝处于水平，在横丝上任何位置读数均相同，即可使用横丝的任意位置读数。

（2）检验

粗平后，用十字丝横丝一端对准远处一明显点状标志 M，如图 2-51（a）所示。拧紧制动螺旋，转动微动螺旋，如果 M 点沿着横丝移动，如图 2-51（b）所示，则表示十字丝横丝与竖轴垂直，不需校正。如果 M 点明显偏离横丝，如图 2-51（c、d）所示，则表示十字丝横丝不垂直于竖轴，需要校正。

（3）校正

松开十字丝分划板座的固定螺钉，如图 2-52 所示，转动整个目镜座，使十字丝横丝与 M 点轨迹一致，再将固定螺钉拧紧。当 M 点偏离横丝不明显时，一般不进行校正，在作业中可利用横丝的中央部分读数。

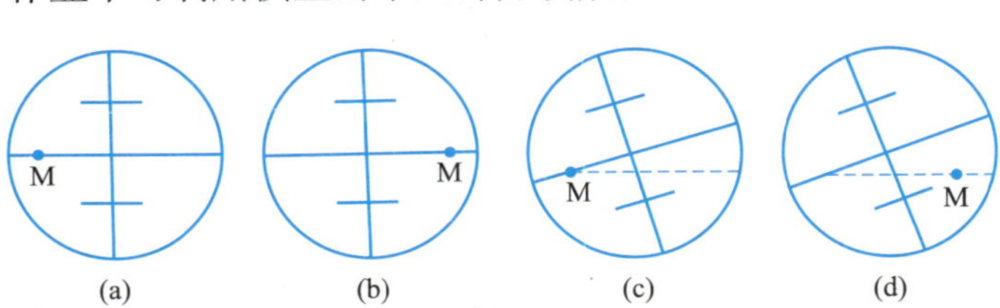

图 2-51　十字丝横丝的检验

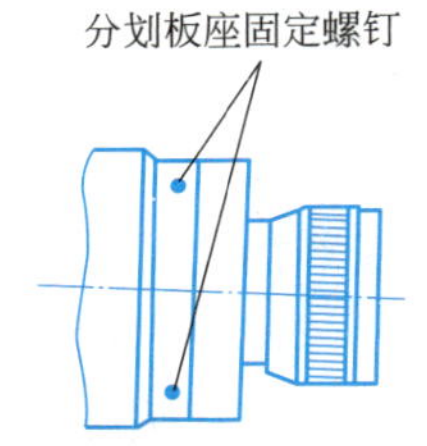

图 2-52　十字丝横丝的校正

3. 水准管轴的检验与校正

（1）目的

满足条件 LL//CC，使水准管气泡居中时，视准轴处于水平位置。

（2）检验

1）在一平坦地面上选择相距大约 80m 的 A、B 两点各打一木桩，将仪器置于中点 C，并使 AC=BC，如图 2-53 所示。

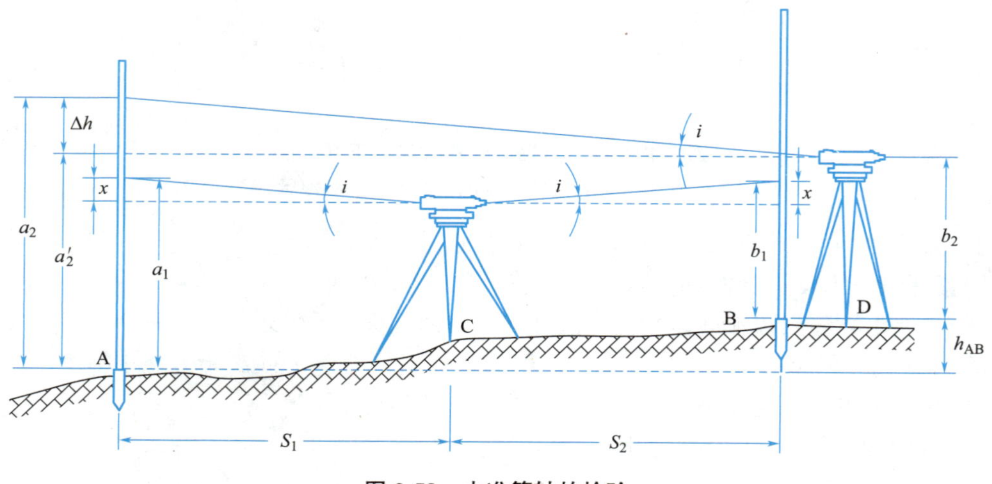

图 2-53　水准管轴的检验

2）在 A、B 两点竖立水准尺。用双仪高法两次测定 A 点至 B 点的高差，当两次高差的较差不大于 3mm 时，取两次高差的平均值 h_{AB} 作为两点高差的正确值。

3）然后将仪器安置于 A、B 连线外侧距 B 点约 3m 的 D 点处，精平仪器后，A 点尺上的读数为 a_2，B 点尺上的读数为 b_2，由于仪器刚在盲区外 B 点处，视准轴与水准轴不平行引起的读数误差可忽略不计，可视为水平视线的读数，则仪器移到 D 点处的观测高差为 $h'_{AB}=a_2-b_2$。因此，两次高差之差 $\Delta h=h'_{AB}-h_{AB}$。

4）由图 2-53 可见，Δh 是由于视准轴与水准轴不平行所产生的 i 角造成的读数误差所致，因 i 角角值微小，一般直接用″来表示，其值为：

$$i=\frac{\Delta h}{S_{AD}}\cdot\rho''=\frac{\Delta h}{83}\cdot\rho'' \tag{式 2-34}$$

式中　S_{AD}——AD 两点间的水平距离，$\rho''=206265''$。

《工程测量标准》GB 50026—2020 规定：DS3 水准仪当 i 角大于 20″时、DS1 水准仪当 i 角大于 15″时，仪器必须校正。

（3）校正

仪器仍在 D 点，首先求出 A 点尺视线水平时的正确读数：$a'_2=a_2-\Delta h$。

1）对于“微倾式”水准仪，方法是“调整水准轴”：

旋转微倾螺旋，使十字丝横丝对准 a'_2，管水准气泡必然偏离中心，如图 2-54 所示，校正针拨动管水准器一端的上、下两个校正螺钉，使气泡的两个影像符合。

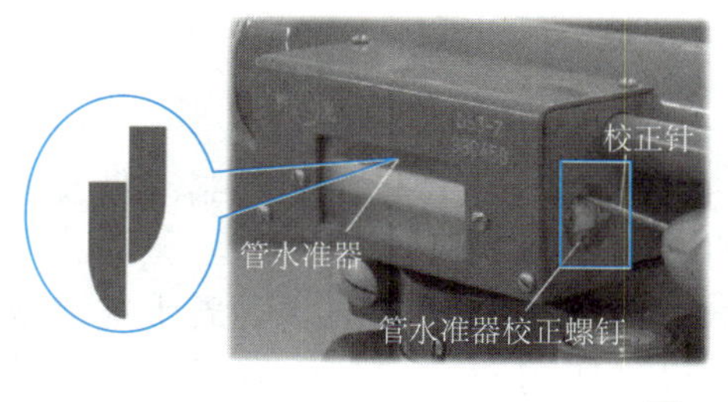

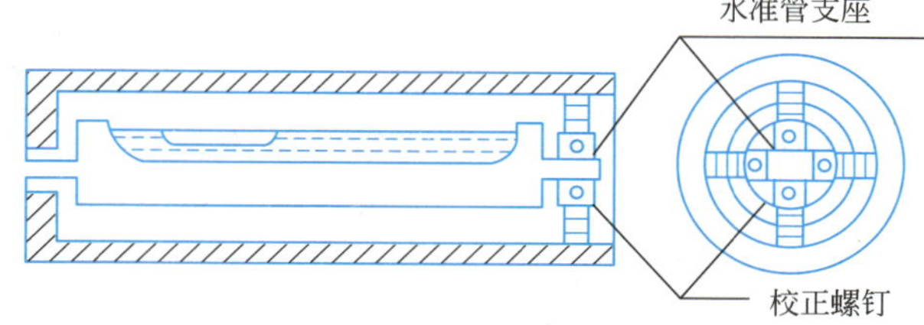

图 2-54　管水准器的校正

2）对于"自动安平"水准仪，方法是"调整视准轴"：

因为自动安平机制使视线始终水平，无水准轴可调整，因此只能调整十字丝，上下移动横丝，让十字丝横丝照准准确的读数上。

调整十字丝，使十字丝横丝对准 a_2'，如图 2-55 所示，左旋取下十字丝分划板调整螺钉护盖；用校正针调整分划板十字丝，直至十字丝横丝读数为 a_2' 为止。螺钉最后一圈应为顺时针方向旋转，旋上护盖。

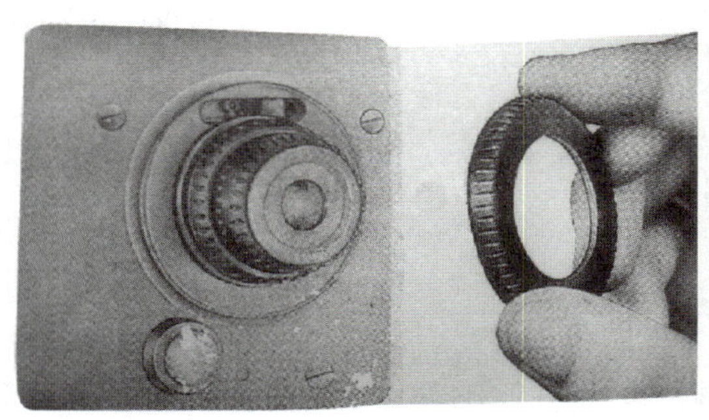

图 2-55　管水准器的校正

此项检验校正要按前述步骤重新检验反复进行，直至 i 角达到规范要求为止。

提示

水准管轴的检校实际是对视准轴的检验与校正，调整水准轴使其与视准轴平行，达到水准仪所必须具备的能提供水平视线的条件。

课后讨论

1. 水准仪有哪几条重要轴线？其相互关系是什么？
2. 水准仪的检验校正应按什么顺序进行？
3. 《工程测量标准》GB 50026—2020 规定，不同等级的水准仪其 i 角限差是多少？
4. 画图举例说明 i 角的检验及校正方法。

项目小结

本项目主要学习了控制测量的基本概念、控制测量的技术设计，高程控制测量及实施、高差测量、高程放样、坡度放样、光学水准仪的检验与校正等内容。

本项目是建筑工程最常见的内容，从场地平整到整个工程施工始终贯彻着水准测量的内容，因此应正确理解测量知识概念，掌握水准仪的使用和检校，加强项目实训是关键。

练习题

一、填空题

1. 水准仪的操作步骤为________、________、________、________。

2. 四等水准测量的观测顺序为________、________、________、________。

3. 已知 A 点高程为 14.305m，欲测设高程为 15.000m 的 B 点，水准仪安置在 A、B 两点中间，在 A 尺读数为 2.314m，则在 B 尺读数应为________m，才能使 B 尺零点的高程为设计值。

4. 微倾式光学水准仪主要由________、________、________组成。

5. 微倾式光学水准仪上圆水准器的作用是使________，管水准器的作用是使________。

6. 望远镜产生视差的原因是____。

7. 水准路线按布设形式分为________、________、________。

8. 某站水准测量时，由 A 点向 B 点进行测量，测得 A、B 两点之间的高差为 0.506m，且 B 点水准尺的读数为 2.376m，则 A 点水准尺的读数为________m。

9. 水准测量测站检核可以采用________或________测量两次高差。

10. 水准仪圆水准器轴与管水准器轴的几何关系为________。

11. 水准仪的圆水准器轴应与竖轴________。

12. 为了消除水准仪 i 角误差对高差的影响，观测时仪器应安置在________。

二、单选题

1. 在三角高程测量中，采用对向观测可以消除（　　）的影响。

A. 视差　　B. 视准轴误差

C. 地球曲率差和大气折光差　　D. 水平度盘分划误差

2. 水准测量中，设后尺 A 的读数 $a=2.713$m，前尺 B 的读数为 $b=1.401$m，已知 A 点高程为 15.000m，则视线高程为（　　）m。

A. 13.688　　B. 16.312

C. 16.401　　D. 17.713

3. 在水准测量中，若后视点 A 的读数大，前视点 B 的读数小，则有（　　）。

A. A 点比 B 点低　　B. A 点比 B 点高

C. A 点与 B 点可能同高　　D. A、B 点的高低取决于仪器高度

4. 自动安平水准仪，（　　）。

A. 既没有圆水准器也没有管水准器　　B. 没有圆水准器

C. 既有圆水准器也有管水准器　　D. 没有管水准器

5. 进行水准仪 i 角检验时，A、B两点相距80m，将水准仪安置在A、B两点中间，测得高差 $h_{AB}=0.125$m，将水准仪安置在距离B点3m的地方，测得的高差为 $h'_{AB}=0.136$m，则水准仪的 i 角为（　　）。

A. 27″　　B. −27″　　C. 0.00076″　　D. −0.00076″

6. 转动目镜调焦螺旋的目的是使（　　）十分清晰。

A. 物像　　B. 十字丝分划板

C. 物像与十字丝分划板　　D. 目镜

7. 测量仪器望远镜视准轴的定义是（　　）的连线。

A. 物镜光心与目镜光心

B. 目镜光心与十字丝分划板中心

C. 物镜光心与十字丝分划板中心

D. 目镜中心与十字丝分划板中心

8. 已知A点高程 $H_A=62.118$m，水准仪观测A点标尺的读数 $a=1.345$m，前尺B的读数为 $b=1.932$m，则B点高程为（　　）m。

A. 60.773　　B. 63.463　　C. 62.118　　D. 61.456

9. 产生视差的原因是（　　）。

A. 观测时眼睛位置不正　　B. 物像与十字丝分划板平面不重合

C. 前后视距不相等　　D. 目镜调焦不正确

10. 设 $H_A=15.032$m，$H_B=14.729$m，$h_{AB}=$（　　）m。

A. −29.761　　B. −0.303　　C. 0.303　　D. 29.761

11. 普通水准测量，应在水准尺上读取（　　）位数。

A. 5　　B. 3　　C. 2　　D. 4

12. 水准尺向前或向后方向倾斜对水准测量读数造成的误差是（　　）。

A. 偶然误差

B. 系统误差

C. 可能是偶然误差也可能是系统误差

D. 既不是偶然误差也不是系统误差

13. 水准器的分划值越大，说明（　　）。

A. 内圆弧的半径大　　B. 其灵敏度低

C. 气泡整平困难　　D. 整平精度高

14. 普通水准尺的最小分划为1cm，估读水准尺mm位的误差属于（　　）。

A. 偶然误差

B. 系统误差

C. 可能是偶然误差也可能是系统误差

D. 既不是偶然误差也不是系统误差

15. 水准仪的（　　）应平行于仪器竖轴。

A. 视准轴　　B. 圆水准器轴
C. 十字丝横丝　　D. 管水准器轴

16. DS1 水准仪的观测精度要（　　）DS3 水准仪。
A. 高于　　B. 接近于
C. 低于　　D. 等于

17. 水准测量中，同一测站，当后尺读数大于前尺读数时，说明后尺点（　　）。
A. 高于前尺点　　B. 低于前尺点
C. 高于测站点　　D. 等于前尺点

18. 水准测量时，尺垫应放置在（　　）。
A. 水准点　　B. 转点
C. 土质松软的水准点上　　D. 需要立尺的所有点

19. 转动目镜调焦螺旋的目的是（　　）。
A. 看清十字丝　　B. 看清物像
C. 消除视差　　D. 看清十字丝和物像

20. 水准测量测站检核的方法有（　　）。
A. 闭合路线　　B. 附合路线
C. 支水准路线　　D. 双面尺法和双仪高法

21. 高程控制网分一、二、三、四、五等。与平面控制不同，高程控制网只有（　　）没有（　　）的概念。
A. 等，级　　B. 等，等　　C. 级，等　　D. 级，级

22. 水准测量时，尺垫应放置在（　　）。
A. 水准点　　B. 转点
C. 土质松软的水准点上　　D. 需要立尺的所有点

23. 设 A 点高程为 15.023m，欲测设设计高程为 16.000m 的 B 点，水准仪安置在 A、B 两点之间，读得 A 尺读数 a＝2.340m，B 尺读数 b 为（　　）m 时，才能使尺底高程为 B 点高程。
A. 1.663　　B. 1.336　　C. 1. 633　　D. 1.363

24. 水准测量时，要求前后视距相等的原因是为了（　　）。
A. 抵消 i 角对高差的影响
B. 削弱大气折光对高差的影响
C. 方便计算高差
D. 消除地球曲率对高差的影响

三、多选题

1. 建立高程控制网一般应布设成（　　）等形式。
A. 闭合水准路线　　B. 附合水准路线
C. 高程导线　　D. 结点水准网形

2. 对水准控制点位置选择描述正确的是（　　）。
A. 视野开阔
B. 便于细部加密

C. 地势平坦，便于测角和量边

D. 视线高出或旁离障碍物 1.0m 以外，以削弱大气折光的影响

3. 用中丝读数法进行四等水准测量时，每站观测顺序叙述正确的是（　　）。

A. 照准后视标尺黑面，直读视距，精确整平，读取标尺中丝读数；照准后视标尺红面，读取标尺中丝读数

B. 照准前视标尺黑面，直读视距，精确整平，读取标尺中丝读数；照准前视标尺红面，读取标尺中丝读数

C. 上述观测顺序简称为“后→后→前→前”

D. 上述观测顺序简称为“后→前→后→前”

4. 消除视差的步骤叙述正确的是（　　）。

A. 望远镜照准明亮背景，旋转目镜调焦螺旋，使十字丝清晰

B. 望远镜照准明亮背景，旋转物镜调焦螺旋，使十字丝清晰

C. 照准目标，旋转目镜调焦螺旋，使目标像十分清晰

D. 照准目标，旋转物镜调焦螺旋，使目标像十分清晰

5. 可以测量高差的仪器有（　　）。

A. 水准仪　　B. 经纬仪　　C. 全站仪　　D. 钢尺

6. 水准仪按精度高低分为普通水准仪和精密水准仪，国产水准仪有（　　）。

A. DS05　　B. DS1　　C. DS3　　D. DS6

7. DS3 水准仪的构造主要由（　　）三部分构成。

A. 望远镜　　B. 水准器　　C. 基座　　D. 微倾螺旋

8. 微倾式水准仪使用的基本操作程序为（　　）。

A. 安置仪器和粗平　　B. 调焦和照准

C. 精平　　D. 读数

9. 水准仪应满足的几何条件有（　　）。

A. 圆水准器轴 L′L′平行于竖轴 VV　　B. 水准管轴 LL 平行于视准轴 CC

C. 十字丝横丝垂直于仪器竖轴 VV　　D. 圆水准器轴 L′L′垂直于竖轴 VV

10. 如图所示，A、B 为两个已知水准点，A 点高程为 421.336m，B 点高程为 425.062m，按照五等水准技术要求进行观测，其观测成果如图中所示，则 1 点高程为（　　）m，2 点高程为（　　）m。

A. 421.476　　B. 421.473

C. 421.141　　D. 421.143

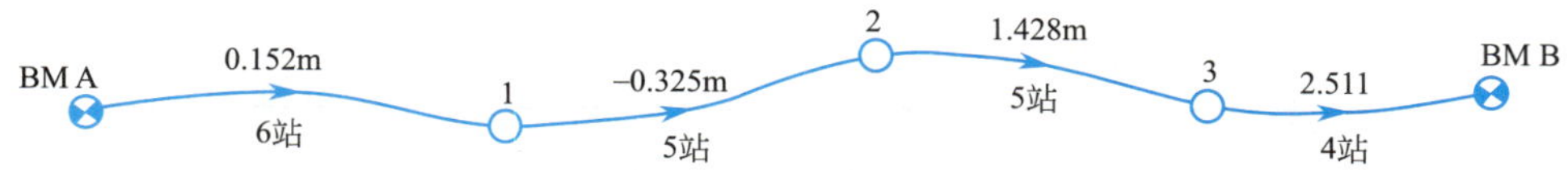

11. 三等水准测量采用中丝读数法往返观测，一个测站上的观测顺序为（　　）；四等水准测量采用中丝读数法单程观测，一个测站上的观测顺序为（　　）。

A. 后→前→前→后　　B. 后→后→前→前

C. 黑→黑→红→红　　D. 黑→红→黑→红

四、名词解释

1. 圆水准器轴
2. 管水准器轴
3. 视差

五、简答题

1. 微倾式水准仪有哪些轴线？
2. 用中丝读数法进行四等水准测量时，每站观测顺序是什么？
3. 水准测量时为什么要求前后视距相等？
4. 视差是如何产生的？消除视差的步骤？
5. 试叙述使用拓普康 GTS-102N 全站仪进行坡度测设的方法。

六、计算题

1. 如图所示，已知附合水准点 M1 和 M2 的高程，P1、P2、P3 点为待定高程点，水准测量观测的各段高差及路线长度标注在图表中，请在下列表格中计算各点高程。

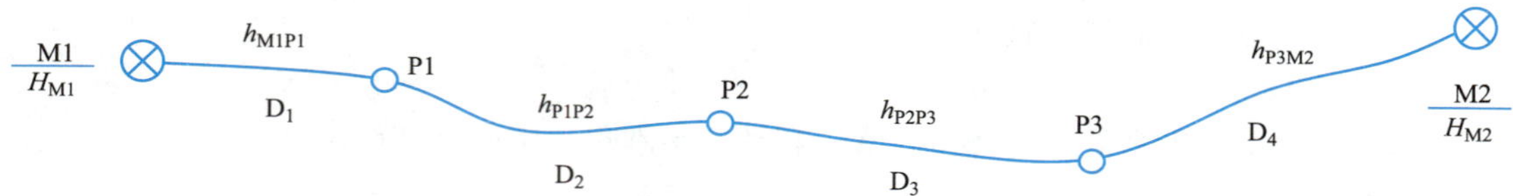

测段	点号	路线长度（km）	实测高差（m）	改正数（mm）	改正后高差（m）	高程（m）
						64.429
1		2.1	+2.596			
2		3.2	+0.369			
3		1.9	−2.478			
4		3.7	+3.587			
						68.541
Σ						
辅助计算	$f_{h允}=\pm20\sqrt{L}$　　$f_h=$					

2. 已知水准点 A 的高程 $H_A=20.355$m，若在 B 点处墙面上测设出高程分别为 21.000m 和 23.000m 的位置，设在 A、B 中间安置水准仪，后视 A 点水准尺得读数 $a=1.452$m，问怎样测设才能在 B 处墙得到设计标高？请绘草图表示。

3. 如图所示，已知地面水准点 A 的高程为 $H_A=40.000$m，若在基坑内 B 点测设 $H_B=30.000$m，测设时 $a=1.415$m，$b=11.365$m，$a_1=1.205$，问当 b_1 为多少时，其尺

底即为设计高程 H_B？

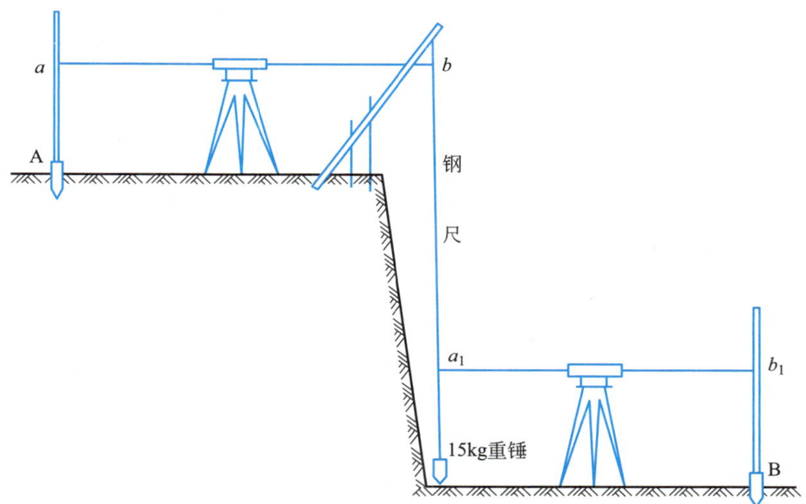

4. 设地面上 A 点高程已知为 $H_A=32.785$m，现要从 A 点沿 AB 方向修筑一条坡度为 -2%的道路，AB 的水平距离为 120m，每隔 20m 打一中间点桩。试述用经纬仪测设 AB 坡度线的做法，并绘草图表示。试用水准仪测设坡度线，并绘草图表示。

项目3

Chapter 03

场区主干道中心线平面位置测量

知识目标

通过本项目学习，你将能够：

1. 熟悉进行建筑工程场区平面控制测量的方法；具有根据施工测量方案及现场情况，进行场区平面控制测量的能力；
2. 掌握平面控制测量的方法、步骤及内外业工作流程；
3. 能使用经纬仪、全站仪及工具进行角度及距离的测量；
4. 具有进行一至三级导线测量实施、观测与记录以及平差计算的能力；
5. 能完成常用光学经纬仪的检验和校正工作。

素质元素

本项目是课程的核心内容，没有控制就没有测量，平面控制是重中之重，现场一切施工工作都是在测量的基础上进行的。

让学生深刻领会，平面控制测量同样需要遵守"从整体到局部、从高级到低级"逐级控制，"上道工序不检核通过，不能进行下道工序"的基本要求，树立全局意识，明确局部利益、个人利益要服从整体利益、服从国家利益。控制测量是一切建筑工程的基础，是工程建设的眼睛，必须高度重视，养成一丝不苟、严肃认真的工作态度。

思维导图

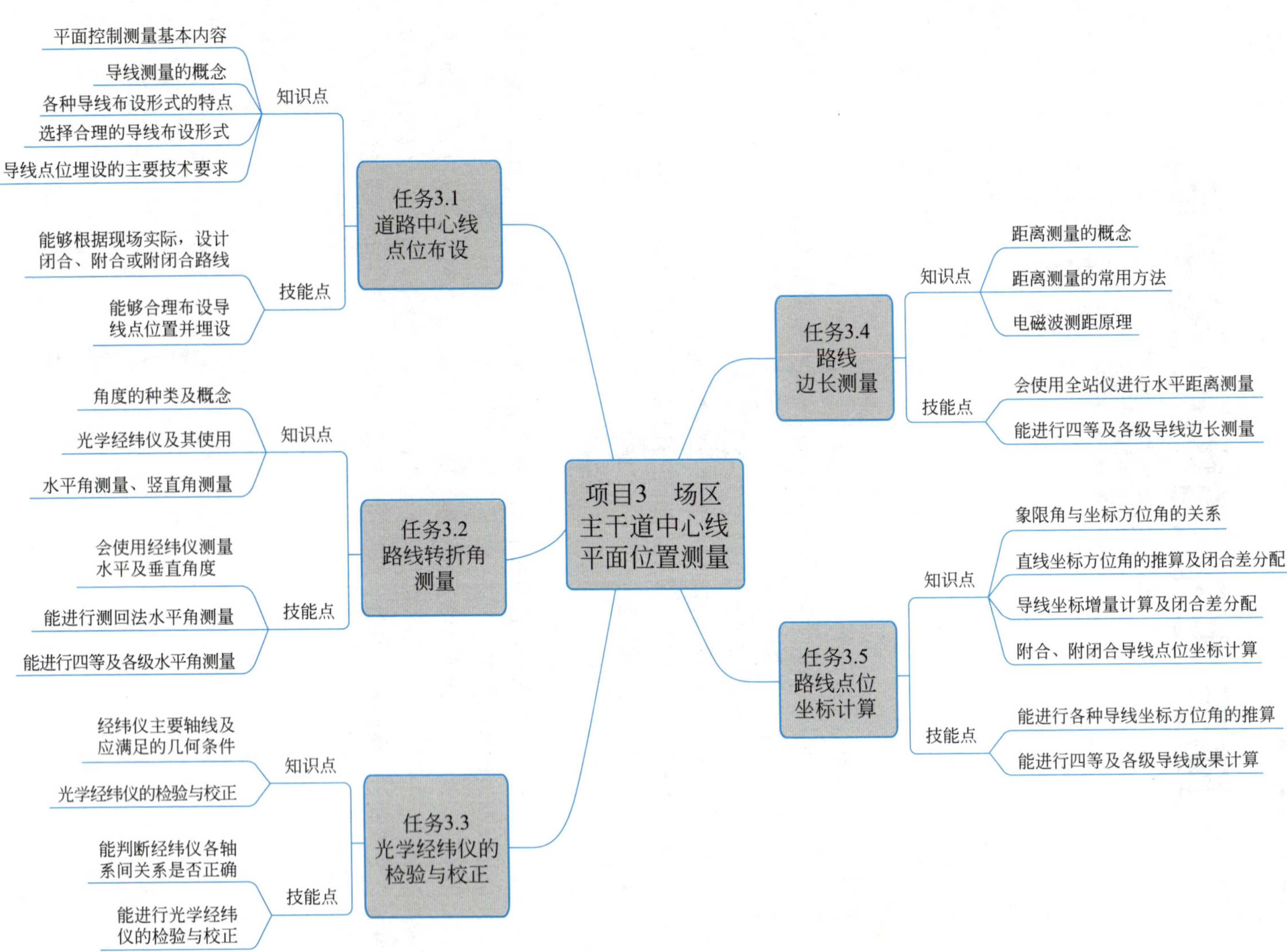
项目3 场区主干道中心线平面位置测量
任务3.1 道路中心线点位布设
知识点
平面控制测量基本内容
导线测量的概念
各种导线布设形式的特点
选择合理的导线布设形式
导线点位埋设的主要技术要求
技能点
能够根据现场实际，设计闭合、附合或附闭合路线
能够合理布设导线点位置并埋设
任务3.2 路线转折角测量
知识点
角度的种类及概念
光学经纬仪及其使用
水平角测量、竖直角测量
技能点
会使用经纬仪测量水平及垂直角度
能进行测回法水平角测量
能进行四等及各级水平角测量
任务3.3 光学经纬仪的检验与校正
知识点
经纬仪主要轴线及应满足的几何条件
光学经纬仪的检验与校正
技能点
能判断经纬仪各轴系间关系是否正确
能进行光学经纬仪的检验与校正
任务3.4 路线边长测量
知识点
距离测量的概念
距离测量的常用方法
电磁波测距原理
技能点
会使用全站仪进行水平距离测量
能进行四等及各级导线边长测量
任务3.5 路线点位坐标计算
知识点
象限角与坐标方位角的关系
直线坐标方位角的推算及闭合差分配
导线坐标增量计算及闭合差分配
附合、附闭合导线点位坐标计算
技能点
能进行各种导线坐标方位角的推算
能进行四等及各级导线成果计算

建筑工程施工测量最重要的任务是前期先做好场区的控制测量，前一项目我们完成了场区主干道中心线高程控制测量及高程放样等内容，本项目主要学习平面控制测量部分的内容，完成场区主干道中心线平面控制测量等工作。

任务 3.1 道路中心线点位布设

学习目标

1. 明确平面控制测量的概念；
2. 掌握平面控制网的建立方法和要求；
3. 会进行测区道路中心线平面控制点点位布设；
4. 了解建筑工程施工控制测量现场踏勘的过程及标志建立的方法。

关键概念

国家平面控制测量、城市平面控制网、建筑施工平面控制网、导线点、平面控制点点位布设、实地选点、埋石建标。

3.1.1 平面控制测量

1. 平面控制测量基本概念

平面控制测量的任务是测定控制点的平面位置坐标（x，y）。平面控制网的建立，主要采用卫星定位测量（GNSS 静态测量）、导线测量、三角形网测量等方法。

如图 3-1 所示，由相邻控制点连接而构成的折线图形，称为导线。组成导线的这些控制点，称为导线点。两相邻导线点的连线，称为导线边。相邻两边之间的水平夹角，称为转折角。导线测量就是依次测定各导线边的长度和各转折角值，根据起算数据推算出各边的坐标方位角，从而求出各导线点的坐标。用经纬仪或全站仪测转折角，用电磁波测距仪测定导线边长，称为电磁波测距导线。导线测量是建立小地区平面控制网常用的一种形式。特别是在地物分布较密集的建筑区、通视条件较差的隐蔽地区或带状地区多采用导线测量的方法。

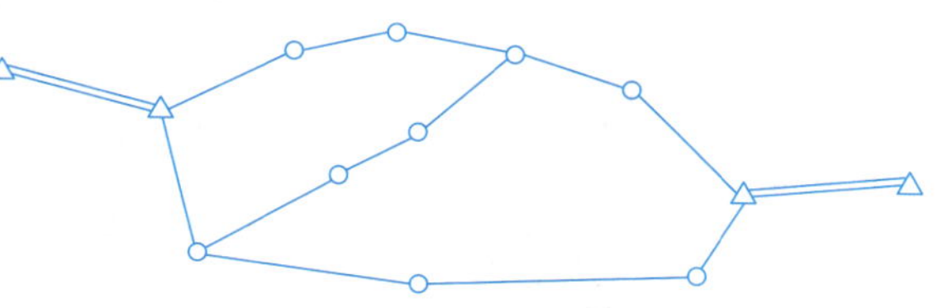

图 3-1　导线测量

三角形网测量是《工程测量标准》GB 50026—2020 对传统的三角网、三边网和边角网的统一概念。是将控制点组成一系列的三角形，相连构成的测量控制网，如图 3-2 所示。三角形网测量是通过测定三角形网中各三角形的顶点水平角、边的长度，来确定控制点位置的方法。目前，使用三角形网建立大面积控制网的方法已几乎不用。

卫星定位测量的原理是空间距离后方交会，如图 3-3 所示；是将 GNSS 接收机安置在控制点上，通过接收卫星信号并加以处理，可以获得地面点的位置参数，经过与国家大地坐标系的转换，即可获得控制点的大地测量坐标，如图 3-4 所示。

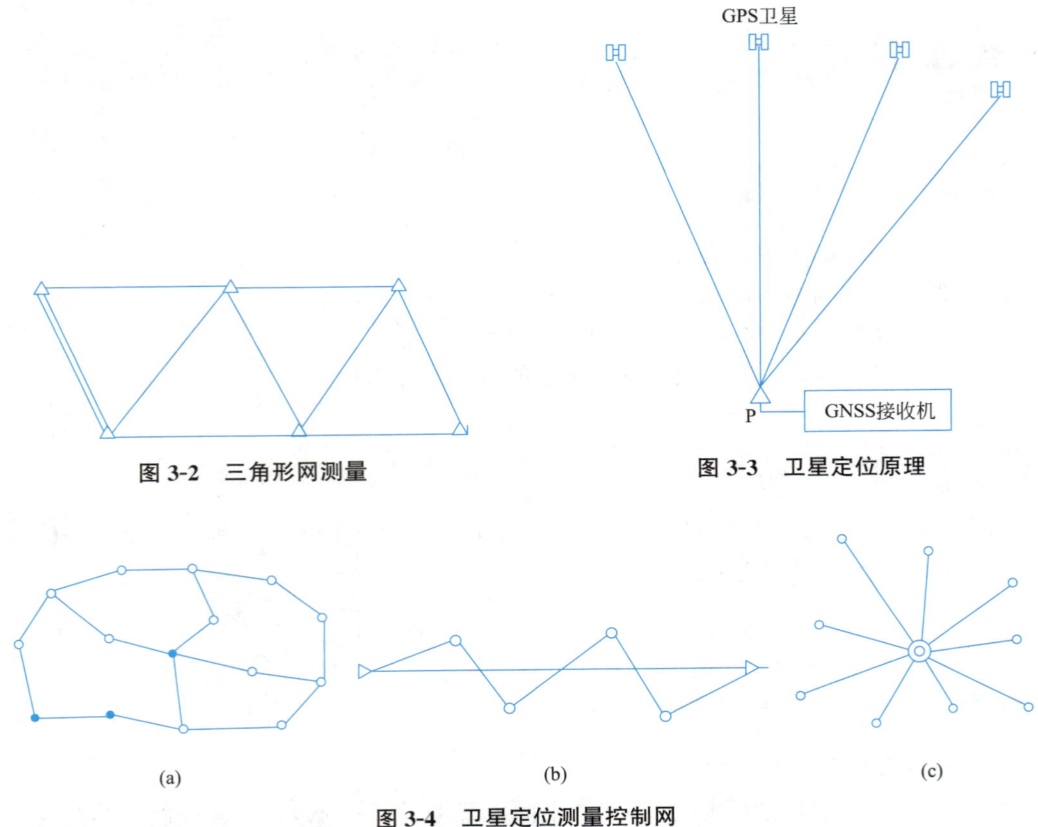

图 3-2　三角形网测量

图 3-3　卫星定位原理

(a)　(b)　(c)

图 3-4　卫星定位测量控制网

（a）卫星定位环形网；（b）卫星定位附合线路；（c）卫星定位星形网

GNSS 测量具有精度高、观测时间短、测站间无需通视、全天候作业（可以 24 小时任意时刻观测，不受阴天黑夜、起雾刮风、下雨下雪等气候的影响）、仪器操作简便等优点。根据工程测量部门现时的情况和发展趋势，首级网大多采用卫星定位网中的 GPS 网（《工程测量标准》GB 50026—2020 将其分为二等、三等、四等、一级、二级共五个等级），加密网均采用导线或导线网形式。

四大全球导航卫星系统

随着全球一体化的发展，卫星定位技术以其精度高、速度快、全天候、操作简便的优点而被广泛应用于航空、汽车导航、通信、测绘、娱乐等各个领域。全球导航卫星系统（GNSS）目前有四个：

（1）美国的全球定位系统（GPS）

全球定位系统（GPS）是目前全世界应用最为广泛也最为成熟的卫星导航定位系统。GPS系统的研发始于1973年，其初衷为军事用途，1991年在海湾战争期间曾大展身手。GPS的用户只需购买GPS接收机就可以免费享受该服务。但GPS针对普通用户和美国军方提供的是不同的服务。目前民用GPS信号的精度可达到10m左右，军用精度可达1m。

（2）俄罗斯的“格洛纳斯”卫星导航系统（GLONASS）

GLONASS系统最早开发于苏联时期，后由俄罗斯继续该计划。GLONASS系统由21颗工作星和3颗备份星组成，分布于3个轨道平面上，每个轨道面有8颗卫星，轨道高度1.9万公里，运行周期11小时15分。该系统服务范围已经拓展到全球，主要服务内容包括确定陆地、海上及空中目标的坐标及运动速度信息等。

（3）欧盟的“伽利略”卫星导航系统（Galileo）

1999年，由欧盟主导推出的旨在独立于GPS和GLONASS的全球卫星导航系统，该系统由2个地面控制中心和30颗卫星组成，其中27颗为工作卫星，3颗为备用卫星。卫星轨道高度约2.4万公里，位于3个倾角为56°的轨道平面内。

（4）中国北斗卫星导航系统（BDS）

中国北斗卫星导航系统（英文名称：BeiDou Navigation Satellite System，简称BDS）是中国自行研制的全球卫星导航系统。北斗卫星导航系统由空间段、地面段和用户段三部分组成，可在全球范围内全天候、全天时为各类用户提供高精度、高可靠的定位、导航、授时服务，并且具备短报文通信能力。定位精度为分米、厘米级别，测速精度0.2m/s，授时精度10ns。

北斗三号卫星导航系统由24颗MEO卫星（地球中圆轨道卫星）、3颗IGSO卫星（倾斜地球同步轨道卫星）和3颗GEO卫星（地球静止轨道卫星）三种不同轨道的30颗卫星组成。24颗中圆轨道卫星是北斗三号系统的核心星座，它们确保了北斗三号系统能均匀覆盖全球。2020年7月31日上午，北斗三号全球卫星导航系统正式开通，其运行稳定、持续为全球用户提供优质服务，系统服务能力步入世界一流行列。

北斗系统具有以下特点：①北斗系统空间段采用三种轨道卫星组成的混合星座，与其他卫星导航系统相比高轨卫星更多，抗遮挡能力强，尤其低纬度地区性能优势更为明显。②北斗系统提供多个频点的导航信号，能够通过多频信号组合使用等方式提高服务精度。③北斗系统创新融合了导航与通信能力，具备定位导航授时、星基增强、地基增强、精密单点定位、短报文通信和国际搜救等多种服务能力。

2. 国家平面控制网

国家控制网是在全国范围内建立的控制网，它是全国统一的平面坐标系统和高程系统。按照下述四个原则布设：

（1）分级布网、逐级控制。由高级到低级，逐级控制。

（2）足够的精度。保证控制网具有必要的精度。

（3）足够的密度。点位密度应满足测图和工程测量的需要。

（4）统一的规格。各作业单位应遵守统一的标准及相关规范。

国家控制网按精度由高到低分为一、二、三、四共四个等级。一等精度最高，是国家控制网的骨干，确保精度是其重点考虑的指标；二等精度次之，它是国家控制网的全面基础，必须兼顾精度和密度两个方面的要求；三、四等是在二等控制网下的进一步加密，是为了满足测图和工程建设的需要。

如图 3-5 所示，国家控制网主要布设成三角形网（一、二等网已于 20 世纪 70 年代全部完成）。即将相邻的控制点组成互相连接的三角形。这些组成三角形的控制点称为三角点。通过在三角点上设置测量标志，精密测量起始边的方位角，精密丈量三角网中一条或几条边的边长，并测出所有三角形的水平角，经过计算，求出各三角形的边长，最后根据其中一点的已知坐标和一边的已知方位角，进而推算出各三角点的坐标。

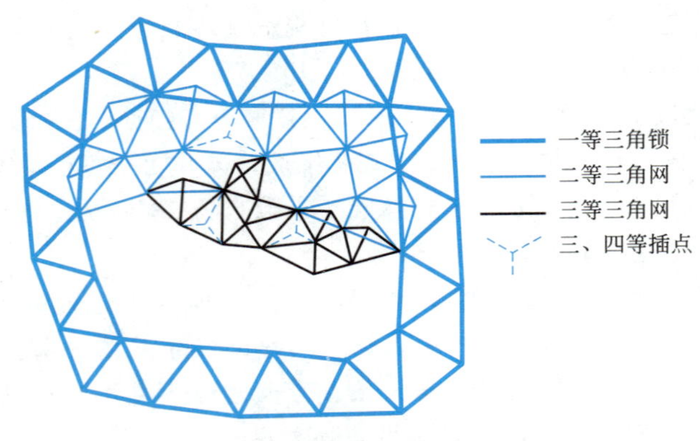

图 3-5　国家平面控制网

3. 城市或厂矿地区平面控制测量

城市或厂矿地区范围较大，也遵循“从整体到局部，先控制后碎部”的原则，一般应在国家等级控制点的基础上，根据测区的大小、城市规划或施工测量的要求，布设不同等级的城市平面控制网，供地形测图和测设建（构）筑物时使用。

城市平面控制网可采用卫星定位测量、三角形网测量和导线测量方法建立。

4. 建筑施工平面控制测量

建筑施工测量同样应遵循“从整体到局部，先控制后碎部”的原则，即在建筑施工前首先要建立施工控制网。施工控制网不仅是施工放样的依据，也是工程竣工测量的依据，同时还是建筑物变形监测以及建筑物改建、扩建的依据。

施工控制网的建立可利用已有的测图平面控制和高程控制（点）网。当已有的控制（点）网在密度、精度上不能满足施工测量的技术要求时，应重新建立统一的施工平面控制。

平面控制网在工程的规划设计阶段，为测绘各种比例尺地形图而建立测图控制网。在工程的施工与运营阶段，为工程放样、变形观测等用途而建立专用控制网。工程控制网具有平均边长较短、等级较多、各等级网均可作为首级控制等特点，导线是重要手段之一。施工场地可根据地形条件和建筑物、构筑物的布置情况，布设成导线或 GPS 网。建筑物施工平面控制网，应根据建筑物的分布、结构、高度、基础埋深和机械设备传动的连接方式、生产工艺的连续程度，分别布设一级或二级控制网。其主要技术要求应符合表 3-1 的规定。

建筑物施工平面控制网的主要技术　　表 3-1

等级	边长相对中误差	测角中误差
一级	≤1/30000	$7''/\sqrt{n}$
二级	≤1/15000	$15''/\sqrt{n}$

3.1.2　导线测量

目前平面控制测量最常用的方法是 GNSS 静态测量和导线测量。GNSS 静态测量一般做首级控制测量，施工场区平面控制测量一般采用导线测量的方法。

1. 导线布设的形式

根据测区的不同情况和要求，导线布设有下列几种形式：

（1）附合导线

如图 3-6 所示，导线起始于已知控制点 A 和已知方向 BA，经过若干导线点后，终止于另一已知控制点 C 和已知方向 CD，组成一伸展折线，称为附合导线。图中的符号：三角形为已知导线点，双线为已知导线边，圆圈为未知导线点，单线为未知导线边，所有角度均称转折角。附合导线具有一个坐标检核条件和一个坐标方位角检核条件：从一个已知点附合到另外一个已知点，从一个已知方向附合到另一个已知方向。附合导线是结构最强的导线，也是实际应用最广的导线。

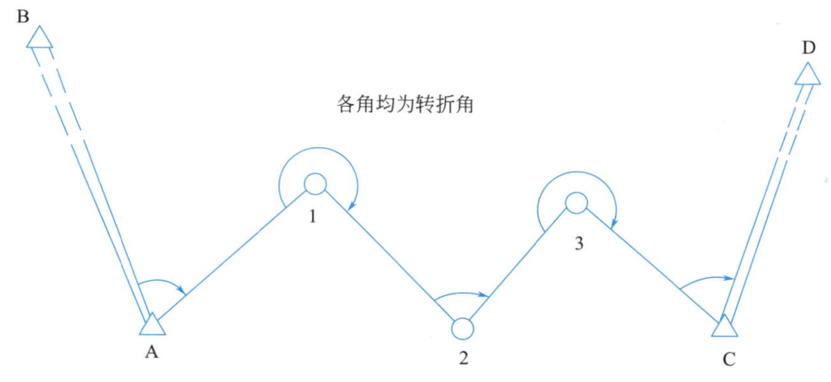

图 3-6　附合导线

（2）闭合导线

如图 3-7 所示，导线起始于已知控制点 A 和已知方向 BA，经过若干导线点后，又回到已知点 A，形成一闭合多边形，称为闭合导线。∠BA4 称为连接角，其余各内角均称转折角。已知边一端实线一端虚线，实线表示在 A 点要安置仪器，虚线表示在 B 点不安置仪器。闭合导线有一个坐标检核条件：从已知点闭合回到原来的已知点。从图中可以看出，闭合路线内部多边形有检核关系，通过检核关系能很容易发现内部转折角测量是否错误，在现场就可以及时重测；但连接角只有导线计算完毕，通过 A 点是否闭合才能发现是否测错。闭合导线只有一条起始边，因此在已知点不具备布设附合导线的情况下，只能布设成闭合导线。

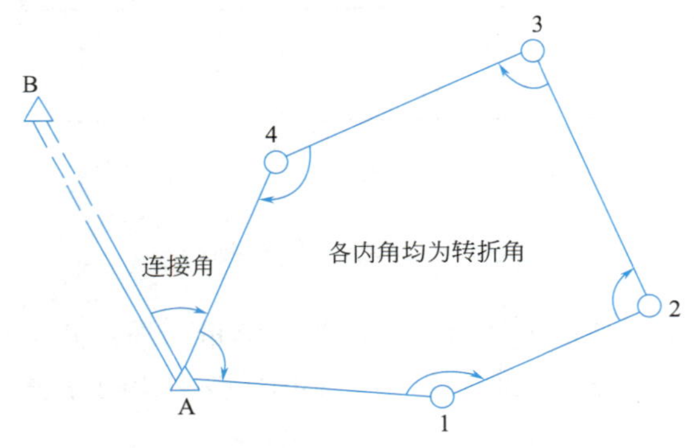

图 3-7　闭合导线

（3）附闭合导线

如图 3-8 所示，将闭合导线去掉连接角，转为转折角，按照附合导线测角观测方法施测，形成具有一个坐标检核条件和一个坐标方位角检核条件的附合导线，成为附合化的闭合导线，简称附闭合导线。此种导线完美解决了闭合导线缺少另外一个检核条件的问题。

闭合导线附合化的实质，就是围绕着已知方向观测两个构成圆周的重叠角度，在该已知点所测的角度与原闭合导线的两个角度完全不同，增加了检核条件，导线强度大大提高，因此，平面控制测量最常用的导线就可以使用同一方法、同一软件来平差计算，极大提高了工作效率。

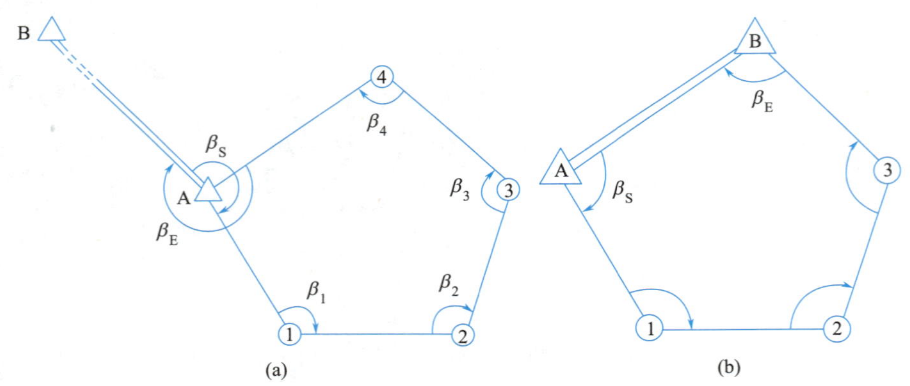

图 3-8　附闭合导线

附闭合导线观测水平角度的通用编号方法（按附合导线方法观测）：

1）β_S：起始边至第一条边的顺时针方向夹角。

2）β_i：导线中间各转折角定义不变。

3）β_E：最后一条边至起始边的顺时针方向夹角。

换句话说，附闭合导线就是按照闭合导线形式布设，按照附合导线进行转折角观测的导线。又例如：图 3-8（b）路线是闭合导线的特殊形式，由已知点 A 出发闭合到已知点 B，因 BA 边是导线的内部边，在 B 点要安置仪器，但在该测站只测转折角而不需再量已知边的边长，这样的闭合导线本身就是附闭合导线，不仅有一个坐标检核条件，还有一个坐标方位角检核条件，这样的图形强度远远高于一个检核条件的闭合导线。

我们将附闭合导线和附合导线统称为附合型导线。**在工程上，平面控制测量应采用附合型导线，不宜采用闭合导线。**

（4）支导线

如图 3-9 所示，由一已知点和已知方向出发，既不闭合到原起始点，又不附合到另一已知点上的导线，称为支导线。由于支导线无检核条件，因此不用做平面控制测量，一般用于测图或低精度放样支站，即测点加密，其边数不得超过两条。为确保精度，低精度放样时一般应往返观测，以便检核。

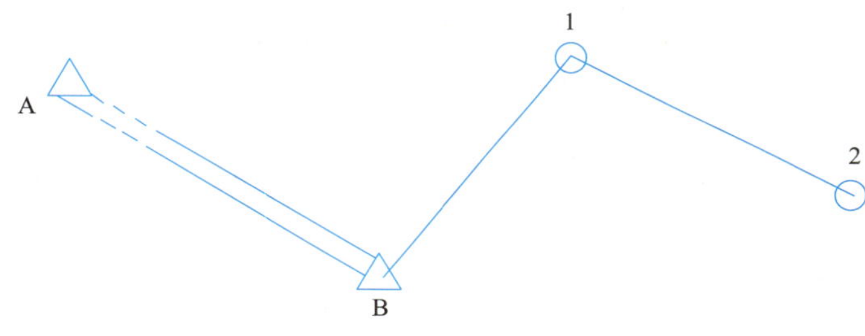

图 3-9　支导线

上述导线布设形式，只有闭合导线有连接角，其他所有导线均为转折角。

2. 导线测量的技术要求

根据《工程测量标准》GB 50026—2020，建立施工平面控制网，一般分为一、二、三级导线，其主要技术要求见表 3-2。

导线测量的主要技术要求　　表 3-2

等级	导线长度（km）	平均边长（km）	测角中误差（″）	测距中误差（mm）	测距相对中误差	测回数				方位角闭合差（″）	导线全长相对闭合差
						0.5″级仪器	1″级仪器	2″级仪器	6″级仪器		
三等	14	3	1.8	20	1/150000	4	6	10	—	$3.6\sqrt{n}$	≤1/55000
四等	9	1.5	2.5	18	1/80000	2	4	6	—	$5\sqrt{n}$	≤1/35000
一级	4	0.5	5	15	1/30000	—	—	2	4	$10\sqrt{n}$	≤1/15000
二级	2.4	0.25	8	15	1/14000	—	—	1	3	$16\sqrt{n}$	≤1/10000
三级	1.2	0.1	12	15	1/7000	—	—	1	2	$24\sqrt{n}$	≤1/5000

注：1. n 为测站数；

2. 当测区测图的最大比例尺为 1∶1000 时，一、二、三级导线的导线长度、平均边长可放长，但最大长度不应大于表中规定相应长度的 2 倍。

根据《城市测量规范》CJJ/T 8—2011，建立施工平面控制网，其技术要求见表 3-3。

电磁波测距导线的主要技术要求　　表 3-3

等级	闭合环或附合导线长度(km)	平均边长(m)	测距中误差(mm)	测角中误差(″)	导线全长相对闭合差
三等	≤15	3000	≤18	≤1.5	≤1/60000
四等	≤10	1600	≤18	≤2.5	≤1/40000
一级	≤3.6	300	≤15	≤5	≤1/14000
二级	≤2.4	200	≤15	≤8	≤1/10000
三级	≤1.5	120	≤15	≤12	≤1/6000

城市测量平面控制网有“等”和“级”的概念。如：二、三、四等三角网，一、二级小三角网；三等、四等、一级、二级、三级电磁波测距导线。

3. 导线测量的外业

导线测量的外业工作包括：踏勘选点，建立标志，测角、量边。

3.1.3 踏勘选点

1. 实地选点

根据已完成的控制测量技术设计（必须为控制网画草图、为控制点命名编号），通过现场踏勘比对设计拟定的平面控制网（GNSS 控制网、导线网等）和点位是否合理可行，如果因现场情况不能按照设计布点，应现场修正布网方案，调整点位。

导线控制点位的现场选择，一般应注意以下几点：

(1) 视野开阔，相邻点间通视良好，地势平坦，且便于细部加密。

(2) 应选在道路两侧人行道或路沿石外绿化带上，不得选在行车道或道路中心线上，以确保测量人员及仪器安全。空旷施工区点位应选在土质坚实、利于保存标志、易于寻找和便于安置仪器的地方。

(3) 所选点位施测时，应确保视线高出或旁离障碍物 1.5m 以外，以消除大气折光的影响。

(4) 导线边长应大致相等，其平均边长符合各级导线的规定。

(5) 导线点应有足够的密度，分布较均匀，以便控制整个测区。

导线点位置选定后，应在点位上埋设标志。长期保存导线点，应埋设混凝土桩（图 3-10），桩顶刻“+”字标示点位中心；短期保存的导线点，则可在点位处打入一木桩（图 3-11），并在桩顶钉入一个小钉作为点的标志。

导线点在埋设后要按顺序统一编号。为了便于寻找，应绘制点之记。量绘出导线点与附近固定地物点的距离及位置关系，画草图，注明尺寸，如图 3-12 所示。

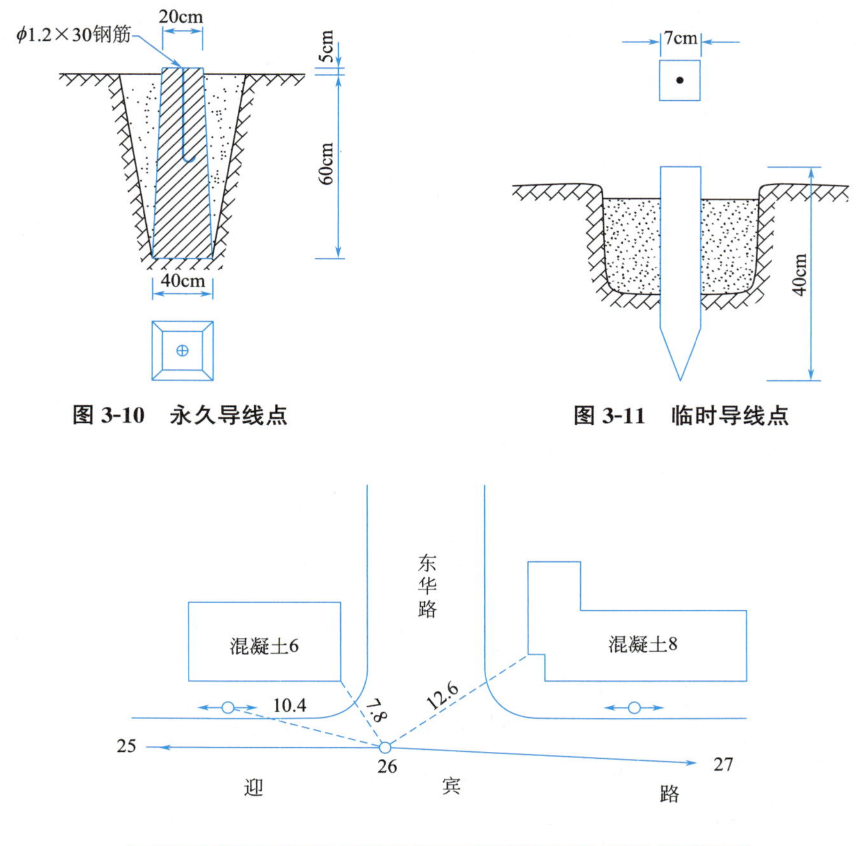

图 3-10　永久导线点

图 3-11　临时导线点

图 3-12　点之记

以导线为例，整个导线路线草图应为直线（不能画成弧线），意为所有测站仪器均安置在控制点上。点号命名规则与水准点一致，如图 3-13 中附闭合导线所示，“GPS1”“GPS2”“GPS3”为已知 GPS 控制点，“A1”～“A12”为未知导线控制点。

导线转折角有左右之分，按前进方向编号，在前进方向左侧的水平角称左角，在前进方向右侧的水平角称右角。导线一般观测左角，图 3-13 所示即为左角导线。对于附闭合导线，按逆时针方向编号的水平角既是多边形的内角，又是导线的左角。

2. 埋石建标

同水准控制点一样，点位现场选定好以后，即可挖坑埋点。根据工期，可建立永久控制点或临时控制点。控制点埋设完成后，要根据技术设计书的统一编号，绘制控制点点之记，便于日后找点使用。

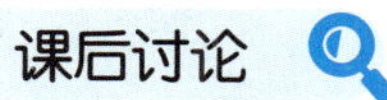

课后讨论

1. 简述建立平面控制网的方法。
2. 目前世界上有哪几种 GNSS 系统？

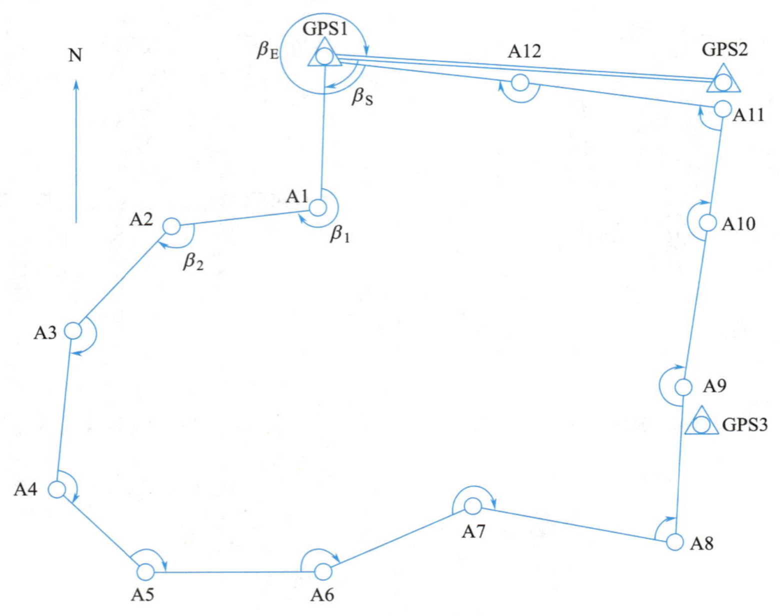

图 3-13　导线布设示意

3. 简述平面控制与高程控制等级的区别。
4. 简述绘制平面控制导线与水准路线草图的区别及仪器的安置位置区别。
5. 导线布设的形式有哪些？为何要布设成一定的形状？
6. 简述一级导线的技术要求。
7. 简述导线外业施测的步骤。

任务 3.2　路线转折角测量

学习目标

1. 了解角度的概念，掌握水平角、竖直角的观测；
2. 能使用角度测量仪器测量水平角及垂直角；
3. 了解平面控制导线测量的方法；
4. 能完成导线的内业计算工作。

关键概念

经纬仪的构造、水平角观测、导线布设形式、导线外业施测、角度闭合差、竖直角观测。

角度测量包括水平角测量和竖直角测量，是测量的三项基本工作之一。水平角用于确定地面点的平面位置，竖直角用于确定地面点间的高差或将倾斜距离改化成水平距离。经纬仪和全站仪是角度测量仪器的主要仪器。

3.2.1　角度测量

1. 水平角测量原理

水平角是指测站点至两个观测目标方向线在水平面上投影的夹角，用 β 表示。如图 3-14 所示，地面上有高低不同的 A、O、B 三点。测站点 O 至观测目标 A、B 的方向线 OA、OB 在水平面 H 内的垂直投影分别为 oa、ob，两直线之间夹角∠aob 即为方向线 OA、OB 间的水平角 β。由此可见，空间两方向线之间的水平角就是通过该两方向线的两个竖直面间的二面角。

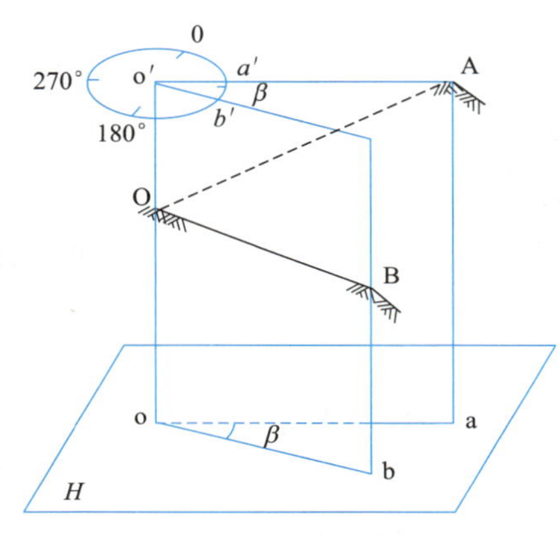

图 3-14　水平角测量原理

为测量水平角 β，可在过角顶 O 的铅垂线上任一点 o′，水平安置一顺时针刻划、注记的圆形刻度盘，称水平度盘。包含 OA、OB 的两个竖直面与刻度盘之水平交线 o′a′、o′b′在度盘上所指读数为 a' 和 b'，则∠a′o′b′就是水平角 β，即：

$$\beta = b' - a' \qquad \text{（式 3-1）}$$

即：β= 右侧目标方向读数－左侧目标方向读数。这样可以获得地面上任意三点间所成的水平角，其取值范围为 0°～360°。

3-1 水平角测量原理

2. 竖直角测量原理

竖直角是同一竖直面内，测站点到目标点的方向线与水平线之间的夹角，用 α 表示，取值范围为 0°～±90°，如图 3-15 所示。竖直角有正负之分，瞄准目标方向线在水平线以上，竖直角为正，称仰角；瞄准目标方向在水平线以下，竖直角为负，称俯角。

在测站点安置一个竖直放置的度盘，同样 0°～360°注记，可以读取垂直度盘的读数。

$$\alpha = \text{目标方向读数} - \text{水平线方向读数} \qquad \text{（式 3-2）}$$

根据水平角和竖直角测量原理可知，用于测量角度的仪器应具备照准目标用的瞄准设备，它不但能绕仪器竖轴沿水平方向转动，而且能上下转动，形成一竖直面，以瞄准不同方向不同高度的目标；还要各有一个能水平安置、垂直安置的带有刻度的圆盘，并可使圆盘中心与所测角之顶点位于同一铅垂线上。经纬仪就是按上述基本条件制成的测角仪器。

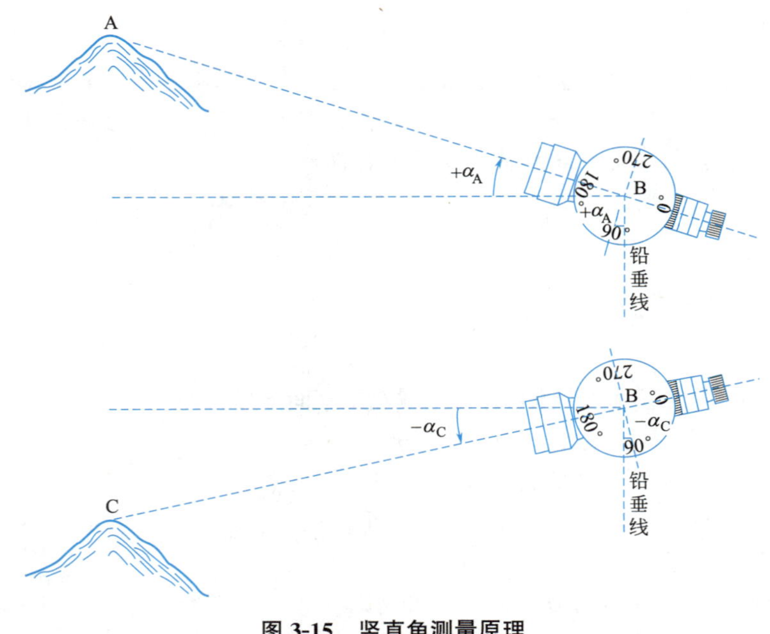

3-2
竖直角
测量原理

图 3-15　竖直角测量原理

3.2.2　光学经纬仪

光学经纬仪的度盘用光学玻璃制成，借助光学透镜和棱镜系统的折射或反射，使度盘上的分划线成像到望远镜旁的读数显微镜中。光学经纬仪体积小、密封性好、读数精度高、使用寿命长。因此，被广泛应用于各类测量工程中。

国产经纬仪按测角精度分 DJ05、DJ1、DJ2、DJ6 等几种。其中“D”和“J”分别为“大地测量”和“经纬仪”两词的汉语拼音第一个字母；数字表示该仪器一测回水平方向观测的中误差，即所能达到的精度指标，以″为单位，其数字越大，精度越低，05 代表 0.5″。工程中使用较多的光学经纬仪为 DJ2、DJ6 两种。

1. DJ6 级光学经纬仪

（1）基本构造

如图 3-16 所示，是北京博飞仪器股份有限公司生产的 DJ6 光学经纬仪，其主要由照准部、水平度盘和基座三部分组成。

1）照准部

照准部是光学经纬仪的重要组成部分，指在基座上部能绕竖轴旋转部分的总称，它主要由望远镜、水准管、竖盘装置、读数装置、制动微动装置和竖轴等组成。

望远镜：用来精确瞄准远处目标，与仪器横轴固连在一起，安装在支架上。仪器精平后，望远镜绕仪器横轴作上下转动时，视准轴扫出的是一个铅垂面。

水准管：用来精确整平仪器，安装在照准部上。水准管气泡居中，仪器竖轴竖直，水平度盘水平。

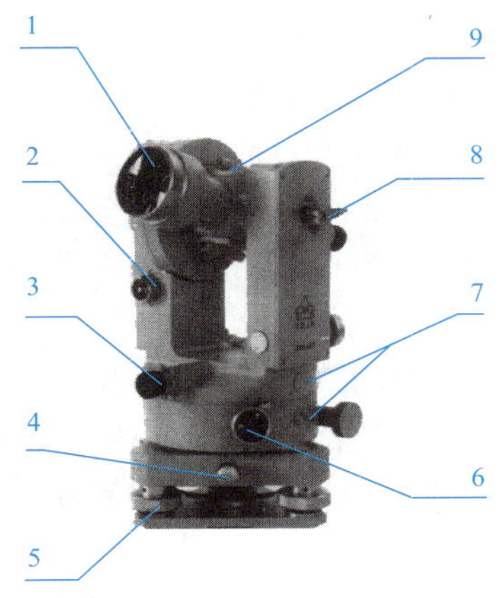

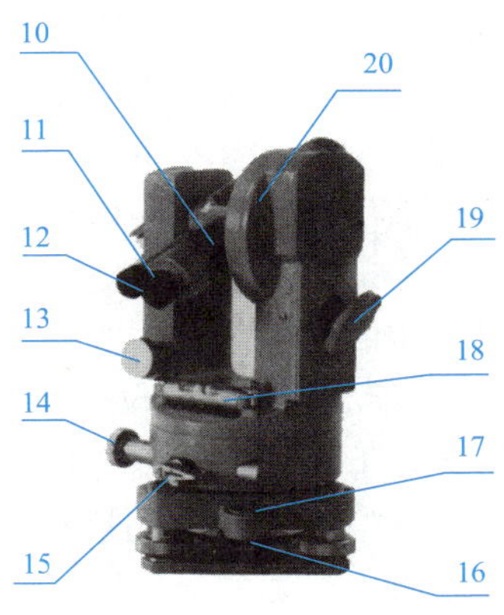

图 3-16　DJ6 光学经纬仪

1—望远镜物镜；2—竖盘读数指标自动补偿器锁止开关；3—光学对点器；4—轴座锁紧螺旋；5—脚螺旋；6—度盘变换手轮；7—堵盖；8—望远镜垂直制动螺旋；9—粗瞄器；10—物镜调焦环；11—望远镜目镜；12—读数显微镜；13—望远镜垂直微动螺旋；14—照准部水平微动螺旋；15—照准部水平制动螺旋；16—圆水准器校正螺钉；17—圆水准器；18—照准部水准管；19—度盘照明反光镜；20—竖直度盘

竖盘装置：由竖直度盘和竖盘读数指标、指标水准管等组成，用于观测竖直角。

读数装置：是由一系列透镜和棱镜组成的一套精密的较为复杂的光学系统。通过安装在望远镜旁的读数显微镜可以看到水平度盘和竖直度盘的影像并读数。

制动微动装置：由照准部水平制动、水平微动螺旋，望远镜竖直制动、竖直微动螺旋组成，可控制照准部水平旋转和望远镜的竖直旋转。

竖轴：即照准部的旋转轴，套在基座轴套内，使整个照准部绕竖轴水平旋转。

2）水平度盘

水平度盘是用光学玻璃制成的精密刻度盘，度盘边缘刻有分划，从 0°～360°，按顺时针方向每度注记，用来测量水平角。度盘上相邻两分划所夹圆心角称度盘的分划值，DJ6 光学经纬仪度盘的分划值为 1°。水平度盘安装在竖轴套外，并被密封闭在照准部的金属罩内。水平度盘的圆心与经纬仪竖轴中心轴线重合。水平度盘与照准部是分离的，不随照准部的转动而转动。水平度盘的转动是通过转动安装在照准部上的水平度盘变换手轮来实现的，打开水平度盘变换手轮并旋转可使水平度盘绕竖轴轴套旋转至任一示数位置。

3）基座

基座用来支撑仪器，一侧装有圆水准器，下部有三个脚螺旋，调节脚螺旋可使圆水准器、管水准器气泡居中，用于整平仪器。基座与三脚架头通过中心连接螺旋相固连。中心螺旋下有一挂钩可悬挂垂球，借助于垂球尖将仪器水平度盘中心安置在过测站点的铅垂线上，称仪器对中。垂球对中精度一般不允许超过 3mm。目前绝大多数 DJ6 光学经纬仪上都装有光学对点器，利用光学对点器代替悬挂垂球进行仪器对中，其对中精度一般不允许超过 1mm。照准部通过轴座固定螺旋固定在基座上，使用仪器时切勿松动该螺旋，以免照准部与基座分离而坠落摔坏。

（2）DJ6 光学经纬仪的读数方法

DJ6 光学经纬仪度盘的最小分划为 1°，小于 1°的度盘角值必须通过度盘测微装置来读取，常用的度盘测微装置有单平板玻璃测微器和分微尺测微器两种。单平板玻璃测微器，其读数精度看似提高了一些，但由于仪器本身是 6″级的，读数精度当然不会提高，关键由于生产工艺复杂，目前厂家已经完全停产。分微尺测微装置读数方法简单、直观，是目前国产仪器常采用的一种读数装置。

如图 3-17 所示，在经纬仪的读数显微镜窗口内可看到水平度盘和竖直度盘以及相应的分微尺影像，上方为水平度盘影像（用“水平”或“H”表示），下方为竖直度盘影像（用“竖直”或“V”表示）。这种影像的读数装置称测微尺式测微器读数装置。在这种读数装置中，度盘上相邻两分划的间隔长度与分微尺长度正好等长。因此，分微尺全长读数为 1°。而分微尺又等分成 6 个大格，每大格又等分成 10 个小格，故分微尺上每一个大格为 10′，而每一小格为 1′，不足 1′的部分估读，估读至 0.1′（6″），即秒的读数应为 6 的倍数。

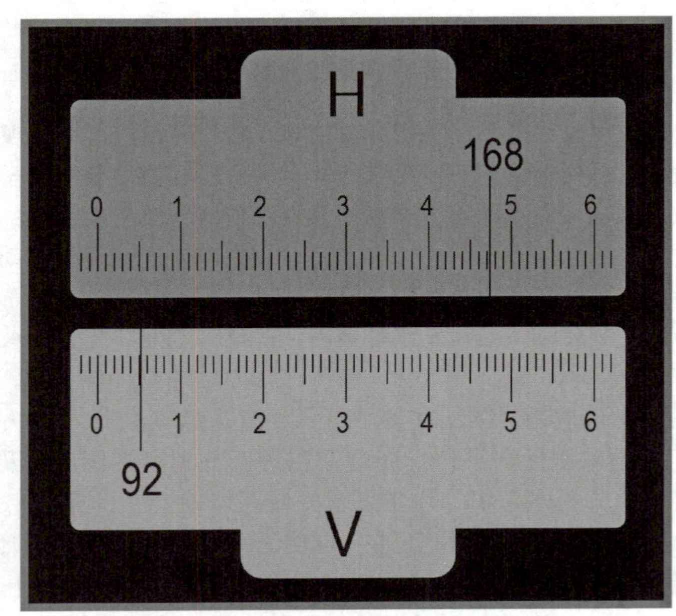

图 3-17　测微尺式测微器读数窗

测微尺读数方法是：首先读出落在测微尺上度盘分划线的度数；然后，以此分划线作为读数指标线，读出这根分划线在测微尺上的分数，分以下的读数估读至 0.1′（6 的倍数秒），将度、分、秒读数相加即得度盘读数。图 3-17 中水平度盘读数为 168°47′18″，竖直度盘读数为 92°05′06″。

2. DJ2 光学经纬仪

（1）基本构造

图 3-18 为苏州一光仪器有限公司生产的 DJ2 级光学经纬仪。DJ2 级光学经纬仪与 DJ6

级相比在基本构造上类似，主要区别是：

1）DJ2 级光学经纬仪观测精度高，望远镜放大倍数较大，照准部水准管灵敏度高，度盘分划格值小，属精密经纬仪。

2）DJ2 级光学经纬仪采用对径分划影像重合读数装置，即取度盘对径相差 180°处的两个读数的平均值，因此，可以消除度盘偏心对读数的影响。

3）在 DJ2 级光学经纬仪读数显微镜中一次只能看到水平度盘或竖直度盘中的一种影像，因而方便了读数。读数时，可通过转动换像手轮选择所需的度盘影像。

4）DJ2 级光学经纬仪采用双光楔测微装置，即在度盘对径两端各安装一个固定的和移动的光楔，移动光楔与测微尺相连，可同时将度盘某一直径两端的分划反映到读数显微镜内，并被横线分隔开为正像和倒像，从而实现对径分划重合读数。

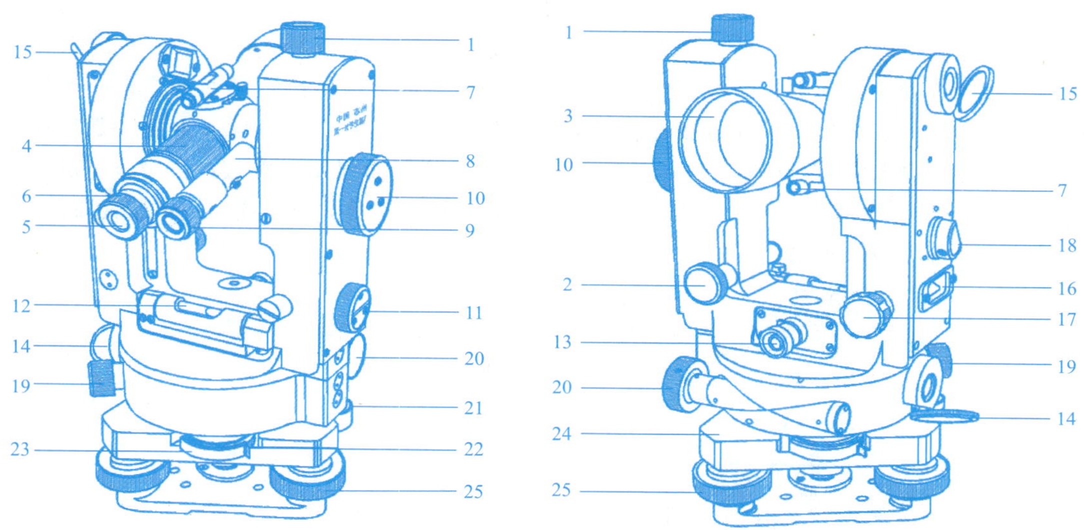

图 3-18　DJ2 级光学经纬仪

1—望远镜垂直制动螺旋；2—望远镜垂直微动螺旋；3—望远镜物镜；4—物镜调焦环；5—目镜；
6—目镜调焦环；7—光学粗瞄器；8—度盘读数显微镜；9—度盘读数显微镜调焦螺旋；
10—测微手轮；11—换象手轮；12—照准部管水准器；13—光学对点器；
14—水平度盘照明反光镜；15—竖盘照明反光镜；16—竖盘指标管水准器；
17—竖盘指标管水准器微动螺旋；18—竖盘指标管水准气泡观察窗；
19—水平制动螺旋；20—水平微动螺旋；21—圆水准器；
22—水平度盘配置手轮；23—水平度盘配置手轮保护盖；
24—基座；25—脚螺旋

（2）DJ2 光学经纬仪的读数方法

如图 3-19 所示的大读数窗即为度盘对径分划影像。位于横线之上的是正像，位于横线之下的是倒像。图中左侧的小读数窗为测微尺读数窗，该窗中部的一条长横线为测微尺读数指标线，短线为测微尺分划线。测微尺分划线左侧标注的数字（从 0～10）表示分值，右侧的数字（从 0～5）表示 10″的倍数（3 即表示 30″），分划线的每一小格代表 1″。该仪器的度盘分划值为 20′，当转动测微手轮使测微尺从 0′到 10′时，度盘的正、倒像分划线向相反的方向各移动半格，上、下影像相向总移动量为一格，换言之，对径分划线每相对移动一格为 10′（格值的一半）。

读数时先转动测微手轮，使度盘对径分划影像相对移动，直至上下分划严格重合。读数应按正像在左、倒像在右且相距最近的一对注有度数的对径分划进行。正像分划所注度数即为所要读出的度数，正像分划线和对径的倒像分划线间的格数乘以 10′即为应读的十分数，不足 10′的部分由测微尺读出，测微尺直接读到秒，估读至 0.1′。图 3-19 读数为 30°28′12.5″。数值构成如下：

度数	30°	读自度盘
10′数	2 格×10′=20′	读自度盘
分秒数	08′12.5″	读自测微尺

新型 DJ2 光学经纬仪，采用了半数字化读数，如图 3-20 所示。读数窗上部矩形框中的数字为度盘的度数，下突的小方框中所示数字为 10′数的整数倍数，不足 10′的部分由下方测微尺读数窗（中间的长竖线为读数指标线）读出。读数窗下部带竖线的矩形框为度盘对径分划影像。读数时先转动测微手轮，使对径分划线严格对齐，然后在上部读数窗中读取位于左方的显示完整的度数（3 位数），否则读取右方 3 位显示的度数；再由下突的小方框中读出整 10 分数；最后在测微尺读数窗中读出分、秒值，三读数之和为最终读数。图 3-20 所示读数为 33°24′34.1″。

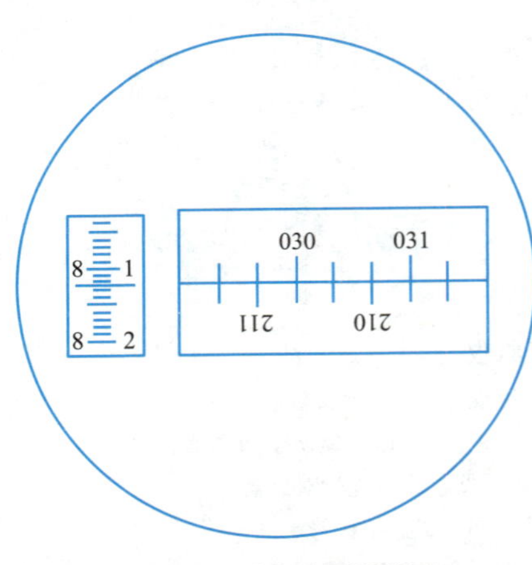

图 3-19　对径分划读数窗

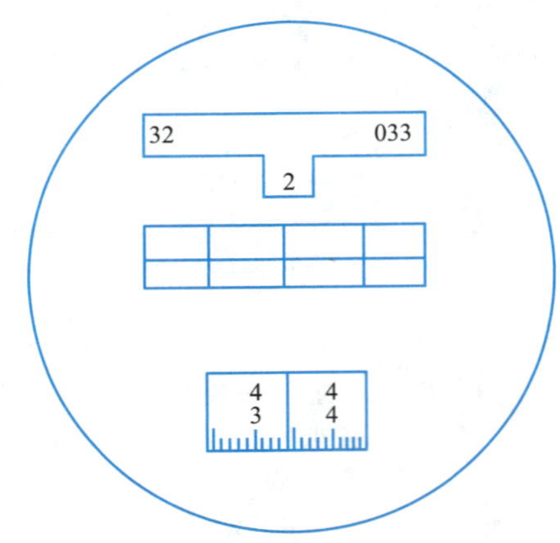

图 3-20　数字化读数窗

3.2.3　经纬仪的使用

经纬仪的使用，主要包括仪器安置、照准目标、调焦、水平度盘配置和读数等工作。

1. 经纬仪的安置

仪器安置包括对中、整平两项内容，具体分四步：粗略对中、粗略整平、精确整平、精确对中。对中的目的是使经纬仪水平度盘中心与所测角顶点位于同一铅垂线上，整平的目的是使仪器的竖轴处于铅垂位置，从而使水平度盘水平。

（1）粗略对中

各水平角的顶点称测站点，测角时必须要把经纬仪安置对中在角顶点的测站点上。目前生产的经纬仪都配有光学对点器，其对中的精度可达 1mm，且不受风力影响。以北京博飞 TDJ6 为例，粗略对中的步骤如下，如图 3-21 所示。

(a)

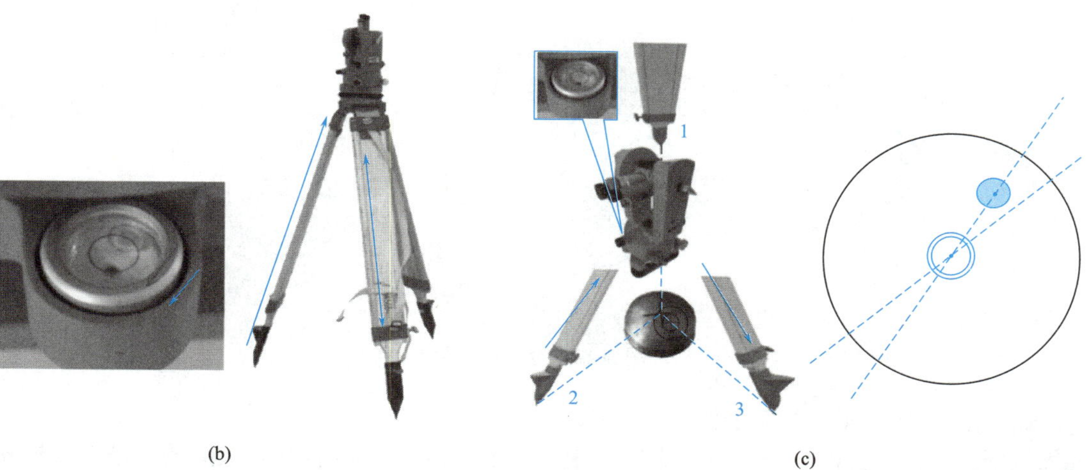

(b)　(c)

图 3-21　经纬仪粗略对中

（a）经纬仪安置；（b）调节三脚架，粗略整平仪器；（c）仪器初始安置时应为此状态

1）将三脚架安置在测站点上，调整三条架腿长度，为确保稳定不至摔倒，架腿与地面夹角在 60°～70°左右为宜，将 1 号架腿置于操作者正前方，并用脚踏实，2 号架腿在左侧，3 号在右侧，目估使架头水平并将架头中心大致对准测站点标志中心。

2）从仪器箱中取出仪器，安置在架头上，为方便操作，光学对点器宜位于操作者七点钟方向位置，用脚架中心连接螺旋固定仪器，此期间不得换手、更不能松手。调节光学对点器的目镜、物镜调焦螺旋（目镜为左右旋转调焦，物镜为前后推拉调焦），使对点器十字丝影像和测站上标志中心的影像清晰。

3）左右手分别握住 2、3 号架腿的伸缩节顶端部位，用双桨划船方式贴近地面移动架腿，使光学对点器对中，误差在 1cm 内即可，同时观察圆水准气泡，使圆水准气泡中心点与圆水准器零点的连线尽量和地面测站点与 2 号（或 3 号）架腿尖端的连线平行（此步骤最为关键，一般粗平后，仪器基本精平，此步操作质量会大大影响仪器安置速度）。

（2）粗略整平

1）根据圆水准气泡中心点与圆水准器零点的连线方向，调节 2 号或 3 号架腿的高度，使圆水准气泡中心点与圆水准器零点的连线方向和 3 号或 2 号架腿与测站点的连线平行；

2）再调节 3 号架腿的高度，使圆水准气泡居中。上述 1）、2）步可能要进行两次。

（3）精确整平

不再伸缩架腿长度，只观察管水准气泡，通过转动脚螺旋来精平仪器。

使照准部水准管平行于任意两个脚螺旋中心的连线方向，如图 3-22（a）所示。然后，两手同时相向旋转脚螺旋 1、2 使气泡居中。气泡移动方向与左手拇指旋转方向一致。接着再旋转照准部 90°使水准管垂直 1、2 两脚螺旋连线的方向，如图 3-22（b）所示，只转动第三个脚螺旋使气泡居中。如此重复进行，直到照准部转到任意位置，气泡偏离中央均不超过一格时为止。

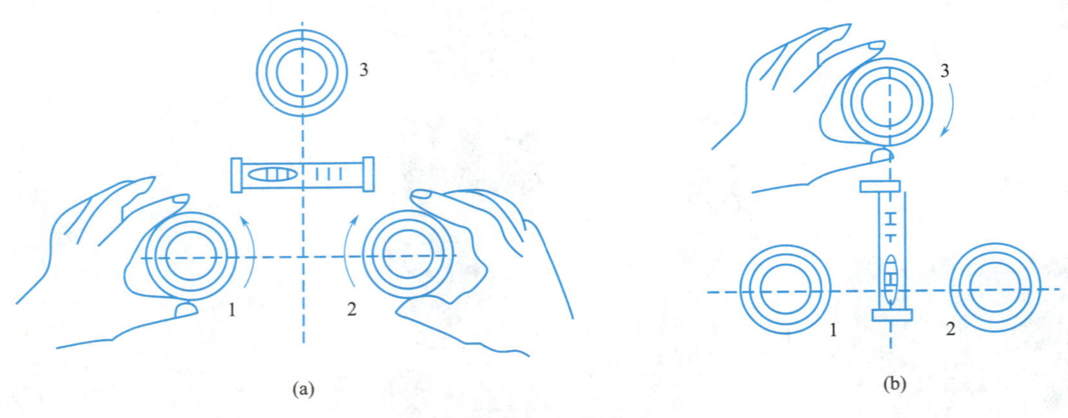

图 3-22 经纬仪精平

（4）精确对中

此时光学对点器十字丝中心可能与测点中心不重合，稍微旋松中心连接螺旋，在架头上轻轻前后左右平移仪器（切不可旋转），使仪器精确对中测点中心，最后将中心连接螺旋拧紧。上述（3）、（4）步一般要重复操作，但不超过两次。

经纬仪的安置过程一般在 40～150s 内即可完成。

2. 观测操作

（1）照准、调焦

照准是使望远镜十字丝的单竖丝精确平分或重合目标的几何中线，并制动照准部。

1）粗瞄目标：用望远镜上的粗瞄器，先从镜外找到目标方向（粗瞄器白色“△”的尖部对准目标），使在望远镜内能够看到目标的物象，再旋紧望远镜和照准部的制动螺旋；

2）物镜、目镜调焦：转动望远镜物镜、目镜调焦螺旋，在望远镜视场内使十字丝、目标物象清晰，并消除视差；

3）精确瞄准目标：转动望远镜和照准部的微动螺旋，使十字丝单竖丝精确平分或重合目标，如图 3-23 所示。

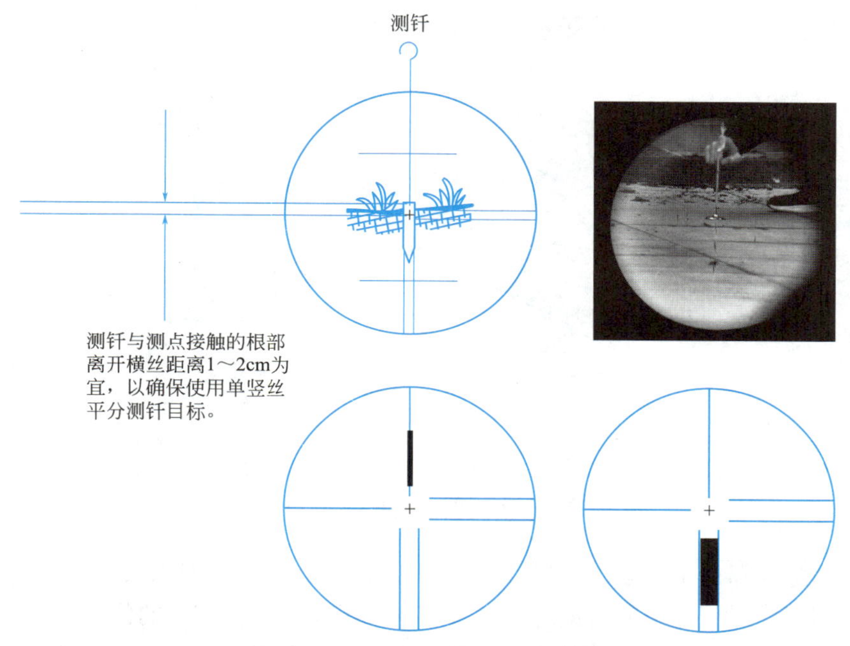
测钎
测钎与测点接触的根部
离开横丝距离1～2cm为
宜，以确保使用单竖丝
平分测钎目标。

图 3-23　水平角测量照准目标的方法

经纬仪导线边长一般较短，为减小测角误差，在仪器对中、照准时都要特别仔细，为防止目标倾斜，应尽量照准目标底部。根据目标远近、成像大小，选择用十字丝单丝与目标重合或平分目标，或用十字丝双丝将较粗的目标对称地夹在双丝的中央。

（2）读数

读数方法如前述，读数时要注意以下两点：一是应打开度盘照明反光镜，并调节反光镜的开启角度（180°）和旋转方向（360°）使读数窗内亮度适中；二是应调节读数显微镜目镜使度盘影像清晰。

3-4
经纬仪的
读数

（3）水平度盘置数（配置度盘）

在水平角观测中，为减弱度盘分划误差及方便计算水平角值，需要对起始方向的读数设置为某一指定值，此工作称为水平度盘配置。其方法是先精确照准目标，并紧固水平及望远镜制动螺旋，再按住水平度盘变换手轮手柄按下并转动手轮，使度盘读数为某一指定数值，然后松开手柄弹出手轮。之后再读一次并报数记录，以资检核。

3.2.4 水平角观测

水平角观测的方法一般根据观测时所用仪器、测角精度要求和目标的多少确定。常用的方法有测回法和方向观测法两种。

1. 测回法

测回法适用于观测两个方向的单角。如图 3-24 所示，设要测水平角为∠AOB，先在 A、B 两点竖立标志，在测站点 O 上安置经纬仪，进行对中、整平，分别照准 A、B 两点的目标并进行读数，两读数之差即为∠AOB 的角值。

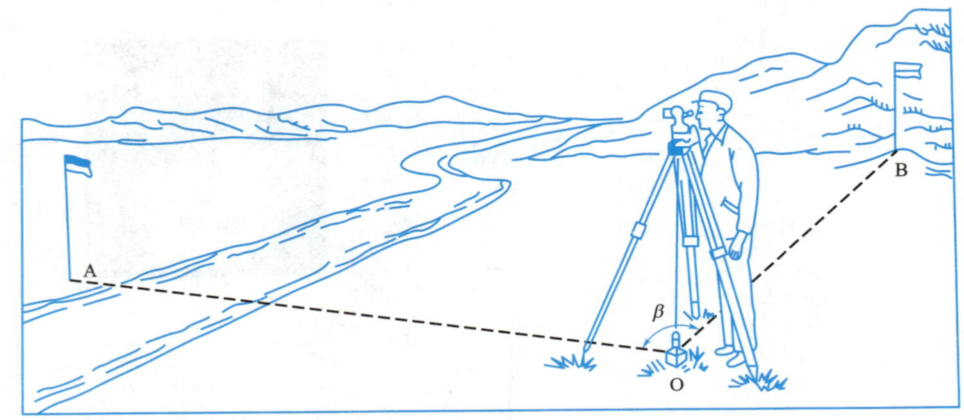

图 3-24 测回法观测水平角

但为了消除仪器的某些误差，需用盘左及盘右两个位置进行观测。所谓盘左又称正镜，是指观测者面对望远镜的目镜时，竖直度盘位于观测者左侧时的位置。所谓盘右又称倒镜，是指观测者面对望远镜的目镜时，竖直度盘位于观测者右侧时的位置。

测回法的测角步骤如下：

（1）盘左位置

1）松开照准部和望远镜的制动螺旋，转动照准部，通过望远镜上方的粗瞄器，粗略瞄准左目标起始方向 A，将照准部和望远镜制动螺旋制动。仔细调焦，转动照准部与望远镜的微动螺旋，精确瞄准左目标 A，配置度盘，读取水平度盘读数，设为 $a_{左}$，记入观测手簿，如表 3-4 中 0°03′18″。

2）松开照准部和望远镜的制动螺旋，顺时针转动照准部，用相同的方法瞄准右目标 B，读记水平度盘读数 $b_{左}$（89°33′30″），测得角值为 $\beta_{左}=b_{左}-a_{左}$。

以上过程称上半测回。

（2）盘右位置

1）松开照准部和望远镜制动螺旋，纵转望远镜，成盘右位置，按逆时针方向转动照准部 180°，瞄准右目标点 *B*，读记水平度盘读数 $b_{右}$（269°33′42″）。

2）松开照准部和望远镜的制动螺旋，逆时针方向转动照准部，瞄准左目标点 A，读记水平度盘读数 $a_{右}$（180°03′24″），又测得∠AOB 角值为 $\beta_{右}=b_{右}-a_{右}$。

水平角观测手簿（测回法）　　表 3-4

天气：晴　　仪器：DJ6　　观测者：×××　　记录者：×××

观测方向图略

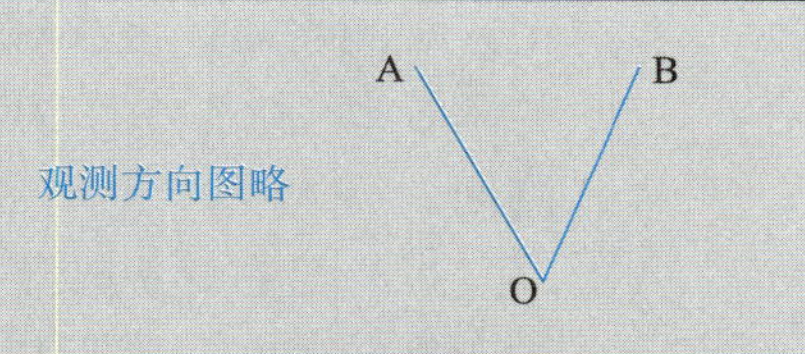

测站	测序	目标	镜位	读数	半测回角值	一测回角值	各测回平均角值
1	2	3	4	5 ° ′ ″	6 ° ′ ″	7 ° ′ ″	8 ° ′ ″
O	第一测回	A B	盘左	0　03　18 89　33　30	89　30　12	89　30　15	89　30　21
		A B	盘右	180　03　24 269　33　42	89　30　18		
	第二测回	A B	盘左	90　03　30 179　34　00	89　30　30	89　30　27	
		A B	盘右	270　03　24 359　33　48	89　30　24		

以上过程称下半测回。

上下两个半测回合并成为一测回。当两个半测回角值之差不超过《工程测量标准》GB 50026—2020 中相应等级水平角测量误差的规定时，则取其平均值作为一测回的最后角值，即 $\beta=\frac{1}{2}(\beta_{左}+\beta_{右})$。

当测角精度要求较高，需要观测几个测回时，为减小水平度盘刻划不均匀导致的误差的影响，各测回之间应变换水平度盘起始读数，其变换间隔值按 $\frac{180^\circ}{n}$ 计算，n 为测回数。如观测两个测回，第一测回起始方向水平度盘的读数应在 0°01′～05′左右，第二测回水平度盘起始方向的读数应略大于 90°。表 3-4 为测回法两测回观测水平角的记录格式。

2. 方向观测法

3-5 测回法水平角观测

在一个测站上当观测方向超过两个方向时，应采用方向观测法。如图 3-25 所示，测站点 O 上有四个目标方向，即 OA、OB、OC、OD。其观测步骤、记录计算方法如下：

（1）盘左：首先瞄准起始方向（也称零方向），如 A 方向。将水平度盘读数配置在稍大于 0°处读数并记入观测手簿（表 3-5）。再按顺时针方向依次观测 B、C、D 各方向的水平度盘读数并记入观测手簿。由于观测方向多，累计观测时间较长，为了检查水平度盘位

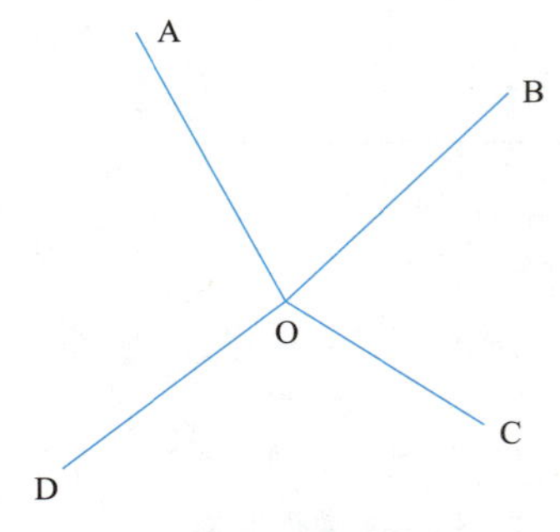

图 3-25　方向观测法观测水平角

置在观测过程中是否发生变动，最后还要继续沿顺时针方向转动照准部，再一次照准起始方向 A，读数并记入观测手簿。该次观测称为归零观测。同一方向 A 的两次读数之差称为归零差。上述工作称为上半测回。

（2）盘右：纵转望远镜，成盘右位置，按逆时针方向旋转 180°，然后依次照准 A、D、C、B、A 各方向，读数并记入观测手簿表 3-5，这一操作过程称为下半测回。

上、下两半测回合起来称为一个测回。若进行多测回观测，则各测回间需变换度盘起始位置为$\frac{180^\circ}{n}$。表 3-5 为两个测回的方向观测法手簿的记录和计算实例。

水平角观测手簿（方向观测法）　　表 3-5

天气：晴　　仪器：DJ6　　观测者：×××　　记录者：×××

测站：O（A、B、O、C、D）									
测序/目标	读　　数				$2C=L-(R\pm180^\circ)$	平均读数 $(L+R\pm180^\circ)/2$	归零后方向值	各测回归零方向平均值	备注
	盘左		盘右						
1	2	3	4	5	6	7	8	9	10
第一测回	° ′	″	° ′	″	″	° ′ ″	° ′ ″	° ′ ″	
						(0 01 18)			
A	0 01	12	180 01	18	−6	0 01 15	0 00 00	0 00 00	
B	96 53	06	276 53	00	+6	96 53 03	96 51 45	91 51 42	
C	143 32	48	323 32	48	0	143 32 48	143 31 30	143 31 30	
D	214 06	12	34 06	06	+6	214 06 09	214 04 51	214 05 02	
A	0 01	24	180 01	18	+6	0 01 21			
归零差		+12		0					
第二测回						(90 01 30)			
A	90 01	22	270 01	24	−2	90 01 23	0 00 00		
B	186 53	00	6 53	18	−18	186 53 09	96 51 39		
C	233 32	54	53 33	06	−12	233 33 00	143 31 30		
D	304 06	36	124 06	48	−12	304 06 42	214 05 12		
A	90 01	36	270 01	36	0	90 01 36			
归零差		+14		+12					

表 3-5 中，2、4 列为水平度盘度、分读数的记录，3、5 列为水平度盘秒值读数的记录。第 6 列为同一方向盘左和盘右的差值，即 2C。第 7 列为同一方向盘左、盘右的平均值（度数以盘左为准）。由于进行“归零”观测，一测回内起始方向有两个平均值，因而，再取其平均值记于该列的括号中，作为该方向的一测回平均读数。第 8 列是归零后的各方向值，为方便计算和比较各测回的观测值，起始方向读数都改化成 0°00′00″的方向值，这样一来，B、C、D 等目标的读数也就随着减去一个相同的数值。如第一测回中，起始方向 A 的平均读数原为 0°01′18″，改化成 0°00′00″，减去 01′18″。而 B 目标的平均读数 96°53′03″，也应减去 01′18″，即得 B 目标的上半测回方向值为 96°51′45″（写入表中第 8 列 B 目标的相应位置）。同理，可计算出其他方向的归零值。第一、第二测回平均方向值，记入第 9 列相应行中。

显然，若要求取任意两个方向间所夹水平角之观测值，只需将该两方向的“各测回归零平均方向值”的数值相减即可。

3-6
方向法
水平角
观测

规范规定，当方向数不超过 3 个时，可以不“归零”。通常把有“归零”观测的方向观测法称为全圆测回法。

3. 水平角观测限差

水平角观测限差根据使用的仪器型号、观测方法、观测等级、测回数多少的不同而有不同的要求。

水平角方向观测法的技术要求，《工程测量标准》GB 50026—2020 中的规定见表 3-6。

水平角方向观测法的技术要求　　表 3-6

等级	仪器精度等级	半测回归零差限差(″)	一测回内 2C 互差限差(″)	同一方向值各测回较差限差(″)
四等及以上	0.5″级仪器	≤3	≤5	≤3
	1″级仪器	≤6	≤9	≤6
	2″级仪器	≤8	≤13	≤9
一级及以下	2″级仪器	≤12	≤18	≤12
	6″级仪器	≤18	—	≤24

注：当某观测方向的垂直角超过±3°的范围时，一测回内 2C 互差可按相邻测回同方向进行比较，比较值应满足表中一测回内 2C 互差的限值。

4. 角度测量的误差来源与减弱措施

角度观测误差和其他测量误差一样，主要来源于仪器本身、观测者、环境三个方面。

（1）仪器误差

仪器虽然经过检验校正，但仍然存在残差，主要有三轴误差和竖直度盘指标差等。①三轴误差包括视准轴不垂直于横轴的误差、横轴不垂直于竖轴的误差、竖轴不垂直于水准管轴的误差，前两项误差可通过正倒镜观测取平均值来消除，最后一项只能通过精确整平仪器来减弱误差，而不能彻底消除误差；②竖直度盘指标差在限差范围内可通过正倒镜观测取平均值来消除，当超过限差范围时必须进行校正；③另外，还有仪器制造方面的误差。例如度盘偏心差、照准部偏心差和度盘刻划误差等，前两项可通过出厂时严格控制质量确保达到规范标准来保证精度，最后一项可以通过变换度盘起始位置来减弱误差。

（2）观测者因素

主要包括仪器对中误差、照准目标偏心误差、照准误差和读数误差等。

如图 3-26 所示，仪器对中误差是仪器水平度盘中心没有精确安置在测站点（角的顶点）上，造成的水平角测量误差，可通过精确对中来减弱误差。

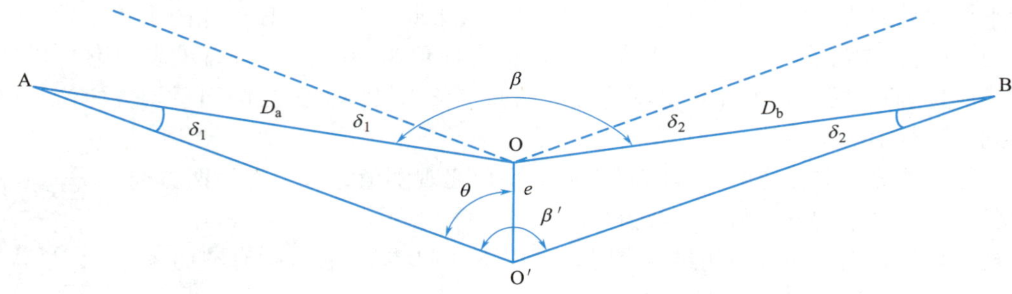

图 3-26　仪器对中误差

如图 3-27 所示，照准目标偏心误差是视线没有精确照准在所测角度目标上，造成的角度观测值产生误差，确保觇标铅垂并照准根部可减弱误差。

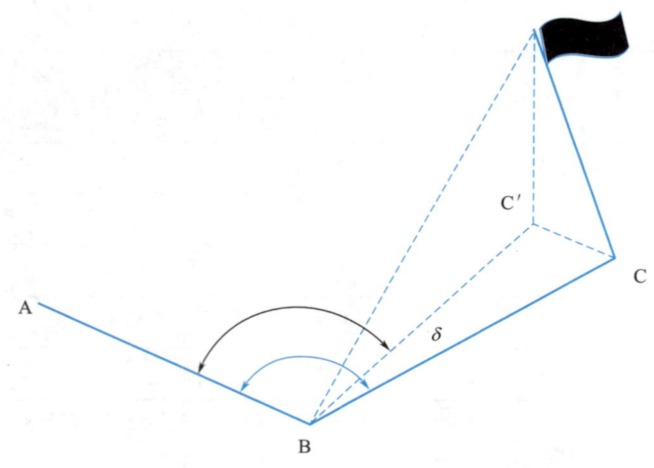

图 3-27　照准目标偏心误差

照准误差主要是照准的目标在望远镜视场中的影像不够清晰，觇标与背景颜色过于接近很难分辨等因素造成的目标照准不准确，产生角度观测误差，要确保选择较好的观测环境来减弱。

读数误差是观测者调焦不清晰或估读马虎草率等因素造成的方向值误差，要确保读数精度，必须精确调焦、仔细读数。

（3）外界条件的影响

外业观测是在一定的外界条件下进行，外界条件对观测质量有直接影响。如：松软的土壤和大风影响仪器的稳定；日晒和温度变化影响水准管气泡的运动；大气层受地面热辐射的影响会引起目标影像的跳动等。这些都会给观测水平角带来误差。

消除或减弱的方法：选择有利观测时间，设法避开不利条件；尽量缩短一测回的观测时间，采取观测方法减弱与时间成正比的误差。

3.2.5　竖直角观测

1. 竖盘装置的结构

经纬仪的竖盘装置一般包括竖直度盘（简称竖盘）、读数指标、指标水准管及用于调节指标水准管气泡的微动螺旋，如图 3-28 所示。竖直度盘固定在望远镜横轴的一端，与横轴垂直，并随望远镜一起转动。

当经纬仪精确整平时，竖盘便处于铅垂状态。望远镜上下转动，竖盘随望远镜一起在竖直面内转动。作为读数用的竖盘读数指标与指标水准管固连在一起，不随望远镜转动，它只能通过转动指标水准管微动螺旋，使读数指标和指标水准管一起作微小转动。读数指标和竖盘刻划影像，通过光学棱镜系统的折射，一起呈现在望远镜旁的读数显微镜窗口里。当指标水准管气泡居中时，读数指标应处于 90°或 270°的正确位置。

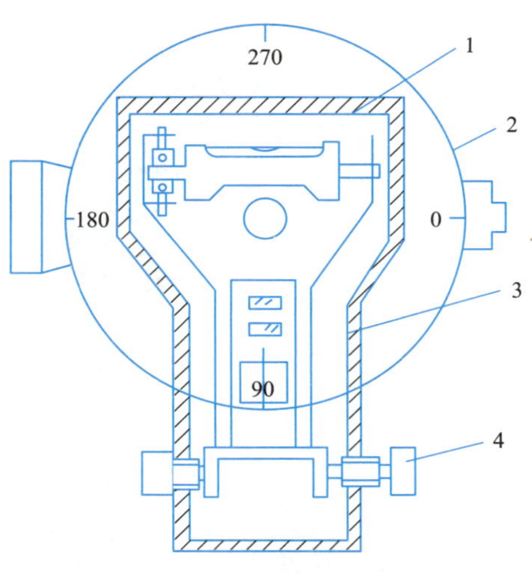

图 3-28　竖直度盘构造

1—指标水准管；2—竖盘；3—读数指标线；4—指标水准管微动螺旋

北京博飞仪器股份有限公司生产的 TDJ6 型光学经纬仪，采用了竖盘读数指标自动补偿装置。这类仪器取消了指标水准管及指标水准管微动螺旋，而增加了一个自动补偿器。当仪器精平后（照准部水准管气泡居中），在读数指标自动补偿装置的作用下，使竖盘读数指标自动处于正确的铅垂位置，即可读得正确的竖盘读数，精度更高，操作更加方便。

竖直度盘刻划常见的注记方式为全圆注记式，即从 0°～360°注记。其注记形式有顺时针方向和逆时针方向两种。图 3-29 为 DJ6 型光学经纬仪竖盘注记的形式。这一类竖盘注记的特点是：当视线水平时，竖盘读数为 90°或者 270°。

2. 竖直角的计算公式

竖直角计算公式随竖盘刻划与注记形式的不同而不同，现以 DJ6 型光学经纬仪的竖直度盘刻划为例，具体推导竖直角的计算公式。

如图 3-30 所示，观测某一目标，盘左观测的竖直角为 $\alpha_{左}$，竖盘读数为 L；盘右观测的竖直角为 $\alpha_{右}$，竖盘读数为 R，由图可以看出该仪器竖直角计算公式为：

$$\alpha_{左}=90°-L \quad （式 3-3）$$

$$\alpha_{右}=R-270° \quad （式 3-4）$$

$$\alpha_{平}=(R-L-180°)/2 \quad （式 3-5）$$

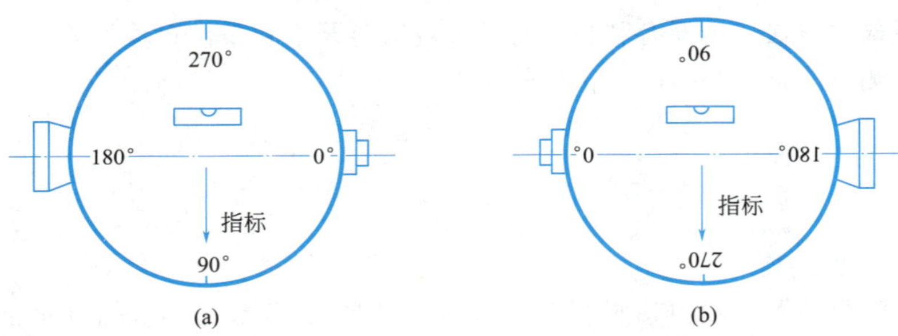

图 3-29　竖盘刻划注记形式

（a）盘左；（b）盘右

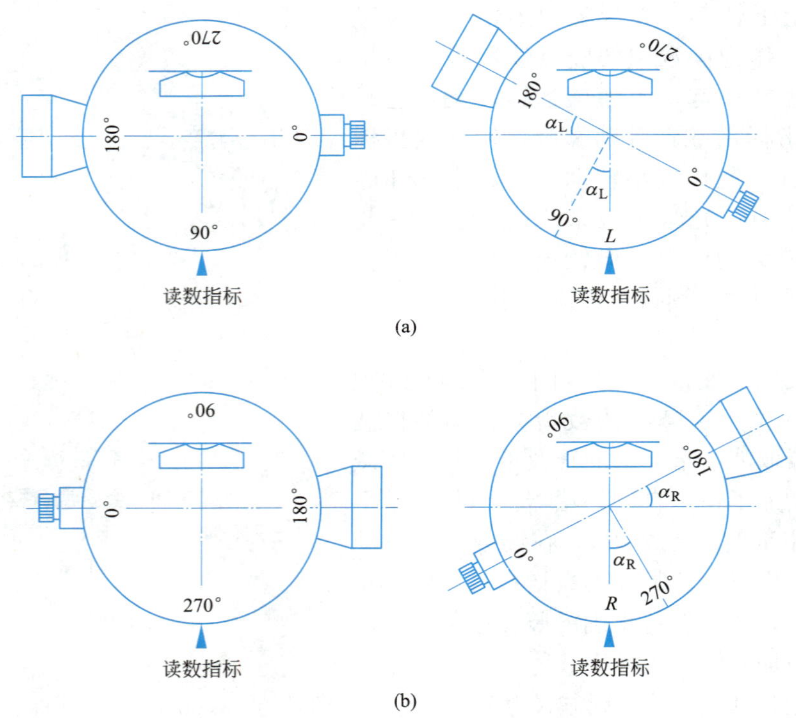

图 3-30　竖直角的计算

（a）盘左；（b）盘右

按上述三式计算出的竖直角有正、负号之分，正值表示仰角，负值表示俯角。

当竖盘注记与上述形式不同时，竖直角计算公式推导的一般方法如下：

（1）将望远镜大致置成水平状态，从读数显微目镜中观察竖盘读数，确定视线水平时的某一特殊值（90°或 270°等）。

（2）然后逐渐上抬望远镜，观察竖盘读数是逐渐增大还是逐渐减小。

1）当望远镜抬起，读数增大时，$\alpha=$（竖盘读数）－（视线水平时的特殊值）；

2）当望远镜抬起，读数减小时，$\alpha=$（视线水平时的特殊值）－（竖盘读数）。

3. 竖盘指标差

上述竖直角的计算公式是一种理想的情况，即当望远镜视准轴水平，竖盘读数指标水准管气泡居中时，竖盘读数指标对准一特殊值（90°或 270°）。但实际上这个条件往往不能满足，而是竖盘指标水准管气泡居中时，竖盘指标不是正好指在 90°或 270°这个特定值上，而与这个特定值相差一个小角值，这个小角值称为竖盘指标差 x，简称指标差，如图 3-31 所示。图 3-32 表示盘左和盘右观测同一目标时，由于指标差 x 的存在，读数受到影响。盘左时，顾及式（3-3），竖直角为：

$$\alpha=90^\circ-(L-x)=90^\circ-L+x=\alpha_{左}+x \qquad (式 3\text{-}6)$$

盘右时，顾及式（3-4），竖直角为：

$$\alpha=(R-x)-270^\circ=R-270^\circ-x=\alpha_{右}-x \qquad (式 3\text{-}7)$$

将式（3-6）加式（3-7）得：

$$\alpha=\frac{R-L-180^\circ}{2}=\frac{\alpha_{左}+\alpha_{右}}{2} \qquad (式 3\text{-}8)$$

将式（3-7）减式（3-6）得：

$$x=\frac{R+L-360^\circ}{2}=\frac{\alpha_{右}-\alpha_{左}}{2} \qquad (式 3\text{-}9)$$

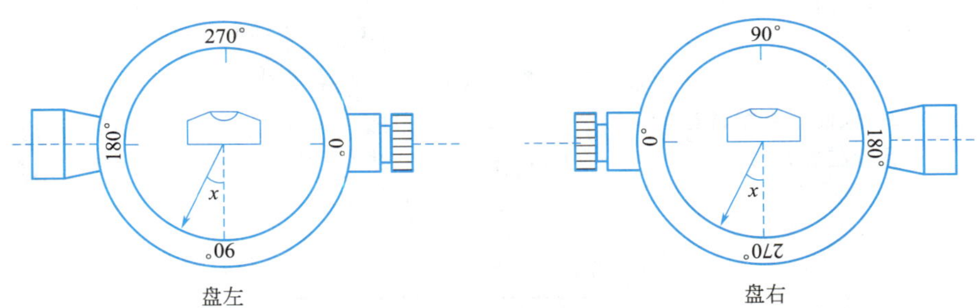

图 3-31　竖盘指标差

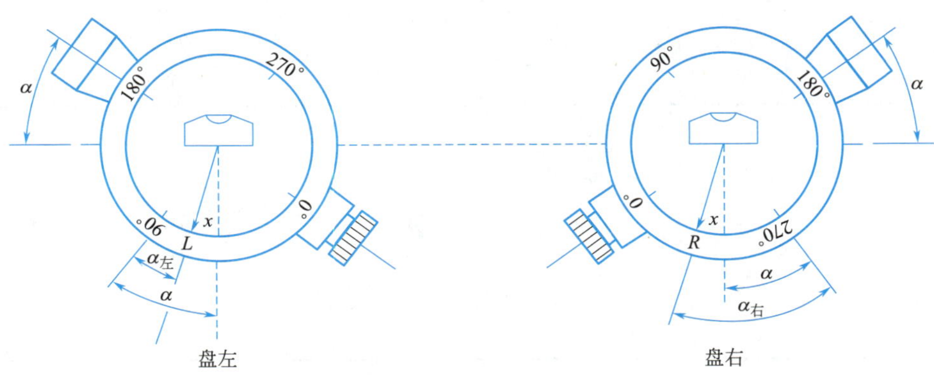

图 3-32　包含竖盘指标差的竖直角计算

这就是含有指标差的竖直角及指标差的计算公式。从式（3-8）中可以看出，取盘右读数和盘左读数之差减 180°再除以 2，或取盘左和盘右观测的竖直角之平均值，都能消除指标差对竖直角的影响。由式（3-9）可知，取盘右和盘左读数之和减 360°再除以 2，或取盘右与盘左观测的竖直角之差再除以 2，都可以求得指标差 x。

4. 竖直角的观测

竖直角观测是用望远镜十字丝横丝切于目标某个位置，转动指标水准管微动螺旋，使气泡居中后，读取读数，按计算公式求出竖直角。由于竖直角是竖直面内瞄准目标方向线的读数与水平方向线读数之差所得的角值，而视线水平时竖盘读数为一已知的特殊值 90°或者 270°，因此，在竖直角观测时，实际上只需读取瞄准目标方向线的竖盘读数，即可计算出竖直角。其观测程序如下：

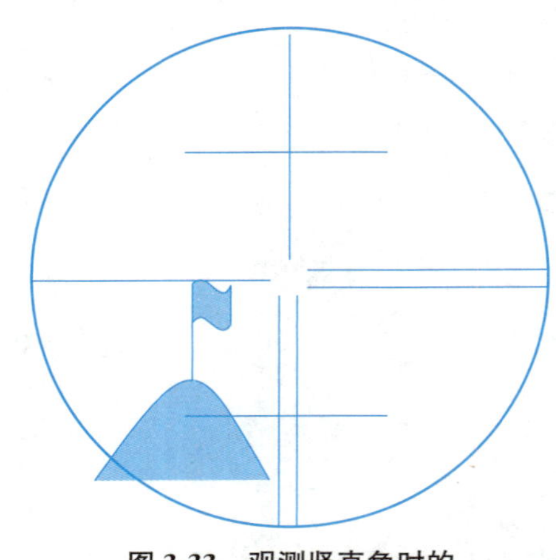

图 3-33　观测竖直角时的目标瞄准方法

（1）将经纬仪安置在测站上，盘左照准目标，制动望远镜，用望远镜微动螺旋，使十字丝的横丝精确地切准目标顶部（图 3-33）。

（2）旋转指标水准管微动螺旋，使气泡居中，再查看一下十字丝横丝是否仍切准目标，确认切准后，立即读数（L）并记入手簿中。若仪器带竖盘指标自动补偿器，则需先将补偿器开关置于“ON”状态，有的仪器则在读数前要按一下自动补偿器按钮后便可进行读数。

（3）盘右照准目标同一部位，以同样的方法，读数（R）并记入手簿中。

这样就完成一测回的竖直角观测。若进行多测回观测，只需重复上述操作步骤。竖直角观测记录计算示例见表 3-7。

竖直角观测记录手簿　　表 3-7

日期：××年×月×日 天气：晴			仪器：DJ6			观测者：××× 记录者：×××	
测站	目标	竖盘位置	竖盘读数 （° ′ ″）	半测回 竖直角 （° ′ ″）	指标差 （″）	一测回 竖直角值 （° ′ ″）	备注
1	2	3	4	5	6	7	
O	A	盘左	81　38　12	+8　21　48	−12	+8　21　36	
		盘右	278　21　24	+8　21　24			
	B	盘左	96　12　36	−6　12　36	−9	−6　12　45	
		盘右	263　47　06	−6　12　54			

由竖直角计算公式可知，用盘左、盘右观测可以消除指标差的影响。根据《工程测量标准》GB 50026—2020 中的有关要求，当指标差大于 1′时应进行校正。对于同一台仪器，指标差 x 在同一时间段内应是常数，但由于各种原因，各方向和各测回所计算的

指标差可能互不相同。指标差的变化情况，能反映观测过程中仪器的稳定性，从而反映出观测质量，故在有关测量规范中，对指标差的变化范围，有相应的规定。用 J6 级光学经纬仪作竖直角观测时，指标差互差及竖直角互差均不得超过±25″，对于 J2 级仪器则要求指标差互差及竖直角互差均不得超过±10″。

课后讨论

1. 简述水平角、竖直角的概念。
2. 经纬仪由哪几部分组成?
3. 画图叙述 DJ6 光学经纬仪分微尺测微器的读数方法。
4. 举例说明 DJ2 光学经纬仪对径分划重合读数法。
5. 经纬仪对中、整平的目的各是什么?
6. 经纬仪观测的步骤是什么?
7. 绘图叙述测回法测角的过程。
8. 叙述水平角、竖直角观测的限差。
9. 竖直角、竖盘指标差的计算公式各是什么?

任务 3.3　光学经纬仪的检验与校正

学习目标

1. 了解光学经纬仪的主要轴线及其相互关系;
2. 能进行光学经纬仪常规项目的检验与校正。

关键概念

光学经纬仪主要轴线、水准管的检校、十字丝的检校、视准轴的检校、光学对中器的检校。

3.3.1　经纬仪主要轴线及应满足的几何条件

1. 经纬仪主要几何轴线（图 3-34）

(1) 照准部水准管轴，以 LL 表示。
(2) 仪器竖轴（或垂直轴），以 VV 表示。
(3) 望远镜视准轴（或照准轴），以 CC 表示。
(4) 横轴（或水平轴），以 HH 表示。

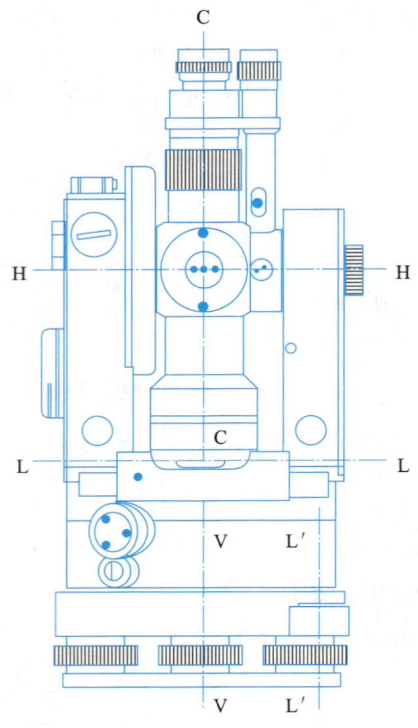

图 3-34　经纬仪轴线

2. 经纬仪各主要几何轴线间的相互关系

（1）水准管轴应垂直于竖轴（LL⊥VV）。

（2）视准轴应垂直于横轴（CC⊥HH）。

（3）横轴应垂直于竖轴（HH⊥VV）。

（4）十字丝竖丝应垂直于横轴。

3.3.2　经纬仪检验与校正

检验及校正必须按照“后面项目不影响前面已完成项目”的顺序逐项进行，其顺序如下：

1. 管水准器轴 LL⊥竖轴 VV 的检验与校正

（1）检校目的：使水准管轴垂直于竖轴，以保证当水准管气泡居中时，竖轴处于铅垂位置，从而整平仪器。否则，将无法整平仪器。

（2）检验方法：先粗平经纬仪，再转动照准部使水准管平行于任意一对脚螺旋的连线，旋转这两个脚螺旋，使水准管气泡严格居中。将照准部旋转 180°，若水准管气泡仍居中，则表明条件满足。否则，条件不满足，应进行校正。

（3）校正方法：如图 3-35 所示。通过旋转与管水准器轴平行的一对脚螺旋，使气泡向中央移动偏距的一半，余下一半用校正针拨动管水准器一端校正螺钉，使气泡居中。

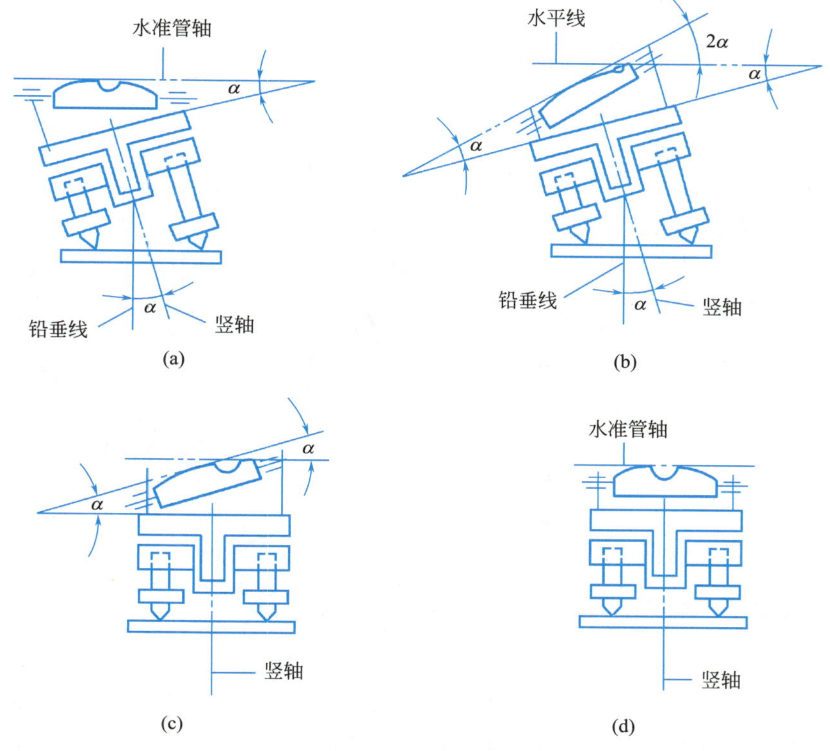

图 3-35　水准管轴的检验与校正

这项检验校正需反复进行，直至水准管气泡偏离中心不超过一格为止。

2. 十字丝竖丝⊥横轴 HH 的检验与校正

(1) 检校目的：使十字丝竖丝垂直于横轴，以保证横轴水平时，竖丝铅垂，从而可以用竖丝上任一位置瞄准目标。

(2) 检验方法：在横轴垂直于竖轴的条件下，如果十字丝的竖丝位于垂直于横轴的平面内，当视准轴绕横轴旋转时，十字丝竖丝必然与视准轴移动的轨迹重合。在前面步骤的基础上，再进行如下的检验。为了消除横轴与竖轴不垂直的影响，应不使用垂直微动螺旋来进行检验。

整平仪器，在室内或无风环境下在远处悬吊一锤球，如图 3-36 (a) 所示，用十字丝竖丝照准该铅垂线，制动照准部和望远镜。观察十字丝竖丝是否精确与铅垂线重合，如图 3-36 (b) 所示，如果重合，则表明满足十字丝竖丝⊥横轴 HH 的条件，无需校正，否则需要校正。

(3) 校正方法：如图 3-37 所示，卸下十字丝分划板护罩，松开四个压环螺栓，缓慢转动十字丝组（转动量是竖丝偏离铅垂线最大值的一半），直到十字丝竖丝与铅垂线重合为止，最后旋紧四个压环螺栓。

3. 望远镜视准轴 CC⊥横轴 HH 的检验与校正

(1) 检校目的：使视准轴垂直于横轴，这样当望远镜绕横轴转动时所扫出的视准面为一平面，否则为一对顶圆锥面。

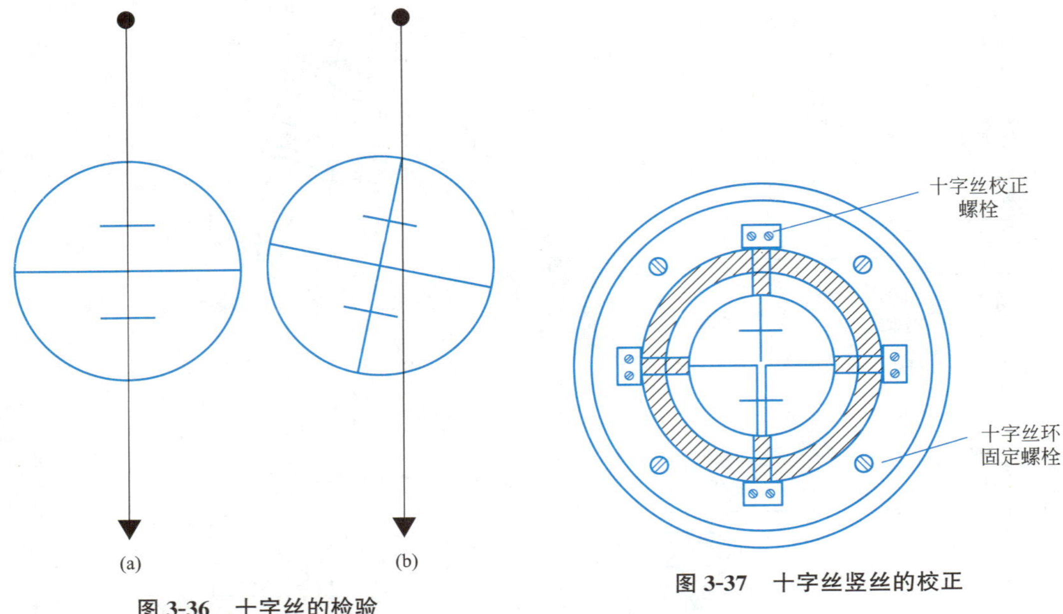

图 3-36　十字丝的检验

图 3-37　十字丝竖丝的校正

（2）检验方法：精平仪器，盘左位置瞄准一个与仪器高度大致相同（视线大致水平）的远处目标，读得水平度盘数为 M_1。纵转望远镜，以盘右位置瞄准同一目标，读得水平度盘读数为 M_2。图 3-38 为检验原理图。HH 为横轴，KP 为正确的视准轴方向，两侧的虚线为存在误差的视准轴方向。

若 $M_1=M_2\pm180°$，则表示视准轴垂直于横轴。当 $M_1-(M_2\pm180°)$ 的绝对值大于 $2'$ 时，则应予以校正。

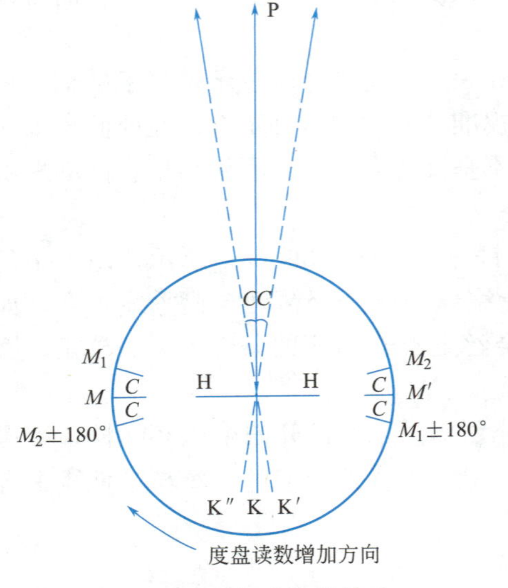

图 3-38　视准轴的检验

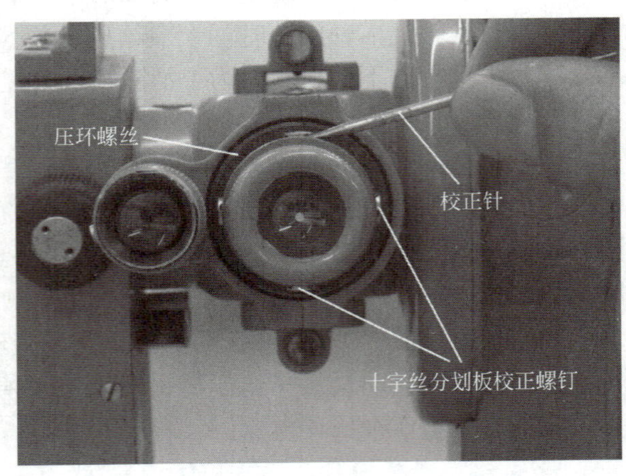

图 3-39　视准轴的校正

(3) 校正方法

1) 计算盘右位置观测原目标的正确读数，$M'=\frac{1}{2}$［M_2+（$M_1\pm180°$）］。

2) 在检验的盘右位置，转动照准部水平微动螺旋，使水平度盘读数指在M'的读数上。这时，望远镜十字丝交点必偏离原目标。

3) 如图3-39所示，拨动十字丝环的左、右两个校正螺栓，使十字交点对准原目标为止。这项检验与校正需反复进行，直至满足要求为止。

4. 横轴的检验

(1) 检验目的：使横轴垂直于竖轴，以保证仪器整平后，视准面为一竖直面，否则为一倾斜面。

(2) 检验方法：如图3-40所示，在距墙壁15m左右处安置经纬仪。

1) 以盘左位置用望远镜瞄准墙壁高处一明显点状目标P，其仰角最好在30°左右，制动照准部，将望远镜下放至水平，在墙上标出十字丝交点位置P_1。

2) 用盘右位置再瞄准P点，用同样的方法在墙面上定P_2点。若P_2点与P_1点重合，说明横轴与竖轴垂直，条件满足，否则需要进行校正。

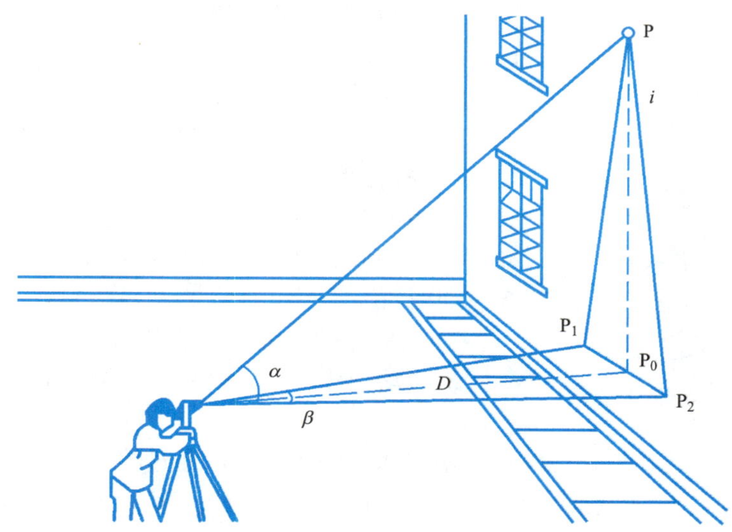

图3-40　望远镜横轴的检校

光学经纬仪的横轴是密封的，一般都能保持横轴与竖轴的垂直关系，为不破坏它的密封性能，操作人员一般只进行检验。如确实须校正时，应由专业检修人员进行此项校正。

5. 竖盘指标差的检验与校正

(1) 检验目的：使竖盘指标差为零。

(2) 检验方法：安置经纬仪并瞄准远方一明显目标，用竖直角观测的方法测定其竖直角一测回，求出指标差x。对于J6级经纬仪，当计算出的x绝对值大于1′时，则需进行校正。

(3) 校正方法

1) 根据检验时的读数L或R以及计算出的x值，计算盘左时的正确读数$L_0=$（$L-x$）

或盘右时的正确读数 $R_0=(R-x)$。

2）以盘右或盘左的位置，瞄准检验时的目标，转动竖盘指标水准管微动螺旋，使读数对准盘右正确读数 R_0（或盘左正确读数 L_0）。此时，指标水准管气泡必不居中，用校正针拨动指标水准管的上下螺丝，使气泡居中。此项校正需反复进行，直至指标差不超过±1′为止。

6. 光学对点器的检验与校正

光学对点器是由目镜、分划板、物镜和直角棱镜组成的。分划板刻划圈中心与物镜光心的连线是对点器的视准轴。光学对点器的视准轴由棱镜折射90°后，应与仪器竖轴重合，否则会产生对中误差，影响测角的精度。

（1）检验目的

使光学对点器的视准轴经棱镜折射后与仪器的竖轴重合。

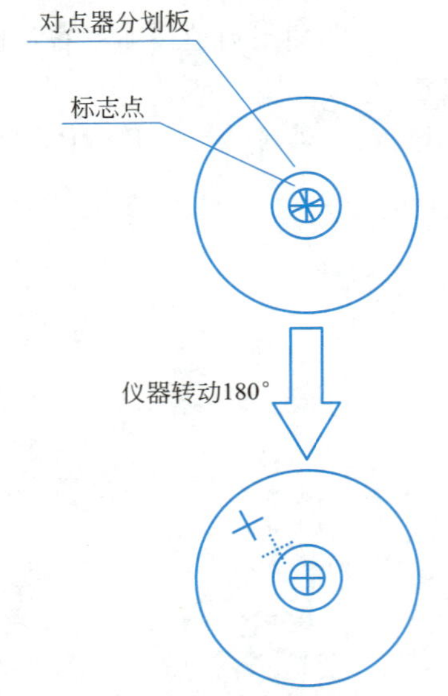

图 3-41　光学对点器的检验

（2）检验与校正方法

1）180°旋转法：这种方法适用于光学对点器随照准部一起转动的经纬仪，如德国蔡司010和国产经纬仪等，如图3-41所示。

① 检验

A. 将仪器安置在三脚架上并固定好（唯一不须精平的检验项目）。

B. 在仪器正下方放置一个十字标志点。

C. 转动仪器基座的脚螺旋，使对点器分划板中心与地面十字标志重合。

D. 观察对点器分划板中心与地面十字标志是否重合；如果重合，则无需校正；如果有偏移，则需进行校正。

② 校正

在前述“检验”的基础上进行：

E. 转动脚螺旋，使地面十字标志向分划板中心移动一半。

F. 拧下对点目镜护盖，用校正针松开四个调整螺钉，通过校正螺钉的移动拉动十字丝移动，使分划板中心与地面十字标志在分划板上的像位置重合（也就是说校正螺钉与十字丝移动的方向是相同的，这与其他十字丝的校正不一样）。

G. 重复D、F步骤，直至转动仪器，地面十字标志与分划板中心始终重合为止。

2）垂球调校法：此种方法适用于光学对点器安装在基座上的经纬仪，如德国威尔德（WILD）T2、T3经纬仪等，如图3-42所示。

① 检验

将仪器安置在脚架上，精平仪器，挂上对中垂球，使垂球尖尽可能地接近平放在地面上的白纸。待垂球静止时，将垂球尖投影到白纸上，然后取下垂球。

调好对点器目镜焦距，从目镜中观察白纸上记下的垂球尖的位置是否与对点器十字丝交点重合。若重合，则说明对点器的视准轴与垂直轴一致；若不重合，则需进行校正。

② 校正

用改针将对点器目镜后的四个改正螺旋都略微松开，再根据需要调整四个改正螺旋中

(a)

(b)

图 3-42　经纬仪光学对点器

的一个，使分划板十字丝交点与垂球尖的投影位置一致为止。这项改正需反复进行。最后，将改正螺旋固定。

课后讨论

1. 简述经纬仪的主要轴线及其互相之间的关系。
2. 经纬仪有哪几项主要的检校项目？
3. 简述经纬仪水准管轴的检验与校正。
4. 简述经纬仪十字丝的检验与校正。
5. 简述经纬仪光学对点器的检验与校正。

任务 3. 4　路线边长测量

学习目标

1. 了解距离测量的各种方法；
2. 会使用钢尺量距并计算所量距离；
3. 会使用全站仪进行电磁波测距。

关键概念

水平距离、视距测量、直线定线、普通钢尺量距、电磁波测距。

测量距离是测量的三项基本工作之一。距离测量的目的就是获得两点间的水平距离。所谓水平距离是指地面上两点垂直投影到水平面上的直线距离。根据使用的工具和方法的不同，距离测量的方法有钢尺量距、视距测量、电磁波测距、GPS测量等。

3.4.1 钢尺量距

1. 量距工具

（1）钢尺

钢尺是最常用的丈量工具。

钢尺的优点：钢尺抗拉强度高，不易拉伸，所以量距精度较高，在工程测量中常用钢尺量距。

钢尺的缺点：钢尺性脆，易折断，易生锈，使用时要防止打折、扭曲（尺扭环时，切勿用力拉尺，应立即将扭环解开）、拖拉，严禁车碾、人踏，钢尺易锈，应防止受潮，用后需擦净、涂油。

长度在1～5m的钢尺一般称钢卷尺，而工程上最常用的钢尺长度有30m、50m等，卷放在架上称为钢尺，尺宽约10～15mm，厚度约0.4mm，还有长度为1000m的称为长钢尺（使用者极少，一般须定制），主要用于煤矿或隧道由地面向井下传递高程，现在一般均采用全站仪量距传递高程。钢尺的刻划方式为全尺毫米分划，在厘米、分米、米处有数字注记。钢尺一般装在金属尺架内，如图3-43所示。

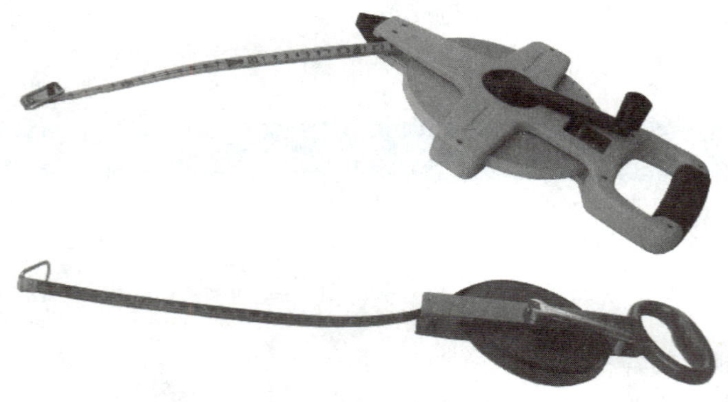

图3-43　钢尺（架装）

钢尺因零分划起点位置的不同有刻线尺和端点尺之分，如图3-44所示。端点尺是以尺的端部、金属环的最外端为零点，目前端点钢尺较少见，而精度较低的皮尺一般为端点尺，从建筑物的边缘开始丈量时很方便；刻线尺是在尺上刻出零点的位置，一般至端点的距离在10cm左右，如果钢尺拉断了，还可以将拉环内移继续使用。

（2）测钎

测钎用直径3～6mm，长度30～40cm的钢筋制成，上部弯成环形，下部是尖形，如

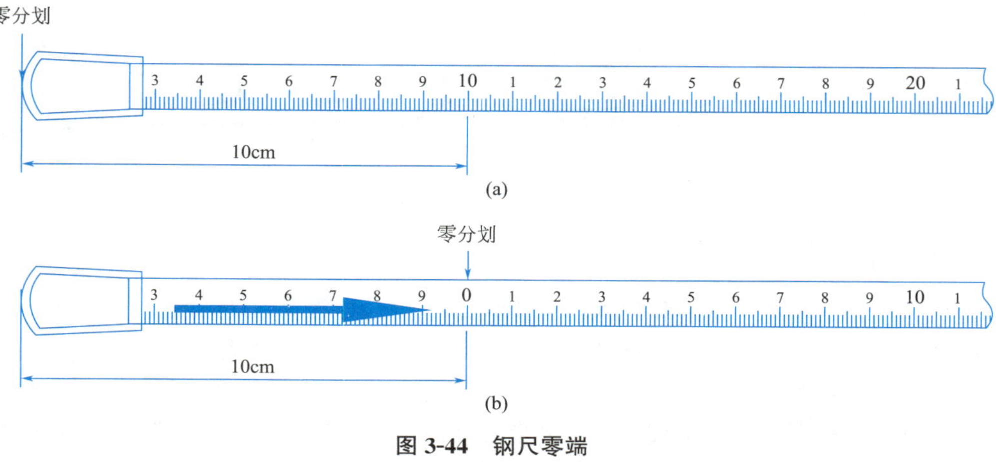

图 3-44　钢尺零端

（a）端点尺；（b）刻线尺

图 3-45 所示。量距时，将测钎插入地面，用以标定尺段端点的位置和计算整尺段数，也可作为照准标志。

（3）垂球

如图 3-46 所示，在量距时用于投点。

图 3-45　测钎

图 3-46　垂球

2. 直线定线

当地面上两点间的距离超过整根尺子长度或地势起伏较大时，要沿直线方向上设立若干中间点，将全长分成几个小于尺长的分段，以便分段丈量，这项工作称为直线定线。

如图 3-47 所示，使用经纬仪定线，欲在 AB 线内精确定出 1，2，……，n 各点的位置。可将经纬仪安置于 A 点，用望远镜照准 B 点目标，固定照准部水平制动螺旋，此时望远镜视线绕横轴上倾下俯旋转，在 A、B 点间形成一个铅垂面。另一测量员手持测钎，立于 AB 方向离 B 略小于一尺段的 1 点附近。然后，观测员将望远镜向下俯视，指挥另一测量员沿观测员视线垂直方向左右移动测钎，直至与十字丝竖丝重合时，在测钎的位置打下一木桩或作以标记，再根据十字丝交点在木桩上的位置钉一小钉，准确定出 1 点的位置。同法定出其余各点，完成经纬仪定线。精密量距精度要求较高，应用经纬仪进行定线。

3-8
直线定线

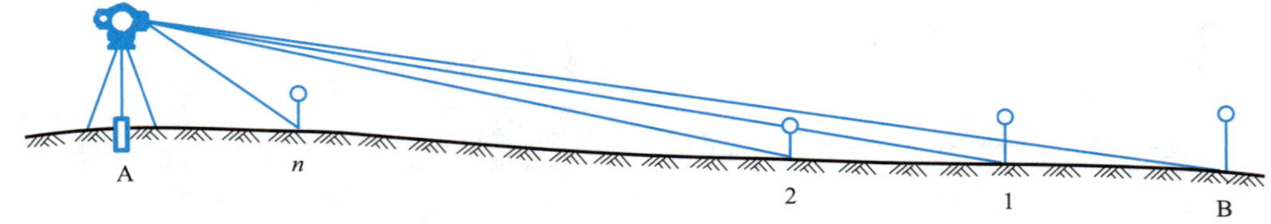

图 3-47　经纬仪定线

3. 钢尺量距

钢尺量距分精密钢尺量距和普通钢尺量距两种。

精密方法量距的钢尺必须经过检验，并得到其检定的尺长方程式。用检定过的钢尺量距结果要经过尺长改正、温度改正和倾斜改正才能得到实际距离。在目前的一般测量工作中，钢尺量距的精密方法使用较少，如果当两点之间距离较长或不便量距以及精度要求较高时，一般都采用电子全站仪进行测量。下面只介绍普通钢尺量距方法。

（1）平坦地面的丈量方法

平坦地面的量距工作，一般用先定线后量距的方法。具体做法如下：

1）如图 3-48 所示，先在 A、B 两点上竖立测钎，标定出直线方向，然后一尺手指挥另一尺手在线段间每隔不足一整尺段的位置插下测钎，定好各中间分点 1，2，3，……，n。然后沿 A 点到 B 点的方向量距。

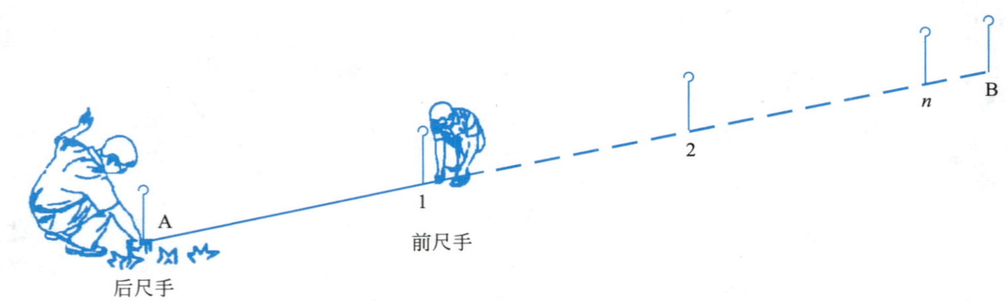

图 3-48　平坦地面的距离丈量

2）量距小组一般由 3 人组成，前后尺手拉尺并读数，记录员兼指挥。丈量时，后尺手持钢尺零端，前尺手拿尺并由零端逐步展开钢尺到前端，后、前尺手都蹲下，拉伸钢尺置于相邻两木桩顶上，并使钢尺有刻划线一侧贴切桩顶十字线交点。后尺手以钢尺的零点对准 A 点，前尺手将钢尺贴靠在定线时的分点 1。两人同时将钢尺拉紧、拉平、拉稳后，前尺手喊“预备”，后尺手将钢尺零点准确对准 A 点，并喊“好”，此刻两人同时读数，估读到 1mm 报数，这样便完成了第一尺段 A-1 的一次测距 l_1。然后再错尺丈量两次，三次结果取平均值。每次错尺长度为 100～200mm 的一个整厘米数。

3）后尺手与前尺手共同举尺前进。后尺手走到 1 点时，即喊“停”。再用同样方法量出第二尺段 1-2 的距离 l_2。如此继续丈量下去，直到最后一尺段 n-B 时，后尺手将钢尺零点对准 n 点测钎，由前尺手读 B 端点读数 l_n。这样就完成了由 A 到 B 点的往测工作。于是，得往测 AB 的水平距离为：

$$D_{AB}=l_1+l_2+l_3+\cdots\cdots+l_n \tag{式 3-10}$$

为了检核和提高测量精度，一般还应由 B 点按同样的方法量至 A 点，称为返测。最后，取往、返两次丈量结果的平均值作为 AB 的距离。以往、返丈量距离之差的绝对值 $|\Delta D|$ 与往返测距离平均值 $D_{平均}$ 之比，来衡量测距的精度。通常将该比值化为分子为 1 的分数形式，分母一般取较大的整数，称为相对误差，用 K 表示，即：

AB 距离：
$$D_{平均}=\frac{D_{往}+D_{返}}{2} \quad （式 3-11）$$

相对误差：
$$K=\frac{|D_{往}-D_{返}|}{D_{平均}}=\frac{|\Delta D|}{D_{平均}}=\frac{1}{\frac{D_{平均}}{\Delta D}}=\frac{1}{M} \quad （式 3-12）$$

注意：分母取较大的整数时，不能因为取整而提高量距精度。

相对误差分母越大，则 K 值越小，精度越高；反之，精度越低。钢尺量距的相对误差一般不应超过 1/3000；在量距较困难的地区，其相对误差也不应超过 1/1000。表 3-8 为分三尺段钢尺量距手簿示例。

距离测量记录表

（钢尺量距）　　　　**表 3-8**

项目名称：＿＿＿＿＿＿＿＿＿＿＿＿＿＿＿＿

尺号：＿＿＿＿　日期：＿＿＿＿　天气：＿＿＿＿　观测：＿＿＿＿　记录：＿＿＿＿

线段名称	钢尺三次读数(m)									单向丈量线段长度(m)		往返丈量平均长度(m)	精度 K（相对误差）$(1/M)$
	前端	后端	段长	前端	后端	段长	前端	后端	段长				
	往测 第 1 段			往测 第 2 段			往测 第 3 段						
	返测 第 1 段			返测 第 2 段			返测 第 3 段			累计长	平均长		
1	2	3	4=2−3	5	6	7=5−6	8	9	10=8−9	11=4+7+10	12	13	14

【注意：不能因为分母取整而提高精度！】　　　　第　页，共　页

3-9
钢尺量距

（2）倾斜地面的丈量方法

1）平量法

如图 3-49 所示，当地面坡度高低起伏较大时，可采用平量法丈量距离。丈量时，后尺手将钢尺的零点对准地面点 A，前尺手沿 AB 直线用三脚架或支架将钢尺前端抬高，必要时尺段中间有一人托尺，目估使尺子水平，在抬高的一端用垂球绳紧靠钢尺上某一刻划，用垂球尖投影于地面上，再插以测钎，得 1 点。此时垂球线在尺子上指示的读数即为 A—1 两点的水平距离。同法继续丈量其余各尺段。当丈量至 B 点时，应注意垂球尖必须对准 B 点。为了方便丈量工作，平量法往返测均应由高向低丈量。精度符合要求后，取往返丈量之平均值作为最后结果。

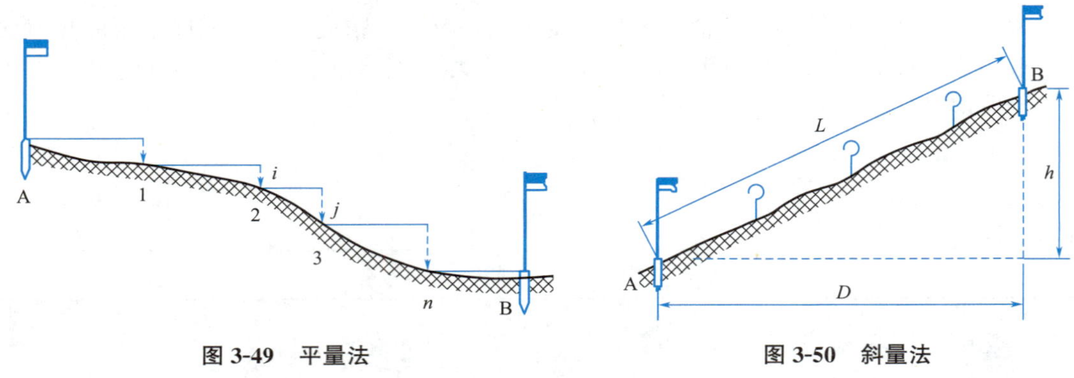

图 3-49　平量法　　　　图 3-50　斜量法

2）斜量法

当倾斜地面的坡度较大且变化较均匀时，如图 3-50 所示，可以沿斜坡丈量出 A、B 两点间的斜距 L，测出地面 A、B 两点的高差 h_{AB}，按下式计算 AB 的水平距离：

$$D=\sqrt{L^2-h^2} \qquad (式 3\text{-}13)$$

4. 钢尺量距的误差及注意事项

钢尺量距误差主要来源于尺长误差、温度变化误差、拉力误差、钢尺不水平（垂曲）造成的误差、定线误差、丈量本身误差等，这些误差对于精密钢尺量距，每尺段都必须进行改正（尺长改正、温度改正、垂曲改正、倾斜改正），而对于普通钢尺量距，只要钢尺的名义长度与实际长度误差不超过±2mm，量距时钢尺基本水平，气温在 20℃±10℃以内，量距时拉力在 98N 左右（相当于 10kg 的质量。牛顿是力的单位，千克是质量的单位，两者量纲不同，不能比较，只能说地球上 10kg 物体产生的重力相当于 98N），即可忽略这些改正。

（1）尺长误差。钢尺的名义长度与实际长度不符，产生尺长误差。尺长误差具有系统积累性，它与所量距离成正比。钢尺量距时应采用检定过的钢尺丈量，以便加入改正。在一般丈量中，当尺长误差的影响不大于所量直线长度的 1/10000 时，可不考虑此影响。否则，也要进行尺长改正。

（2）温度变化误差。钢尺长度随着外界气温的变化也会发生变化。当量距时的温度与检定温度不同时，则会产生此误差。平均温度超过检定温度±10℃时，应加温度改正。

（3）拉力误差。钢尺长度随拉力的增大而变长，当量距时施加的拉力与检定时的拉力不同时，会产生此误差。在一般丈量时，只要用手保持拉力即可满足精度要求，而作较精确丈量时，需使用弹簧秤控制拉力。

（4）尺子不水平的误差。这种误差是指水平量距时，目估钢尺不水平而引起的水平距离的误差。丈量时应尽量保持尺子水平，整尺段悬空时，中间应有人托住尺子，否则会产生不容忽视的误差。

（5）定线误差。当丈量的两点间距离超过一个整尺段时，需要进行定线。若定线有误差，将直线量成一条折线，实际距离就会偏大。一般用经纬仪定线，即可达到量距精度要求。

（6）丈量本身误差。如钢尺两端点刻划与地面标志点未对准所产生的误差，插测钎误差、估读误差等都属此类误差。这一误差系偶然误差，无法完全消除，作业时应认真对待。

（7）测段倾斜的改正。当钢尺悬空倾斜量距时，钢尺即便拉成一条直线但丈量得到的是倾斜距离。这不是量距误差，斜距必须转化为水平距离量。

3.4.2　电磁波测距

钢尺量距是一项繁重的工作，劳动强度大，工作效率低，尤其是在地形条件复杂的情况下的精密量距，更是困难，甚至无法进行。为了提高测距速度和精度，人们在 20 世纪 40 年代末就研制出了电磁波测距仪；60 年代初，随着激光技术的出现及电子技术和计算机技术的发展，各种类型的电磁波测距仪相继出现；90 年代又出现了由电磁波测距仪、电子经纬仪和微处理机组合成一体的电子全站仪，可同时进行角度、距离测量，并能自动计算出待测点的坐标和高程等，并自动显示在液晶屏上。配合电子记录手簿，可以自动记录、存储、输出测量结果，使测量工作大为简化。

1. 电磁波测距仪的测距原理

红外光测距仪是采用砷化镓（GaAs）半导体二极管作为光源的相位式红外测距仪。具有仪器体积小、耗电少、测距精度高及自动化程度高等特点。

用红外测距仪测定 A、B 两点间的距离 D，在 A 点安置测距仪，B 点安置反光镜，如图 3-51 所示。当测距仪发出光脉冲，经反光镜反射，回到测距仪。若能测定光在距离 D

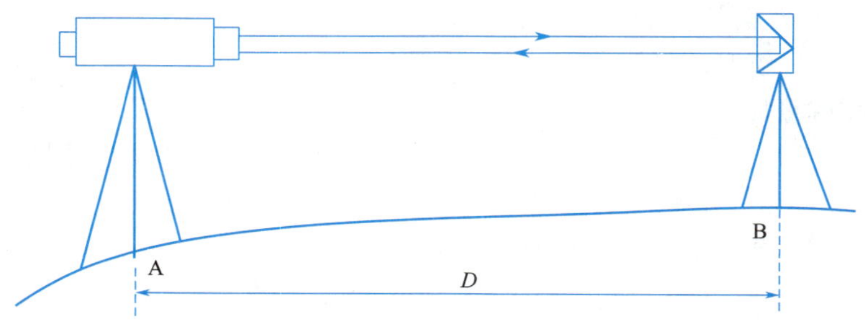

图 3-51　测距仪的测距原理

上往返传播的时间 t_{2D}，即测定发射光脉冲与接收光脉冲的时间差 Δt，则两点间距离为：$D=\frac{1}{2}c\cdot\Delta t$ 或 $D=\frac{1}{2}c\cdot t_{2D}$。式中，$c$ 为光速，$c=3\times10^{8}\mathrm{m/s}$。

3-10 电磁波测距原理

《城市测量规范》CJJ/T 8—2011 规定，因目前测距电磁波不仅为红外光波，还包括微波和激光等，故统称为“电磁波测距”。

2. 全站仪及其使用

全站型电子速测仪，它是一种集自动测距、测角、计算和数据自动记录及传输功能于一体的自动化、数字化及智能化的三维坐标测量与定位系统。由于该仪器可在测站上采集到全部测量数据，所以全站型电子速测仪又称电子全站仪简称全站仪。

电子全站仪由电源部分、测角系统、测距系统、数据处理系统、通信系统、显示屏、键盘等组成。测角系统与传统光学经纬仪测角系统相比较主要有两个方面的不同：①传统的光学度盘被绝对编码度盘或光电增量编码器所代替，用电子细分系统代替了传统的光学测微器。②由传统的观测者判读观测值及手工记录变为观测者直接读数并记录；测距系统相当于电磁波测距仪，只是体积更小内置在测距头里，通常也采用半导体砷化镓发光二极管作为光源，在反射棱镜配合下量距全是斜距，自动测垂直角归算为平距并计算高差；数据处理系统由中央处理器和存储器组成，能接受输入指令，进行各种测量运算，分配各种观测作业，仪器误差改正计算、数据存储等。

全站仪具有角度测量、距离（斜距、平距、高差）测量、三维坐标测量、导线测量、间接测量和放样测量等多种用途。不同厂家生产的全站仪，其形状大同小异，使用上有着一定的差异，但进行数据采集操作过程大致是相同的。下面以一款拓普康全站仪为例介绍全站仪的操作过程和使用方法。

可测量平距 HD、高差主值 VD（全站仪横轴与视准轴交点至棱镜镜点间的高差）和斜距 SD（全站仪横轴与视准轴交点至棱镜镜点间的斜距）。

（1）GTS-102N 全站仪简述

以拓普康 GTS-102N 电子全站仪为例，GTS-102N 全站仪测角精度为 2″，测距精度为±（2mm＋2ppm×D），最小角度显示值为 1″，最小距离显示值为 1mm，最大测程单棱镜为 3.0km。其外观形态如图 3-52 所示。

（2）GTS-102N 键盘功能简介

GTS-102N 键盘如图 3-53 所示。GTS-102N 全站仪具有数据采集、放样、新点设置、SD/VD/HD、N/E/Z、HL/HR、V、V%、H 倍角测量、REM（悬高测量）、MLM（对边测量）、水平角测量、水平角 H0 设置、水平角保持、视准偏差校正、打标桩、测站点设置、道路测设等功能。各键、名称及功能见表 3-9。

图 3-52　GTS-102N 全站仪图

图 3-53　GTS-102N 键盘

GTS-102N 全站仪的键盘功能　　表 3-9

键盘	名称	功能
★	星键	星键模式用于如下项目的设置或显示： ①显示屏对比度；②十字丝照明；③背景光；④设置音响模式； ⑤PPM 设置(温度、气压)；⑥PSM 设置(棱镜常数)
	坐标测量键	坐标测量模式
◢	距离测量键	距离测量模式(平距 HD、斜距 SD、高差 VD)
ANG	角度测量键	角度测量模式(可设置 HR、HL)
POWER	电源键	电源开关
MENU	菜单键	在菜单模式和正常测量模式之间切换，在菜单模式下可设置各种固化应用测量、仪器系统误差改正等
ESC	退出键	返回测量模式或上一层模式 从正常测量模式直接进入数据采集模式或放样模式 也可用作正常测量模式下的记录键
ENT	确定输入键	在输入值末尾按此键(回车键)
F1-F4	软键(功能键)	对应于显示信息的软键功能

提示

《工程测量标准》GB 50026—2020 和《城市测量规范》CJJ/T 8—2011 对距离测量的有关规定如下：

1. 导线的边长测量，应采用电磁波测距，不使用钢尺量距。

2. 测距仪器的标称精度，按下式表示：

$$m_D = a + b \times D$$

式中　m_D——测距中误差（mm）；

a——标称精度中的固定误差（mm）；

b——标称精度中的比例误差系数（mm/km）；

D——测距长度（km）。

3. 各等级边长测距的主要技术要求，应符合下表的规定。

各等级控制网边长测距的主要技术要求

平面控制网等级	仪器精度等级	每边测回数		一测回读数较差（mm）	单程各测回较差（mm）	往返测距较差（mm）
		往	返			
三等	5mm 级仪器	3	3	≤5	≤7	$\leqslant 2(a+b\cdot D)$
	10mm 级仪器	4	4	≤10	≤15	
四等	5mm 级仪器	2	2	≤5	≤7	
	10mm 级仪器	3	3	≤10	≤15	
一级	10mm 级仪器	2	—	≤10	≤15	—
二、三级	10mm 级仪器	1	—	≤10	≤15	

注：1. 一测回是全站仪盘左、盘右各测量 1 次的过程；
　　2. 困难情况下，测边可采取不同时间段测量代替往返测量。

4. 测距作业，应符合下列规定：

（1）仪器及反光镜的对中偏差不应大于 2mm；

（2）四等及以上等级控制网的边长测量，应分别量取两端点观测始末的气象数据，计算时应取平均值；

（3）当观测数据超限时，应重测整个测回。

课后讨论

1. 直线定线有几种方法？分别如何进行？
2. 简述视距测量原理、视距测量方法及其计算公式。
3. 钢尺量距为何要错尺进行？
4. 简述普通钢尺量距的操作过程及精度评定方法。
5. 简述电磁波测距原理。
6. 简述测距仪测距一测回的方法。

任务 3.5　路线点位坐标计算

学习目标

1. 了解直线定向的概念；

2. 掌握方位角、象限角及其关系；
3. 会进行坐标反算；
4. 了解正反方位角的关系；
5. 会推算坐标方位角。

直线定向、三北方向、坐标方位角、推算坐标方位角、坐标反算。

3.5.1　直线方向测量

为了确定地面上两点间的相对位置关系，除确定两点间的水平距离外，还需确定两点连线的方向。确定一条直线与标准方向之间的角度关系，称为直线定向。

1. 标准方向

直线定向时，常用的标准方向有：真子午线方向、磁子午线方向和坐标纵线方向。

（1）真子午线方向（真北方向）

通过地球表面某点的真子午线的切线方向称为该点的真子午线方向。真子午线方向是用天文测量的方法或用陀螺经纬仪测定的。

真子午线：通过地面上一点指向地球南北极的方向线为该点的真子午线。

（2）磁子午线方向（磁北方向）

磁针在地面某点自由静止时所指的方向，就是该点的磁子午线方向，磁子午线方向可用罗盘仪测定。由于地球的南北两磁极与地球南北极不一致（磁北极约在北纬 74°、西经 110°附近；磁南极约在南纬 69°、东经 114°附近）。因此，地面上任一点的真子午线方向与磁子午线方向也是不一致的，两者间的夹角称为磁偏角，用 δ 表示。地面上不同地点的磁偏角是不同的。若磁子午线北端偏向真子午线以东称为东偏，规定 δ 为“+”；反之，称为西偏，规定 δ 为“−”。如图 3-54 所示为东偏。

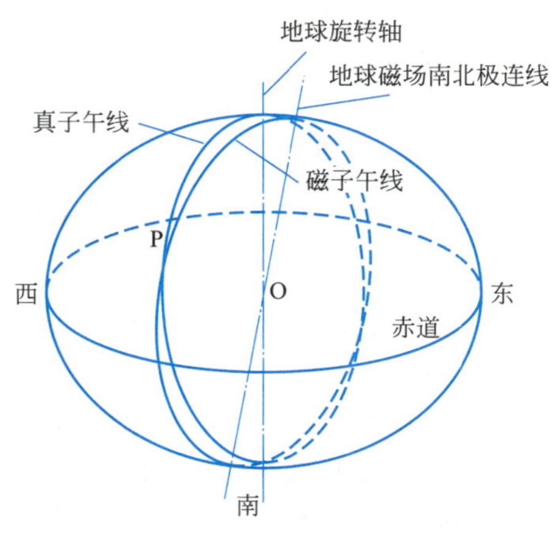

图 3-54　真子午线和磁子午线

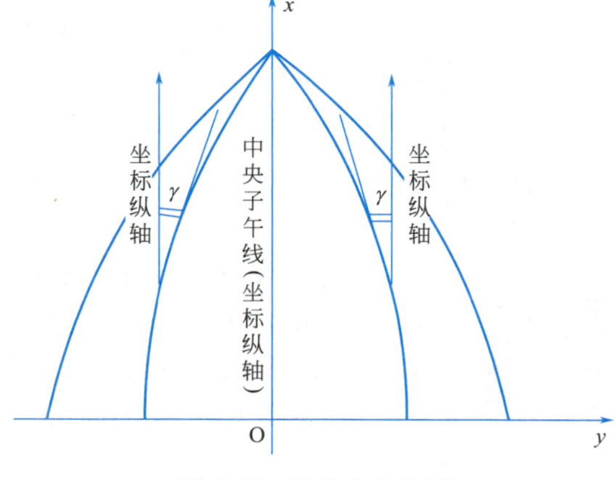

图 3-55　三北方向关系

（3）坐标纵线方向（坐标北方向）

测量平面直角坐标系中的纵轴（x 轴）方向线，称为该点的坐标纵线方向。地面上各点真子午线方向与高斯平面直角坐标系中坐标纵线之间的夹角称为子午线收敛角，用 γ 表示。坐标纵线北端偏向真子午线以东，称为东偏，规定 γ 为"+"；反之，称为西偏，规定 γ 为"−"。地面各点子午线收敛角大小随点的位置不同而不同，由赤道向南北两极方向逐渐增大，如图 3-55 所示。

2. 方位角

由标准方向的北端起，顺时针方向量到某一直线的夹角，称为该直线的方位角。取值范围 0°～360°。由于标准方向有三种，因此，直线的方位角也有三种：

（1）真方位角

由真子午线方向的北端起，顺时针量到直线间的夹角，称为该直线的真方位角，一般用 A 表示，如图 3-56（a）所示，A_1、A_2、A_3、A_4 分别表示直线 OM、OP、OT、OZ 四个方向线的真方位角。

（2）磁方位角

由磁子午线方向的北端起，顺时针量至直线间的夹角，称为该直线的磁方位角，用 A_M 表示，如图 3-56（b）所示，A_{M1}、A_{M2} 分别表示 OM、OP 两方向线的磁方位角。

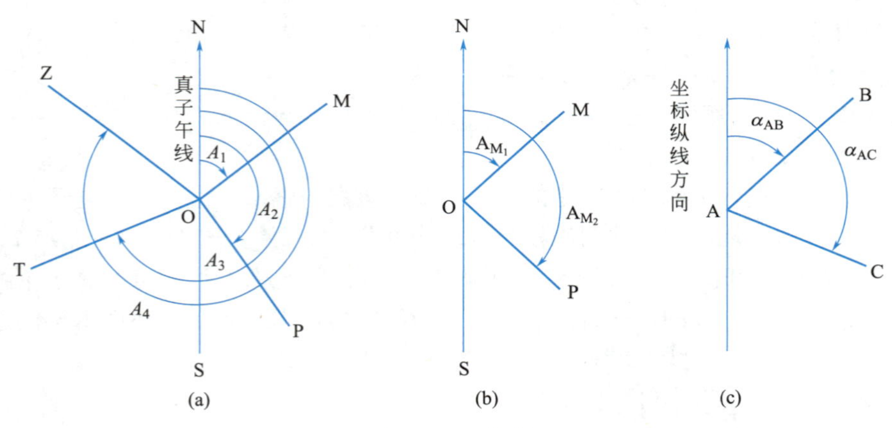

图 3-56　方位角

（a）真方位角；（b）磁方位角；（c）坐标方位角

（3）坐标方位角

由坐标纵轴方向的北端起，顺时针量到直线间的夹角，称为该直线的坐标方位角，常简称方位角，用 α 表示，如图 3-56（c）所示，α_{AB}、α_{AC} 分别表示 AB、AC 两方向线的坐标方位角。

3-15 方位角

一条直线有正反两个方向，我们把直线前进方向称为直线的正方向。如图 3-57 所示，以 A 点为起点、B 点为终点的直线 AB，其坐标方位角 α_{AB}，称为直线 AB 的正方位角。而直线 BA 的坐标方位为 α_{BA}，称为直线 AB 的反方位角。由图中可以看出一条直线正、反坐标方位角相差 180°即：

$$\alpha_{BA}=\alpha_{AB}\pm180° \qquad \text{（式 3-14）}$$

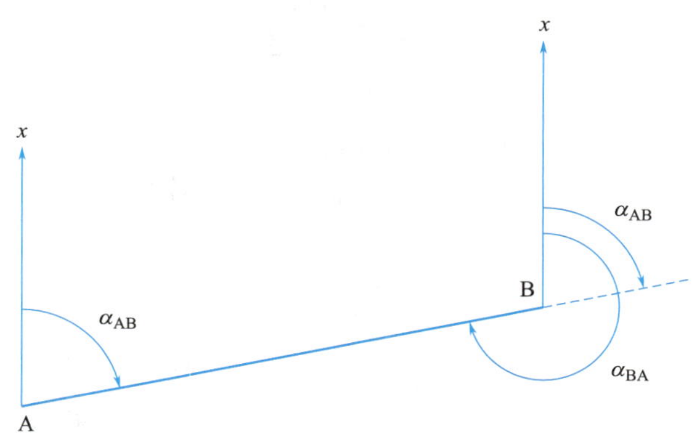

图 3-57　正反坐标方位角关系

3.5.2　象限角与坐标反算

1. 象限角

直线的方向，在三角函数中采用象限角来表示。由坐标纵轴方向的北端或南端，顺时针（一、三象限取值为正）或逆时针（二、四象限取值为负）方向量到直线所夹的锐角，并注出象限名称，称为该直线的象限角，以 R 表示，取值范围［0°，±90°］。如图 3-58 所示，直线 OA、OD、OC、OB 的象限角分别为**北东** 45°或 NE45°、**南东** 45°或 SE45°、**南西** 45°或 SW45°和**北西** 45°或 NW45°。

2. 坐标反算

工程中一般已知的控制点资料，都是坐标和高程，业主很少提供某条边的边长或方位角等。因此，我们经常需要通过坐标反算来求得所需数据。

如图 3-59 所示，根据直线两端点的坐标，计算该直线的水平距离和坐标方位角的方法，称为坐标反算。

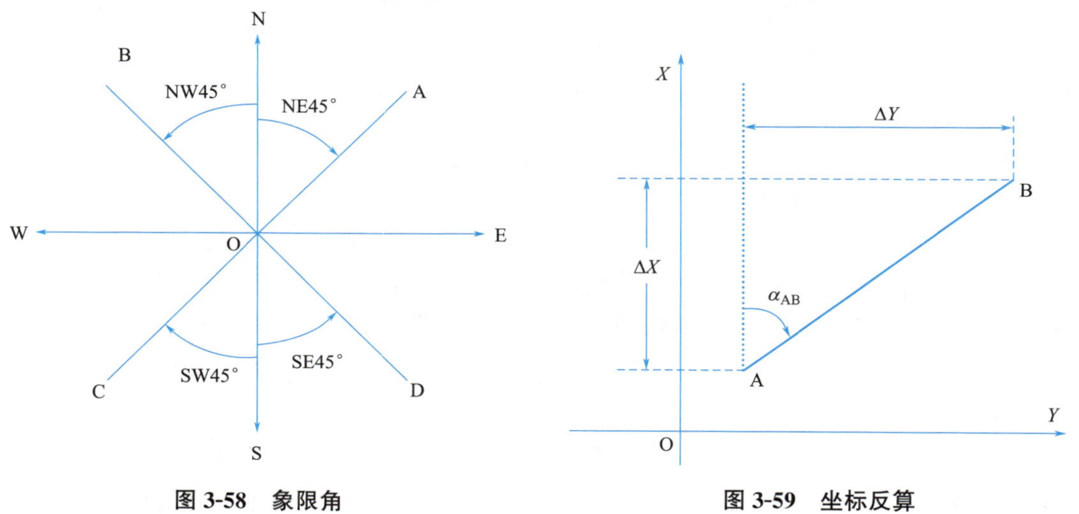

图 3-58　象限角　　图 3-59　坐标反算

A、B两点间水平距离 D_{AB} 及该直线的坐标方位角 α_{AB}，按式（3-15）、式（3-16）计算：

$$D_{AB}=\frac{\Delta y_{AB}}{\sin\alpha_{AB}}=\frac{\Delta x_{AB}}{\cos\alpha_{AB}}\qquad（式 3-15）$$

或

$$D_{AB}=\sqrt{\Delta x_{AB}^2+\Delta y_{AB}^2}$$

$$\tan R_{AB}=\frac{\Delta y_{AB}}{\Delta x_{AB}}=\frac{y_B-y_A}{x_B-x_A}$$

$$R_{AB}=\tan^{-1}\frac{\Delta y_{AB}}{\Delta x_{AB}}=\tan^{-1}\frac{y_B-y_A}{x_B-x_A}\qquad（式 3-16）$$

$$\alpha_{AB}=f(R_{AB})$$

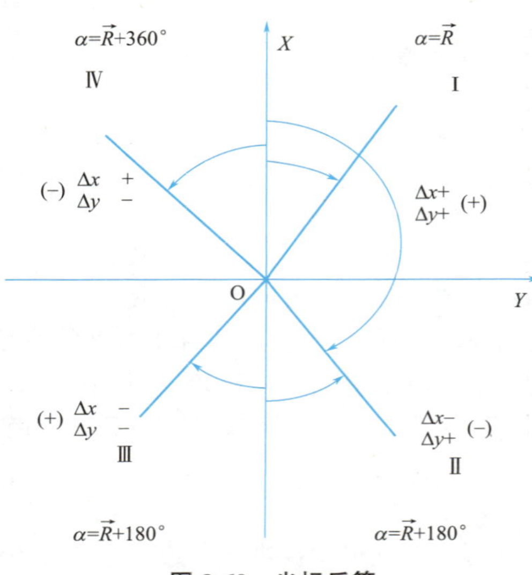

图 3-60　坐标反算

由于坐标反算使用的公式是笛卡尔坐标系的三角函数，算出来的都是象限角，而不是我们工程上所需要的坐标方位角。因此，坐标反算得到的象限角必须转化为坐标方位角。如图 3-60 所示，结合式（3-16）考虑，方位角必须注意以下问题：

（1）坐标反算得到的是象限角，其取值范围是［0°，±90°］，而坐标方位角的取值范围是［0°，360°），两者的起算方向及值域不同。

（2）特殊情况的方位角：

$$\Delta x=0\begin{cases}\Delta y>0，则\ \alpha=90°\\ \Delta y<0，则\ \alpha=270°\end{cases}$$

$$\Delta y=0\begin{cases}\Delta x>0，则\ \alpha=0°\\ \Delta x<0，则\ \alpha=180°\end{cases}$$

上述问题在坐标反算求坐标方位角时就是 7 种情况，必须要特别注意。

【拓展】Excel 中 atan 函数和 atan2（计算器中的 pol）函数的区别：

（1）定义不相同：atan 函数返回给定一个值的反正切值。atan2 函数返回给定的 X、Y 坐标值的反正切值。

atan2 是指从 X 轴到通过原点（0，0）和坐标点（x，y）的直线之间的夹角。

（2）参数的填写方式不同：atan（number）一个参数，或 atan（y/x）两个参数；atan2（x，y）位置互换的两个参数。

（3）atan 函数值域为［−90°，+90°］，atan2 函数值域为（−180°，+180°］。

atan2 函数结果为正，表示从 X 轴顺时针方向旋转的角度，角度从Ⅰ→Ⅱ象限绝对值增大；结果为负，表示从 X 轴逆时针方向旋转的角度，角度从Ⅳ→Ⅲ象限绝对值增大。

（4）atan2 函数的优点在于如果 $\Delta y=0$ 依然可以计算，但是 atan 函数的 $\Delta x=0$ 就会导致计算出错。

（5）atan 函数反算坐标方位角时要考虑第一、第二和第三、第四象限、0°、90°、180°、270° 7 种情况。

如图 3-61 所示，atan2 函数反算坐标方位角时只需考虑一种情况，即反正切值小于零时加 360°即可。

结论：对于 atan 和 atan2 函数，实际计算中建议使用极简的 atan2 函数。

【注】计算器上的 Pol 函数是复数的欧拉式，功能是“将直角坐标转换为极坐标”，即计算两个点坐标的坐标方位角及边长；Rec 函数功能是“将极坐标转换为直角坐标”，是 Pol 的反计算，可以计算两个点坐标之间的坐标增量。计算器上的 Pol 函数就是 Excel 中的 atan2 函数。

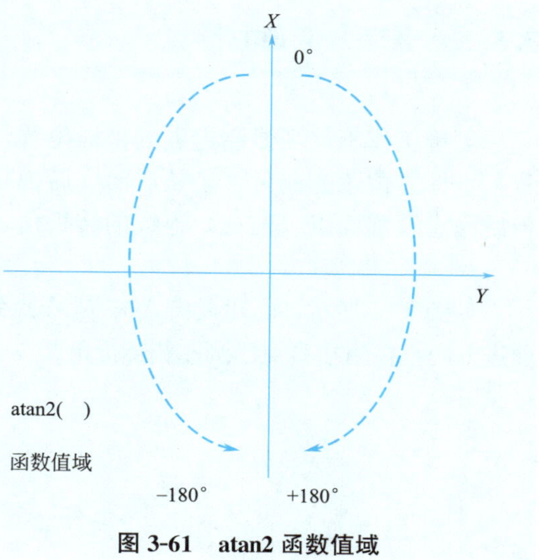

图 3-61　atan2 函数值域

3. 坐标方位角和象限角的换算关系

坐标方位角与象限角的关系极其密切，由图 3-62 可以看出坐标方位角与象限角（两者均为矢量）的换算关系，见表 3-10。

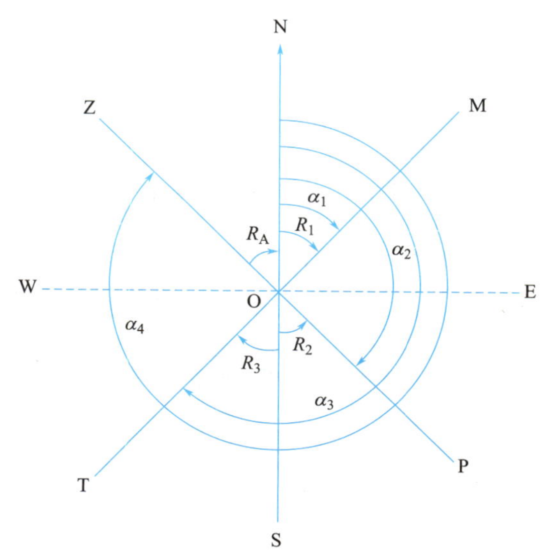

图 3-62　坐标方位角与象限角关系

3-16 方位角与象限角的关系

坐标方位角与象限角换算　　表 3-10

直线方向	由坐标方位角推算象限角	由象限角推算坐标方位角
北东，第Ⅰ象限	$R_1=\alpha_1$	$\alpha_1=R_1$
南东，第Ⅱ象限	$R_2=\alpha_2-180°$	$\alpha_2=R_2+180°$
南西，第Ⅲ象限	$R_3=\alpha_3-180°$	$\alpha_3=R_3+180°$
北西，第Ⅳ象限	$R_4=\alpha_4-360°$	$\alpha_4=R_4+360°$

3.5.3 坐标方位角的推算

测量工作不仅需要测定点的坐标位置，还要测量直线的方向，一般采用坐标方位角表示。坐标方位角的测量，是从后面（后视）已知边的方位角开始，通过在测站点上所测的与后面点及前面点（前视）连线的转折角，推算而得。

1. 观测左角

如图 3-63 所示，已知直线 AB，从 A 点到 B 点方向的坐标方位角为 α_{AB}，沿 A、B、C 三点前进方向，在测站 B 点已测左侧转折角 $\beta_{左}$，则 B 点前视 BC 边的坐标方位角 α_{BC} 如下推算：

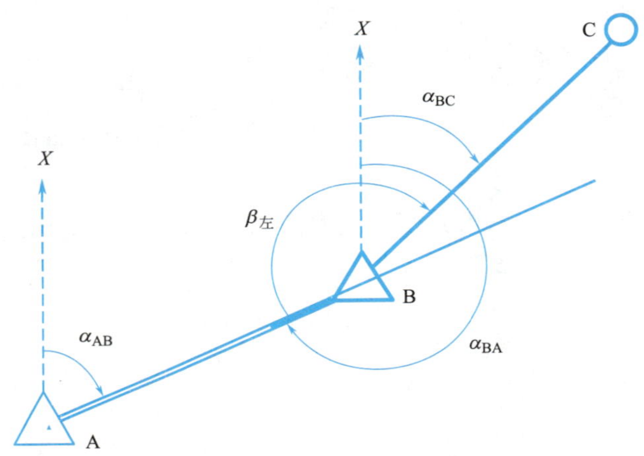

图 3-63 推算坐标方位角

$\alpha_{BC}=\alpha_{BA}+\beta_{左}-360°=\alpha_{AB}+180°+\beta_{左}-360°=\alpha_{AB}+\beta_{左}-180°$

式中方位角 α_{AB} 在 B 点后视方向，称为 $\alpha_{后}$；α_{BC} 在 B 点的前视方向，称为 $\alpha_{前}$；经推导，无论 $\alpha_{后}$、$\beta_{左}$ 各自有多大，都有结论：

$$\alpha_{前}=\alpha_{后}+\beta_{左}\pm180° \quad \text{（式 3-17）}$$

式中，180°的“±”确定：

当 $\alpha_{后}+\beta_{左}\geqslant180°$时，取“－”号；

对于 $\alpha_{后}+\beta_{左}=180°$时，式（3-17）如果取“＋”，则式值为 360 °，最后结果要减 360°为 0°，因此，要取“－”。

当 $\alpha_{后}+\beta_{左}<180°$时，取“＋”号；

当 $\alpha_{前}>360°$时，则须“－360°”。

举例：$\alpha_{后}=358°$，$\beta_{左}=350°$，则：

$\alpha_{前}=\alpha_{后}+\beta_{左}\pm180°=708°\pm180°=\alpha_{前}-180°=708°-180°=528°$

由于 $\alpha_{前}=528°>360°$，所以 $\alpha_{前}=\alpha_{前}-360°=168°$。

2. 观测右角

当路线观测右角时，由于 $\beta_{右}=360°-\beta_{左}$，亦即 $\beta_{左}=360°-\beta_{右}$，代入式（3-17）则有：$\alpha_{前}=\alpha_{后}+（360°-\beta_{右}）\pm180°=\alpha_{前}=\alpha_{后}-\beta_{右}\pm180°$，即：

$$\alpha_{前}=\alpha_{后}-\beta_{右}\pm 180^\circ \qquad (式 3\text{-}18)$$

式中，±180°的符号及“−360°”的规则同测左角；当 $\alpha_{前}<0^\circ$时，则须“+360°”。

3. 由后视边推算前视边坐标方位角通用公式

接上面叙述，综合考虑左右观测角，有通用公式：

$$\alpha_{前}=\alpha_{后}\pm\beta\pm 180^\circ \qquad (式 3\text{-}19)$$

4. 由起始边直接推算终边坐标方位角通用公式

对于布设成一定路线的导线，观测左角时，由 $\alpha_{前}=\alpha_{后}+\beta_{左}\pm 180^\circ$，则由起始边直接推算终边或任意边坐标方位角绝大多数情况下的通用公式为：

$$\alpha_{终}=\alpha_{始}+\sum\beta_{左}-\begin{cases} n\times 180^\circ & (附合导线) \\ (n-2)\times 180^\circ & (附闭合导线:绝大多数情况下) \end{cases} \qquad (式 3\text{-}20)$$

综合考虑左右观测角，由 $\alpha_{前}=\alpha_{后}\pm\beta\pm 180^\circ$，则最终边坐标方位角推算通用公式：

$$\alpha_{终}=\alpha_{始}\pm\sum\beta\mp\begin{cases} n\times 180^\circ & (附合导线) \\ (n-2)\times 180^\circ & (附闭合导线:绝大多数情况下) \end{cases} \qquad (式 3\text{-}21)$$

式中，n 为路线转折角的个数。

【拓展】

如图 3-64 所示，布设不同边数的附闭合导线，观测路线前进方向外角。

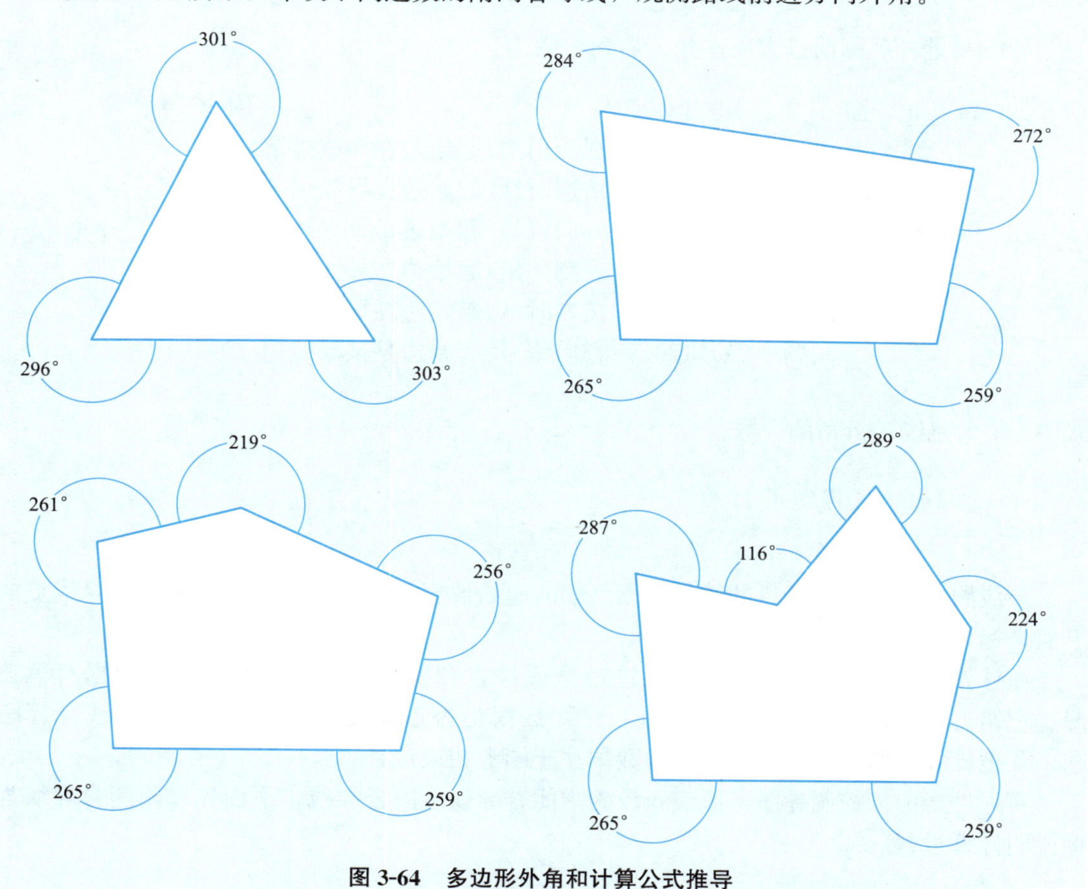

图 3-64　多边形外角和计算公式推导

由图可见，围绕一个导线点的角度是两者之和为 360°的一个内、外角，导线有几个点总角度值就是几个 360°，即：

$$外角和=n\times360^\circ-(n-2)\times180^\circ=(2n-n+2)\times180^\circ=(n+2)\times180^\circ$$

因此，多边形外角和计算公式为：

$$\sum\beta_{外}=(n+2)\times180^\circ \qquad \text{（式 3-22）}$$

基于多边形内角和、外角和计算公式，充分考虑起始边在导线外部或内部、观测路线的内角或外角等现场可能出现的所有情况，导线测量，观测前进方向左角，由起始边直接推算终边或任意边坐标方位角的通用公式为：

$$\alpha_{终}=\alpha_{始}+\sum\beta-\left\{\begin{array}{ll} n\times180^\circ & \text{附合导线}\\ (n-2)\times180^\circ & \left\{\begin{array}{l}\text{观测内角：起始边在导线外部}\\ \boxed{\text{按逆时针}}\ \text{起始边在导线内部}\\ \boxed{\text{方向编号}}\ \text{起始边是某导线边}\end{array}\right\}\text{附闭合导线}\\ \begin{array}{r} n\times180^\circ\\ (n+4)\times180^\circ\\ (n+2)\times180^\circ\end{array} & \left\{\begin{array}{l}\text{观测外角：起始边在导线外部}\\ \boxed{\text{按顺时针}}\ \text{起始边在导线内部}\\ \boxed{\text{方向编号}}\ \text{起始边是某导线边}\end{array}\right\}\text{附闭合导线}\end{array}\right. \qquad \text{（式 3-23）}$$

导线测量，观测前进方向左角、右角，则为：

$$\alpha_{终}=\alpha_{始}\pm\sum\beta\mp\left\{\begin{array}{ll} n\times180^\circ & \text{附合导线}\\ (n-2)\times180^\circ & \left\{\begin{array}{l}\text{观测内角：起始边在导线外部}\\ \boxed{\text{按逆时针}}\ \text{起始边在导线内部}\\ \boxed{\text{方向编号}}\ \text{起始边是某导线边}\end{array}\right\}\text{附闭合导线}\\ \begin{array}{r} n\times180^\circ\\ (n+4)\times180^\circ\\ (n+2)\times180^\circ\end{array} & \left\{\begin{array}{l}\text{观测外角：起始边在导线外部}\\ \boxed{\text{按顺时针}}\ \text{起始边在导线内部}\\ \boxed{\text{方向编号}}\ \text{起始边是某导线边}\end{array}\right\}\text{附闭合导线}\end{array}\right. \qquad \text{（式 3-24）}$$

式中，n 为路线转折角的个数。

3.5.4 导线测量的内业计算

导线测量的内业计算目的就是根据已知的起始数据和外业观测成果，求出各导线点的平面坐标。

在计算之前，首先要对外业成果进行全面检查和整理，应检查外业观测数据有无遗漏、记错、算错，是否符合精度要求，已知数据是否正确无误等。然后绘出导线计算略图，并把导线观测角值、边长、已知数据注于图上相应位置。

实际生产中，控制导线一般应布设为附闭合导线或附合导线，下面先以附闭合导线为例说明计算过程。

1. 附闭合导线的计算

图 3-65 是一条三级附闭合导线，其计算过程为：

（1）画图填表：根据已知点坐标，计算起始边、附合边的坐标方位角

3-17 检查导线测量错误方法

根据题目画好导线草图，将所有已知数据填写在上图中，无一遗漏；然后将所有已知数据填写在记录计算表3-11中。

1）反算已知起始边及已知附合边坐标方位角

根据B、A两个已知点反算出该已知边BA方向（起始）及AB（附合）方向的坐标方位角 α_{BA} 及 α_{AB}。

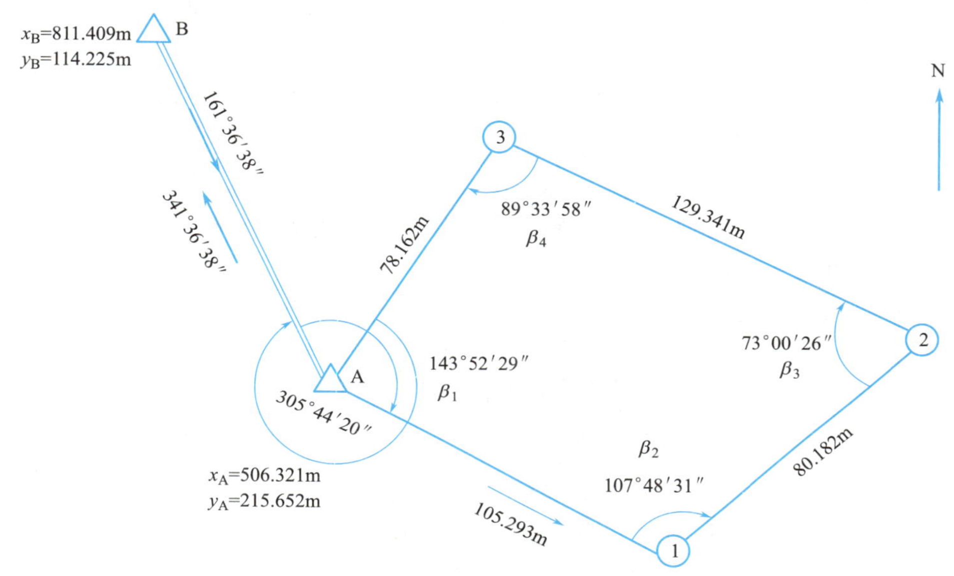

图3-65　附闭合导线

附闭合导线计算示例　　　　表3-11

点号	观测角 (° ′ ″)	改正数 (″)	方位角 (° ′ ″)	边长 (m)	坐标增量 Δx (m)	$v_{\Delta x}$ (mm)	Δy (m)	$v_{\Delta y}$ (mm)	X (m)	Y (m)
B									811.409	114.225
			161 36 38							
A	143 52 29								506.321	215.652
				105.293						
1	107 48 31									
				80.182						
2	73 00 26									
				129.341						
3	89 33 58									
				78.162						
A	305 44 20								506.321	215.652
B			341 36 38						811.409	114.225
求和	719 59 44		341 36 22	392.978						
辅助计算	方位角闭合差：$f_{\alpha允}=\pm24''\sqrt{n}=\pm24''\sqrt{5}=\pm54''$ $f_{\alpha}=\alpha_{始}+\sum\beta-(n-2)\times180°-\alpha_{终已知}=-16''<f_{\alpha允}$									

$$\tan R_{BA}=\frac{\Delta y_{BA}}{\Delta x_{BA}}=\frac{y_A-y_B}{x_A-x_B}$$

$$R_{BA}=\tan^{-1}\frac{\Delta y_{BA}}{\Delta x_{BA}}=\tan^{-1}\frac{y_A-y_B}{x_A-x_B} \quad \text{（式 3-25）}$$

$$\alpha_{BA}=f(R_{BA})$$

根据式（3-25）计算起始坐标方位角 α_{BA} 和附合坐标方位角 α_{AB}，两者应相差 180°。计算得图 3-65 所示附闭合导线，其 $\alpha_{BA}=161°36'38''$，$\alpha_{AB}=341°36'38''$。

2）附合边坐标方位角推算及检核

根据 BA 起始方向的坐标方位角及所有转折角，直接推算 AB 附合方向的坐标方位角 $\alpha_{AB计}$。

$$\alpha_{终}=\alpha_{始}+\sum\beta_{左}-(n-2)\times180° \quad \text{（式 3-26）}$$

使用式（3-26），根据起始边 BA 的坐标方位角 α_{BA} 及所有转折角，直接推算附合边 AB 的坐标方位角 $\alpha_{AB_{计}}$。

（2）计算附合边方位角闭合差

由于起始边和附合边是同一已知边 BA，故推算边 AB 的坐标方位角 $\alpha_{AB计}$ 应等于反算得到的 AB 边坐标方位角 $\alpha_{AB_{始}}$，从而满足方位角闭合条件。

$$f_{\alpha}=\alpha_{计算}-\alpha_{已知}=\alpha_{始}+\sum\beta_{左}-(n-2)\times180°-\alpha_{已知} \quad \text{（式 3-27）}$$

$$f_{\alpha允}=\pm24''\sqrt{n}\text{（三级导线技术要求）} \quad \text{（式 3-28）}$$

用式（3-27）计算 AB 附合方向方位角 $\alpha_{AB始}$ 的闭合差 $f_{\alpha}=\alpha_{AB计}-\alpha_{AB始}$，如果超出式（3-28）的限差则此导线转折角度须重测，然后再行计算。

如不超限，则按转折角个数平均分配闭合差到各转折角中，重新推算 AB 附合方向的坐标方位角 α_{AB}，此时推算值与反算值如果不相等，则说明闭合差分配错误，应重分闭合差后再推算 α_{AB}，直至两者相等。

计算得，其 $f_{\alpha}=\alpha_{AB_{计}}-\alpha_{AB_{始}}=341°36'22''-341°36'38''=-16''$。

因 $f_{\alpha允}=\pm24''\sqrt{n}=\pm24''\times\sqrt{5}=\pm54''$，所以 $|f_{\alpha}|<|f_{\alpha允}|$，方位角闭合差合限。

（3）分配方位角闭合差并求改正后转折角、推算导线各边的坐标方位角

由于导线的转折角都是等精度观测，故角度闭合差的分配原则为：将方位角闭合差 f_{α} 以相反符号平均分配于各观测角之中，不能均分时可将余数凑整依次分配在相邻边长较差较大（第一顺序）、相邻边长较短（第二顺序）的角度上，使经改正后角度推算的附合边坐标方位角与其反算值相等。方位角闭合差分配的计算公式为：

$$v_{\beta}=-\frac{f_{\alpha}}{n} \quad \text{（式 3-29）}$$

上述方位角闭合差如不超限则依式（3-29）按转折角个数平均分配闭合差到各转折角中，重新推算 AB 附合方向的坐标方位角 α_{AB}，此时推算值与反算值如果不相等，则说明闭合差分配错误，应重分闭合差后再推算 α_{AB}，直至两者相等；如果推算值与反算值一致，则从起始边开始逐一推算各边方位角。

角度改正数 v_{β} 计算正确与否，可用下式检核：$\sum v_{\beta}=-f_{\beta}$。

各转折角调整以后的值即改正后的各角值：

$$\hat{\beta}=\beta_{测}+v_{\beta} \tag{式 3-30}$$

计算上述附闭合导线，其方位角闭合差改正数分别为：$+3''$，$+3''$，$+3''$，$+4''$，$+3''$。最终检核：$\sum v_{\beta}=-f_{\beta}$。

将起算边的已知方位角及改正后的角值代入方位角推算式（3-17），依次推算出导线各边的坐标方位角。最后一条边（附合边）就是起始边的反方向，其值应等于起始边的方位角，以 $\alpha_{终}=\alpha_{始}\pm180°$公式进行检核。

计算上述三级附闭合导线，其各边方位角分别为：125°29′10″，53°17′44″，306°18′13″，215°52′15″，341°36′38″。

最终检核：$\alpha_{终}=\alpha_{始}\pm180°=161°36'38''+180°=341°36'38''$。

（4）计算各边坐标增量、计算坐标增量闭合差

从起算点 A 开始，根据各边坐标方位角及水平边长，按坐标正算公式计算各边坐标增量。然后，计算坐标增量闭合差，因附闭合导线是从起算点闭合到起算点，导线的纵、横坐标增量之和 $f_x=\sum\Delta x$、$f_y=\sum\Delta y$，理论上应该等于零，即：

$$\begin{cases}\sum\Delta x_{理}=0\\ \sum\Delta y_{理}=0\end{cases} \tag{式 3-31}$$

（5）导线评定精度

由于边长测量误差和角度误差闭合差调整后的残余误差使 $\sum\Delta x_{测}$、$\sum\Delta y_{测}$不等于零，而产生坐标增量闭合差，分别用 f_x、f_y 表示，即：

$$\begin{cases}f_x=\sum\Delta x_{测}-\sum\Delta x_{理}\\ f_y=\sum\Delta y_{测}-\sum\Delta y_{理}\end{cases} \tag{式 3-32}$$

将式（3-31）代入式（3-32）得：

$$\begin{cases}f_x=\sum\Delta x_{测}\\ f_y=\sum\Delta y_{测}\end{cases} \tag{式 3-33}$$

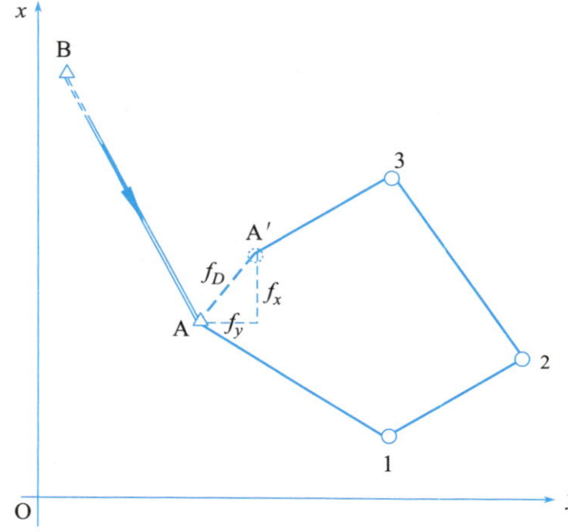

图 3-66　附闭合导线全长闭合差

由于 f_x、f_y 的存在，使得最终计算点 A′和起始点 A 不重合，而产生了一段距离 A—A′，如图 3-66 所示。这段距离称为导线全长闭合差，用 f_D 表示。按几何关系得：

$$f_D=\sqrt{f_x^2+f_y^2} \tag{式 3-34}$$

导线全长闭合差 f_D 值的大小从一个方面反映了导线测量精度，但由于导线误差的大小与导线长度相关，因此导线的精度是用相对精度来衡量的，即导线全长相对闭合差 K：

$$K=\frac{f_D}{\sum D}=\frac{1}{\frac{\sum D}{f_D}} \tag{式 3-35}$$

K 是以分子为 1、分母为一个大的整数构

成的分数来表示的，分母的取整以不提高精度为原则。

表 3-2 和表 3-3 对不同等级导线测量的导线全长相对闭合差限值作出规定。当导线全长相对闭合差大于表中所列限值时，则观测成果不合格，应对外业记录和计算作全面检查，尚未发现计算错误，则应到现场检查或重测。当导线全长相对闭合差小于或等于表中所列限值时，则导线测量成果符合要求，可对坐标增量闭合差进行分配。

（6）分配坐标增量闭合差并计算改正后坐标增量、计算各点坐标

坐标增量闭合差分配方法是将 f_x、f_y 反符号，按与边长成正比的原则，分配到各边的坐标增量中。以 $v_{\Delta x_{i-j}}$、$v_{\Delta y_{i-j}}$ 分别表示第 i 点至第 j 点导线边（第 i 边）的纵、横坐标增量的改正数，则：

$$\begin{cases} v_{\Delta x_{i-j}} = -\dfrac{f_x}{\sum D} \times D_{i-j} \\ v_{\Delta y_{i-j}} = -\dfrac{f_y}{\sum D} \times D_{i-j} \end{cases} \quad \text{（式 3-36）}$$

因凑整而残留微小的不符值，可将其分配在长边的坐标增量上。坐标增量的改正数计算的正确性可用下列关系检核：

$$\begin{cases} v_{\Delta x_{i-j}} = -f_x \\ v_{\Delta y_{i-j}} = -f_y \end{cases} \quad \text{（式 3-37）}$$

改正后的坐标增量为：

$$\begin{cases} \Delta x_{i-j\text{改}} = \Delta x_{i-j\text{测}} + v_{\Delta x_{i-j}} \\ \Delta y_{i-j\text{改}} = \Delta y_{i-j\text{测}} + v_{\Delta y_{i-j}} \end{cases} \quad \text{（式 3-38）}$$

如果改正数之和与坐标增量闭合差不一致，应重新计算。

（7）计算各导线点的坐标

由起算点 A 开始，逐点推算各待定导线点的坐标，最后推回起算点，由于是同一点 A，故推算点坐标应等于该点的已知坐标而满足坐标闭合条件。

根据起始点已知坐标及改正后的坐标增量，按下式依次推算到终点的坐标，即：

$$\begin{cases} \hat{x}_j = x_i + \Delta x_{i-j\text{改}} \\ \hat{y}_j = y_i + \Delta y_{i-j\text{改}} \end{cases} \quad \text{（式 3-39）}$$

用上式最后推算出起始点的坐标，推值应与已知值完全一致，以此检核整个计算过程是否有错。

2. 附合导线的计算

附合导线的内业计算步骤与附闭合导线基本相同，但由于两者布设形式不同，所以在导线的方位角闭合差与坐标增量闭合差两个步骤的计算有所不同。下面主要介绍两者的不同之处。

（1）方位角闭合差的计算

附合导线首尾各有一条已知边，如图 3-67 中的 BA 边和 CD 边。附合导线计算实例见表 3-13。

与附闭合导线一样，都有始边和终边，路线中所有角度都是转折角，根据已知点坐标反算出两边坐标方位角后，再由起始边推算出各边的坐标方位角，直至推算出终边的坐标

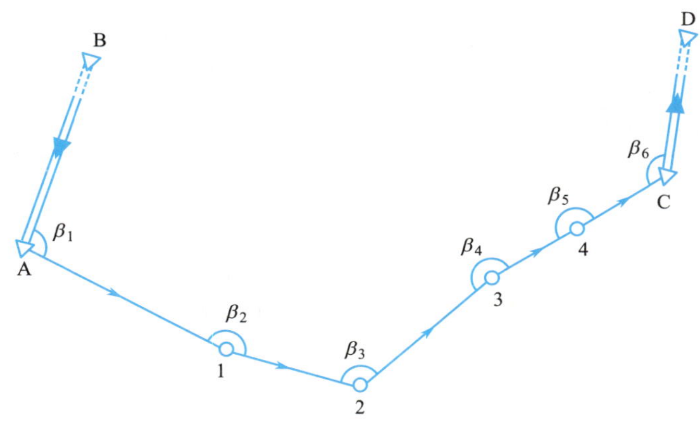

图 3-67　附合导线

方位角 $\alpha_{终计算}$，方位角闭合差按式（3-40）计算。

$$f_{\alpha}=\alpha_{终计算}-\alpha_{终已知} \tag{式 3-40}$$

其中，

$$\begin{cases}\alpha_{终计算}=\alpha_{起始}\pm\sum\beta\mp(n-2)\times180^\circ & \text{（附闭合导线）}\\ \alpha_{终计算}=\alpha_{起始}\pm\sum\beta\mp n\times180^\circ & \text{（附合导线）}\end{cases} \tag{式 3-41}$$

附闭合导线坐标计算表（三级）　　表 3-12

点号	观测角（° ′ ″）	改正数（″）	改正后转角（° ′ ″）	坐标方位角（° ′ ″）	距离（m）	坐标增量改正数（mm）坐标增量（m）		改正后坐标增量（m）		坐标值（m）		点号
						Δx	Δy	$\Delta x'$	$\Delta y'$	x	y	
1	2	3	4	5	6	7	8	9	10	11	12	13
B										811.409	114.225	B
				161 36 38								
A	143 52 29	+3	143 52 32							506.321	215.652	A
				125 29 10	105.293	−11 −61.123	+4 +85.736	−61.134	+85.740			
1	107 48 31	+3	107 48 34							445.187	301.392	1
				53 17 44	80.182	−8 +47.924	+3 +64.284	+47.916	+64.287			
2	73 00 26	+3	73 00 29							493.103	365.679	2
				306 18 13	129.341	−14 +76.578	+5 −104.235	+76.564	−104.230			
3	89 33 58	+4	89 34 02							569.667	261.449	3
				215 52 15	78.162	−8 −63.338	+3 −45.800	−63.346	−45.797			
A	305 44 20	+3	305 44 23							506.321	215.652	A
				341 36 38								
B										811.409	114.225	B
求和	719 59 44	+16	720 00 00	341 36 22	392.978	−41 +0.041	+15 −0.015	0.000	0.000			

续表

点号	观测角（° ′ ″）	改正数（″）	改正后转角（° ′ ″）	坐标方位角（° ′ ″）	距离（m）	坐标增量改正数(mm)坐标增量(m)		改正后坐标增量(m)		坐标值(m)		点号
						Δx	Δy	$\Delta x'$	$\Delta y'$	x	y	
辅助计算	$\sum\beta_{测}=719°59'44''$ $f_{\alpha允}=\pm24''\sqrt{n}=\pm24''\times\sqrt{5}=\pm54''$ $f_{\alpha}=\alpha_{始}+\sum\beta_{测}-(n-2)\times180°-\alpha_{终已知}$ $=341°36'22''-341°36'38''=-16''<f_{\alpha允}$					坐标增量闭合差：$f_x=\sum\Delta x_{测}=+0.041\text{m}$ $f_y=\sum\Delta y_{测}=-0.015\text{m}$ 导线全长闭合差：$f_D=\sqrt{f_x^2+f_y^2}=0.044\text{m}$ 导线全长允许相对闭合差：$K_{允}=\frac{1}{5000}$ 导线全长相对闭合差：$K=\frac{1}{\frac{\sum D}{f_D}}\approx\frac{1}{89000}<K_{允}$						

另外，附闭合导线起始边与附合边的方位角几乎一致，而附合导线则完全不同。

（2）坐标增量闭合差的计算

如图 3-68 所示，附合导线纵横坐标增量的总和，理论上应该等于终点坐标与起点坐标之差，即：

$$\begin{cases}\sum\Delta x_{终已知}=x_C-x_A\\ \sum\Delta y_{终已知}=y_C-y_A\end{cases} \tag{式 3-42}$$

由于边长误差及改正后角度剩余误差的影响，$\sum\Delta x_{测}$、$\sum\Delta y_{测}$与理论值往往不等，其差值即为坐标增量闭合差 f_x、f_y，即：

$$\begin{cases}f_x=\sum\Delta x_{终计}-\sum\Delta x_{终已知}\\ f_y=\sum\Delta y_{终计}-\sum\Delta y_{终已知}\end{cases} \tag{式 3-43}$$

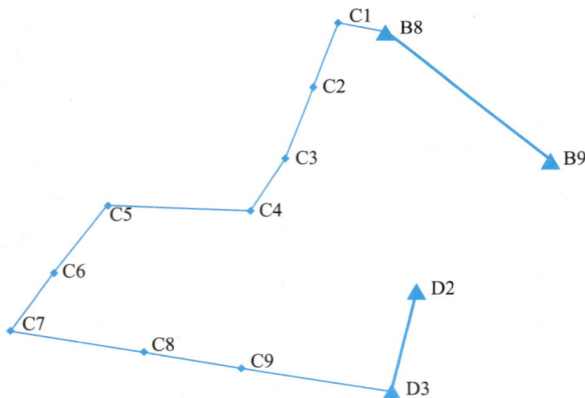

图 3-68　附合导线算例

将式（3-42）代入式（3-43），有：

$$\begin{cases}f_x=\sum\Delta x_{终计}-(x_C-x_A)\\ f_y=\sum\Delta y_{终计}-(y_C-y_A)\end{cases} \tag{式 3-44}$$

式中　x_A、y_A、x_C、y_C——导线起点、终点的已知坐标。

即，附合导线坐标增量闭合差计算公式是：

$$\begin{cases} f_x = \sum \Delta x_{计算} - \Delta x_{已知} = \sum \Delta x - (x_{终点} - x_{起点}) \\ f_y = \sum \Delta y_{计算} - \Delta y_{已知} = \sum \Delta y - (y_{终点} - y_{起点}) \end{cases}$$

附闭合导线坐标增量闭合差计算公式是：

$$\begin{cases} f_x = \sum \Delta x_{测} \\ f_y = \sum \Delta y_{测} \end{cases}，是附合导线的一个特例。$$

附合导线全长相对闭合差的计算、坐标增量闭合差的分配以及最后的坐标推算与闭合导线相同。

如图 3-68 所示的三级附合导线计算实例见表 3-13。

附合导线坐标计算表（三级）　　表 3-13

点号	测站观测角 β (° ′ ″)	V (″)	方位角 α (° ′ ″)	边长 S (m)	Δx (m)	Vx (mm)	Δy (m)	Vy (mm)	X(m)	Y(m)
1	2	3	4	5	6	7	8	9	10	11
B9									3785322.030	522768.707
			313 04 36							
B8	149 55 45	−2							3785707.907	522356.015
			283 00 19	120.701	+27.163	+2	−117.605	0		
C1	95 16 14	−2							3785735.072	522238.410
			198 16 31	203.916	−193.630	+3	−63.945	+1		
C2	179 52 33	−2							3785541.445	522174.466
			198 09 02	222.598	−211.522	+3	−69.343	+1		
C3	191 20 15	−2							3785329.926	522105.124
			209 29 15	177.571	−154.569	+3	−87.407	0		
C4	243 32 43	−2							3785175.360	522017.717
			273 01 56	356.831	+18.876	+5	−356.331	+1		
C5	121 11 02	−2							3785194.241	521661.387
			214 12 56	238.742	−197.422	+3	−134.247	+1		
C6	178 11 17	−2							3784996.822	521527.141
			212 24 11	202.549	−171.012	+3	−108.540	+1		
C7	68 39 53	−2							3784825.813	521418.602
			101 04 02	337.310	−64.750	+5	331.037	+1		
C8	180 18 40	−2							3784761.068	521749.640
			101 22 40	252.254	−49.764	+4	247.297	+1		
C9	179 28 03	−2							3784711.307	521996.938
			100 50 41	380.598	−71.609	+5	373.800	+1		
D3	91 23 48	−2							3784639.704	522370.740
			12 14 27							
D2									3784937.095	522435.259
					(−1068.238)		(+14.717)			
求和	1679 10 13	−22	12 14 49	2493.070	−0.036	+36	−0.008	+8	−1068.203 已知 −1068.238 推算	+14.725 已知 +14.717 推算

续表

点号	测站观测角 β (° ′ ″)	V (″)	方位角 α (° ′ ″)	边长 S (m)	Δx (m)	Vx (mm)	Δy (m)	Vy (mm)	X(m)	Y(m)
辅助计算	$f_{\alpha允} = \pm 24''\sqrt{n} = \pm 24'' \times \sqrt{11} = \pm 80''$ $f_{\alpha} = \alpha_{始} + \sum\beta_{测} - n \times 180° - \alpha_{终已知}$ $= 313°04'36'' + 1679°10'13'' - 11 \times 180°$ $- 12°14'27'' = +22'' < f_{\alpha允}$				坐标增量闭合差：$f_x = \sum\Delta x_{测} = -0.036\text{m}$ $f_y = \sum\Delta y_{测} = -0.008\text{m}$ 导线全长闭合差：$f_D = \sqrt{f_x^2 + f_y^2} = 0.037\text{m}$ 导线全长允许相对闭合差：$K_{允} = \frac{1}{5000}$ 导线全长相对闭合差：$K = \frac{1}{\frac{\sum D}{f_D}} \approx \frac{1}{67000} < K_{允}$					
	$f_x = \sum\Delta x_{计算} - \Delta x_{已知} = \sum\Delta x - (x_{D3} - x_{B8}) = -1068.239 - (3784639.704 - 3785707.907) = -0.036\text{m}$ $f_y = \sum\Delta y_{计算} - \Delta y_{已知} = \sum\Delta y - (y_{D3} - y_{B8}) = +14.716 - (522370.739 - 522356.015) = -0.008\text{m}$									

课后讨论

1. 叙述导线内业处理的步骤。
2. 简述"三北"方向的概念，及其相互关系。
3. 简述方位角的概念、坐标方位角的概念。
4. 简述象限角的概念及其与坐标方位角的转换关系。
5. 简述正反方位角的概念及关系。
6. 何谓坐标反算？其计算公式是什么？
7. 画图说明坐标方位角推算公式。
8. 附闭合导线及附合导线终边的坐标方位角推算公式是什么？
9. 如何计算附闭合导线及附合导线的方位角闭合差？
10. 如何分配导线计算导线方位角闭合差和坐标增量闭合差？

项目小结

本项目主要完成平面控制测量的导线路线设计、水平转折角度测量、水平距离测量、方向测量、导线平差计算、经纬仪的检验与校正等内容。

练习题

一、填空题

1. 标准北方向的种类有________、________、________。
2. 象限角是由标准方向的北端或南端量至直线的________，取值范围为________。
3. 用测回法对某一角度观测 4 测回，第 3 测回零方向的水平度盘读数应配置为______

左右。

4. 用测回法对某一角度观测6测回，则第4测回零方向的水平度盘应配置为________左右。

5. 设在测站点的东南西北分别有A、B、C、D四个标志，用方向观测法观测水平角，以B为零方向，则盘左的观测顺序为____________________。

6. 经纬仪主要由________、________、________组成。

7. 用钢尺丈量某段距离，往测为112.314m，返测为112.329m，则相对误差为________。

8. 望远镜产生视差的原因是____。

9. 经纬仪或全站仪的圆水准器轴与管水准器轴的几何关系为________。

10. 经纬仪或全站仪的横轴与竖轴的几何关系为____________。

11. 经纬仪十字丝分划板上丝和下丝的作用是测量________。

12. 已知A、B两点的坐标值分别为x_A=5773.633m，y_A=4244.098m，x_B=6190.496m，y_B=4193.614m，则坐标方位角α_{AB}=________、水平距离D_{AB}=________m。

13. 经纬仪的主要轴线有________、________、________、________、________。

14. 钢尺量距时，如定线不准，则所量结果总是偏________。

15. 经纬仪的视准轴应垂直于________。

16. 由于照准部旋转中心与__________________不重合所产生的误差称为照准部偏心差。

17. 正反坐标方位角相差________。

18. 用经纬仪盘左、盘右两个盘位观测水平角，取其观测结果的平均值，可以消除________、________、________对水平角的影响。

19. 距离测量方法有________、________、________、________。

20. 某直线的方位角为123°20′，其反方位角为________。

二、判断题

1. 视准轴是目镜光心与物镜光心的连线。（　）
2. 方位角的取值范围为0°～±180°。（　）
3. 象限角的取值范围为0°～±90°。（　）
4. 双盘位观测某个方向的竖直角可以消除竖盘指标差的影响。（　）
5. 经纬仪整平的目的是使视线水平。（　）
6. 用一般方法测设水平角时，应采用盘左盘右取中的方法。（　）

三、单选题

1. 设AB距离为200.23m，方位角为121°23′36″，则AB的x坐标增量为（　）m。

A. −170.919　B. 170.919　C. 104.302　D. −104.302

2. 电磁波测距的基本公式$D=\frac{1}{2}ct_{2D}$，式中t_{2D}为（　）。

A. 温度　B. 光从仪器到目标传播的时间

C. 光速　D. 光从仪器到目标往返传播的时间

3. 导线测量角度闭合差的调整方法是（　）。

A. 反号按角度个数平均分配　B. 反号按角度大小比例分配

C. 反号按边数平均分配　　D. 反号按边长比例分配

4. 用光学经纬仪测量水平角与竖直角时，度盘与读数指标的关系是（　　）。

A. 水平盘转动，读数指标不动；竖盘不动，读数指标转动

B. 水平盘转动，读数指标不动；竖盘转动，读数指标不动

C. 水平盘不动，读数指标随照准部转动；竖盘随望远镜转动，读数指标不动

D. 水平盘不动，读数指标随照准部转动；竖盘不动，读数指标转动

5. 衡量导线测量精度的一个最重要指标是（　　）。

A. 坐标增量闭合差　　B. 导线全长闭合差

C. 导线全长相对闭合差　　D. 方位角闭合差

6. 坐标方位角的取值范围为（　　）。

A. 0°～270°　　B. −90°～90°　　C. 0°～360°　　D. −180°～180°

7. 某段距离丈量的平均值为100m，其往返较差为+4mm，其相对误差为（　　）。

A. 1/25000　　B. 1/25　　C. 1/2500　　D. 1/250

8. 直线方位角与该直线的反方位角相差（　　）。

A. 180°　　B. 360°　　C. 90°　　D. 270°

9. 转动目镜调焦螺旋的目的是使（　　）十分清晰。

A. 物像　　B. 十字丝分划板

C. 物像与十字丝分划板　　D. 十字丝和物像

10. 地面上有A、B、C三点，已知AB边的坐标方位角 $\alpha_{AB}=35°23'$，测得左夹角∠ABC=89°34′，则CB边的坐标方位角 $\alpha_{CB}=$（　　）。

A. 124°57′　　B. 304°57′　　C. −54°11′　　D. 305°49′

11. 测量仪器望远镜视准轴的定义是（　　）的连线。

A. 物镜光心与目镜光心　　B. 目镜光心与十字丝分划板中心

C. 物镜光心与十字丝分划板中心　　D. 目镜中心与十字丝分划板中心

12. 观测水平角时，照准不同方向的目标，应如何旋转照准部？（　　）

A. 盘左顺时针，盘右逆时针方向　　B. 盘左逆时针，盘右顺时针方向

C. 总是顺时针方向　　D. 总是逆时针方向

13. 产生视差的原因是（　　）。

A. 观测时眼睛位置不正　　B. 物像与十字丝分划板平面不重合

C. 前后视距不相等　　D. 目镜调焦不正确

14. 经纬仪对中误差所引起的角度偏差与测站点到目标点的距离（　　）。

A. 成反比　　B. 成正比

C. 没有关系　　D. 有关系，但影响很小

15. 坐标反算是根据直线的起、终点平面坐标，计算直线的（　　）。

A. 斜距、水平角　　B. 水平距离、方位角

C. 斜距、方位角　　D. 水平距离、水平角

16. 某导线全长620m，算得 $f_x=0.123$m，$f_y=-0.162$m，导线全长相对闭合差 $K=$（　　）。

A. 1/2200　　B. 1/3100　　C. 1/4500　　D. 1/3048

17. 已知 A、B 两点的边长为 188.43m，方位角为 146°07′06″，则 A、B 的 y 坐标增量为（　　）。

A. −156.433m　B. 105.176m　C. 105.046m　D. −156.345m

18. 竖直角（　　）。

A. 只能为正　B. 只能为负

C. 可为正，也可为负　D. 不能为零

19. 某直线的坐标方位角为 121°23′36″，则反坐标方位角为（　　）。

A. 238°36′24″　B. 301°23′36″　C. 58°36′24″　D. −58°36′24″

20. 竖直角的最大值为（　　）。

A. 90°　B. 180°　C. 270°　D. 360°

21. 各测回间改变零方向的度盘位置是为了削弱（　　）误差影响。

A. 视准轴　B. 横轴　C. 指标差　D. 度盘分划

22. 观测某目标的竖直角，盘左读数为 101°23′36″，盘右读数为 258°36′00″，则指标差为（　　）。

A. 24″　B. −12″　C. −24″　D. 12″

23. 光学经纬仪安置通常包括整平和（　　）。

A. 照准　B. 对中　C. 读数　D. 记录

24. 经纬仪光学对中误差小于（　　）mm。

A. 2　B. 1.5　C. 2.5　D. 1

25. 用测回法对某一角度观测 4 测回，第 2 测回零方向的水平度盘读数应配置为约（　　）。

A. 30°　B. 45°　C. 90°　D. 120°

26. 图中 J2 经纬仪读数为（　　）。

A. 77°23′53.″7

B. 76°34′13.″1

C. 76°33′13.″1

D. 不能读数

27. 图中 J2 经纬仪读数为（　　）。

A. 32°02′34.″0

B. 33°24′34.″0

C. 32°24′34.″0

D. 不能读数

28. 直线定向常用的标准方向有真子午线方向、（　　）方向和磁子午线方向。

A. Y 坐标线　B. 坐标纵线　C. 铅垂线　D. 法线

29. 象限角的取值范围是（　　）。

A. （0°，±90°）　B. [0°，±90°]　C. [0°，360°]　D. （0°，360°）

30. 由 A、B 两点平面坐标反算其坐标方位角 α_{AB}，当 $\Delta y_{AB}>0$、$\Delta x_{AB}<0$ 时，则直线 AB 的方位角所在的象限是（　　）。

A. Ⅰ　B. Ⅱ　C. Ⅲ　D. Ⅳ

31. 导线测量中必须进行的外业工作有（　　）。

A. 测水平角　　B. 测高差　　C. 测气压　　D. 测垂直角

32. 导线的精度是用（　　）来衡量。

A. 全长闭合差　　B. 全长相对闭合差

C. 方位角闭合差　　D. 边长闭合差

四、多选题

1. 测量水平角度的仪器有（　　）。

A. 水准仪　　B. 经纬仪　　C. 全站仪　　D. GPS

2. 国产光学经纬仪型号有（　　）。

A. T3　　B. DJ6　　C. DJ2　　D. T1

3. DJ6 级光学经纬仪的基本构造包括（　　）等部分。

A. 基座　　B. 照准部　　C. 望远镜　　D. 水平度盘

4. 图中为 DJ6 级光学经纬仪的读数窗，水平度盘示数为（　　），竖直度盘读数为（　　）。

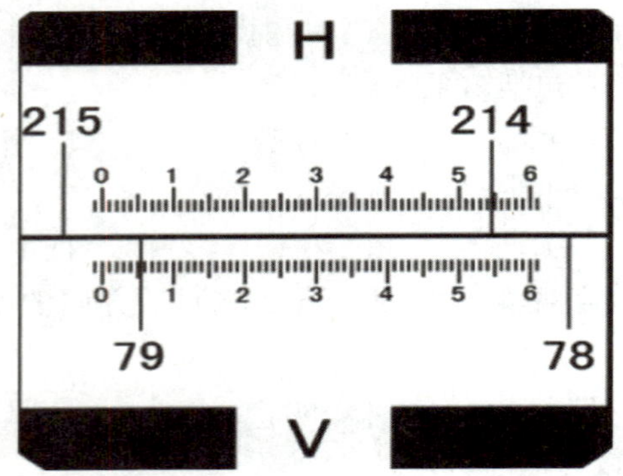

A. 215°00′00″　　B. 214°54′42″

C. 78°05′30″　　D. 79°05′30″

5. B 点设站，使用经纬仪观测两个方向 A、C 之间的单角，一测回操作步骤（　　）。

A. 盘左：照准 A 点→配水平盘→读数→顺时针照 C 点→读数

B. 盘左：照准 A 点→配水平盘→读数→逆时针照 C 点→读数

C. 盘右：照准 C 点→读数→逆时针照准 A 点→读数

D. 盘右：照准 C 点→配水平盘→读数→顺时针照准 A 点→读数

6. 经纬仪光学对中的步骤（　　）。

A. 将三脚架安置在测站点上，目估使架头大致水平并使架头中心大致对准测站点标志中心

B. 调节光学对点器的目镜、物镜调焦螺旋，分别使对点器十字丝影像和测站上标志点的影像清晰

C. 移动三脚架腿，观察圆水准气泡，在气泡尽量居中的前提下，确保使光学对点器对中

D. 调节三脚架的架腿高度，使管水准气泡居中，此时仪器既对中又粗平

7. 竖直角计算公式正确的是（　　）。

A. $\alpha_{左}=90°-L$　　B. $\alpha_{右}=R-270°$

C. $\alpha_{平}=(R-L-180°)/2$　　D. $\alpha_{平}=(L-R-180°)/2$

8. 竖盘指标差 x 的计算公式为（　　）。

A. $x=(R+L+360°)/2$　　B. $x=(\alpha_{右}+\alpha_{左})/2$

C. $x=(R+L-360°)/2$　　D. $x=(\alpha_{右}-\alpha_{左})/2$

9. 下列竖直角观测手簿的计算中正确的是（　　）。

测站	目标	竖盘位置	竖盘读数（° ′ ″）	半测回竖直角（° ′ ″）	指标差（″）	一测回竖直角（° ′ ″）
M	P	左	81　18　42	8　41　18	A. −06	C. 8　41　24
		右	278　41　30	8　41　30		
	Q	左	124　03　30	−34　03　30	B. 12	D. −34　03　18
		右	235　56　54	−34　03　06		

10. 距离测量的方法有（　　）。

A. 目估量距　　B. 钢尺量距

C. 电磁波测距　　D. 水准仪测距

11. 象限角的起始方向一般是（　　）。

A. 坐标横线的东端　　B. 坐标纵线的南端

C. 坐标横线的西端　　D. 坐标纵线的北端

12. 已知 $\alpha_{AB}=89°12'01''$，$x_B=3065.347m$，$y_B=2135.265m$，坐标推算路线为 B→1→2，测得坐标推算路线的右角分别为 $\beta_B=32°30'12''$，$\beta_1=261°06'16''$，水平距离分别为 $D_{B1}=123.704m$，$D_{12}=98.506m$，则 1 点平面坐标为（　　），2 点平面坐标为（　　）。

A. $x_1=2997.425m$，$y_1=2031.876m$

B. $x_1=2031.876m$，$y_1=2997.425m$

C. $x_2=2907.723m$，$y_2=2072.581m$

D. $x_2=2072.581m$，$y_2=2907.723m$

13. 导线的布设形式包括（　　）。

A. 闭合导线　　B. 附合导线　　C. 支导线　　D. 结点导线

14. 导线点位置的选择应做到（　　）。

A. 相邻点间通视良好，地势较平坦，点位应选在土质坚实、利于保存标志、易于寻找和便于安置仪器的地方

B. 视野开阔，便于施测碎部，导线边长应大致相等，其平均边长符合各级导线的规定

C. 导线点应有足够的密度，分布较均匀，以便控制整个测区

D. 随意埋设导线点

五、名词解释

1. 水平角

2. 垂直角
3. 真北方向
4. 坐标北方向
5. 直线定向
6. 直线定线
7. 竖盘指标差
8. 坐标正算
9. 坐标反算
10. 直线的坐标方位角

六、简答题

1. 用 $R_{AB}=\arctan\frac{\Delta y_{AB}}{\Delta x_{AB}}$ 计算出的象限角 R_{AB}，如何将其换算为坐标方位角 α_{AB}？
2. 导线坐标计算的一般步骤是什么？
3. 用测回法进行三级角度测量时，每站观测顺序是什么？限差是多少？
4. 水平角测量时为什么要求正倒镜观测？

七、计算题

1. 已知下图中 NM 边的坐标方位角为 329°23′47″，观测的水平转折角依次为 β_1＝131°14′36″，β_2＝148°58′41″，β_3＝234°33′46″，β_4＝100°34′24″，试计算 N→C、C→D、D→E、E→F 各边的坐标方位角。

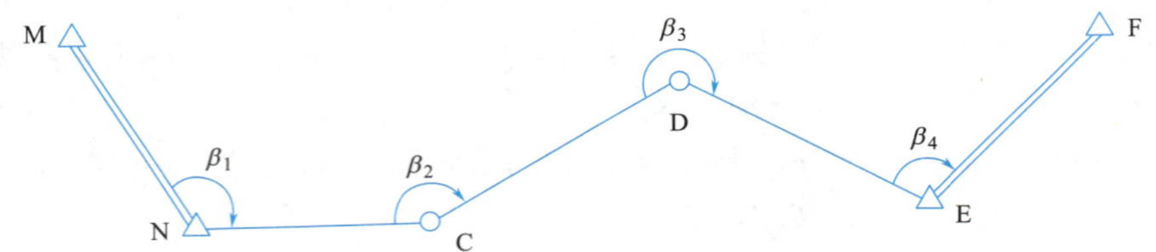

2. 已知 α_{AB}＝89°12′01″，x_B＝3065.347m，y_B＝2135.265m，坐标推算路线为 B→1→2，测得坐标推算路线的右角分别为 β_B＝32°30′12″，β_1＝261°06′16″，水平距离分别为 D_{B1}＝123.704m，D_{12}＝98.506m，试计算 1、2 点的平面坐标。

3. 试完成下列测回法水平角观测手簿的计算。

测站	目标	竖盘位置	水平度盘读数 (° ′ ″)	半测回角值 (° ′ ″)	一测回平均角值 (° ′ ″)
B	A	左	0 06 24		
	C		111 46 18		
	A	右	180 06 48		
	C		291 46 36		

4. 完成下列竖直角观测手簿的计算，不需要写公式，全部计算均在表格中完成。

<table>
<tr><th>测站</th><th>目标</th><th>竖盘
位置</th><th>竖盘读数
(° ′ ″)</th><th>半测回竖直角
(° ′ ″)</th><th>指标差
(″)</th><th>一测回竖直角
(° ′ ″)</th></tr>
<tr><td rowspan="4">A</td><td rowspan="2">B</td><td>左</td><td>81　18　42</td><td></td><td rowspan="2"></td><td rowspan="2"></td></tr>
<tr><td>右</td><td>278　41　30</td><td></td></tr>
<tr><td rowspan="2">C</td><td>左</td><td>124　03　30</td><td></td><td rowspan="2"></td><td rowspan="2"></td></tr>
<tr><td>右</td><td>235　56　54</td><td></td></tr>
</table>

5. 已知1、2点的平面坐标列于下表，试计算坐标方位角 α_{12}，计算取位到1″。

<table>
<tr><th>点名</th><th>X(m)</th><th>Y(m)</th><th>方向</th><th>方位角(° ′ ″)</th></tr>
<tr><td>1</td><td>44810.101</td><td>23796.972</td><td rowspan="2">1→2</td><td rowspan="2"></td></tr>
<tr><td>2</td><td>44644.025</td><td>23763.977</td></tr>
</table>

6. 已知控制点A、B及待定点P的坐标如下：

点名	X(m)	Y(m)	方向	方位角(° ′ ″)	平距(m)
A	3189.126	2102.567			
B	3185.165	2126.704	A→B		
P	3200.506	2124.304	A→P		

试在表格中计算A→B、A→P的方位角，A→B、A→P的水平距离。

7. 下图为某支导线已知数据与观测数据，试在下列表格中计算1、2、3点的平面坐标。

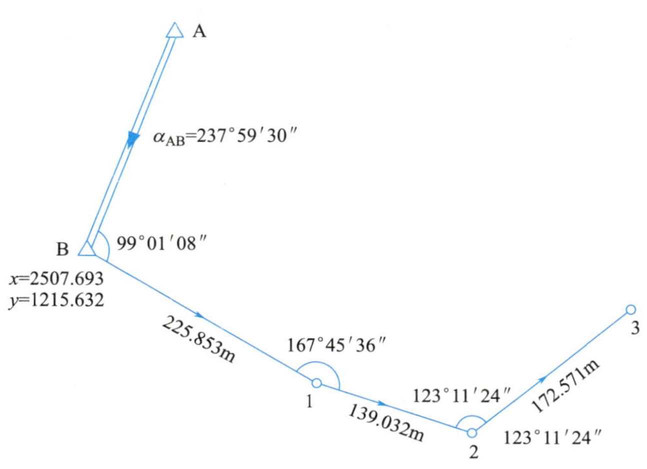

点名	水平角 (° ′ ″)	方位角 (° ′ ″)	水平距离 (m)	Δx (m)	Δy (m)	x (m)	y (m)
A							
		237 59 30					
B	99 01 08					2507.693	1215.632
			225.853				
1	167 45 36						
			139.032				
2	123 11 24						
			172.571				
3							

8. 已知 1、2、3、4、5 五个控制点的平面坐标列于下表，试计算出方位角 α_{31}、α_{32}、α_{34} 与 α_{35}，计算取位到秒。

点名	X(m)	Y(m)	点名	X(m)	Y(m)
1	4957.219	3588.478	4	4644.025	3763.977
2	4870.578	3989.619	5	4730.524	3903.416
3	4810.101	3796.972			

9. 用钢尺往、返丈量了一段距离，其平均值为 167.380m，要求量距的相对误差为 1/15000，则往、返丈量这段距离的绝对误差不能超过多少？

10. 某闭合导线，其横坐标增量总和为 −0.35m，纵坐标增量总和为 +0.46m，如果导线总长度为 1216.38m，试计算导线全长相对闭合差和边长每 100m 的坐标增量改正数。

11. 已知四边形闭合导线内角的观测值见下表，并且在表中计算：（1）角度闭合差；（2）改正后角度值；（3）推算出各边的坐标方位角。

点号	角度观测值(右角) (° ′ ″)	改正数 (° ′ ″)	改正后角值 (° ′ ″)	坐标方位角 (° ′ ″)
1	112 15 23			
				123 10 21
2	67 14 12			
3	54 15 20			
4	126 15 25			
1				
				1→2 检核：
Σ				

$\Sigma\beta=$　　　　　　$f_\beta=$

12. 在方向观测法的记录表中，完成其记录的计算工作。

方向观测法记录表

测站	测回数	目标	水平度盘读数		2C (″)	方向值 (° ′ ″)	归零方向值 (° ′ ″)	角　值 (° ′ ″)
			盘左(° ′ ″)	盘右(° ′ ″)				
M	1	A	00　01　05	180　01　14				
		B	69　20　28	249　20　36				
		C	124　51　23	304　51　30				
		A	00　01　14	180　01　12				∠AMC↑

项目4 Chapter 04

建筑土方工程测量

知识目标

通过本项目学习，你将能够：

1. 掌握建筑场地土方平衡的原则；
2. 能进行土方平衡计算；
3. 会计算建筑场地平整为水平面的土方工程量；
4. 了解建筑场地平整为倾斜面的土方工程量计算方法；
5. 能进行建筑场地土方工程的施工测量。

素质元素

建筑土方工程测量的一个重要内容就是工程量的计算，目前大多采用软件计算的方法，小体量土方工程可以手工计算，但不管使用什么方法计算，原始地表高程都必须实测。设计标高确定了，总面积也是确定的，若原始地表高程发生变化，也会导致土方工程量挖方或填方的变化。

现在的建筑工程图纸设计充分、准确，在钢筋、混凝土方面工程量计算都很准确，几乎没有偷工减料的可能性，因此个别施工队老板会让地表高程实测人员对数据造假，以达到增加工程量的目的。

教育学生要有职业道德底线意识，不能为了自己企业的利益而损害业主、第三方的利益，更不能损害社会利益、国家利益，要养成良好的职业道德。

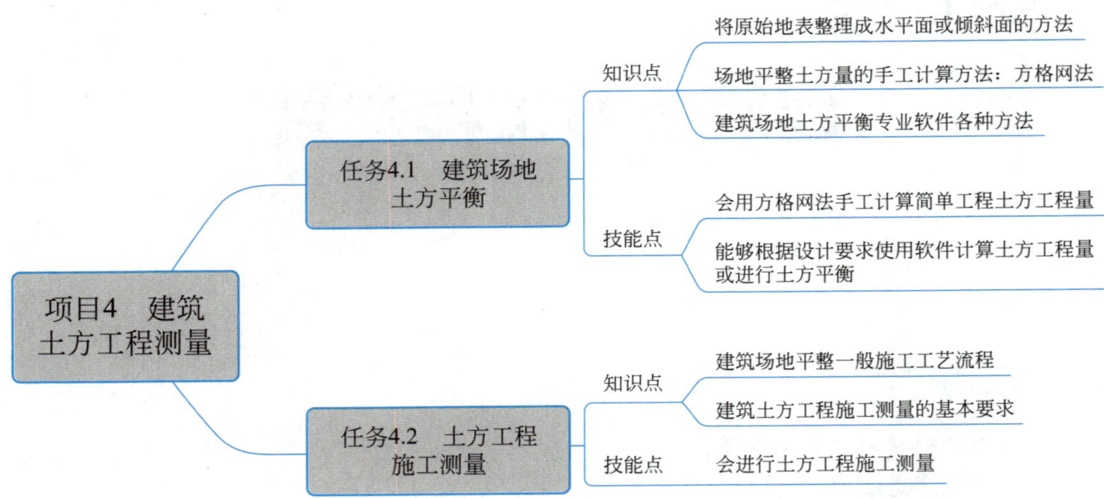

引言

进入施工场区，首先要进行场地平整（通常称为土方平衡）工作，为了计算平整后所开挖或回填的土石方量，必须进行地表标高测量工作（此土石方量的计算与基坑内土石方量不一样，这是大范围基坑外的土石方挖填量）。在业主提供了地形图的情况下，要把高低起伏的场区整理成一个水平面或斜面。

本项目主要完成建筑场地土方平衡及土方工程施工测量等内容。

任务 4.1　建筑场地土方平衡

学习目标

1. 掌握建筑场地土方平衡的原则；
2. 熟悉土方平衡的方法；
3. 能进行建筑场地平整为水平面的土方工程量计算。

关键概念

原始地表标高、整理成水平面（倾斜面）、土方平衡计算、绘制方格网、确定设计高程、确定挖填边界、土方量计算。

我国现行政策规定，工程项目通过招标确定施工承包商之后，工程开工必备的条件，是施工场区“四通（水、电、道路、通信）一平”。其中的“一平”，就是要求工程开工前完成“场地平整”以具备后续施工的条件。

土方平衡一般将场地整理成水平场地或倾斜面场地，下面主要以方格网法介绍其方法和步骤。

4.1.1 场地平整

场地平整就是将原始地表整理成设计要求的水平地形或倾斜地形。

（1）整理成水平面时，设计标高是场地平整工程土石方量计算的依据，合理选择场地设计标高，可减少土方工程量，缩短施工工期。场地设计标高关系建筑设计思想及业主建设意图的实现，由设计单位和业主统一规划商定。

应充分考虑下述因素，来确定平整场地的设计标高：

1）满足生产工艺和施工运输要求；

2）尽量做到挖填平衡，以减少土方工程量，节省工程建设费用；

3）即使场地整理成水平面，也要有一定的排水坡度，确保排水畅通；

4）如果确实存在弃土问题，还要考虑运距对工程造价的影响；

5）尽量避免从场区外买土回填的问题，这是需要杜绝的选项。

（2）整理成倾斜面时，设计坡度是场地平整工程土石方量计算的依据。选择合适的坡度，是实现业主建设意图的关键，由设计单位和业主确定。

不管场地整理成水平面还是倾斜面，当设计单位和业主有明确要求时，需按要求进行；若无明确要求时，一般根据场区实际情况，按“挖填土方量平衡”的原则进行场地平整，以达到降低土方工程量和工程造价的目的。

场地平整工程要进行土石方工程，施工前进行土石方工程量的计算，以便编制土石方工程施工方案，组织施工。场地平整土方工程其现场地形比较复杂，大多不是规则图形，很难准确计算其工程量。一般根据现场具体情况，将其划分为若干有一定几何形状的部分，采用具有一定精度又与实际接近的方法计算。

4.1.2 场地平整土方量的计算方法

场地平整土方量计算的等高线法和断面法计算精度低，适用于地形起伏较大、断面不规则的场地。

土方平衡方法较多，其挖填土石方工程量手工计算均较为复杂，仅介绍场地整理成平面时最常用的方格网法（适用于方格数量较少的情况）的计算过程。

1. 建筑场地土方平衡手工计算方法

如图 4-1 所示，为比例尺 1∶1000 的地形图，拟将虚线所示原地面根据等高线平整成

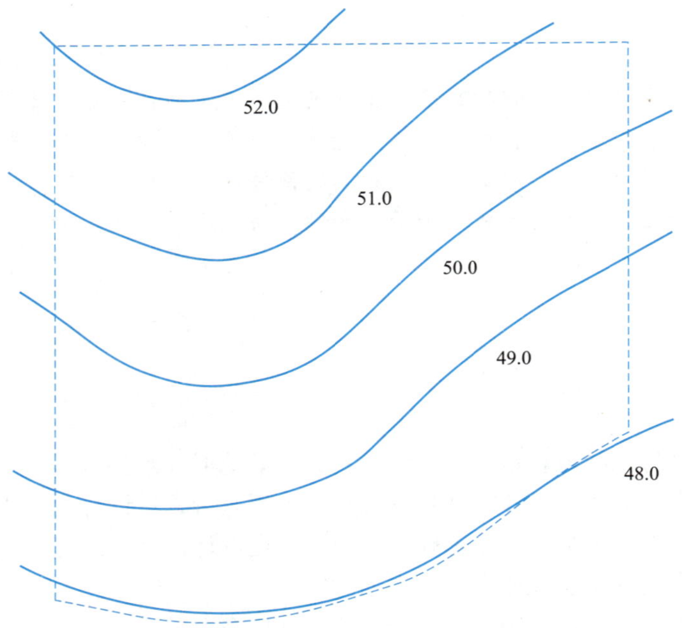

图 4-1　施工场地等高线图

某一高程的水平面，即将场地整理为水平场地，要求使填、挖土石方量基本平衡。挖填土石方量计算，一般采用方格网法，具体计算方法如下：

（1）绘制方格网：如图 4-2 所示，在地形图上拟平整场地内绘制方格网。

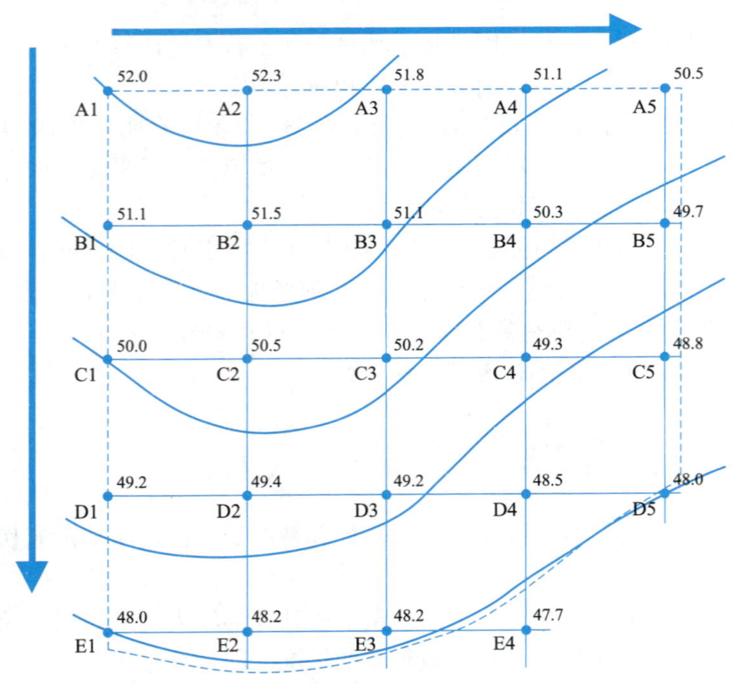

图 4-2　绘制方格网计算交点高程

方格大小根据地形起伏程度、地形图比例尺以及要求的精度而定。一般方格的边长为 10m 或 20m（对于一般单体工程，甚至可以缩短为 1～2m）。图中方格为 20m×20m。各方格顶点号注于方格网点的左下角，如图中的 A1，A2，……，E3，E4 等。横坐标用阿拉伯数码自左到右递增，纵坐标用大写字母顺序自下而上（或自上而下）递增。

（2）标注各方格顶点的地面高程：根据地形图上的等高线，用内插法求出各方格顶点的地面高程（或实测的高程点），并注于方格点的右上角，如图 4-2 所示。

（3）计算设计高程：分别求出各方格四个顶点的平均值，即各方格的平均高程；然后，将各方格的平均高程求和并除以方格数 n，即得到设计高程 $H_{设}$。

各方格点参加计算的次数“权重”分别为：角点（图边往外）高程一次；边点（图边上）高程两次；拐点（图边往内）高程三次；中间点高程四次。即角点、边点、拐点、中间点参加平均高程计算的权分别为 1/4、2/4、3/4、4/4。故，设计高程 $H_{设}$ 按式（4-1）计算：

$$H_{设}=\frac{\sum H_{角}\times 1+\sum H_{边}\times 2+\sum H_{拐}\times 3+\sum H_{中}\times 4}{4n} \qquad （式 4-1）$$

根据图中的数据，求得的设计高程 $H_{设}=49.9$ m，并注于方格顶点右下角，如图 4-3 所示。

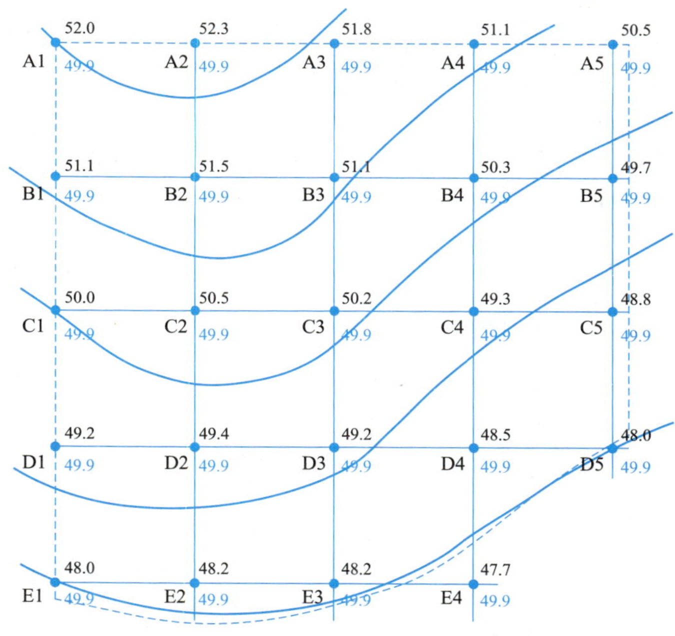

图 4-3　计算场地平整设计高程

（4）确定方格顶点的填、挖高度：各方格顶点地面高程与设计高程之差，为该点的填、挖高度，即：$h=H_{地}-H_{设}$。

h 为“＋”表示开挖深度，为“－”表示回填高度。并将 h 值标注于相应方格顶点左上角，如图 4-4 所示。

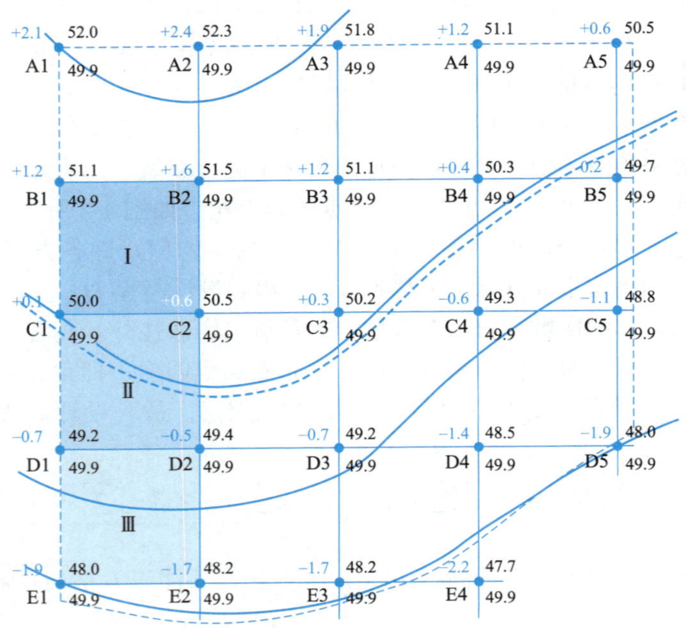

图 4-4 计算场地方格顶点填、挖高度

（5）确定填挖边界线：根据设计高程 $H_{设}=49.9\text{m}$，在地形图上用内插法绘出 49.9m 等高线，如图 4-4 中用虚线绘制的等高线。该线就是填、挖边界线。

（6）计算填、挖土石方量：有两种情况，一种是整个方格全填或全挖方，如图 4-4 中方格Ⅰ、Ⅲ；另一种是既有挖方，又有填方的方格，如图 4-4 中的方格Ⅱ。

现以方格Ⅰ、Ⅱ、Ⅲ为例，说明其计算方法。

方格Ⅰ为全挖方：$V_{\text{Ⅰ挖}}=\dfrac{1}{4}(1.2+1.6+0.1+0.6)\times A_{\text{Ⅰ挖}}=0.875A_{\text{Ⅰ挖}}(\text{m}^3)$

方格Ⅱ既有挖方，又有填方：

$$V_{\text{Ⅱ挖}}=\frac{1}{4}(0.1+0.6+0+0)\times A_{\text{Ⅱ挖}}=0.175A_{\text{Ⅱ挖}}(\text{m}^3)$$

$$V_{\text{Ⅱ填}}=\frac{1}{4}(0+0-0.7-0.5)\times A_{\text{Ⅱ填}}=-0.30A_{\text{Ⅱ填}}(\text{m}^3)$$

方格Ⅲ为全填方：

$$V_{\text{Ⅲ填}}=\frac{1}{4}(-0.7-0.5-1.9-1.7)\times A_{\text{Ⅲ填}}=-1.2A_{\text{Ⅲ填}}(\text{m}^3)$$

式中　$A_{\text{Ⅰ挖}}$、$A_{\text{Ⅱ挖}}$、$A_{\text{Ⅱ填}}$、$A_{\text{Ⅲ填}}$——各方格的填、挖面积（m^2）。

同法可计算出其他方格的填、挖土石方量，最后将各方格的填、挖土石方量累加，即得总的填、挖土石方量。

2. 建筑场地土方平衡专业软件方法

详见数字资源，此处不赘述。

4-1 建筑场地土方平衡专业软件方法

课后讨论

1. 简述土方平衡的原则。
2. 土方平衡通常有哪几种计算方法？
3. 简述场地整理成水平面的土方量手工计算步骤。

任务 4.2 土方工程施工测量

学习目标

掌握建筑场地土方工程的施工测量方法。

关键概念

四通一平、踏勘清障、标定测区、设置控制网、标高控制、土方量计算。

提示

场地平整是将拟建建筑场区范围内的自然地面，通过人工或机械方式挖填平整改造成为设计所需要的平面或倾斜面，以便现场平面布置和文明施工。项目在总承包方式发包情况下，“四通一平”工作常常由承包商来实施，因此场地平整工作也成为工程开工前的一项重要内容。

场区土石方工程与基坑土方工程有所不同，虽然都可以以人工或机械方法施工，但基坑土方开挖，只有挖方没有填方，而且其施工区域仅限于基础基槽或基坑大开挖的范围。因此，其场地初始标高方格网设置的方格间距一般在 1～2m，而场区土石方工程则较大。

场地平整要考虑满足总体规划、生产施工工艺、交通运输和场地排水等要求，并尽量使土方的挖填平衡，减少运土量和重复挖运，节约资源和项目建设资金。

场地平整是工程施工中的一个重要项目，其一般施工工艺流程是：现场踏勘→清除地表障碍物→标定整平范围→设置水准基点→设置方格网、测量方格网交点标高→结合设计标高计算土方挖填工程量→平整土方→场地碾压→验收。

1. 现场踏勘

工程施工合同签订后，当确认需要进行场区土方平整时，施工人员首先应到现场进行勘察，了解场地地形、地貌和周围环境。根据建筑总平面图及规划了解并确定现场平整场地的大致范围。了解业主提供的测量控制点的位置，并进行场区控制测量的测点布设准备工作。

2. 场区清障

平整前必须把场地平整范围内影响施工的腐殖土及障碍物，如树木、电线、电杆、管道、房屋、坟墓等清理干净。

3. 标定平整场地范围

根据总平面图、工程定位图及基础施工图，使用全站仪采用极坐标法在实地标定出需要平整的场地各边顶点位置，丈量各边边长，并计算平整场地的面积。

4. 控制网设置

依据业主提供的水准控制点，将高程引测至需要平整的场地内。根据场区情况，合理设置水准点的数量（一般两个控制点间距在 200～300m 之间，但点数最少不得少于 3 个），测定各控制点的高程，施测场地平整高程控制网。

5. 设置方格网

在施工场地实际区域沿设计建筑边界打下木桩，用于进行方格点点位标定，作为测定原始地表标高的依据，方格边长随地形起伏情况一般为 10～20m。

6. 方格网交点高程测量

方格网布设完成后，对各方格网交点桩使用水准仪进行水准测量（传统数据采集手段）或使用全站仪、动态 RTK 进行高程测量，获得各交点桩的地面高程，作为土方工程挖填量的计算依据。

数据采集注意事项：

（1）注意红线范围，要宁大勿小；

（2）点位密度要在 5～10m 之间；

（3）地形变化时置点，要贴合地形特征；

（4）高程设计值的重要性：做到最优化；

（5）全站仪进行数据采集：由定向错误产生的图形旋转及土方测量时地势起伏导致的位置变化；

（6）RTK 进行数据采集：信号问题导致坐标质量差，坐标转换问题导致坐标错误。

7. 施工标高控制测量

土方开挖时根据场区设置的高程控制点，指挥人工或机械进行土石方开挖。随时测量开挖区域高程以控制开挖深度，使用机械开挖施工，在离设计标高尚有 0.5m 时改由人工清底抄平，严禁对基底老土产生扰动。

8. 土方工程量计算

根据土石方开挖前的地表原始标高、开挖达到的设计标高，计算出各个方格网的开挖（或回填）深度，依据已知的开挖面积，计算土方工程量。

课后讨论

1. 简述土方平衡工程施工工艺流程。
2. 简述方格网交点高程测量注意事项。

项目小结

本项目是基础尚未施工前的土方工程，主要讲述了建筑场地土方平衡施工测量、土方量计算等内容。

练习题

1. 场地平整范围如方格网所示，比例尺为1∶2000，方格网的长宽均为20m，要求按挖填平衡的原则平整为水平场地。①计算挖填平衡的设计高程 H_0 及挖填土方量，并在图上绘出挖填平衡的边界线；②计算设计高程 $H_0=46$m 的挖填土方量；③计算设计高程 $H_0=42$m 的挖填土方量。

【说明】目前土方平衡基本都使用软件进行，效率极高。出此题的目的主要是锻炼学生严谨细致、一丝不苟的工作作风，做事要耐住性子，认真去做；再就是解题思路，遇到类似的问题，没有可用的软件，可以举一反三地去解决问题。

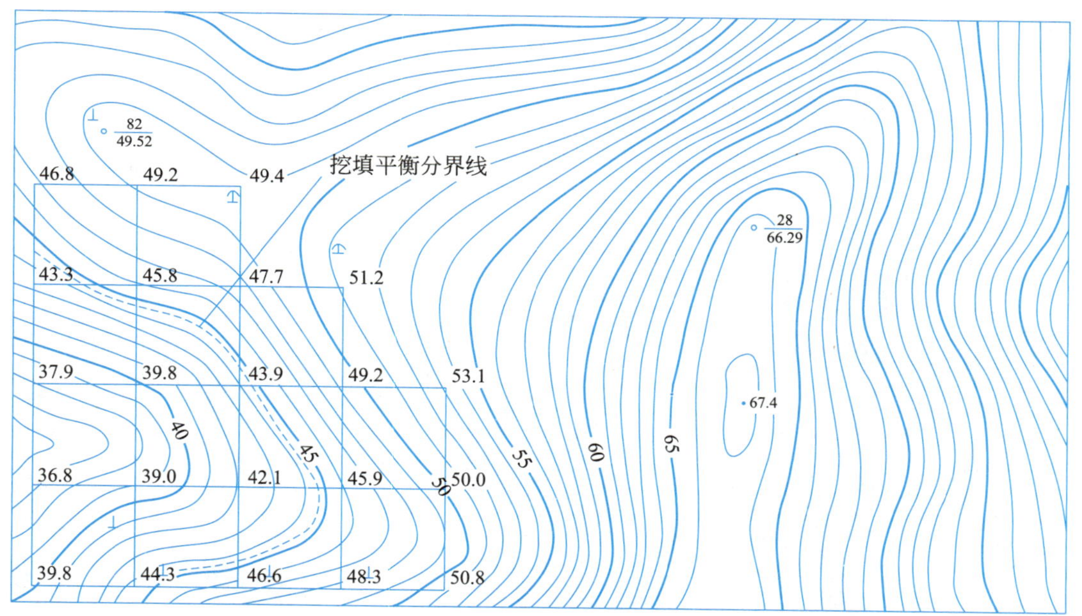

2. 简述使用南方开思 CASS SouthMap、KdidaMap 软件，进行土方平衡的主要方法。

3. 简述南方开思 CASS SouthMap、KdidaMap 软件，使用方格网法进行土方平衡的流程。

项目5 Chapter 05

拟建建筑定位测量

知识目标

通过本项目学习，你将能够：

1. 建立施工控制网、编制工程定位施工测量方案；
2. 掌握平面定位测量的方法、步骤及内外业工作流程；
3. 使用各种手段进行工程平面点位放样；
4. 熟练掌握工程定位与放线的方法；
5. 能进行工程放样；
6. 具有进行工程定位检查验收的能力。

素质元素

拟建建筑定位测量是工程施工测量前的基础工作，也是建筑工程施工测量的重要环节，定位测量出了问题会严重影响工程最终结果。一切工作都要做好基础工作，打牢基础，不能好高骛远，只有将底层的工作、基础的工作做好，才有可能把后面的工作做好。在学习拟建建筑定位测量时，必须高度重视，不能粗心大意、不负责任，如果点位测量环节错了，后续放线工序就会全错，导致后续施工在错误的平面位置上，会对业主的投资效益产生巨大影响，重则拆除返工，轻则修改设计。培养学生测量工作必须严肃认真，养成一丝不苟的工作态度，提高责任意识。

5-1
案例：看错放样数据，厂房车间平移一跨

思维导图

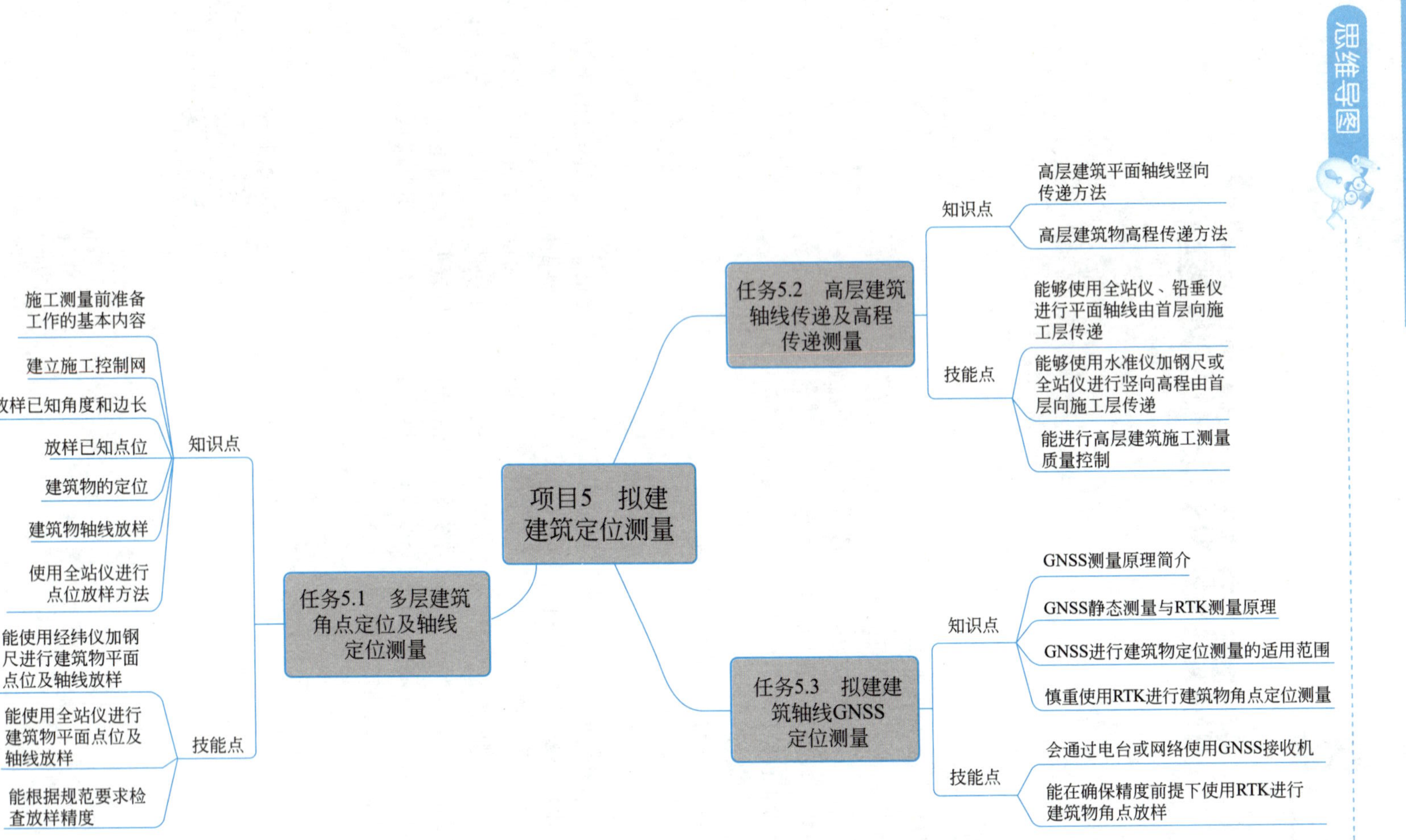
项目5 拟建建筑定位测量
任务5.1 多层建筑角点定位及轴线定位测量
知识点
施工测量前准备工作的基本内容
建立施工控制网
放样已知角度和边长
放样已知点位
建筑物的定位
建筑物轴线放样
使用全站仪进行点位放样方法
技能点
能使用经纬仪加钢尺进行建筑物平面点位及轴线放样
能使用全站仪进行建筑物平面点位及轴线放样
能根据规范要求检查放样精度
任务5.2 高层建筑轴线传递及高程传递测量
知识点
高层建筑平面轴线竖向传递方法
高层建筑物高程传递方法
技能点
能够使用全站仪、铅垂仪进行平面轴线由首层向施工层传递
能够使用水准仪加钢尺或全站仪进行竖向高程由首层向施工层传递
能进行高层建筑施工测量质量控制
任务5.3 拟建建筑轴线GNSS定位测量
知识点
GNSS测量原理简介
GNSS静态测量与RTK测量原理
GNSS进行建筑物定位测量的适用范围
慎重使用RTK进行建筑物角点定位测量
技能点
会通过电台或网络使用GNSS接收机
能在确保精度前提下使用RTK进行建筑物角点放样

施工场区平整工作完成之后，就进入了基础及主体工程全面实施阶段，各种施工机械、分包单位全部依次或同时进入现场，平行、交叉流水作业，工地呈现出一片生机勃勃但略显杂乱的景象。

首要的工程任务就是定位测量工作，包括建立施工控制网、平面点位、点位高程（项目 2 中已经讲过）放样等，这些工作做得好坏是确保达到工程质量目标、工期目标、投资目标的关键。

而拟建建筑物的平面定位测量的准确性会严重影响后续的细部轴线放样。本项目主要介绍拟建建筑物的平面定位测量及细部轴线放样等内容。

任务 5.1　多层建筑角点定位及轴线定位测量

学习目标

1. 了解建筑物测设平面位置的准备工作；
2. 熟悉已知边长、角度、点位的放样方法；
3. 掌握使用全站仪放样建筑物点位的方法；
4. 能完成建筑物定位、放样工作。

关键概念

经纬仪联合钢尺测设平面点位及轴线、全站仪定位放样坐标及细部轴线。
建筑物定位、细部轴线放样。

提示

建筑施工测量的基本任务是按照设计要求，把建筑物的位置测设到地面上，并配合施工以保证工程质量。

5.1.1　施工测量前的准备工作

在施工测量之前，项目部应建立健全测量组织和质量保证体系，落实检查制度。并核对设计图纸，检查总尺寸和分尺寸是否一致，总平面图和大样详图尺寸是否一致，不符之处要向设计单位提出，进行修正。然后对施工现场进行实地踏勘，根据实际情况编制测设详图，计算测设数据。对施工测量所使用的仪器、工具应进行检验、校正，否则不能使用。工作中必须注意人身和仪器的安全，特别是在高空和危险地区进行测量时，必须采取防护措施。

1. 了解设计意图并熟悉和核对图纸（图纸会审）

首先通过阅读图纸了解工程全貌和主要设计意图、对测量的要求等内容，然后熟悉核对与放样有关的建筑总平面图、建筑物定位图、建筑施工图和结构施工图，主要检查总的尺寸是否与各部分尺寸之和相符，总平面图与大样详图尺寸是否一致，以免出现差错。

2. 进行现场踏勘并校核定位的平面控制点和水准点

了解现场的地物、地貌以及控制点的分布情况，调查与施工测量有关的问题。对建筑物地面上的平面控制点，在使用前应校核点位是否正确，并应实地检测水准点的高程。通过校核，取得正确的测量起始数据和点位。

国家现行政策规定，承包商必须对已知控制点的正确性负责，监理、业主对其正确性不负任何责任。

若施工场地中，只有 2 个坐标点和 1 个高程点作为建（构）筑物定位和定标高的依据，由于没有校核条件，则应通过监理，向建设单位提出增加书面校核条件，否则平面及高程定位出现的错误，由承包商承担责任。若业主不予理会，承包商则不承担责任。

3. 制定测设方案

根据设计要求、定位条件、现场地形和施工方案等因素制定测设方案。

如图 5-1 所示，按设计要求，拟建的 3 号建筑物与已有建筑物平行，两相邻墙面相距 18m，南墙面在一条直线上。

因此可根据已建的 2 号建筑物用直角坐标法进行放样。

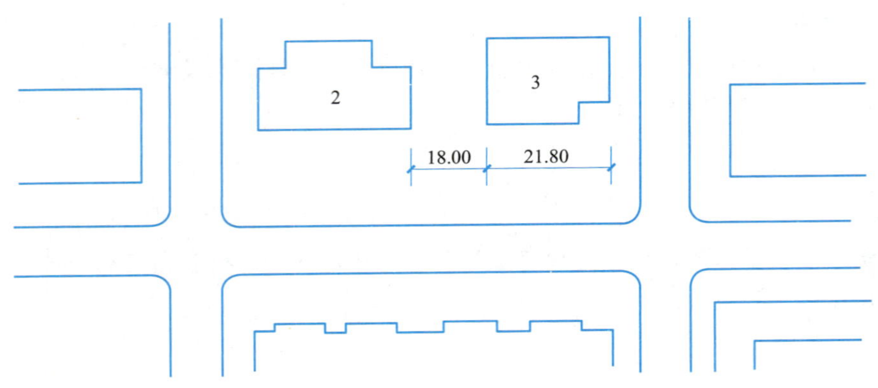

图 5-1 建筑物工程定位图

4. 准备测设数据

从下列图纸查取房屋内部平面尺寸和高程数据等必需的测设基础数据。

(1) 如图 5-2 所示，从建筑总平面图上查算建筑物定位数据，包括拟建建筑与原有建筑或控制点之间的平面尺寸和高差。

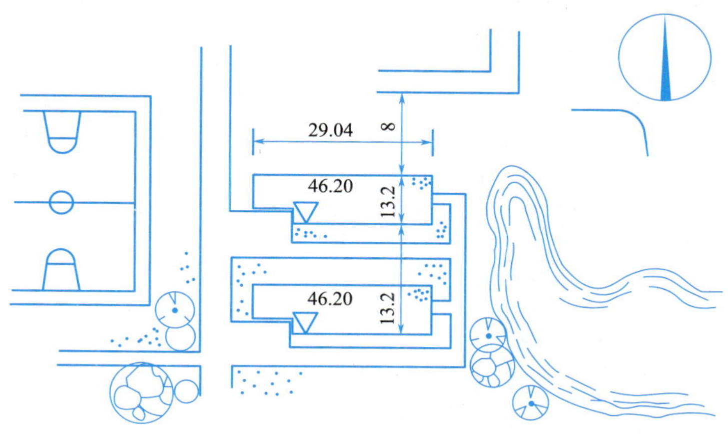

图 5-2　建筑总平面图

（2）如图 5-3 所示，在建筑平面图中查取细部轴线放样数据，如建筑物的总尺寸和内部轴线之间的分尺寸。

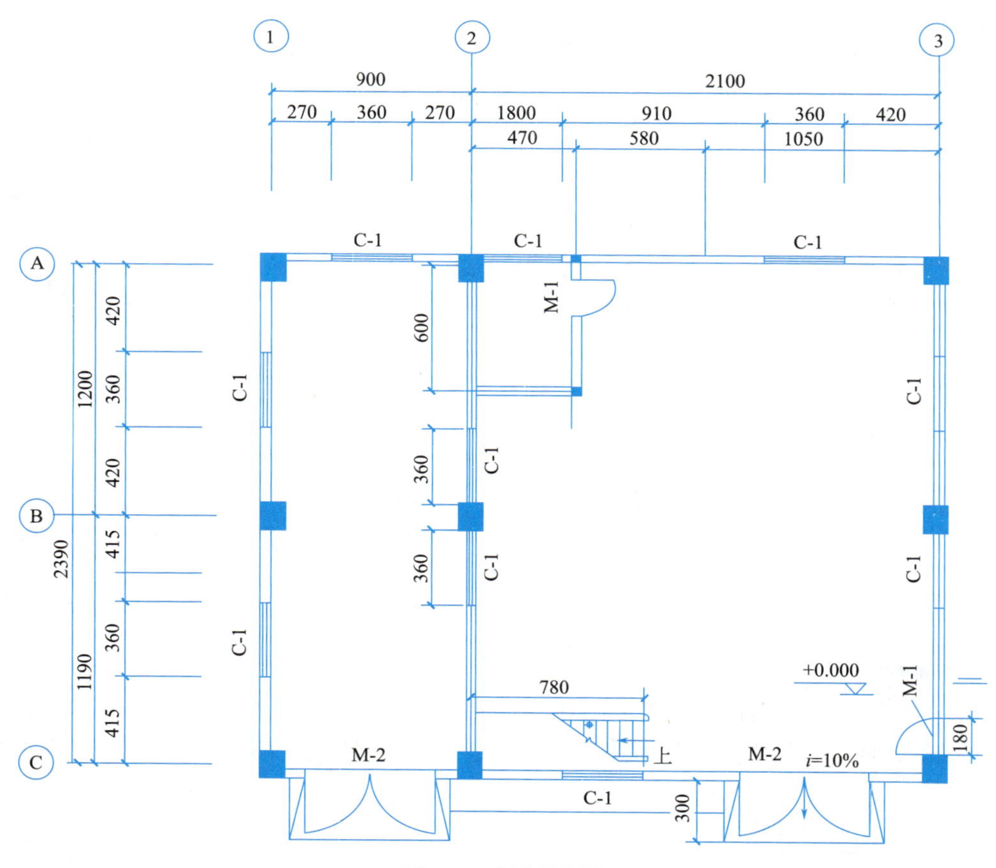

图 5-3　建筑平面图

（3）如图 5-4 所示，从基础平面图中确定定位轴线与基础边线的位置关系。

（4）从基础详图中查取基础高程测设数据，如立面尺寸、设计标高。

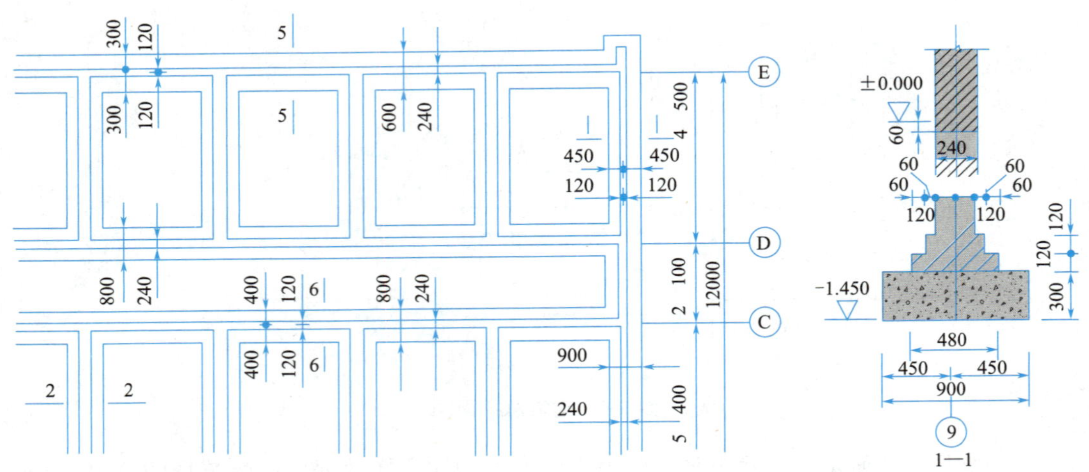

图 5-4　基础平面图及基础详图

（5）如图 5-5 所示，从建筑物立面图和剖面图中查取高程测设数据，如基础、地坪、门窗、楼板、屋面等设计高程。

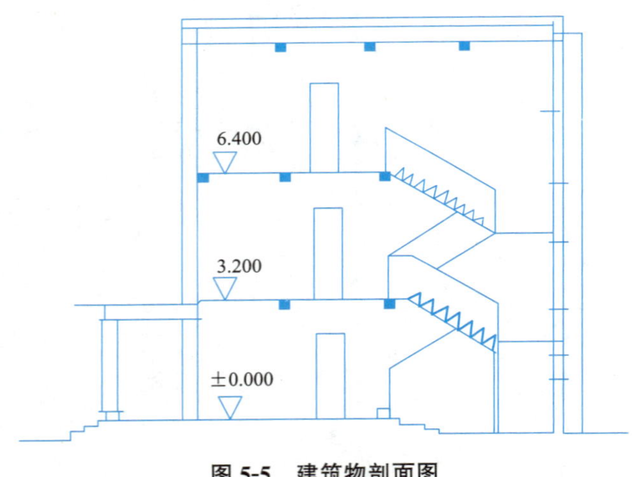

图 5-5　建筑物剖面图

5. 绘制放样略图

如图 5-6 所示，根据设计总平面图和基础平面图绘制出放样略图。图中标有已有 2 号建筑和拟建 3 号建筑物之间的几何关系，以及定位轴线间尺寸和定位轴线控制桩等。

5.1.2　建立施工控制网

在勘测时期建立的控制网是为测图而建立的，由于未考虑施工的要求，所以控制点的分布、密度和精度都难以满足施工测量的要求。另外，由于平整场地控制点大多被破坏，

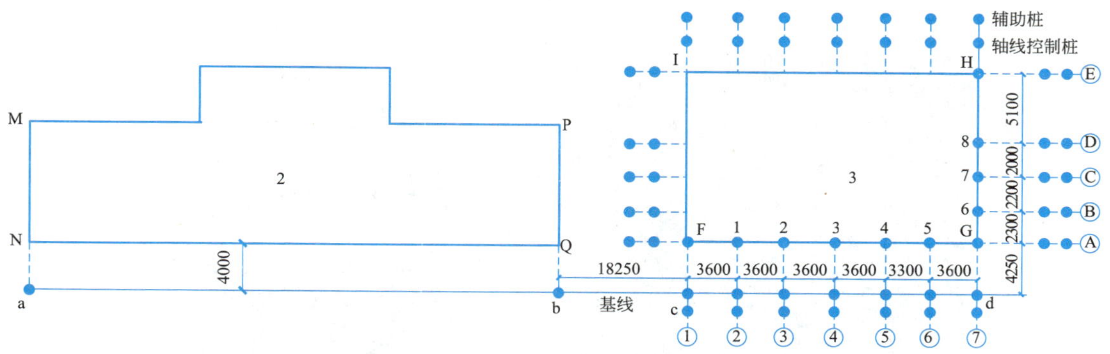

图 5-6　放样略图

因此，在施工之前，为了保证各类建筑物和构筑物的平面及高程位置能够按设计要求，合理精确地标定到实地，互相连成统一的整体，必须重新建立统一的平面和高程施工控制网，以测设各个建筑物和构筑物的位置。

遵循“整体控制：由整体到局部，先控制后碎部”的原则，建立施工控制网，可利用原场地内的平面与高程控制（点）网。当原场地内的控制（点）网在密度、精度上不能满足施工测量的技术要求时，应重新建立统一的施工平面控制网和高程控制网。

施工控制网的布设形式，应以经济、合理和适用为原则，根据建筑设计总平面图和施工现场的地形条件来确定。

1. 施工控制网的特点

（1）控制范围小，控制点的密度大，精度要求高

与测图的范围相比，工程施工场区范围比较小，各种建筑物布置复杂。没有密度足够的控制点无法满足施工放样工作的要求。

施工控制网的主要任务是进行建筑物轴线的放样。这些轴线的位置偏差都有一定的限值，《工程测量标准》GB 50026—2020 规定，建筑物施工放样外廓主轴线的允许误差在±5～±20mm 之间，细部轴线允许误差为±2mm。因此，施工控制网的精度比测图控制网的精度要高很多。

（2）受施工干扰较大，使用频繁

平行施工交叉作业的建设流程，使场区高度相差悬殊的各种建筑在同时施工；施工机械的设置（例如吊车、建筑材料运输机、混凝土搅拌机等），妨碍了控制点之间的相互通视；控制点容易被碰动、不易保存。因此应恰当分布施工控制点的位置，控制点应易于通视和长久保存，要有足够的密度，必须埋设稳固（图 5-7），方便长期使用。

此外，建筑物施工的各个阶段都要进行测量定位、检查，控制点的使用较为频繁。

（3）布网等级宜采用两级布设

相对于各自轴线的细部要求，其精度远高于建筑物轴线之间几何关系的要求。因此在布设施工控制网时，一般采用两级布网的方案。

首先，建立布满整个场区的全局控制网，服务于各建筑物的主要轴线放样。然后，为了进行厂房或主要生产设备的细部轴线放样，根据厂房主轴线建立厂房矩形控制网。

由于上述特点，要求施工控制网的布设应作为整个工程施工设计的一部分。布网时，

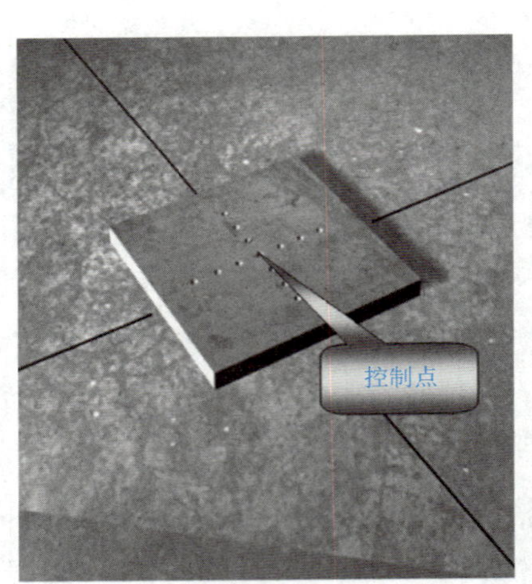

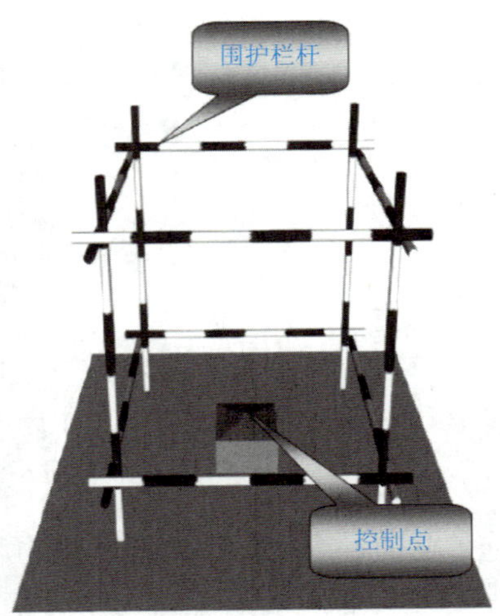

图 5-7　控制点埋设与保护

必须考虑施工的程序、方法，以及施工场地的布置情况。施工控制网的设计点位应标在施工设计的总平面图上。

2. 平面控制网的布设

以往建筑施工测量一般有建筑基线、建筑方格网等方法，由于它们实施起来都比较麻烦，其点位缺乏灵活性、易被毁坏，所以在全站仪、GNSS 逐步普及的条件下，已被导线网或 GNSS 网所代替。可根据场地地形条件和建筑物、构筑物的布置情况，布设成导线网或 GNSS 网。

3. 拟建建筑物的坐标系统

如图 5-8 所示，设计和施工部门为了工作上的方便，常采用一种独立的坐标系统，其坐标系的正交轴平行或垂直于建筑物的主轴线，称为施工坐标系或者建筑坐标系。在现场放样时必须对两种坐标进行转换，否则无法继续施工。

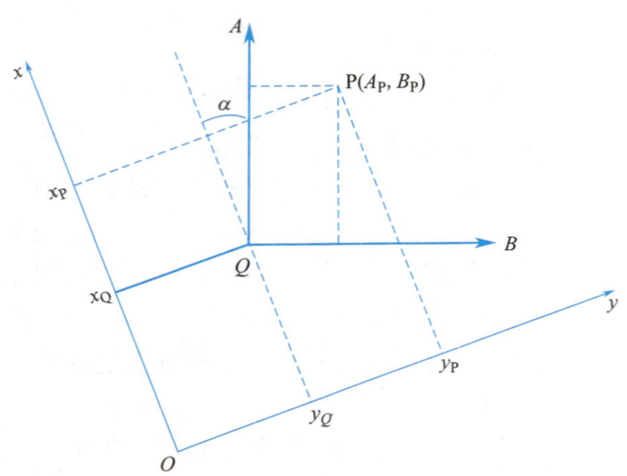

图 5-8　施工与测图坐标系的关系

施工坐标系的纵轴通常用 A 表示，横轴用 B 表示，Q 为原点，施工坐标也称 A、B 坐标。

设放样点 P 在施工坐标系 AQB 中的坐标为（A_P，B_P），在测量坐标系 xOy（或大地坐标系）中的坐标为（x_P，y_P）。

两坐标系的相对位置关系如图 5-8 所示。

若将 P 点的施工坐标转化为测量坐标，其换算公式为：

$$\begin{cases} x_P = x_Q + A_P \cdot \cos\alpha - B_P \cdot \sin\alpha \\ y_P = y_Q + A_P \cdot \sin\alpha + B_P \cdot \cos\alpha \end{cases} \quad \text{（式 5-1）}$$

若将 P 点的测量坐标转化为施工坐标，其换算公式为：

$$\begin{cases} A_P = (x_P - x_Q) \cdot \cos\alpha + (y_P - y_Q) \cdot \sin\alpha \\ B_P = -(x_P - x_Q) \cdot \sin\alpha + (y_P - y_Q) \cdot \cos\alpha \end{cases} \quad \text{（式 5-2）}$$

式中　α——两坐标系之间的夹角。

施工坐标系的 A 轴和 B 轴，也可以与厂区主要建筑物或主要道路、管线方向平行。坐标原点设在总平面图的西南角，使所有建筑物和构筑物的设计坐标均为正值。施工坐标系与国家测量坐标系之间的关系，可用施工坐标系原点的测量系坐标来确定。在进行施工测量时，上述数据由勘测设计单位给出。

5-2
坐标换算

5.1.3　放样已知角度和边长

测设建筑物的平面位置，对已知角度和边长的放样是基础。下面介绍测设已知角度和距离的方法。

1. 已知水平角度的测设

测设已知水平角，是根据地面上已有的一个方向标定出另一个方向，使两个方向间的水平角等于已知水平角值 β。使用的仪器为经纬仪、全站仪。

其测设方法如下：

（1）正倒镜分中法——一般方法

对于精度要求不高的水平角测设可用此法。如图 5-9 所示，AB 为已知方向，A 为角顶点，β 为已知水平角值，AC 为要标定的方向。其测设步骤如下：

1）安置经纬仪于 A 点，用盘左位置后视 B 点，读取水平度盘读数 a；

2）顺时针转动照准部，使水平度盘读数置于（$\beta+a$）处，在视线方向上定出点 C′；

3）用盘右位置后视 B 点，按同法可定出 C″；

4）取两点 C′、C″连线中点 $\overline{C}$，则∠BA$\overline{C}$ 即为要测设的水平角 β，此法以称盘左、盘右分中法。

5）为检查该水平角的正确性，可测一测回进行检查，看是否符合要求。

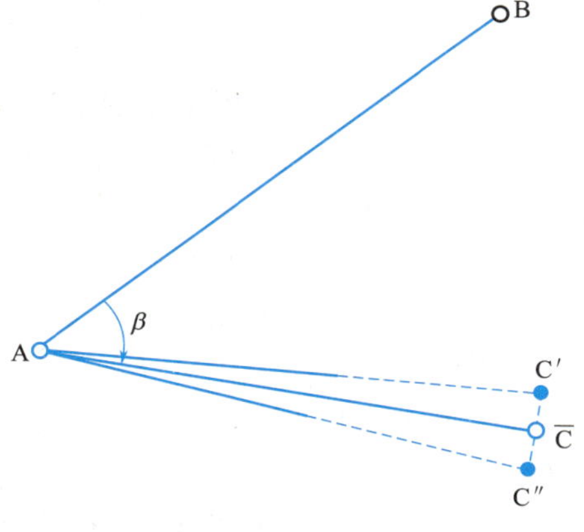

图 5-9　正倒镜分中法测设水平角度

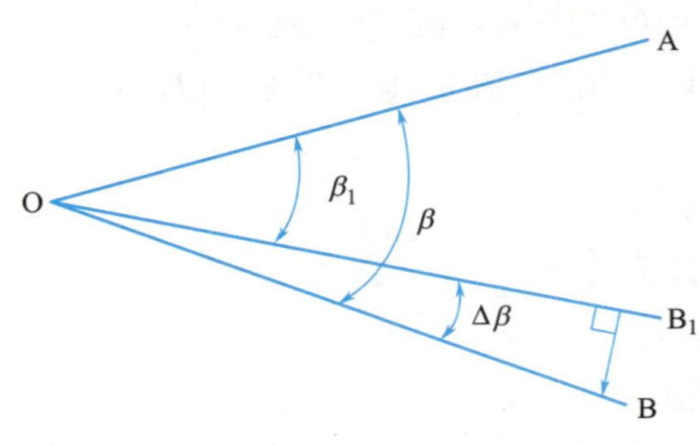

图 5-10 归化法精确测设水平角度

(2) 多测回修正法（归化法）——精确方法

对于精度要求较高的情况，采用此法。如图 5-10 所示，其测设步骤如下：

1) 在 O 点安置经纬仪，按一般方法测设出水平角，在地面上定出 B_1 点；

2) 用测回法多测回较精确的观测∠AOB_1，取其平均值为 β_1，则 $\Delta\beta=\beta_1-\beta$；

3) 根据 $\Delta\beta$ 小角值及 OB_1 边的长度计算出垂直距离 BB_1：

$$BB_1=OB_1\cdot\tan\Delta\beta\approx OB_1\cdot\frac{\Delta\beta}{\rho} \quad（式 5\text{-}3）$$

式中，$\rho=206265''$。

然后，从 B_1 点起沿 OB_1 边的垂直方向量出垂距 BB_1，定出 B 点。

4) 测量∠AOB，以检核测设的正确性。

5-3 水平角测设

【例 5-1】要测设水平角 $\beta=60°$，实际测的 $\beta'=60°00'20''$，$OB_1=100.000m$。

则 $\Delta\beta=\beta_1-\beta=+20''$，$BB_1=100.000\times(+20''/206265'')=+0.010m$。

然后，过 B_1 点垂直 OB_1 向内量取 0.010m，定出 B 点，则∠AOB 即为要测设的 β 角。

2. 已知水平边长的测设

将设计水平距离测设在上述已测设的方向上。使用的仪器和工具为钢尺、测距仪或全站仪。

(1) 普通钢尺法——一般方法，普通精度

如图 5-11 所示，宜用于所测设长度小于一个整尺段的水平距离、地面较平坦且精度要求又较低的情况。

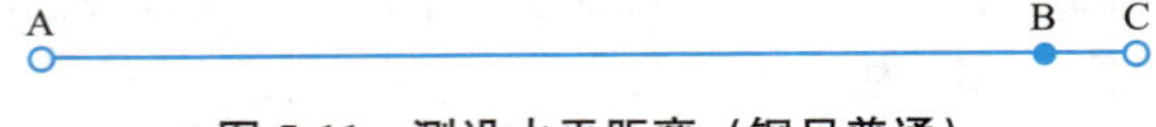

图 5-11 测设水平距离（钢尺普通）

由起始点 A 开始，沿给出的已知方向 AC，按已知水平距离，用一般丈量距离的方法定出端点 B，然后再往、返丈量 AB 的水平距离，若往、返较差在容许范围内时，取其平均值作为最后结果。

(2) 精密钢尺法——精密方法，较高精度

如图 5-12 所示，宜用于所测设长度相对较长（大于一个整尺段）的水平距离且精度要求又较高的情况。

可先按已知水平距离 D，用一般方法在地面上概略定出 B′点，然后使用经纬仪定线、精密量距（钢尺零端施以检定时的拉力、观测量距温度、测量尺两端高差、错尺往返丈量），进行尺长、温度、拉力、倾斜等改正，精确量取 AB′的水平距离 D'，若 D'与 D 不

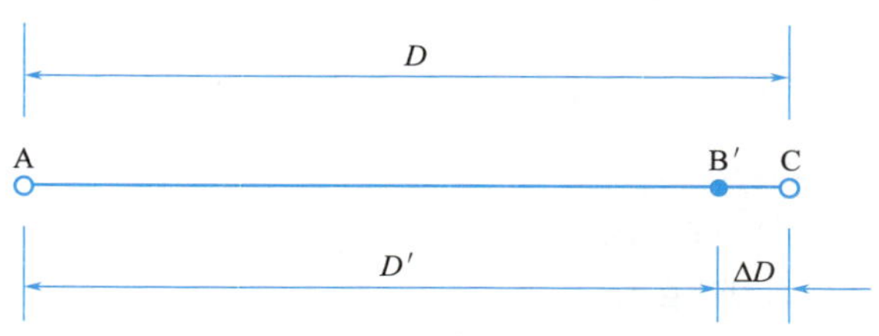

图 5-12　测设水平距离（钢尺精密）

相等，则按其差值 $\Delta D = D' - D$，以 B′点为准沿 AB′方向进行改正。当 ΔD 为正时，向内改正，反之则向外改正。

（3）测距仪法

如图 5-13 所示，在 A 点安置测距仪（或全站仪），在 AC 方向测设距离，应使增加了气象改正与倾斜改正后的距离等于设计水平距离。

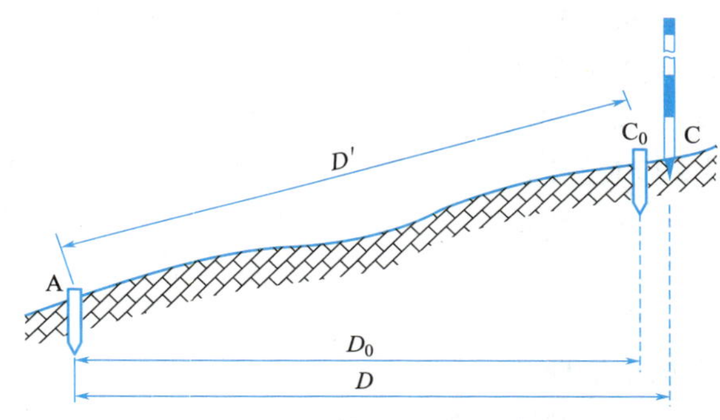

图 5-13　电磁波精密测设水平距离

首先在已知方向线上标定一点 C，使点 C 在待定点 C_0 的附近。然后用电磁波测距仪测算出 AC 的水平距离 D，并求出改正值 $\Delta D = D - D_0$。最后用钢尺按此改正值定出终点 C_0，使 $AC_0 = D_0$。

为了检查 AC_0 长度的正确性和标定精度，可用电磁波测距仪检测 AC_0 距离，并与设计值比较，其差值不应超过所要求的精度。

5-4 水平距离测设

电磁波测距仪如有跟踪功能，可用跟踪法在测设方向前后移动反光棱镜来寻找略大于测设距离的 C 点，然后在 C 点设置反光棱镜，按上述方法测距并改正 C 点至 C_0 点。

5.1.4　放样已知点位

建筑物平面位置测设的方法主要有直角坐标法、极坐标法、角度交会法和距离交会法等。

1. 直角坐标法

直角坐标法是根据直角坐标原理进行点的平面位置测设的一种方法。当施工现场已建立与待测设建筑物轴线相互平行的主控轴线，且相距较近时，即设置了建筑基线，常用直角坐标法测设点位。其测设步骤如下：

（1）计算测设要素

如图 5-14 所示，BO、OA 为现场已有的建筑基线，M、N、P、Q 为要测设的建筑物的四个角点。根据设计给定该建筑物四点的坐标和 O 点的坐标，按式（5-4）可求出测设距离值 Δx_M、Δy_M：

$$\begin{aligned}\Delta x_M &= x_M - x_O \\ \Delta y_M &= y_M - y_O\end{aligned} \qquad \text{（式 5-4）}$$

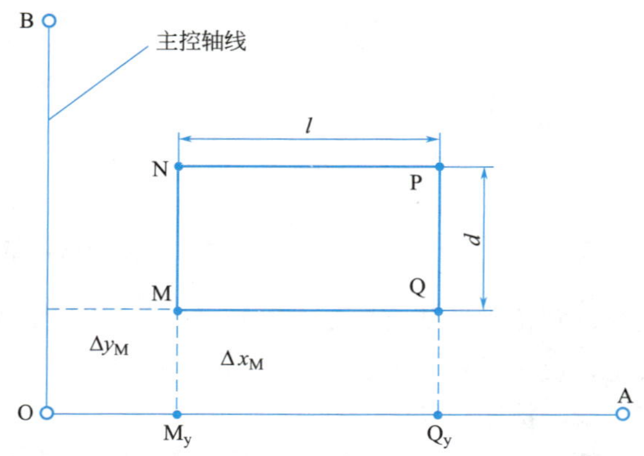

图 5-14　直角坐标法测设点的平面位置

（2）测设方法

1）安置经纬仪于 O 点上，照准 A 点，沿 OA 方向线用钢尺精确量取水平距离 $OM_y = \Delta y_M$，得 M_y 点。

2）再将经纬仪安置于 M_y 点，测设$\angle AM_yM=270°$，沿 M_yM 方向线用钢尺精确测设水平距离 $M_yM=\Delta x_M$，所得点即为需测设的建筑物角点 M。

3）同法可标定出其他三点 N、P、Q 点。

5-5
直角坐标法
放样

4）最后应观测四边形的四个内角，检查各内角是否等于 90°，同时丈量两个对角线长度检核是否等于设计长度。上述检核如果证明点位测设有误，应找出原因重新放样。

2. 极坐标法

5-6
极坐标法
放样

极坐标法是根据水平角和距离测设点的平面位置的一种方法，适用于待定点附近有已知平面控制点，且便于量距的场地。方法如下：

（1）计算测设要素

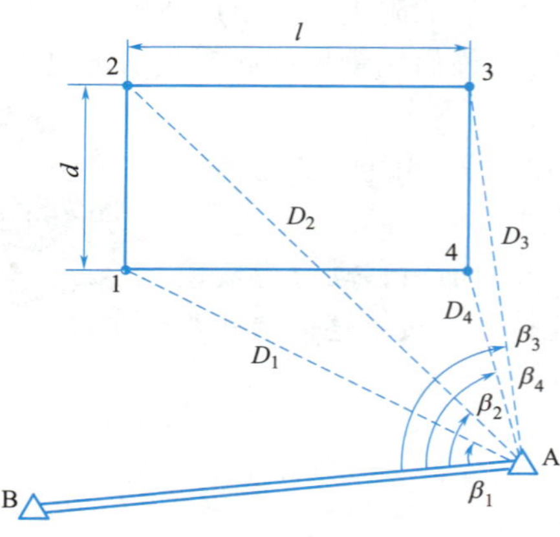

图 5-15　极坐标法测设点的平面位置

如图 5-15 所示，A、B 为已知控制点，其坐标为（x_A，y_B）、（x_B，y_B），点 1、2、3、4 为设计的建筑物角点，坐标分别为（x_1，y_1）、（x_2，y_2）……。按式（5-5）根据坐标反算求出测设数据 β_1 和水平距离 D_{A1}：

$$\alpha_{AB} = \arctan\frac{y_B - y_A}{x_B - x_A}$$

$$\alpha_{A1} = \arctan\frac{y_1 - y_A}{x_1 - x_A}$$

$$\beta_1 = \alpha_{A1} - \alpha_{AB} \qquad \text{（式 5-5）}$$

$$D_{A1} = \frac{y_1 - y_A}{\sin\alpha_{A1}} = \frac{x_1 - x_A}{\cos\alpha_{A1}} = \sqrt{\Delta x_{A1}^2 + \Delta y_{A1}^2}$$

（2）测设方法

在 A 点安置经纬仪，以 AB 为起始方向，以测设角度的方法测设水平角 β_1，定出 A1 方向，沿此方向再用测设距离的方法测设距离 D_{A1} 定出 1 点。依此类推，可定出其余各点。

【例 5-2】 已知控制点 A、B 的坐标分别为 $x_A=1125.605\text{m}$、$y_A=1743.644\text{m}$、$x_B=1075.364\text{m}$、$y_B=1839.642\text{m}$；待测设点 P 的坐标 $x_P=1016.823\text{m}$、$y_P=1778.345\text{m}$。试计算测设要素水平角 β 和水平距离 D。

【解】

$$\alpha_{AB}=\arctan\frac{y_B-y_A}{x_B-x_A}=\arctan\frac{95.998}{-50.241}=117°37'32''$$

$$\alpha_{AP}=\arctan\frac{y_P-y_A}{x_P-x_A}=\arctan\frac{34.701}{-108.782}=162°18'26''$$

$$\beta=\alpha_{AP}-\alpha_{AB}=44°40'54''$$

$$D_{AP}=\sqrt{\Delta x_{AP}^2+\Delta y_{AP}^2}=\sqrt{(-108.782)^2+34.701^2}=114.182\text{m}$$

3. 角度交会法

角度交会法是在两个控制点上用两台经纬仪测设出两个已知水平角所定的两条方向线，交会出点的平面位置的一种方法。此法适用于待测点距控制点较远或量距较困难的场地。

（1）计算测设要素

如图 5-16 所示，A、B 为已知控制点，P 为待测设点，其坐标分别为（x_A，y_A）、（x_B，y_B）、（x_P，y_P）。用角度交会法测设 P 点的测设要素按式（5-6）计算求得：

$$\begin{aligned}\alpha_{AP}&=\arctan\frac{y_P-y_A}{x_P-x_A}\\ \alpha_{BP}&=\arctan\frac{y_P-y_B}{x_P-x_B}\\ \alpha_{BA}&=\arctan\frac{y_A-y_B}{x_A-x_B}\\ \beta_1&=\alpha_{AP}-\alpha_{AB}\\ \beta_2&=\alpha_{BP}-\alpha_{BA}\end{aligned}\qquad\text{（式 5-6）}$$

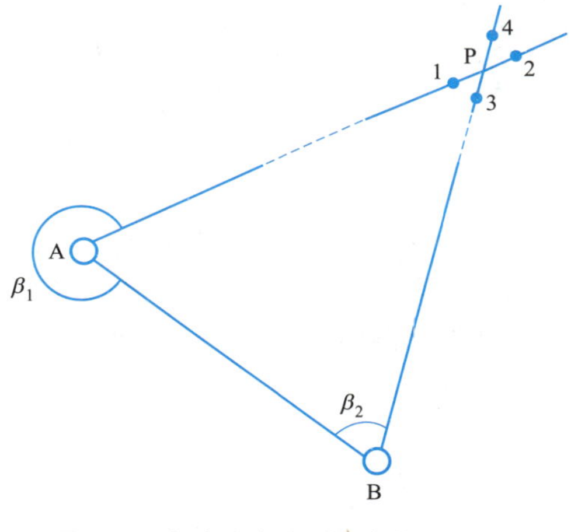

图 5-16　角度交会法测设点的平面位置

（2）测设方法

1）在 A 点安置经纬仪，测设出 β_1 角的方向线，在此方向线上于 P 点前后定出 1 点和 2 点。

2）再将经纬仪安置于 B 点，测设 β_2 角的方向线，并在方向线上定出 3 点和 4 点，连接 1、2 及 3、4，其交点即为 P 点的位置。

3）也可用两台经纬仪分别安置在 A、B 两点，同时测设 β_1 和 β_2 角的方向线，其交点即为待定点 P 的平面位置。

为了提高点位放样的精度，常采用三方向（或多方向）进行交会。如图 5-17 所示，由于测设交会角度误差的影响，在交会点处三个方向将不能交于一点而产生示误三角形。当误差三角形的边长不超过 4cm 时，可取误差三角形的重心（三条中线的交点/内切圆圆心）作为所求 P 点的最终点位。

若误差三角形的边长超限，则应重新放样。

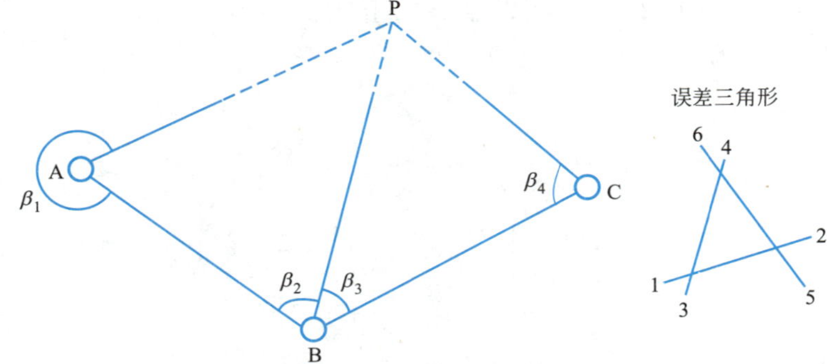

图 5-17　角度交会法示误三角形

4. 距离交会法

距离交会法是在控制点上根据各测设已知长度交会出点的平面位置。此法适用于待定点距两控制点距离不超过一整尺长，且地面平坦便于量距的场地。

（1）计算测设要素

如图 5-18 所示，先根据已知点 A、B 及待定点 P 的坐标（x_A，y_A）、（x_B，y_B）、（x_P，y_P），用坐标反算公式求出水平距离 D_{AP} 和 D_{BP}。

（2）测设方法

测设时用两把钢尺，分别以 A、B 两点为圆心，以 D_{AP} 和 D_{BP} 为半径，在钢尺水平的情况下，摆动钢尺画弧，两弧的交点即为标定点 P。此法精度较低。

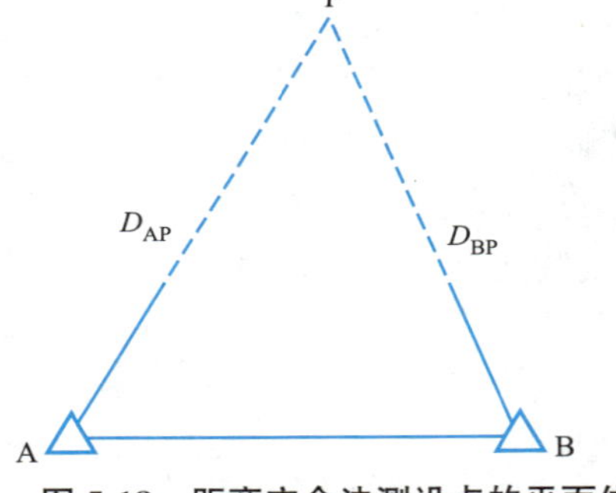

图 5-18　距离交会法测设点的平面位置

5.1.5　建筑物的定位

建筑物的定位，是指根据设计图纸计算标定数据，绘制测设略图，将建筑物外墙轴线交点（也称角点）测设到实地，并以此作为基础放线和细部放线的依据。

由于定位条件的不同，民用建筑除了根据测量控制点定位外，还可以根据建筑红线或已有的建筑物来进行定位。后者放样精度较低，应根据放样精度要求合理采用。

将建筑物外墙轴线（主轴线）交点（也称角点）测设到实地。标志角点点位的木桩称角桩。由于现场条件不同，角点的定位方法也不同，主要有以下三种情况：

1. 根据与原有建筑物的关系定位

在建筑区内新建或扩建建筑物时，一般设计图上都给出了新建筑物与原有建筑物的相互位置关系，标定时就利用原有建筑物进行标定。如图 5-19 所示的几种情况，图中绘有斜线的是原有建筑物，虚线是拟建建筑物。

如图 5-19（a）所示，拟建的建筑物轴线 M_1N_1 在原有建筑物轴线 A_1B_1 的延长线上，

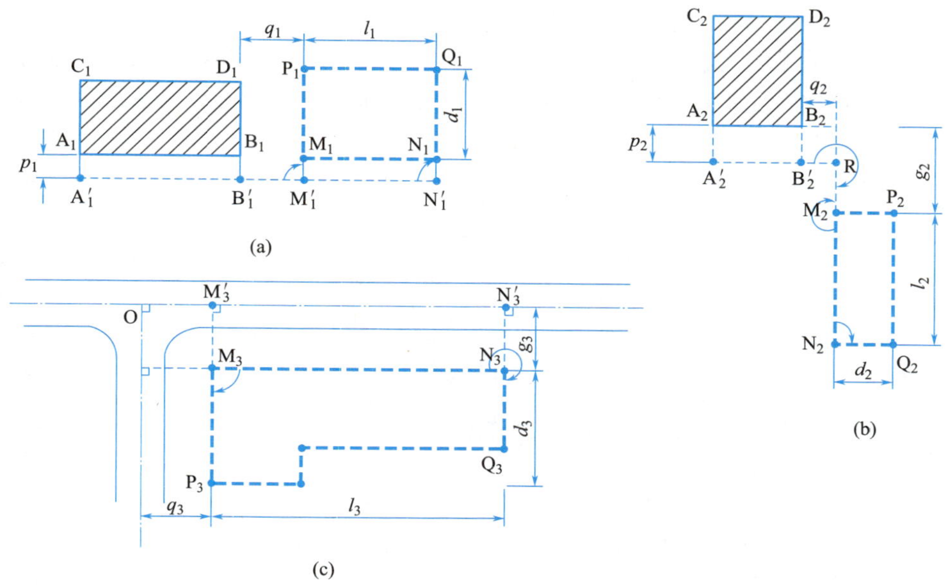

图 5-19　根据原有建筑物定位新建筑物

（a）延长直线法；（b）直角坐标法；（c）平行线法

可用延长直线法定位。首先设置 A_1B_1 的平行线 $A_1'B_1'$，然后用经纬仪将 $A_1'B_1'$ 延长，根据所给定的距离定出 M_1' 点和 N_1' 点，$M_1'N_1'$ 与 M_1N_1 平行且相等，再在 M_1' 点和 N_1' 点安置经纬仪，按 90°角和相关距离定 M_1、N_1 和 P_1、Q_1 点。

如图 5-19（b）所示，可用直角坐标法定位。先作 A_2B_2 的平行线 $A_2'B_2'$，然后用经纬仪延长 $A_2'B_2'$，并按设计距离 p_2、q_2 定出 R 点，再安置经纬仪于 R 点，按图示 270°角和 RM_2、RN_2 的设计距离定出 M_2、N_2 点，最后安置经纬仪于 M_2 和 N_2 点测设图示 270°、90°角，根据建筑物的宽度分别定出 P_2 点和 Q_2 点。

如图 5-19（c）所示，拟建建筑物与道路中心线平行，可用平行线法定位，用分中法做出道路中心线，然后用经纬仪作垂线，定出建筑物轴线，再根据建筑物尺寸定位。

2. 根据控制点的坐标定位

如果建筑场地附近有测量控制点可利用，如图 5-20 所示，可根据控制点坐标及建筑物定位点的设计坐标，然后利用经纬仪配合钢尺，采用极坐标法、全站仪极坐标法、角度交会法或距离交会法按前述方法将建筑物标定到实地。

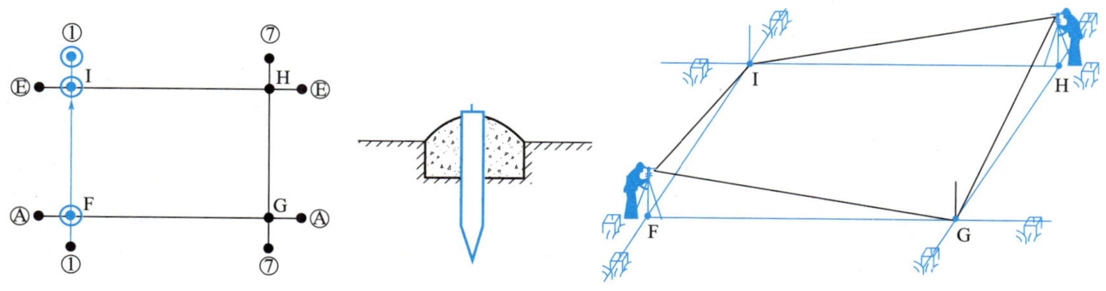

图 5-20　根据建筑方格网定位

3. 工程定位测量验收资料

工程定位测量工作完成后，应及时填写相关报验资料，通过监理验收，以进行后续工程施工。表 5-1 为江苏省工程定位测量报验统一资料标准样例，主要内容是工程定位数据及宏观的草图等。

江苏省工程定位测量验收记录 **表 5-1**

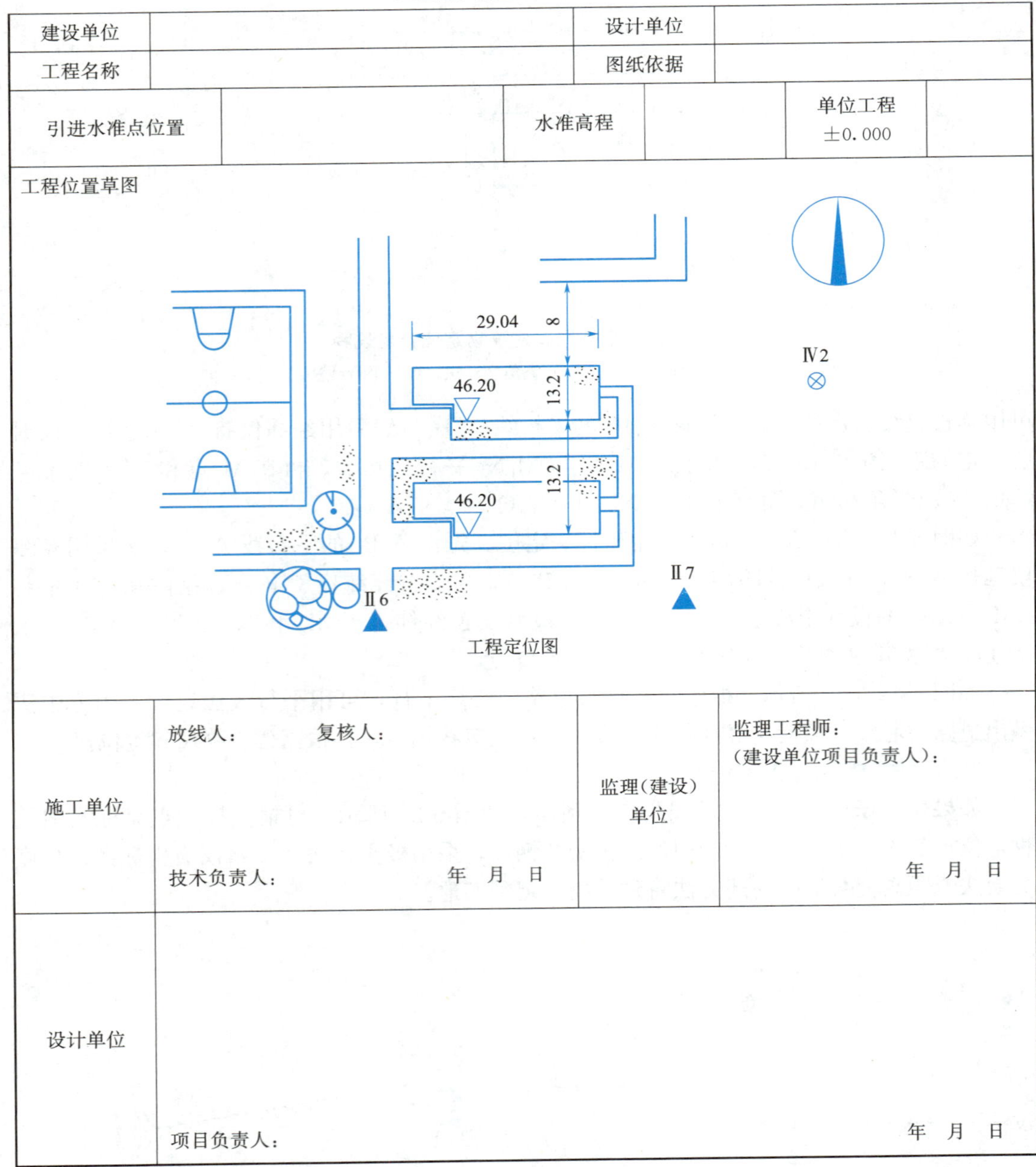

工程定位测量、放线验收记录 TJ2. 2

建设单位		设计单位	
工程名称		图纸依据	

引进水准点位置		水准高程		单位工程 ±0. 000	

工程位置草图

工程定位图

施工单位	放线人：　复核人： 技术负责人：　年　月　日	监理（建设）单位	监理工程师： （建设单位项目负责人）： 年　月　日
设计单位	项目负责人：　年　月　日		

5.1.6　建筑物轴线放样

建筑物的轴线放样就是放线，是指根据已测设的外墙轴线交点桩，详细测设出建筑物各细部轴线的交点桩，并将交点桩用控制桩引测到场地外侧。然后，按基础宽度和放坡宽度用白灰线撒出基槽开挖边界线。

详细测设主轴线以外其他各轴线交点的位置，用木桩标定出中心桩，并将角桩、中心桩引测到基槽外侧距轴线交点 4m 距离的轴线控制桩上，做好标志和控制桩的保护。然后，按基础宽度和放坡宽度用白灰线撒出基槽开挖边界线。

1. 测设细部轴线交点

如图 5-21 所示，Ⓐ轴、Ⓔ轴、①轴和⑦轴是四条建筑物的外墙主轴线，其轴线交点 A1、A7、E1 和 E7 是建筑物的定位点，这些定位点已在地面上测设完毕，各主次轴线间隔如图所示，现欲测设次要轴线与主轴线的交点。

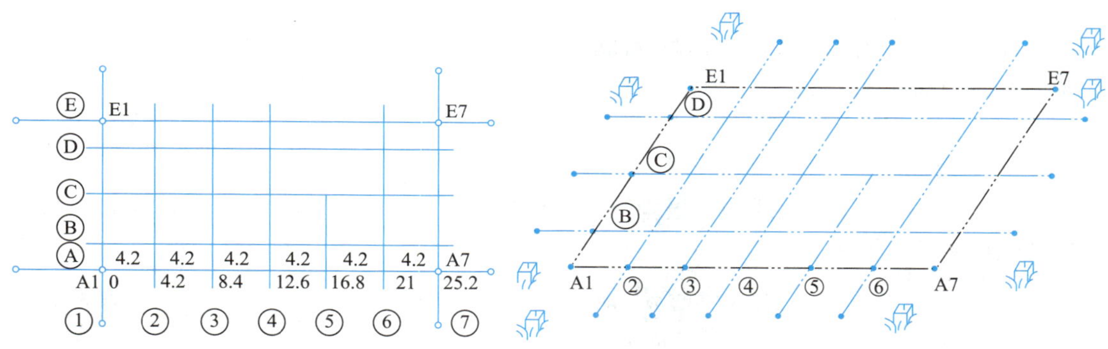

图 5-21　细部轴线交点测设

在 A1 上安置经纬仪，照准 A7 点，为防止误差累积，沿此视线方向，用直线内分点法测出每两轴线间的水平距离，定出各次轴线（隔墙轴线）与主轴线的交点点位（A2、A3、……、A6 等），打入木桩（称中心桩）并在桩顶钉入小钉以示点位的精确位置。同样方法可在Ⓔ轴上测设与各次要轴线的交点（E2、E3、……、E6）等。

2. 引测轴线控制桩

由于开挖基槽时角桩和中心桩都要被挖掉，为在施工时能方便地恢复各轴线的位置，需要把建筑物各轴线延长到安全地点（一般离开角桩或中心桩的距离为 4m），并作好标志，称轴线引测。轴线控制桩设置在基槽外基础轴线的延长线上，作为开槽后各施工阶段确定轴线位置的依据。轴线控制桩离基础外边线的距离根据施工场地的条件而定，一般为 4m 左右。如果附近有已建的建筑物，也可将轴线投设在建筑物的墙上。为了保证控制桩的精度，施工中往往将控制桩与定位桩一起测设，有时先测设控制桩，再测设定位桩。

如图 5-22 所示，为控制桩法引测轴线示意图。

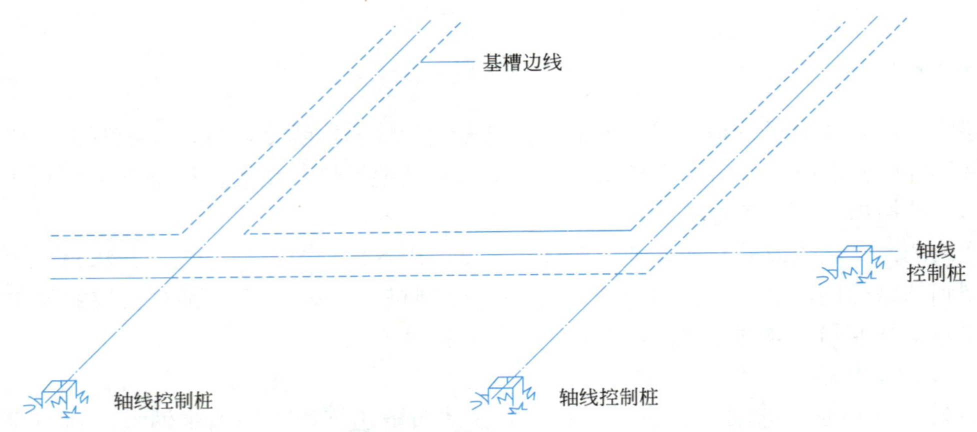

图 5-22　控制桩法引测轴线

以往有使用龙门桩做轴线控制桩的，因在施工中效果较差且对工程进度有较大影响，目前现场基本不用。

3. 工程放线测量验收资料

表 5-2 为江苏省工程放线测量报验统一资料标准样例，主要内容是工程轴线放样细部数据及轴线关系草图等。

江苏省工程放线测量报验统一资料标准样例　　　　**表 5-2**

工程定位测量、放线验收记录　　　　TJ2.2

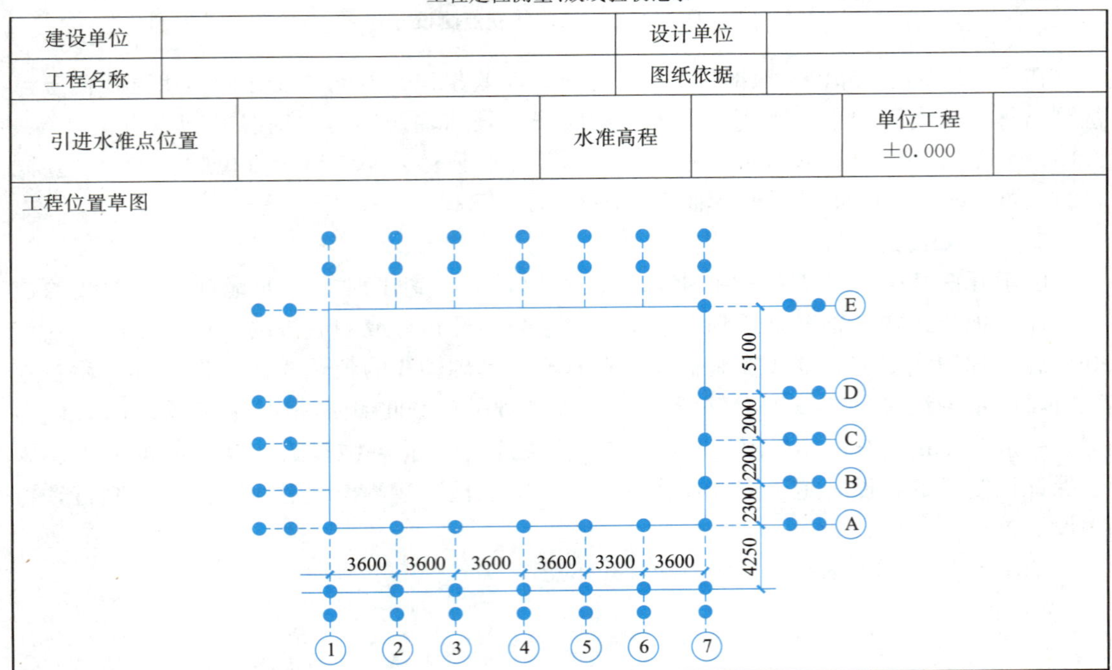

建设单位		设计单位	
工程名称		图纸依据	

引进水准点位置		水准高程		单位工程 ±0.000	

工程位置草图

续表

施工单位	放线人：　　复核人： 技术负责人：　　年　月　日	监理(建设)单位	监理工程师： (建设单位项目负责人)： 年　月　日
设计单位	项目负责人：　　年　月　日		

基槽开挖完成且基础垫层打好后，根据轴线控制桩，用经纬仪或拉线绳持垂球的方法，把轴线投测到垫层上，并用墨线弹出基础墙体中心线和基础墙边线，以便砌筑基础墙体。由于整个墙身砌筑均以此线为准，因此，这是确定建筑物位置的关键环节，一定要严格校核后方可进行砌筑施工。

5.1.7　使用全站仪进行点位放样

提示

如图5-23所示，全站仪进行点位放样是依据待标定点的坐标，利用全站仪自带的放样功能，直接进行建筑物角点平面位置标定的一种方法，其实质是极坐标法，所不同的是标定元素的计算由全站仪自动完成。实际作业方法随仪器的不同而有所不同，本例以拓普康全站仪为例说明全站仪极坐标法点位放样步骤。

全站仪点位放样分为测站设置、后视定向、放样实施（正倒镜分中法）、点位检核四个步骤。

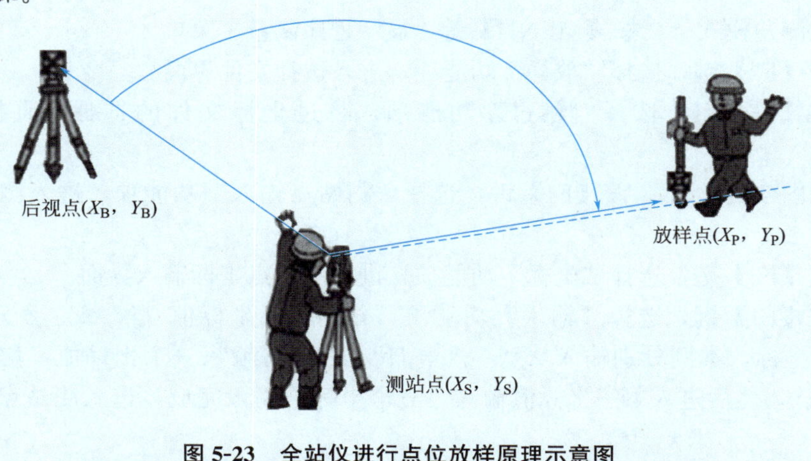

图5-23　全站仪进行点位放样原理示意图

1. 测站设置

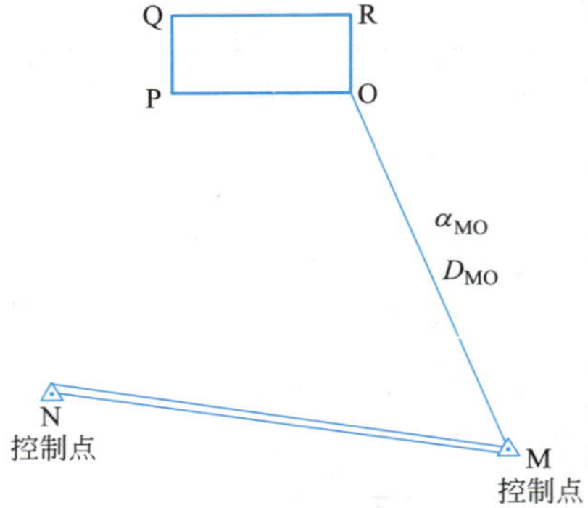

图 5-24 全站仪进行点位放样

如图 5-24 所示，O（P、Q、R）点为建筑物角点，坐标为（X_O，Y_O，H_O）。M、N 为控制点，坐标分别为（X_M、Y_M、H_M）和（X_N、Y_N、H_N）。

测站设置的目的在于将仪器安置于测站（如图 5-24 中 M 点）上，并将测站点坐标（X_M，Y_M，H_M）输入到仪器中。方法如下：

（1）安置全站仪于 M 点（对中、整平）。

（2）如图 5-25 所示，设置格网因子，一般为 1（以拓普康全站仪为例，操作过程为：关机状态下，先按【F2】键再同时按下【POWER】键超过 5 秒，按选“其他设置”，再按【F4】三次，再按【F1】进入格网因子设置窗口，设置为“不使用格网因子”或设置“格网因子＝1”，设置完成后关机）。

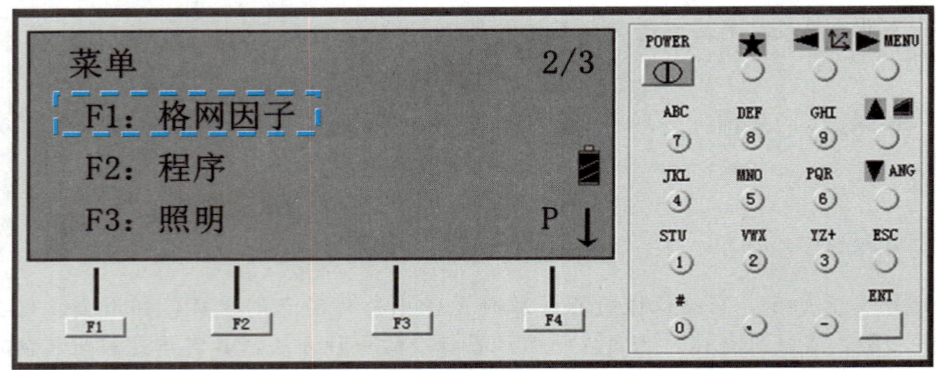

图 5-25 全站仪进行点位放样

（3）按【POWER】键，开机，在正镜镜位输入 PPM（温度、气压）、PSM（棱镜常数）等参数。

（4）在测角模式下，按【MENU】键，显示程序测量主菜单。

（5）按【F2】键，选择“放样”功能项，进入选择文件界面。

（6）按【F3】键，选择“跳过”功能项，跳过坐标文件的选择，直接进入放样界面。

（7）如图 5-26 所示，按【F1】键，选择“测站点输入”功能项，进入测站点信息输入界面。

（8）按【F3】键，选择“坐标”功能项，进入测站点坐标输入界面。

（9）按【F1】键，选择“输入”功能项，分别输入坐标值（N、E、Z 分别对应 X、Y、H 三个坐标，本例分别输入 X_M、Y_M、H_M 值）。每输入一个坐标值，均需按回车键【ENT】确认，然后进入下一坐标值输入。三个坐标值输入完成，进入测站点仪器高输入界面。

（10）按【F1】键，选择“输入”功能项，输入仪器高。

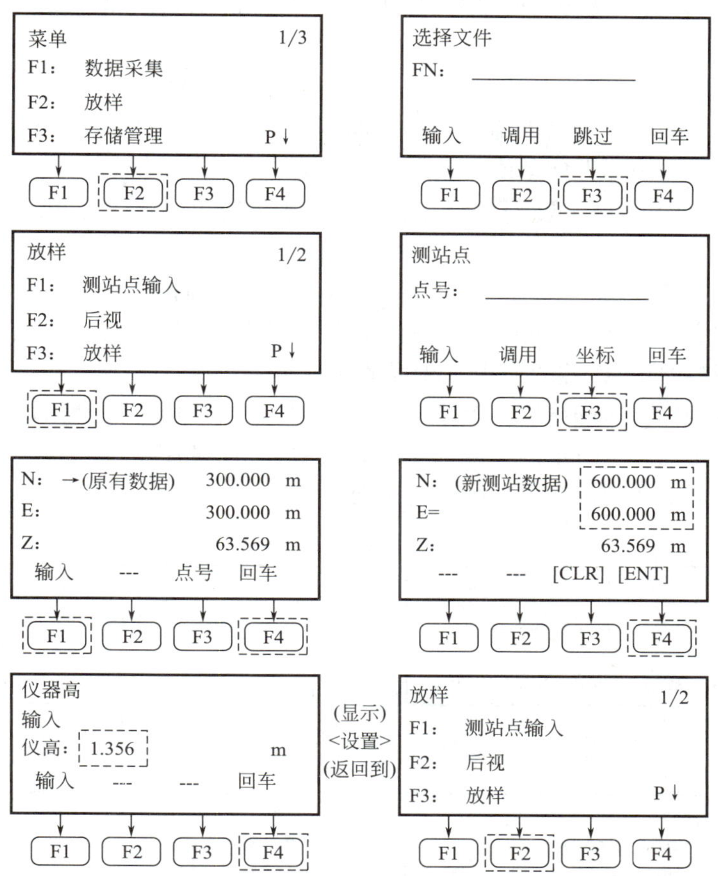

图 5-26　全站仪点位放样测站设置

图 5-27　全站仪点位放样后视定向

（11）按【F4】键，选择“回车”，确认仪器高的输入，返回放样界面，进行后视点信息的设置。

2. 后视定向

后视定向的目的在于当精确瞄准后视定向点（如图 5-24 中 N 点）时，将水平度盘示数设置为后视方向的坐标方位角值。如图 5-27 所示，方法如下：

（1）在放样界面下，按【F2】键，选择“后视”功能项，进入后视点（定向点）信息输入界面；

（2）按【F3】键，选择“NE/AZ”功能项，直接输入后视点坐标值（“NE”）；

（3）按【F1】键，选择“输入”功能项，按测站点坐标输入方法依次输入后视点坐标（X_N，Y_N），后视定向不需输入后视点高程坐标；

（4）后视点坐标输入确认后，屏幕上显示的 H（B）数值即为全站仪自动反算出来的定向边的坐标方位角，核对定向边方位角值无误后，精确瞄准后视点，按【F3】键确认，返回放样界面，完成后视定向，如图 5-28 所示。

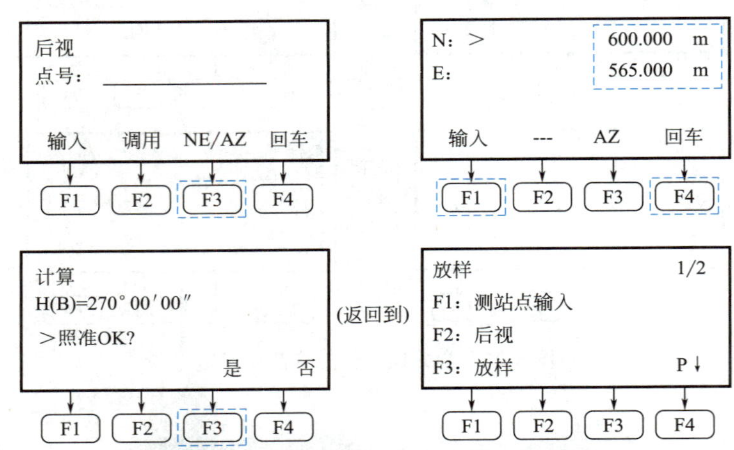

图 5-28 点位放样后视定向全站仪操作流程

提示

此步骤是全站仪坐标放样的关键环节，仪器只有经过定向，才能与实地的坐标系统一致，放样结果才是正确的，否则会因全站仪内部坐标系与实地坐标系产生旋转的“失之毫厘”，而导致点位定位的“谬以千里”。

3. 放样实施

（1）在放样界面下，按【F3】键，选择“放样”功能项，进入放样界面。

（2）按【F3】键，选择“坐标”功能项，进入输入标定点坐标值界面，如图 5-29 所示。

（3）按前述坐标值输入方法输入建筑物角点坐标，输入完成按回车确认，进入镜高输入界面。

（4）按【F1】键，输入镜高，输入完成按回车确认，进入计算界面。其中显示屏中

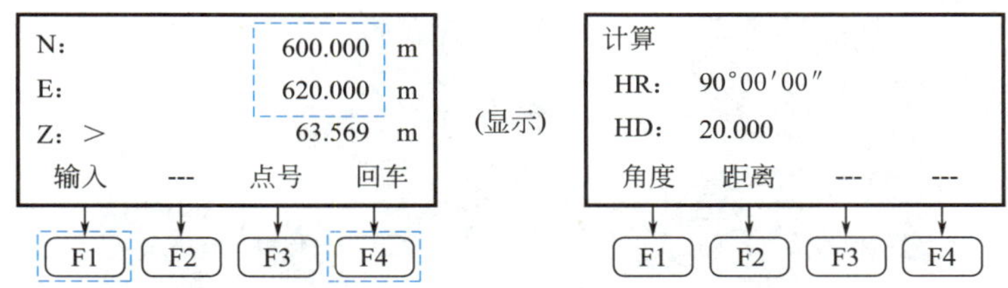

图 5-29　放样点位坐标输入及定位数据计算

“HR”表示测站点至建筑物角点的坐标方位角值，“HD”表示测站点至建筑物角点的水平距离值（如图 5-24 中的 α_{MO}、D_{MO}）。

（5）如图 5-30 所示，按【F1】键，选择“角度”标定功能项，显示水平角差值界面。其中“HR”表示当前水平度盘示数，“dHR”表示照准部应转动的角值，即当前水平度盘示数与瞄准建筑物角点时水平度盘示数应有值的差值。

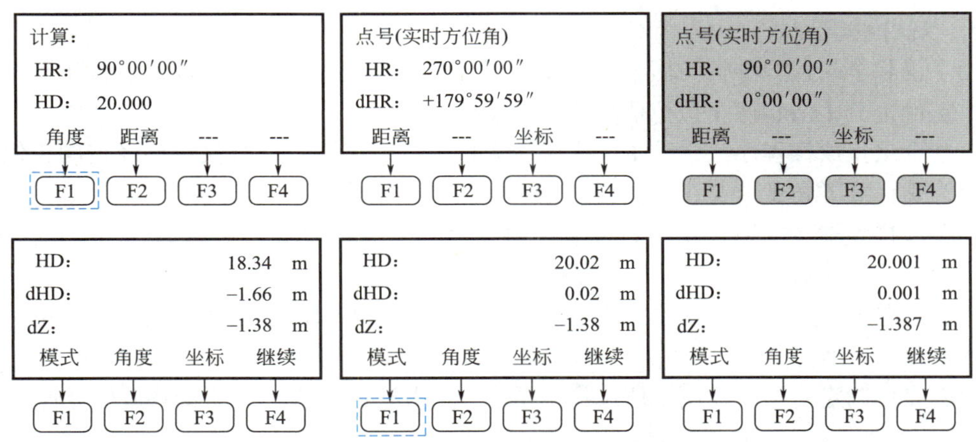

图 5-30　点位放样角度及距离标定

（6）转动照准部，当 dHR 示数为 0 时，表示视线已精确瞄准建筑物角点 O 的方向。制动水平制动，固定照准部。

（7）按【F1】键，选择“距离”标定功能项，进入距离标定界面。显示的“HD”表示测站点至当前镜站点的水平距离；“dHD”表示当前镜站点至建筑物角点的水平距离差值，即镜站应移动的距离；“dZ”表示镜站点的高程与建筑物角点的高程差值。

（8）如图 5-31 所示，沿视线方向移动镜站，当 dHD 值为 0 时，即找到建筑物角点 O 的位置。放样点位处于 1cm 范围内时，在标定处打入木桩，在木桩上用铅笔标记前后两点并连线标出标定方向，再前后微移棱镜精确标定（按【F1】选择“模式”软键进行距离精测）放样点位，精度要达到±1mm。

（9）为了检核在距离定位过程中方向是否改变，此时可按【F2】选择“角度”软键进行检查；如果 dHR=0，则证明放样方向正确；否则，应重新定向、拨角放样。

（10）当 dHR=0、dHD=0 时，则完成正镜镜位点位放样。为证明放样点位的正确性，此时按【F3】选择“坐标”软键，实测放样点坐标，实测值与放样值比较，限差一般在

图 5-31 在放样木桩上画出点位标定线

±2mm 以内。

(11) 此时按【F4】选择“继续”软键，依次输入 P、Q、R 放样点坐标，直接逐一放样其点位（无需再定向）。

4. 点位检核

为了消除全站仪视准轴与横轴不垂直而引起的视准轴误差，确保放样点位正确，一般需采取正倒镜分中法将两个镜位取均值放样点位。

有些全站仪放样程序只设计了一个镜位放样，虽然正镜放样时仪器已经定向，但倒镜放样时为确保放样角度值与正镜放样时相同，因此必须重新定向。

倒镜放样步骤： 倒镜→照准后视点→输入后视点坐标并定向→输入放样点坐标→拨角、量距进行点位放样。

一般情况下，先用正镜镜位放出所有点位，再统一用倒镜镜位在已放出的点位木桩上直接快速放出所有点位。

放样点位确定： 正镜及倒镜所放样两个点位取其连线中点，即为最终放样点位。

5. 后方交会设置新点进行点位放样

由于交叉作业场地作业工作面被占用等因素，施工现场经常会出现观测视线被车辆、物料等障碍物阻挡而无法通视，或者已知控制点距离放样现场较远，不方便放样等情况，此时可采用后方交会设置新的控制点的方法来进行点位放样。如图 5-32 所示，采用后方交会方法设置新控制点作为测站点。在测站点观测 2 个或更多的已知点，求出测站点坐标，同时进行后视定向，后续直接进入放样其他点位的程序即可。

在新点上安置仪器，用最多可达7个已知点的坐标和这些点的测量数据计算新点坐标。后方交会的观测方式如下：

• 距离测量后方交会：测定2个或更多的已知点。

• 角度测量后方交会：测定3个或更多的已知点。

测站点坐标按最小二乘法解算（当仅用角度测量作后方交会时，若只有观测的3个已知点，则无需作最小二乘法计算）。

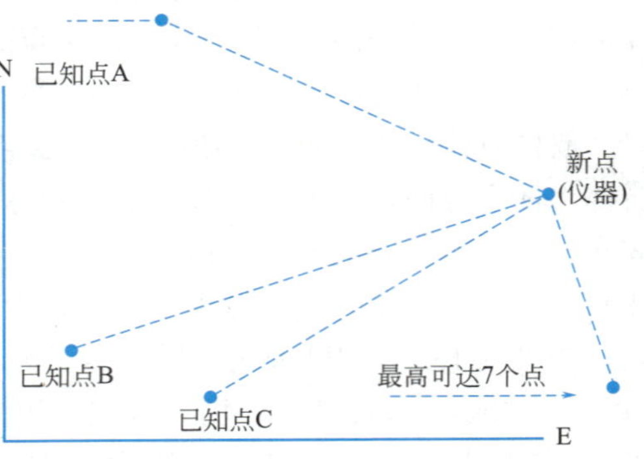

图 5-32 后方交会设置新控制点

任务 5.2　高层建筑轴线传递及高程传递测量

学习目标

1. 了解高层建筑轴线传递及高程传递、施工测量的主要任务；
2. 掌握外控法、内控法轴线传递的方法；
3. 会使用激光垂准仪进行轴线传递；
4. 能完成标高传递工作。

关键概念

竖向轴线传递、高程传递、内外控方法。

提示

《民用建筑设计统一标准》GB 50352—2019 规定，民用建筑按地上建筑高度或层数进行分类应符合下列规定：1）建筑高度不大于 27.0m 的住宅建筑、建筑高度不大于 24.0m 的公共建筑及建筑高度大于 24.0m 的单层公共建筑为低层或多层民用建筑；2）建筑高度大于 27.0m 的住宅建筑和建筑高度大于 24.0m 的非单层公共建筑，且高度不大于 100.0m 的，为高层民用建筑；3）建筑高度大于 100.0m 为超高层建筑。

高层建筑施工测量的主要任务是轴线和高程的竖向传递，控制建筑物的垂直偏差和高程偏差，做到正确地进行各楼层的定位放线、标高控制。

其主要任务是如何控制竖向偏差，也就是各层轴线如何精确地向上引测的问题。

《工程测量标准》GB 50026—2020 对高层竖向轴线和高程传递允许偏差作了同样的规定，见表 5-3。

高层竖向轴线传递和高程传递的允许偏差规定　　表 5-3

项目	竖向传递允许偏差值(mm)							
总高 H(m)	每层	$H\leqslant30$	$30<H\leqslant60$	$60<H\leqslant90$	$90<H\leqslant120$	$120<H\leqslant150$	$150<H\leqslant200$	$H>200$
轴线	3	5	10	15	20	25	30	按 40%的施工限差取值
高程	±3	±5	±10	±15	±20	±25	±30	

高层建筑的施工过程复杂，高层作业的难度大，施工空间有限，且多工种交叉，施工测量的各阶段测量工作必须与施工同步且要服从整个施工的计划和进程。

高层建筑物施工测量中的主要问题是控制垂直度，就是将建筑物的基础轴线准确地向高层引测，并保证各层相应轴线位于同一竖直面内，控制竖向偏差，使轴线向上投测的偏差值不超限。

5.2.1 高层建筑的竖向轴线传递

高层建筑物轴线的竖向投测，主要有外控法和内控法两种，下面分别介绍这两种方法。

1. 外控法

外控法是在建筑物外部，利用经纬仪，根据建筑物轴线控制桩来进行轴线的竖向投测，亦称作“经纬仪引桩投测法”，该方法适用于场区开阔的工程。具体操作方法如下：

（1）在建筑物底部投测中心轴线位置

高层建筑的基础工程完工后，将经纬仪安置在轴线控制桩 A_1、A_2、B_1 和 B_2 上，把建筑物主轴线精确地投测到建筑物的底部，并设立标志，如图 5-33 中的 3_1、3_2、C_1 和 C_2，以供下一步施工与向上投测之用。

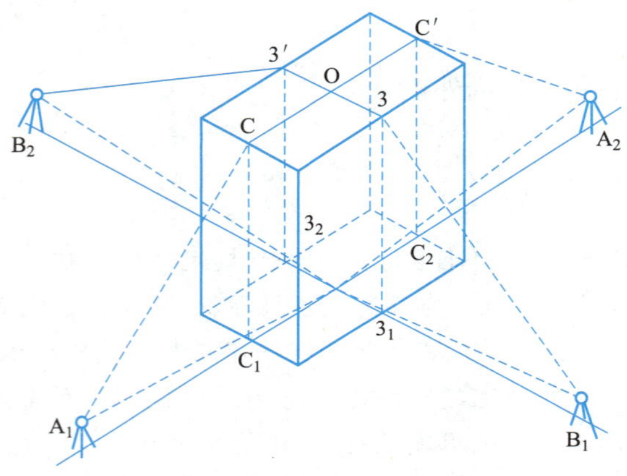

图 5-33 经纬仪投测中心轴线

（2）向上投测中心线

随着建筑物不断升高，要逐层将轴线向上传递，如图 5-33 所示，将经纬仪安置在中心轴线控制桩 A_1、A_2、B_1 和 B_2（控制桩离开建筑物的距离应该是其高度的 1.5 倍以上）上，严格整平仪器，用望远镜瞄准建筑物底部已标出的轴线 3_1、3_2、C_1 和 C_2 点，用盘左和盘右分别向上投测到每层楼板上，并取其中点作为该层中心轴线的投影点，如图中的 3、3′、C 和 C′。

（3）增设轴线引桩

当楼房逐渐增高，而轴线控制桩距建筑物又较近时，望远镜的仰角较大，操作不便，会降低投测精度。为此，要将原中心轴线控制桩引测到更远的安全地方，或者附近大楼的屋面上。

具体做法是：将经纬仪安置在已经投测上去的较高层（如第 10 层）楼面轴线 a_{10}、a'_{10} 上，如图 5-34 所示，瞄准地面上原有的轴线控制桩 A_1 和 A'_1 点，用盘左、盘右分中投点法，将轴线延长到远处 A_2 和 A'_2 点，并用标志固定其位置，A_2 和 A_2' 点即为新投测的 A_1 和 A'_1 轴控制桩。

更高各层的中心轴线，可将经纬仪安置在新的引桩上，按上述方法继续进行投测。一般情况下，控制点至建筑物的距离为其高度的 1～1.5 倍，由于场地限制，外控法目前使用较少。

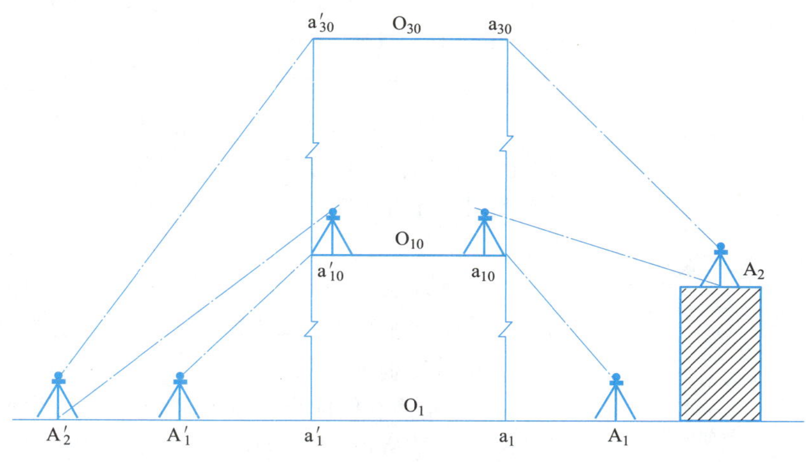

图 5-34　经纬仪引桩投测

2. 内控法

内控法是在建筑物内±0.000m 平面设置轴线控制点，并预埋标志。如图 5-35 所示，楼板施工时，在控制点的正上方开设不超过 150mm×150mm 的方形孔洞，各层楼板相应位置均预留投测孔，在轴线控制点上直接采用吊垂球法和激光垂准仪法，通过预留孔将其点位垂直投测到任一楼层。

(1) 内控法轴线控制点的设置

在基础施工完毕后，在±0.000m 首层平面上适当位置设置与轴线平行的辅助轴线。辅助轴线距轴线 500～800mm 为宜，并在辅助轴线交点或端点处埋设标志，如图 5-36 所示。

图 5-35　穿过楼层做法示意

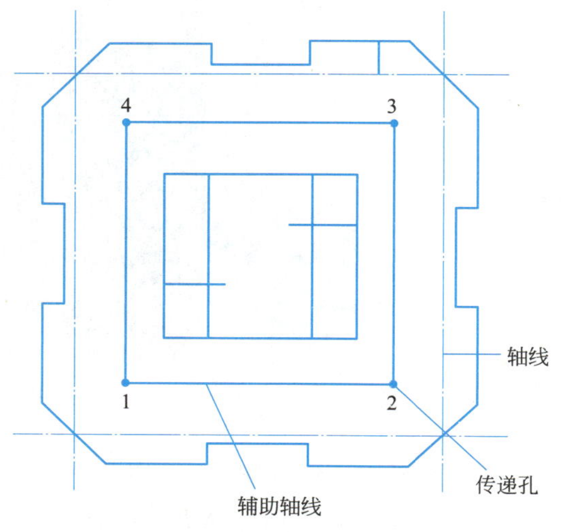

图 5-36　内控法轴线控制点的设置

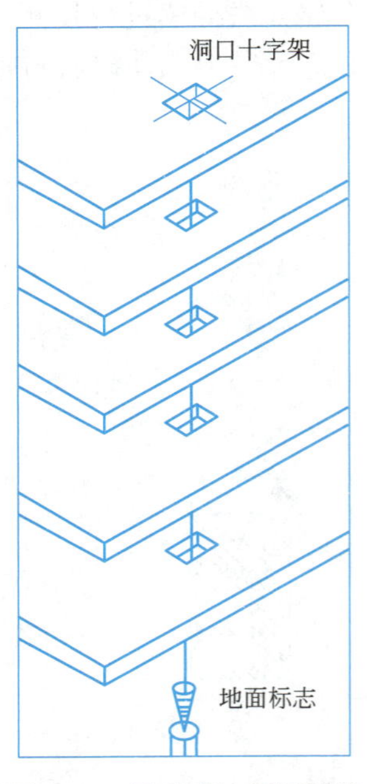

图 5-37　吊垂球法投测轴线

（2）吊垂球法

吊垂球法是利用钢丝悬挂重垂球的方法，进行轴线竖向投测。这种方法一般用于高度在 50～100m 的高层建筑施工中，垂球的重量约为 10～20kg，钢丝的直径约为 0.5～0.8mm。投测方法如下：

如图 5-37 所示，在预留孔上面安置十字架，挂上垂球，对准首层预埋标志。当垂球线静止时，固定十字架，并在预留孔四周作出标记，作为以后恢复轴线及放样的依据。

此时，十字架中心即为轴线控制点在该楼面上的投测点。

用吊垂球法实测时，要采取一些必要措施，如用铅直的塑料管套着垂球或将垂球沉浸于油中，以减少摆动。

（3）激光垂准仪法

1）激光垂准仪简介。垂准仪也叫激光铅垂仪，是一种专用的铅直定位仪器。适用于高层建筑物、烟囱及高塔架的铅直定位测量。

如图 5-38 所示为苏州一光仪器有限公司生产的 DZJ_2 型激光垂准仪，主要由氦氖激光管、精密竖轴、发射望远镜、水准器、基座、激光电源及接收屏等部分组成。

在光学垂准系统的基础上添加了半导体激光器，可分别给出上下同轴的两束激光铅垂线，与望远镜视准轴同心、同轴、同焦。望远镜照准目标，出现一红色光斑，可从目镜观察到；另一个激光器向下发射激光束，用于对中操作。

图 5-38　激光垂准仪

2）激光垂准仪投测轴线。用一台垂准仪和两个接受靶，投测方法如下：

① 如图 5-39 所示，为了把建筑物的平面定位轴线投测至各层上去，每条轴线至少需要两个投测点。如图 5-39（b）所示，在上层施工楼面预留孔处，放置接受靶。

② 分别在首层轴线控制点 A、B 上安置激光垂准仪，接通激光电源，利用底端激光器所发射的激光束进行对中，通过调节基座整平螺旋，使管水准器气泡严格居中。

③ 启动上端激光器发射向上垂直激光束，通过发射望远镜调焦，使激光束会聚成红色耀目光斑，投射到半透明材质的接受靶上，由东西南北四个方向 360°向接受靶投点。

④ 移动接受靶，使靶心与红色光斑重合，固定接受靶 1；在同轴线另一端进行轴线点投设，固定接受靶 2，靶心位置即为轴线控制点在该层楼面上的投测点。

⑤ 在接受靶 1 靶心点上精确安置全站仪，照准接受靶 2 靶心点，在预留孔两侧作出标记 3、4 点，3、4 点连线就是投测上来的轴线，将 3、4 点连线用墨线弹在楼面上。

⑥ 轴线投测完成后，实测投测层 A、B 两点距离与底层两点距离进行比较、校验。

⑦ 将垂准仪移至底层控制点 C 上，同样投点至投测层 C 点，最后通过测量 CB、CA 距离与底层比较、校验，测量投测层∠ABC 是否为 90°进行检核。

⑧ 所有投测层均须从底层向上投测，以减少误差的累积。

投测结果如图 5-40 所示。

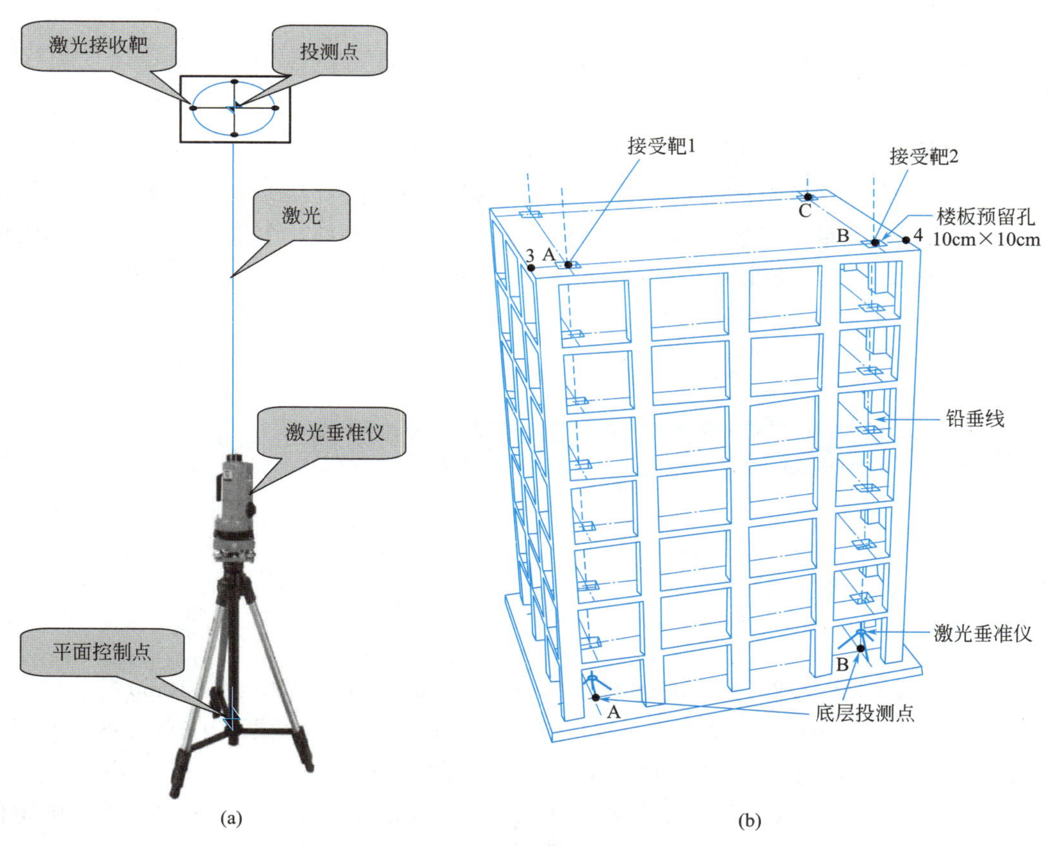

图 5-39　轴线投测示意

(a) 激光垂准仪投测轴线；(b) 激光垂准仪、接受靶安置

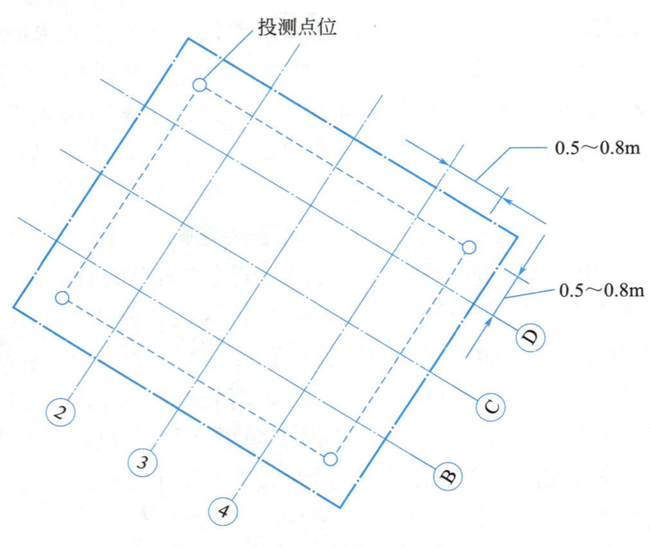

图 5-40　定位投测示意

5.2.2　高层建筑物的高程传递

首层墙体砌到 1.5m 高后，用水准仪在内墙面上测设一条“+50cm”的水平线，作为首层地面施工及室内装修的标高依据。以后每砌高一层，就从楼梯间用钢尺从下层的“+50”标高线向上量出层高，测出上一楼层的“+50”标高线，每层须由三处向上传递，合限后取平均值。根据情况也可用吊钢尺法、全站仪天顶测距法向上传递高程。（本内容在任务 2.4.4 中已提，此处不再赘述）

任务 5.3　拟建建筑轴线 GNSS 定位测量

5.3.1　GNSS 原理概要

GNSS 的全称是全球导航卫星系统（Global Navigation Satellite System），是对中国北斗卫星导航系统 BDS、美国全球定位系统 GPS、俄罗斯格洛纳斯 GLONASS、伽利略 Galileo 卫星导航系统等单个导航卫星系统的统一称谓。

GNSS 是以人造地球卫星作为导航台的星级无线电导航系统，是一个空基无线电定位系统，为全球陆、海、空、天的各类军民载体提供全天候、高精度的位置、速度和时间信息，因此它又被称为天基定位、导航和授时系统。

GNSS 是一个复杂的系统，它由三个主要部分组成：

空间部分：这部分由多个地球静止轨道卫星、倾斜地球同步轨道卫星和中圆地球轨道卫星组成，这些卫星共同构成了 GNSS 的空间段。

地面监控部分：负责系统的运行和维护管理，包括主控站、注入站和监测站等地面设施。

用户部分：涵盖了各类导航设备的芯片、接收机、天线等基础产品，以及终端设备、应用系统和相关服务。

这些组成部分共同工作，使得 GNSS 能够提供全球范围内的定位、导航和授时服务。

GNSS 的基本定位原理：根据几何与物理基本原理，利用空间分布的卫星以及卫星与地面点间距离交会出地面点位置。3 颗已知位置的卫星以各自为中心，以其到地面点的距离为半径形成 3 个圆球。

如图 5-41 所示，3 个球面相交成一个地面点，3 个距离段可以确定纬度、经度和高程，点的空间位置理论上可以确定，但由于卫星各自空间位置在时刻变化，要精确确定地面 GNSS 接收机位置，还必须考虑时间的因素，因此 GNSS 定位包括确定一个点的三维坐标与时间同步（纬度、经度、高程和时间）这四个未知参数。为了达到定位精度要求，至少需要同步观测 4 颗以上的卫星。

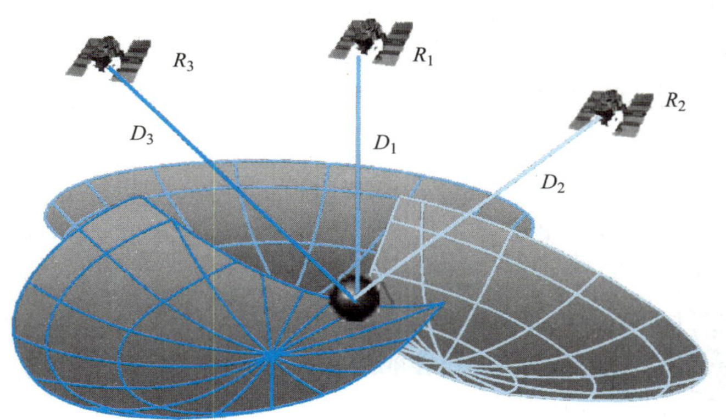

图 5-41　GNSS 的基本定位原理

5.3.2　静态测量与 RTK 测量

1. 静态测量

静态测量：采用两台（或两台以上）静态接收机，分别安置在一条（或数条）基线的端点上，根据基线长度和要求的精度，按静态 GNSS 测量系统外业的要求同步观测 4 颗以上的卫星数个时段，时段从 30 分钟至几小时不等。事后在内业进行基线解算处理，求出各未知点的三维坐标，基线测量的精度可达毫米级。观测中至少跟踪 4 颗卫星，同时基线边长一般不超过 15km。

静态定位，仪器要固定安置，并量取天线高，安置时间根据需求，时段从 30 分钟到几小时，多站数据汇总后，使用软件进行数据解算。静态定位精度高，结果稳定，用于大范围内控制测量。

2. RTK 测量

RTK（Real-time kinematic）实时动态测量的工作原理：采用载波相位动态实时差分技术，是实时处理两个测量站载波相位观测量的差分方法，将基准站采集的载波相位发给用户接收机，进行求差解算坐标，历时数秒钟。

将一台接收机置于基准站上，另一台或几台接收机置于载体（称为流动站）上，基准站和流动站同时接收同一时间、同一 GNSS 卫星发射的信号，基准站所获得的观测值与已知位置信息进行比较，得到 GNSS 差分改正值。然后将这个改正值通过数据传输系统及时传递给共视卫星的流动站，精化其 GNSS 观测值，从而得到经差分改正后流动站较准确的实时位置。

RTK 实时动态测量作业时，移动站可处于静止状态，也可处于运动状态。可在已知点上先进行初始化后再进入动态作业，也可在动态条件下直接开机，并在动态环境下完成整周模糊值的搜索求解。

在整周模糊值固定后，即可进行每个历元的实时处理，只要能保持 4 颗以上卫星相位观测值的跟踪和必要的几何图形，则移动站可随时给出待测点的厘米级的三维坐标（几厘米精度）。

RTK 实时动态测量是 GNSS 应用的重大里程碑，它的出现为工程放样、地形测图、各种控制测量带来了新的测量原理和方法，极大地提高了作业效率。

RTK 技术的优点：

（1）作业效率高。

（2）定位精度高，数据安全可靠，没有误差积累。

（3）降低了作业条件要求，全天候作业。

（4）RTK 作业自动化、集成化程度高，测绘功能强大。

（5）操作简便，容易使用，数据处理能力强。

RTK 技术的不足：

（1）受卫星状况限制。

（2）受天空环境影响。

（3）数据链传输受干扰和限制。

（4）初始化能力和所需时间问题。

（5）高程异常问题。

（6）不能达到 100%的可靠度（99.9%）。

虽然 RTK 有如上所述的缺点，但经大量的工程实践证明，其优点远远大于缺点，况且有些优点是常规测量方法所不能比拟的，因而 RTK 测量技术才风靡全球，在测量界引发了一场技术革命。

为了保证地物点的测量精度，在选点时的注意事项：

（1）为保证对卫星的连续跟踪观测和卫星信号的质量，要求基准站上空应尽可能开阔，让基准站尽可能跟踪和观测到所有在视野中的卫星；在基准站 GNSS 天线的 5°～15°高度角以上不能有成片的障碍物。

（2）为避免或减少多路径效应的发生，基准站应远离对电磁波信号反射强烈的地形、地物，如高层建筑、连片水域等。

（3）为减少各种电磁波对 GNSS 卫星信号的干扰，在基准站周围约 200m 的范围内不能有强电磁场波干扰源，如大功率无线电发射设施、高压输电线等。

（4）基准站应选在交通便利、上点方便的地方，以便日后的应用。

（5）如果使用电台传送差分数据，由于电台信号传播属于直线传播，所以为了数据传输距离更远，基准站应该选择在地势比较高的测点上。

（6）如果使用手机网络传送差分数据，应该保证基准站和移动站都要有较强的信号。

（7）移动站与基站应该保持有效距离，电台作业应尽量小于 10km 范围，手机网络通信时，一般要求小于 30km 范围。

（8）移动站应该尽量在开阔无干扰的环境下工作。

（9）保持电源充足，手簿、接收机长时间不用请取下电池。

（10）基准站、移动站至少保持 5 颗有效同步观测卫星。

5-10
GNSS-RTK
测量原理

5.3.3　GNSS 定位测量的适用范围

GNSS 除了做静态控制测量外，更多的是以 RTK 的形式进行碎部测量，其接收机分为基准站和流动站，基本配置如图 5-42 所示。基准站固定安置在已知点或某固定点上，流动站依次安置到不同的控制点上，以便测量其三维坐标。

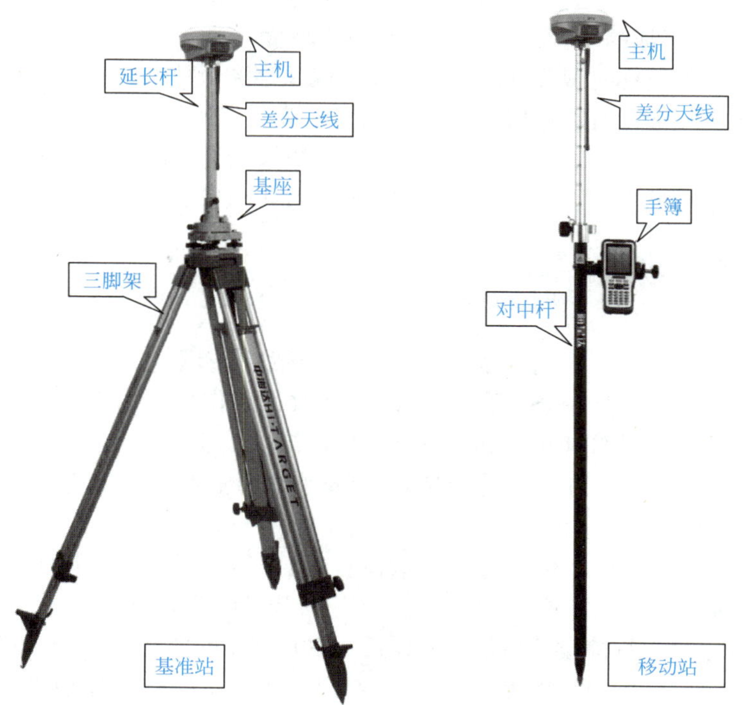

图 5-42　RTK 设备的组成

RTK 实时定位（只能实时定位，不可静态定位）放样，可用于对定位精度要求不太高的工程。

RTK 实时定位测量一般适用于高铁工程（不含车站）、道路工程（不含桥梁）、管线工程、线路工程、水利工程（不含水工建筑物）、园林工程（不含园林建筑物）、生态工程等，不适用于民用建筑、工业建筑等定位精度要求高的各类工程。

目前上述工程平面位置放样除了 RTK 直角坐标法，也可以采用全站仪极坐标法，两者放样的精度都能够满足实际工程的需求，在实际放样过程中，可以根据现场的实际情况采用不同仪器进行放样。RTK 放样由于 GNSS 系统及 RTK 接收机工作环境的影响，以及放样时跟踪杆的垂直度难以精确保证，其放样精度远远不及全站仪。

全站仪施工放样测量精度高（一般情况下可达毫米级），可直接利用控制点和放样点的坐标进行放样，避免了大量放样数据准备工作，提高了施工测量的工效，同时也减少了施工放样中可能出现的差错。缺点是：不通视、人为影响，往往会降低工作效率，既浪费时间和精力，定位精度也受到影响。

RTK 的局限性，除 RTK 接收机本身的原因外，最主要是 GNSS 系统的因素。GNSS 依靠的是接收两万多公里高空的卫星发射来的无线电信号，这些信号频率高、信号弱，不易穿透可能阻挡卫星和 GNSS 接收机之间视线的障碍物，此路径上的任何物体都会对系统的操作产生不良影响，有些物体如房屋，会完全屏蔽卫星信号。因此，GNSS 不能在室内、隧道内或水下使用。有些物体会部分阻挡、反射或折射信号，GNSS 信号的接收在树林茂密的地区会很差，树林中有时会有足够的信号来计算概略位置，但信号清晰度难以达到厘米水平的精确定位。还有环境因素所造成的其他误差：如多路径效应等。

RTK 还有水准气泡的误差：圆水准气泡一般精度不高，偏离角度一般较大。一是气泡本身不准确，二是放样时跟踪杆的垂直度偶然误差会降低放样精度。假设水准气泡是准确的，如果放样时气泡没有严格居中而产生偏离，按照气泡最大值 3′计算，杆高 2m，则放样点水平偏离值为 1.7mm（2000mm×tan3′）。如果气泡不准确，偏差就无法估计，这表明，放样时跟踪杆的垂直度和气泡本身的准确性都很重要。

5.3.4 慎用 RTK 进行建筑物定位测量

建筑物定位精度要求一般为毫米级，高层建筑轴线传递限差为±2mm，多层建筑轴线放样误差为±10mm。由于 GNSS 系统及 RTK 接收机工作环境的影响，放样时跟踪杆的垂直度难以精确保证，其放样精度远远不能满足建筑物工程定位精度的要求。

目前，虽然各类建筑及工业厂房现场施工单位有使用 RTK 进行建筑物定位测量（放样），但是其使用都是很谨慎的。

如图 5-43 所示，RTK 定位测量的一般流程为：只在轴线交点外 4m 处测设控制桩，一般是土方开挖时对拟建建筑物的角点放样（基槽开挖精度要求低，可以使用）；而在基槽开挖后基础定位时，每栋建筑物仅仅放样长（主）轴线的两个点，一个点作为全站仪细部放样的基准点（省去做控制的复杂过程），与另一个点连线作为长轴线方向，在此轴线上根据设计边长定位另一点（可以做检核），进行长轴线的定位测量；短（副）轴线使用全站仪，拨角 90°根据设计几何尺寸进行放样。

然后使用全站仪，在 G 点沿长轴线拨角 90°，定出轴线控制桩（在轴线交点外 4m 处），再测设 6 个轴线控制桩。

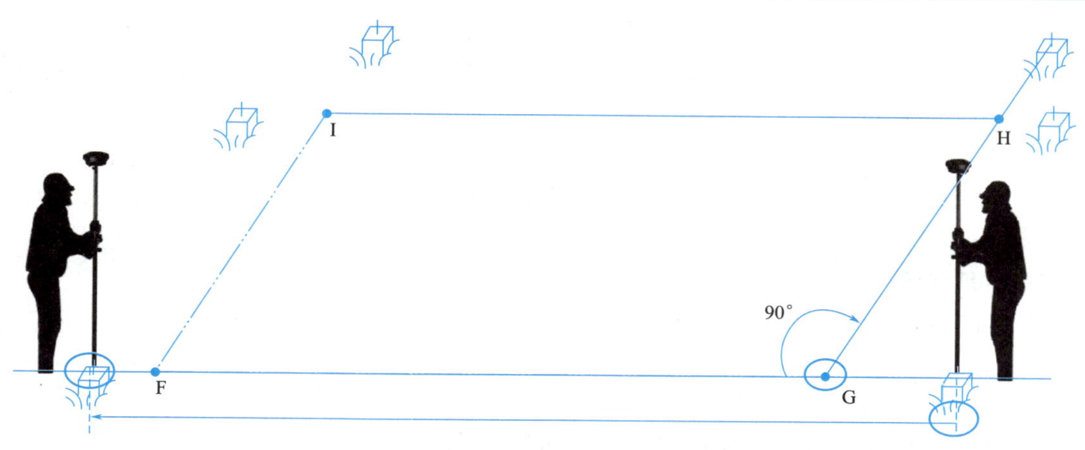

图 5-43　RTK 建筑定位放样流程

直接使用 RTK 放样建筑物所有角点，结果一般会是不规则的四边形，而不是矩形。因此，应按照上述方法慎重使用 RTK 对各类民用、工业和水工、园林等建筑物进行定位测量。

课后讨论

1. 简述建筑物测设平面位置的准备工作。
2. 建筑场地平面控制测量常用的方法有哪些?
3. 什么是建筑基线? 什么是建筑方格网? 其适用范围是什么?
4. 建筑物定位、放样的概念是什么?
5. 画图叙述正倒镜分中法测设已知角度。
6. 简述归化法放样已知要素的方法步骤。
7. 平面点位放样的方法有哪些? 各适用于什么场合?
8. 建筑物定位的主要任务是什么?
9. 建筑物轴线放样用何种方法确定相邻两轴线间位置? 为何这样做能确保放样精度?
10. 全站仪的参数如何设置?
11. 棱镜如何使用? 棱镜参数如何得来?
12. 全站仪放样功能如何使用? 有何注意事项?
13. 高层建筑施工测量的主要任务是什么?
14. 高层建筑施工测量的主要特点是什么?
15. 简述外控法竖向传递轴线的步骤。
16. 内控法传递有哪些方法? 如何操作?

项目小结

本项目是重点讲述建筑工程平面定位的内容。使用不同的方法、手段，解决不同情况下的相同问题。

本项目主要讲述了使用经纬仪、钢尺、全站仪等放样平面点位及轴线放样等内容。

在学习本项目时，一定要正确理解各种方法、手段的适用条件，要活学互用，融会贯通，作为后续施工测量工作的基础。

练习题

一、填空题

1. 在施工测量中测设点的平面位置，根据地形条件和施工控制点的布设，可采用__________法、__________法、____________法和____________法。

2. 极坐标法放样的主要测设元素是____________________。

3. 若要精确放样出某个水平角度，采用的方法是________________。

4. 测设水平角 $\beta=60°$，放样后实际测得 $\beta'=60°00'20''$。通过________可对放样角度进行精确调整。

5. 测设水平角 $\beta=45°$，放样后实际测得 $\beta'=44°59'50''$，标记点与测站点之间相距200m。要完成精确放样，需要在标记点调整的距离为________。

6. 采用极坐标放样时至少需要______个控制点。

7. 当采用全站仪放样程序进行极坐标放样时，点击“PSM”可以设置____________参数。

8. A、B为设计坡度线的两端点，两点水平距离为50m，设计坡度为−3‰。A点的高程为12.384m，B点高程为________m。

9. 用高程为24.000m的水准点A，测设出高程为25.101m的室内地坪±0.000，在A点上水准尺的读数为1.445m，室内地坪处水准尺的读数应为________m。

10. 高程放样的方法有____________、______________。

11. 角度放样的方法有________________________、____________________。

12. 常用于距离放样的工具和仪器有________、__________、__________。

13. 用钢尺进行距离精密放样时，应进行____________、____________、____________、____________。

14. 长度放样的步骤有____________________、____________________、____________________、____________________。

15. 距离放样的方法有____________________、______。

16. 全站仪极坐标法标定平面点位的步骤为________、________、________、________。

17. 极坐标放样步骤是____________、__________________、______________________________。

18. 施工测量前的准备工作包括____________、______________________、______________________、______________________。

19. 施工控制网的特点有______________________________________、____________________、________________。

20. 施工平面控制网的布设形式一般有______、______。

二、单选题

1. 施工测量前的准备工作包括（　　）。

A. 图纸会审、现场踏勘、校核定位的平面控制点和水准点、制定测设方案、准备测设数据、绘制放样略图

B. 图纸会审、现场踏勘、制定测设方案、准备测设数据、绘制放样略图

C. 图纸会审、现场踏勘、校核定位的平面控制点和水准点、准备测设数据、绘制放样略图

D. 图纸会审、现场踏勘、校核定位的平面控制点和水准点、制定测设方案、绘制放样略图

2. 极坐标法放样的主要测设元素是（　　）

A. 水平距离　　B. 水平角

C. 水平距离和水平角　　D. 竖直角

3. 若要精确放样出某个水平角度，采用的方法是（　　）。

A. 测回法　　B. 正倒镜分中法　　C. 多测回修正法　　D. 方向观测法

4. 测设水平角 $\beta=60°$，放样后实际测得 $\beta'=60°00'20''$。应（　　）对放样角度进行精确调整。

A. 沿放样方向向内侧移动　　B. 沿放样方向向外侧移动

C. 垂直于放样方向向内移动　　D. 垂直于放样方向向外移动

5. 测设水平角 $\beta=45°$，放样后实际测得 $\beta'=45°00'10''$，标记点与测站点之间相距200m。要完成精确放样，需要在标记点调整的距离为（　　）m。

A. 0.005　　B. 0.010　　C. 0.015　　D. 0.020

6. 测设点的平面位置的基本方法是直角坐标法、（　　）、角度交会法、距离交会法。

A. 前方交会法　　B. 后方交会法　　C. 极坐标法　　D. 侧方交会法

7. 采用极坐标放样时至少需要（　　）个控制点。

A. 1　　B. 2　　C. 3　　D. 4

8. 某道路工程主要在地势起伏的山区进行，道路全线控制点相距较远。当进行道路中线点位的测设时采用的方法最好是（　　）。

A. 角度交会法　　B. 直角坐标法

C. 距离交会法　　D、钢尺量距法

9. 当建筑物附近已有互相垂直的主轴线时，可采用（　　）进行施工区点位放样。

A. 角度交会法　　B. 直角坐标法

C. 距离交会法　　D. 钢尺量距法

10. 已知控制点 A、B 的坐标分别为 $x_A=1125.605$m，$y_A=1743.644$m，$x_B=1075.364$m，$y_B=1839.642$m；待测设点 P 的坐标 $x_P=1016.823$m，$y_P=1778.345$m。则测设要素水平角 β 为（　　）、水平距离 D 为（　　）m。

A. 44°40′51″　　B. 44°40′54″　　C. 112.182　　D. 114.182

11. 当采用全站仪放样程序进行极坐标放样时，点击“PSM”可以设置（　　）参数。

A. 气温　　B. 气压　　C. 棱镜常数　　D. 格网因子

三、多选题

1. 施工控制网的布设，遵循（　　）的原则。

A. 施工控制网的布设形式，应以经济为原则

B. 根据建筑设计总平面图和施工现场的地形条件来确定

C. 由整体到局部，先控制后碎部

D. 施工控制网的布设形式，应以合理和适用为原则

2. 施工控制网的特点是（　　）。

A. 控制范围小，控制点的密度大，精度要求高

B. 控制范围大，控制点的密度大，精度要求高

C. 受施工干扰较大，使用频繁，布网等级宜采用两级布设

D. 受施工干扰较大，使用频繁，布网等级宜采用一级布设

3. 下列关于极坐标放样步骤正确的有（　　）

A. 计算放样元素　　B. 安置仪器，对中整平

C. 测角、量边　　D. 根据放样元素进行角度、距离放样

4. 全站仪极坐标法标定平面点位的步骤为（　　）。

A. 测站设置　　B. 后视定向

C. 放样实施　　D. 监理验收

5. 全站仪点位放样时，需要点击“PPM”键进行参数设置。相关的参数有（　　）参数。

A. 气温　　B. 气压　　C. 棱镜常数　　D. 格网因子

6. 目前全站仪所用国产大小棱镜的常数一般为（　　）mm。

A. 0　　B. 30　　C. －30　　D. 17.5

四、简答题

1. 施工测量的内容是什么？如何确定施工测量的精度？

2. 施工测量的基本工作是什么？

3. 水平角测设的方法有哪些？

五、计算题

1. 如图所示，A、B为已有的平面控制点，E、F为待测设的建筑物角点，试计算分别在A、B设站，用极坐标法测设E、F点的数据（角度算至1″，距离算至1mm）。

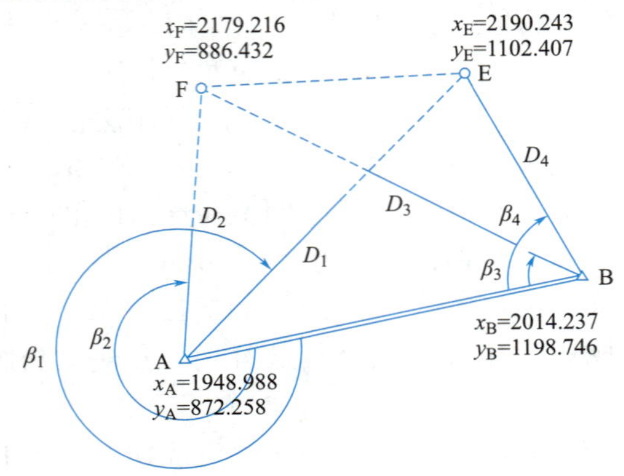

2. 拟测设角值β为45°00′24″的∠AOB，OB长度为120m。用一般方法测设出∠AOB后，问怎样移动B点才能使∠AOB等于设计值？请绘略图表示。

3. 如图所示，A、B为控制点，已知：$x_B=643.82$m，$y_B=677.11$m，$D_{AB}=87.67$m，$\alpha_{BA}=156°31'20''$，待测设点P的坐标为$x_P=535.22$m，$y_P=701.78$m。若采用极坐标法测设P点，试计算测设数据，简述测设过程，并绘注测设示意图。

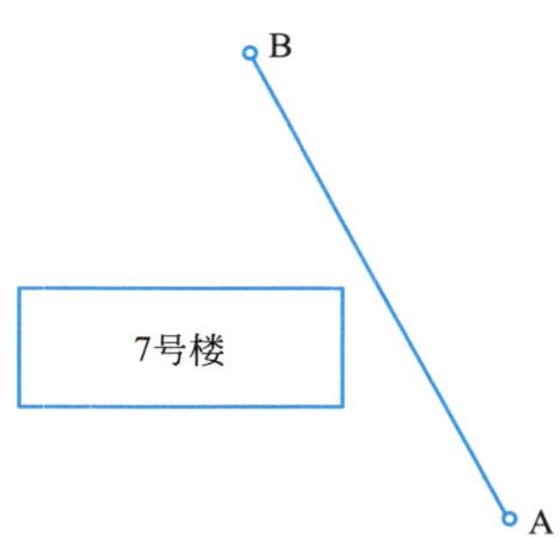

项目6

Chapter 06

拟建建筑施工测量

通过本项目学习，你将能够：

1. 了解建筑工程施工测量的工作内容；
2. 掌握多层及高层民用建筑、工业建筑、高耸建筑工作测量基本技能；
3. 能进行建筑装饰装修工程测量；
4. 明确变形测量的任务；
5. 会编制建筑物沉降观测方案，并能组织实施；
6. 会分析沉降观测数据，根据分析结果采取适当应对措施；
7. 熟悉建筑物倾斜及裂缝观测的方法；
8. 熟悉建筑物水平位移观测的方法。

素质元素

建筑工程项目包括四大控制目标：质量控制、进度控制、投资控制和安全控制。万丈高楼平地起，建筑工程施工测量要从基础开始，最底层的放样错了会导致整栋建筑平面或高程位置错误，将生产出不合格产品。让学生知道确保放样精度满足验收规范要求的重要性，质量高于一切，责任重于泰山，培养学生严肃认真、精益求精、一丝不苟的工作作风，以及强烈的责任心和事业心；施工企业是以盈利为目的，现场工人又基本都是计件工资，合同工期不能随便延长，要保证施工进度满足合同规定，工程施工进度控制很重要，必须在保证质量的前提下快速完成工程放样工作，不可拖拉散漫、拖泥带水，做事要养成雷厉风行的行事风格，为将来顺利进入社会、融入企业，打下良好的基础。

6-1 案例：上海市某小区楼房整体倒塌事故

思维导图

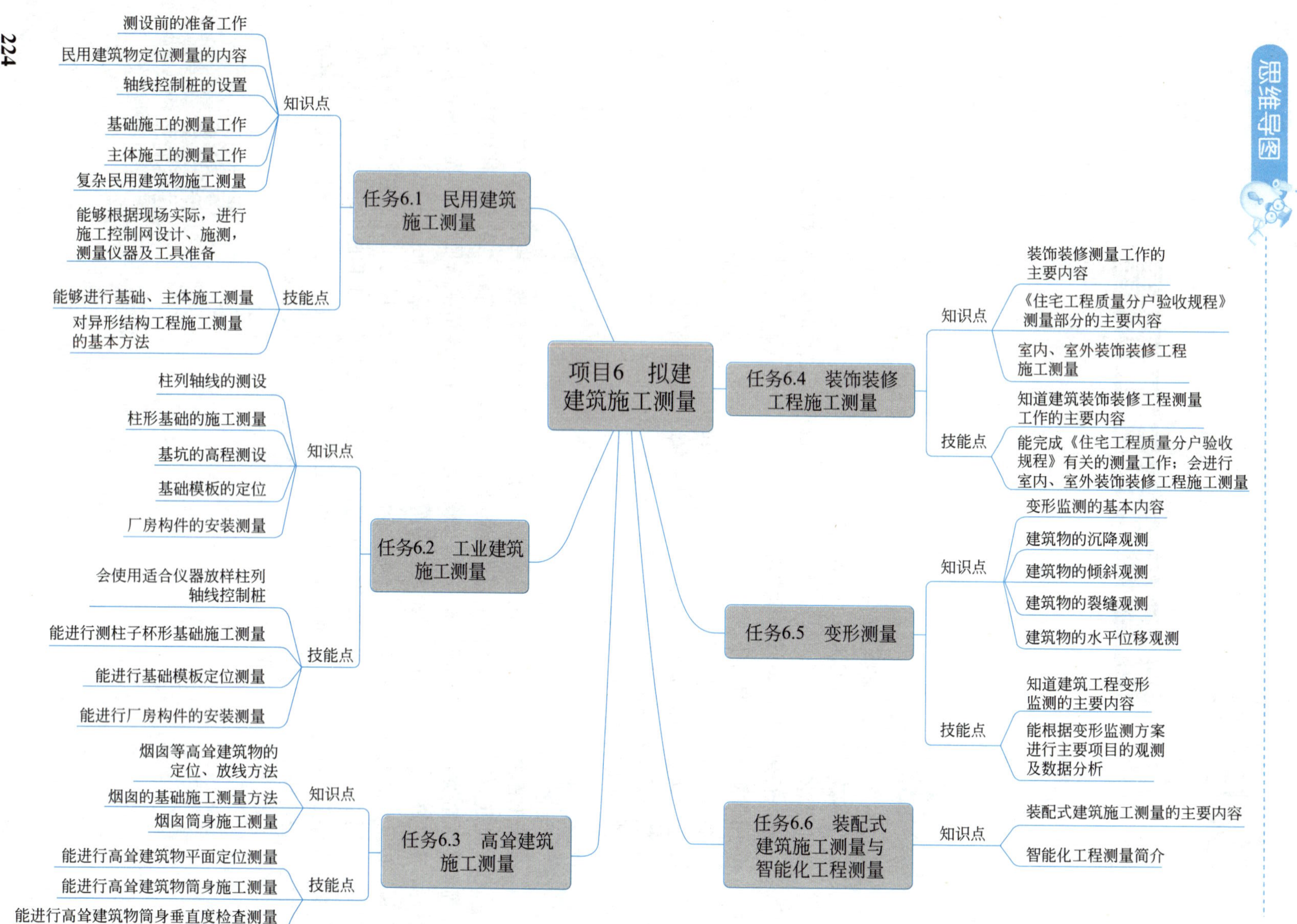
项目6　拟建建筑施工测量
任务6.1　民用建筑施工测量
知识点
测设前的准备工作
民用建筑物定位测量的内容
轴线控制桩的设置
基础施工的测量工作
主体施工的测量工作
复杂民用建筑物施工测量
技能点
能够根据现场实际，进行施工控制网设计、施测，测量仪器及工具准备
能够进行基础、主体施工测量
对异形结构工程施工测量的基本方法
任务6.2　工业建筑施工测量
知识点
柱列轴线的测设
柱形基础的施工测量
基坑的高程测设
基础模板的定位
厂房构件的安装测量
技能点
会使用适合仪器放样柱列轴线控制桩
能进行测柱子杯形基础施工测量
能进行基础模板定位测量
能进行厂房构件的安装测量
任务6.3　高耸建筑施工测量
知识点
烟囱等高耸建筑物的定位、放线方法
烟囱的基础施工测量方法
烟囱筒身施工测量
技能点
能进行高耸建筑物平面定位测量
能进行高耸建筑物筒身施工测量
能进行高耸建筑物筒身垂直度检查测量
任务6.4　装饰装修工程施工测量
知识点
装饰装修测量工作的主要内容
《住宅工程质量分户验收规程》测量部分的主要内容
室内、室外装饰装修工程施工测量
技能点
知道建筑装饰装修工程测量工作的主要内容
能完成《住宅工程质量分户验收规程》有关的测量工作；会进行室内、室外装饰装修工程施工测量
任务6.5　变形测量
知识点
变形监测的基本内容
建筑物的沉降观测
建筑物的倾斜观测
建筑物的裂缝观测
建筑物的水平位移观测
技能点
知道建筑工程变形监测的主要内容
能根据变形监测方案进行主要项目的观测及数据分析
任务6.6　装配式建筑施工测量与智能化工程测量
知识点
装配式建筑施工测量的主要内容
智能化工程测量简介

完成工程定位工作，即进入主体施工阶段。本项目主要介绍民用建筑、工业建筑、高耸建筑等工程的施工测量、装饰装修工程施工测量，以及建筑物的沉降、倾斜、裂缝、水平位移等方面的基本知识。

工程的变形监测分析与灾害预报是20世纪70年代发展起来的新兴学科方向，由工程建筑物施工可能引发的灾害，关系到人民生命和财产的安全，受到国际社会的广泛关注。许多国际学术组织，如国际大地测量协会（IAG）、国际测量师联合会（FIG）、国际岩石力学学会（ISRM）、国际大坝委员会（ICOLD）和国际矿山测量协会（ISM）等，都非常重视该领域的研究，定期举行学术会议，交流研究对策。变形监测为变形分析和预报提供基础数据，对于工程的安全来说，监测是基础，分析是手段，预报是目的。

任务 6.1 民用建筑施工测量

学习目标

1. 了解建筑工程施工测量的目的和内容；
2. 掌握施工测量的特点；
3. 了解民用建筑施工测量的工作内容；
4. 能完成民用建筑施工定位测量、基础主体测量工作；
5. 掌握复杂民用建筑施工测量方法。

关键概念

施工测量的目的、特点、原则。

民用建筑施工测量的任务、复杂民用建筑施工测量。

民用建筑指的是住宅、办公楼、食堂、俱乐部、医院和学校等建筑物。施工测量的任务是按照设计的要求，把建筑物的位置测设到地面上，并配合施工以保证工程质量。

1. 施工测量的目的

施工测量的目的是把设计的建筑物、构筑物的平面位置和高程，按设计要求以一定的精度测设在地面上，作为施工的依据，并在施工过程中进行一系列的测量工作，以衔接和指导各工序间的施工。

施工测量贯穿于整个施工过程中。从场地平整、建筑物定位、基础施工，到建筑物构件的安装。有些高大或特殊的建筑物建成后，还要定期进行变形观测。

2. 施工测量的主要内容

（1）在施工前建立施工控制网。

（2）熟悉设计图纸，按设计和施工要求对建筑物、构筑物进行放样。

（3）检查并验收，每道工序完成后应进行测量检查。

（4）变形观测。

3. 施工测量的特点

测绘地形图是将地面上的地物、地貌测绘在图纸上，而施工放样则和它相反，是将设计图纸上的建筑物、构筑物按其设计位置测设到相应的地面上。

测设精度的要求取决于建筑物或构筑物的大小、材料、用途和施工方法等因素。一般高层建筑物的测设精度应高于低层建筑物，钢结构厂房的测设精度应高于钢筋混凝土结构厂房，装配式建筑物的测设精度应高于非装配式建筑物。

施工测量工作与工程质量及施工进度有着密切的联系。各种测量标志必须埋设稳固且在不易破坏的位置。

施工测量的特点可归纳为：目的不同，精度要求不同，测量工序与施工工序相关，受施工干扰。

4. 施工测量的原则

为了保证建筑物的相对位置及内部尺寸能满足设计要求，施工测量必须坚持“从整体到局部，先控制后碎部”的整体控制原则。即先在施工现场建立统一的平面控制网和高程控制网，然后以此为基础，测设出各个建筑物和构筑物的位置。

施工测量的检核工作也很重要，必须采用各种不同的方法加强外业和内业的检核工作。

5. 建筑物施工放样、轴线投测和标高传递的允许偏差

《工程测量标准》GB 50026—2020 规定，建筑物施工放样、轴线投测和标高传递的偏差不应超过表 6-1 的规定。

建筑物施工放样、轴线投测和标高传递的允许偏差　　表 6-1

项目	内容		测量允许偏差(mm)
基础桩位放样	单排桩或群桩中的边桩		±10
	群桩		±20
各施工层上放线	轴线点		±4
	外廓主轴线长度 L(m)	$L \leqslant 30$	±5
		$30 < L \leqslant 60$	±10
		$60 < L \leqslant 90$	±15
		$90 < L \leqslant 120$	±20
		$120 < L \leqslant 150$	±25
		$150 < L \leqslant 200$	±30
		$L > 200$	按 40%的施工限差取值

续表

项目	内容		测量允许偏差(mm)
各施工层上放线	细部轴线		±2
	承重墙、梁、柱边线		±3
	非承重墙边线		±3
	门窗洞口线		±3
轴线竖向投测	每层		3
	总高 H(m)	$H \leqslant 30$	5
		$30 < H \leqslant 60$	10
		$60 < H \leqslant 90$	15
		$90 < H \leqslant 120$	20
		$120 < H \leqslant 150$	25
		$150 < H \leqslant 200$	30
		$H > 200$	按 40%的施工限差取值
标高竖向传递	每层		±3
	总高 H(m)	$H \leqslant 30$	±5
		$30 < H \leqslant 60$	±10
		$60 < H \leqslant 90$	±15
		$90 < H \leqslant 120$	±20
		$120 < H \leqslant 150$	±25
		$150 < H \leqslant 200$	±30
		$H > 200$	按 40%的施工限差取值

施工层轴线的投测，宜使用 2″级激光经纬仪或激光垂准仪进行。

6.1.1　测设前的准备工作

1. 熟悉设计图纸是施工测量的依据，在测设前，应熟悉建筑物的设计图纸，了解施工的建筑物与相邻地物的相互关系，以及建筑物的尺寸和施工的要求等。测设时必须具备下列图纸资料：

(1) 总平面图，是施工测设的总体依据，建筑物就是根据总平面图上所给的尺寸关系进行定位的。

(2) 建筑平面图，给出建筑物各定位轴线间的尺寸关系及室内地坪标高等。

(3) 基础平面图，给出基础轴线间的尺寸关系和编号。

(4) 基础详图（即基础大样图），给出基础设计宽度、形式及基础边线与轴线的尺寸关系。

(5) 立面图和剖面图，它们给出基础、地坪、门窗、楼板、屋架和屋面等设计高程，是高程测设的主要依据。

2. 现场踏勘。目的是了解现场的地物、地貌和原有测量控制点的分布情况，并调查与施工测量有关的问题。

3. 平整和清理施工现场，以便进行测设工作。

4. 拟定测设计划和绘制测设草图，对各设计图纸的有关尺寸及测设数据应仔细核对，以免出现差错。

6.1.2 基础施工的测量工作

基础开挖前，根据轴线控制桩的轴线位置和基础宽度，并顾及基础挖深放坡的尺寸，在地面上用白灰放出基槽边线（或称基础开挖线）。

1. 建筑物基槽开挖与抄平

为了放样方便，在建筑物附近，要布设±0.000m水准点（以底层建筑物的地坪标高为±0.000m），其位置多选在较稳定的建筑物墙、柱的侧面，用红油漆绘成上顶为水平线的“▼”形状，其顶端表示±0.000m位置。但要注意各建筑物的±0.000m的绝对高程不一定相同。

2. 在垫层上投测基础的中心线

如图6-1所示，基础垫层打好后，根据轴线控制桩，用经纬仪或拉线绳持垂球的方法，把轴线投测到垫层上，并用墨线弹出基础墙体中心线和基础墙边线，以便砌筑基础墙体。

由于整个墙身砌筑均以此线为准，因此，这是确定建筑物位置的关键环节，一定要严格校核后方可进行砌筑施工。

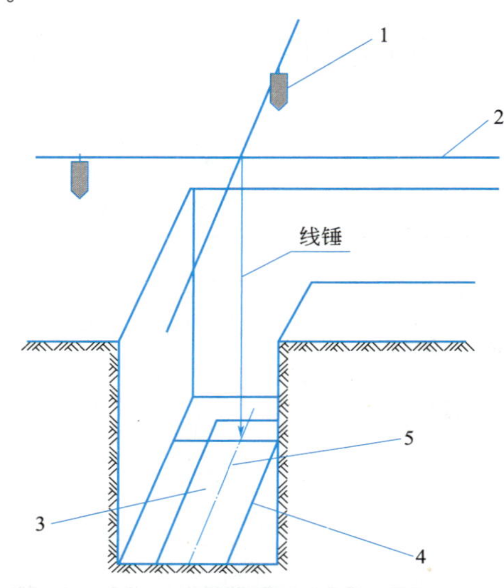

图6-1 基础轴线的投测

1—轴线控制桩；2—工程线；3—垫层；4—基础边线；5—墙中线

6.1.3 主体施工的测量工作

主要介绍砌筑墙体、现浇柱的施工测量。

1. 墙体施工测量

（1）墙体定位测量

为防止基础施工土方及材料的堆放与搬运产生碰动，基础工程结束后，应及时对控制桩进行检查。复核无误后，用其将轴线测设到基础顶面（或承台、地梁）上，并用墨线弹出墙体中心线和墙边线。检查外墙轴线交角是否为直角，符合要求后，把墙体轴线延伸并画在外墙基础上，做好标志，如图6-2所示，作为向上层投测轴线的依据。同时把门、窗和其他洞口的边线，也划在外墙基础立面上。

轴线投测：常用悬吊垂球法将轴线逐层向上传递。

（2）墙体各部位标高的控制

墙体施工目前均采用高程控制桩来控制墙身细部高程。在首层门、窗、楼板、过梁、圈梁等高度位置，根据设计标高，通过室外±0.000控制桩，使用水准仪随时测量控制

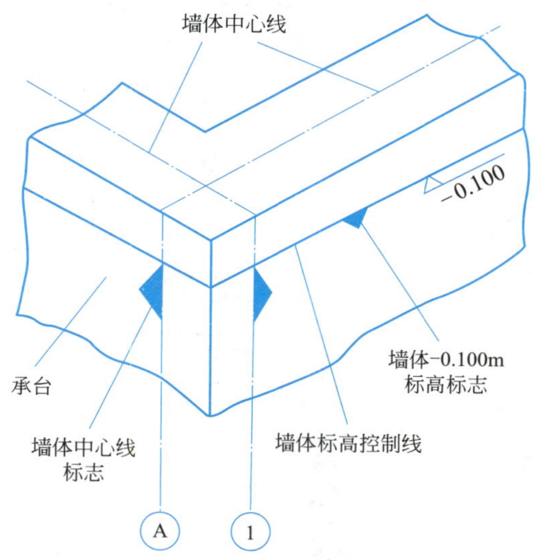

图 6-2　墙体轴线及标高控制

门、窗、楼板、过梁、圈梁等的标高位置。一般在墙身砌起 1m 后，就在室内墙身上定出＋0.5m 的标高线（50 线），并画“▽”标志作为该层地面施工及室内装修的依据。

在第二层以上的墙体施工中，每层均通过室外±0.000 控制桩，使用水准仪加钢尺顺着墙柱传递高程到施工层，测设出 50 线，作为本层地面施工及室内装修的依据。

（3）使用激光墨线仪控制＋0.5m 标高线

地面施工及室内装修时需要在墙面上弹一些水平或垂直墨线，作为立面施工的基准，如图 6-3 所示为激光墨线仪。图 6-4 所示为激光墨线仪的用途范围。

图 6-3　激光墨线仪

2. 现浇柱的施工测量

（1）柱子垂直角度的测量控制

混凝土现浇结构几何尺寸的准确与否，关键靠正确的模板几何尺寸来保证。

柱身模板支好后，须用经纬仪检查校正柱子的垂直度。由于柱子在一条线上，现场无法通视，一般采用平行线投点法测量。

如图 6-5 所示，为了使视线畅通，首先在楼地面将柱子轴线 AB 平行引至相距 1m 的 A′B′处。事先标记出柱子模板中心墨线，根据地面上引出的平行轴线，由一人在模板上端持钢板尺，其零点对准柱子中线，根据观测的柱子倾斜情况，通过调整要求绳长度进行柱身模板校正。

经纬仪安置在平行轴线的 B′点，照准 A′点，然后抬高望远镜观察沿模板水平放置的钢板尺，若十字丝正照准尺上读数 1m 处，则说明柱模板在此方向上垂直，否则应调整飘绳长度校正上端模板，直至视线与尺上 1m 标志重合为止。

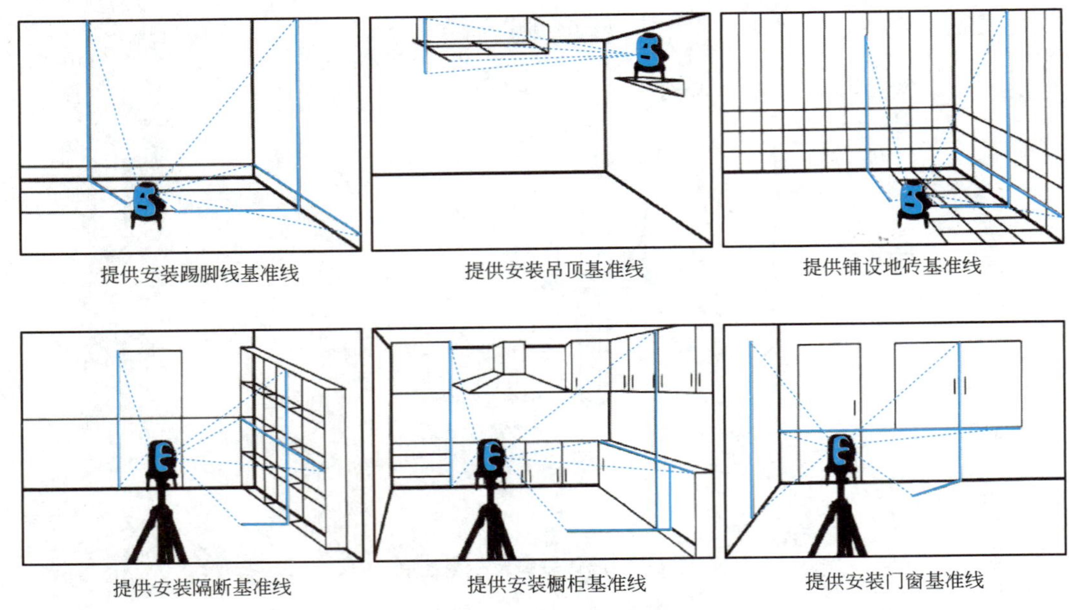

提供安装踢脚线基准线
提供安装吊顶基准线
提供铺设地砖基准线
提供安装隔断基准线
提供安装橱柜基准线
提供安装门窗基准线

图 6-4　激光墨线仪的应用

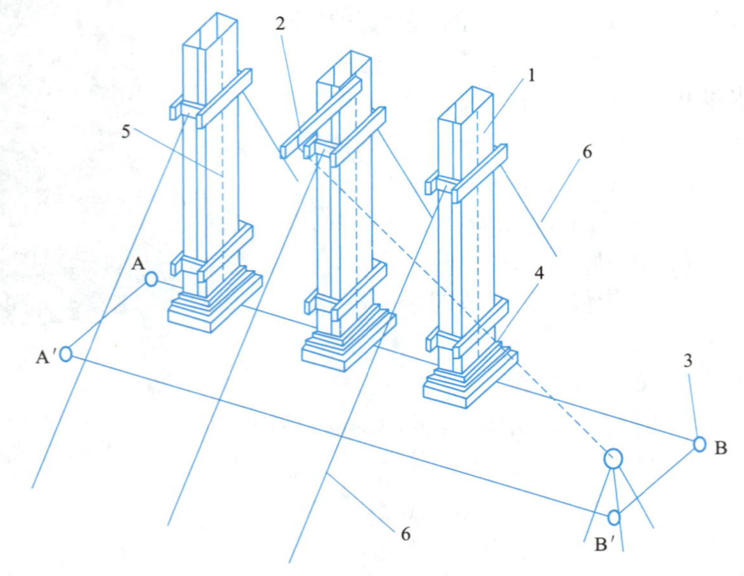

图 6-5　柱子垂直度的测量

1—模板；2—木尺；3—柱中心线控制点；4—柱下端中心线；5—柱中线；6—飘绳

(2) 模板标高的测设

柱模板垂直度校正正确说明柱子的平面位置无误，之后在模板外侧引测标高控制 50 线。每根柱不少于两点，并注明标高数值，作为测量柱顶标高、安装预埋件、牛腿支模等标高的依据。

柱顶标高的引测，一般选择不同行列的三根柱子，从柱子下面的标高控制 50 线处，根据设计柱长，用钢尺沿柱身向上量取距离，在柱子上端模板上各确定一个同高程的点。然后在柱子上端脚手架平台上支水准仪，将钢尺所引测上来的高程传递到柱顶模板上。注意从一点引测，最后要闭合于另一点上，第三点用于校核。

（3）现浇结构尺寸、标高允许偏差

施工中要通过规范规定的检验方法，随时检查结构几何尺寸的偏差值，发现问题及时纠正。表 6-2 所列为《混凝土结构工程施工质量验收规范》GB 50204—2015 对现浇结构尺寸的允许偏差值。

现浇结构尺寸允许偏差　　表 6-2

<table>
<tr><th colspan="3">项目</th><th>允许偏差(mm)</th><th>检验方法</th></tr>
<tr><td rowspan="4">轴线位置</td><td colspan="2">基础</td><td>15</td><td rowspan="4">钢尺检查</td></tr>
<tr><td colspan="2">独立基础</td><td>10</td></tr>
<tr><td colspan="2">墙、柱、梁</td><td>8</td></tr>
<tr><td colspan="2">剪力墙</td><td>5</td></tr>
<tr><td rowspan="3">垂直度</td><td rowspan="2">层高</td><td>≤5m</td><td>8</td><td>经纬仪或吊线、钢尺检查</td></tr>
<tr><td>>5m</td><td>10</td><td>经纬仪或吊线、钢尺检查</td></tr>
<tr><td colspan="2">全高(H)</td><td>H/1000 且≤30</td><td>经纬仪、钢尺检查</td></tr>
<tr><td rowspan="2">标高</td><td colspan="2">层高</td><td>±10</td><td rowspan="2">水准仪或拉线、钢尺检查</td></tr>
<tr><td colspan="2">全高</td><td>±30</td></tr>
<tr><td colspan="3">截面尺寸</td><td>+8，−5</td><td>钢尺检查</td></tr>
<tr><td rowspan="2">电梯井</td><td colspan="2">井筒长、宽对定位中心线</td><td>+25，0</td><td>钢尺检查</td></tr>
<tr><td colspan="2">井筒全高(H)垂直度</td><td>H/1000 且≤30</td><td>经纬仪、钢尺检查</td></tr>
<tr><td colspan="3">表面平整度</td><td>8</td><td>2m 靠尺和塞尺检查</td></tr>
<tr><td rowspan="3">预埋设施中心线位置</td><td colspan="2">预埋件</td><td>10</td><td rowspan="3">钢尺检查</td></tr>
<tr><td colspan="2">预埋螺栓</td><td>5</td></tr>
<tr><td colspan="2">预埋管</td><td>3</td></tr>
<tr><td colspan="3">预留洞中心线位置</td><td>15</td><td>钢尺检查</td></tr>
</table>

注：检查轴线、中心线位置时，应沿纵、横两个方向量测，并取其中的较大值。

6.1.4 复杂民用建筑物施工测量

近年来，随着旅游建筑、公共建筑的发展，在施工测量中经常遇到各种平面图形比较复杂的建筑物和构筑物，例如圆弧形、椭圆形、双曲线形和抛物线形建筑物等，我们称之为艺术建筑。测设这样的建筑物，要根据平面曲线的数学方程式，根据曲线变化的规律，进行适当的计算，求出测设数据，然后按建筑设计总平面图的要求，利用施工现场的测量控制点和一定的测量方法，先测设出建筑物的主要轴线，根据主要轴线再进行细部测设。例如，测设椭圆的方法如下：

（1）四心圆法

实地测设时，椭圆可当成四段圆弧进行测设。先在图纸上求出四个圆心的位置和半径值，再到实地去测设。

（2）拉线法

直接拉线法，如图 6-6 所示，根据椭圆方程式计算出两焦点到椭圆上 M 点的距离 F_1MF_2，放样出 y 轴主轴线，再用不易伸缩、长度为 F_1MF_2 的绳子直接拉线放样出椭圆周上的所有点。

（3）直角坐标法

如图 6-7 所示，通过椭圆中心建立直角坐标系，椭圆的长、短轴即为该坐标系的 x、y 轴，解出此独立坐标系下的放样点坐标，通过该独立坐标系原点的移动或旋转，转化为施工坐标系坐标即可使用全站仪或直角坐标法放样点位。

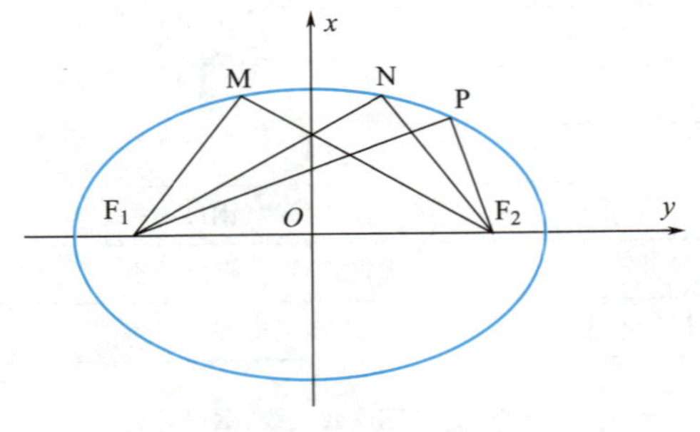

图 6-6　直接拉线绘椭圆放线

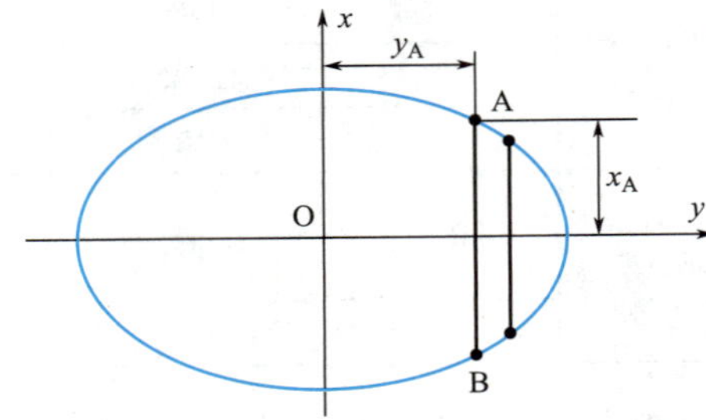

图 6-7　直角坐标法椭圆放线

课后讨论 

1. 民用建筑施工测量的主要工作是什么？
2. 复杂民用建筑施工测量有哪些方法？

任务 6.2　工业建筑施工测量

学习目标

1. 了解工业建筑施工测量的工作内容；
2. 掌握工业建筑基础施工、模板施工、构件安装施工测量的方法。

关键概念

工业建筑施工测量的内容、构件安装施工测量。

6.2.1 柱列轴线的测设

如图 6-8 所示，为由屋架、钢柱、吊车梁、屋面板及基础等组成的工业厂房结构。钢结构工业厂房施工测量，关键是柱列轴线的测设。

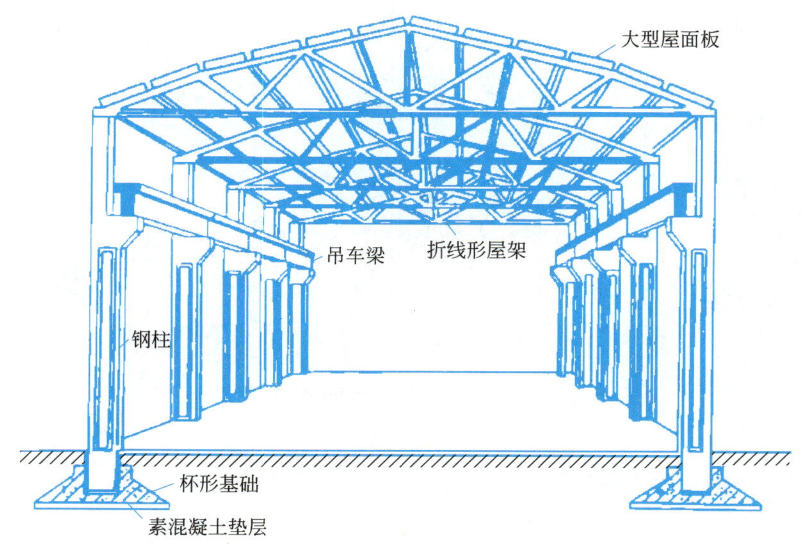

图 6-8 钢结构工业厂房结构

厂房矩形控制网如图 6-9 所示。

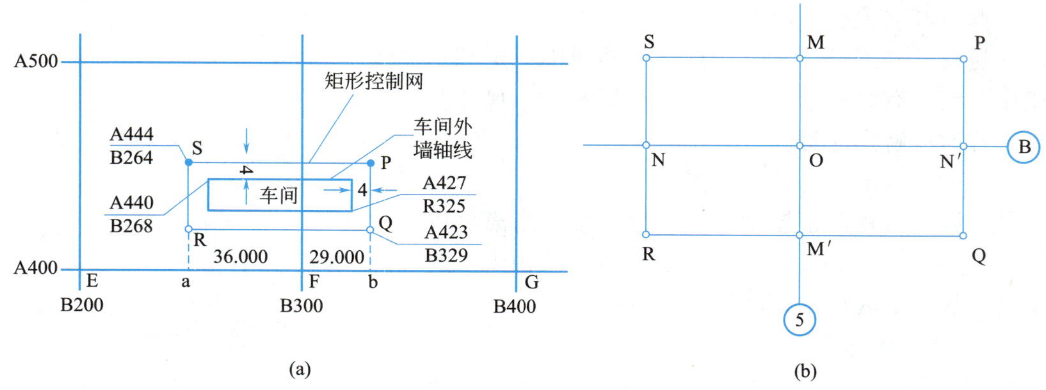

图 6-9 厂房矩形控制网

检查其精度符合要求后，如图 6-10 所示，根据施工图上设计的柱距和跨度，用钢尺沿矩形控制网各边采用直线内分点法测设柱列轴线控制点位置，并打入大木桩，钉上小钉，用桩位表示出来。这些轴线共同构成了厂房柱网，它是厂房细部测设和施工的依据。

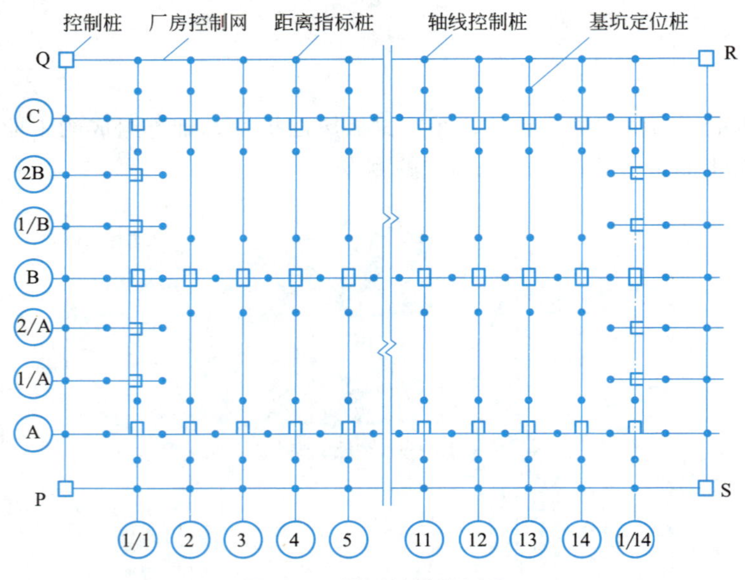

图 6-10　柱列轴线的测设

6.2.2　杯形基础的施工测量

1. 柱基的测设

如图 6-11 所示，在柱基坑开挖范围 2～4m 以外，为每个柱子测设 4 个柱基定位桩作为放样柱基坑开挖边线、修坑和立模板的依据。

在进行柱基测设时，应注意定位轴线不一定都是基础中心线，有时一个厂房的柱基类型不一、尺寸各异，放样时应特别注意。

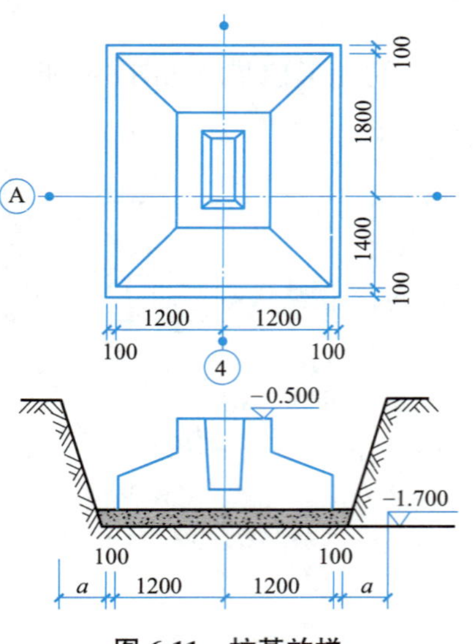

图 6-11　柱基放样

2. 基坑高程的测设

基坑开挖过程严密控制坑底开挖高程，当离坑底设计高程 0.3～0.5m 时，停止机械开挖，改由人工进行基坑修坡和清底抄平，严禁扰动基底。

3. 垫层和基础放样

基坑清理完成后，在基坑底设置 1～2 个垂直垫层标高控制桩，作为垫层施工的依据。

4. 基础模板的定位

根据基坑外的柱基定位桩，用拉线的方法，吊垂球将柱基定位线投设到垫层上，用墨斗弹出墨线，用红油漆画出标记，作为柱基立模板和布置基础钢筋的依据。

如图 6-12 所示，立模板时，将模板底线对准垫层上的定位线，并用垂球检查模板是否竖直，同时注意使杯内底部标高低于其设计标高 2～5cm，作为抄平调整的余量。

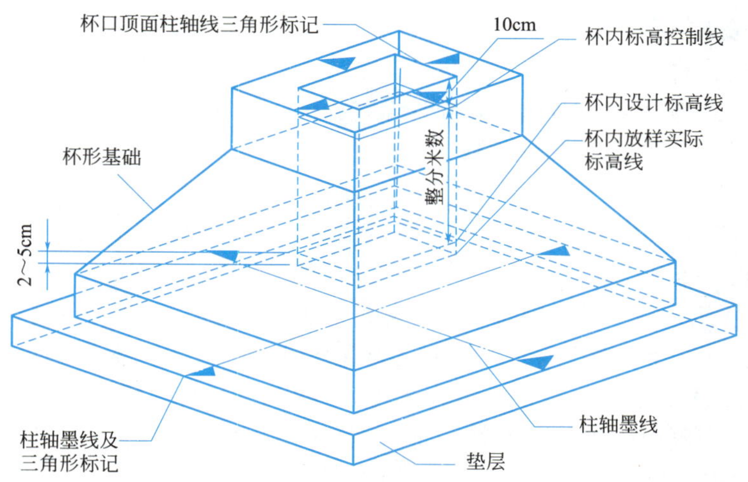

图 6-12　杯形基础轴线及标高控制

拆模后，在杯口面上定出柱轴线，在杯口内壁上定出设计标高。

根据轴线控制桩，将定位轴线投测到杯形基础顶面上，用红油漆画上“▼”标明；在杯口内壁测设一条高程控制线（一般从该高程线起向上量取 10cm，即为杯顶设计高程），作为后续安装柱子控制标高时使用。

《钢结构工程施工质量验收标准》GB 50205—2020 规定，杯形基础允许偏差值为：杯口底面标高：0～−5mm，杯口深度：±5mm。

6.2.3　基坑的高程测设

同杯形基础基坑的测设方法。

6.2.4　基础模板的定位

打好垫层之后，根据坑边定位桩，用拉线的方法，吊垂球把柱基定位线投测到垫层。用墨斗弹出墨线，用红漆画出标记，作为柱基立模板和布置基础钢筋网的依据。立模时，将模板底线对准垫层上的定位线，并用垂球检查模板是否竖直。最后将柱基顶面设计高程测设在模板内壁。

6.2.5　厂房构件的安装测量

装配式单层工业厂房主要由柱、吊车梁及轨道、屋架、天窗架和屋面板等主要构件组成。在吊装每个构件时，有绑扎、起吊、就位、临时固定、校正和最后固定等几道操作工序。下面着重介绍柱子、吊车梁及吊车轨道等构件在安装时的校正工作。

1. 柱子的安装测量

（1）柱子安装的精度要求

1）柱脚中心线应对准柱列轴线，允许偏差为±5mm。

2）牛腿面的高程与设计高程一致，其误差不应超过：柱高在 5m 以下为±5mm；柱高在 5m 以上为±8mm。

3）柱的全高竖向允许偏差值为 1/1000 柱高，但不应超过 20mm。

（2）吊装前的准备工作

如图 6-12 所示，柱子吊装前，应根据轴线控制桩，把定位轴线投测到杯形基础的顶面上，并用红油漆画上“▶”标明。同时还要在杯口内壁测出一条高程线，从高程线起向上 10cm 即为杯顶标高，向下量取一整分米数即到杯底的设计高程。

在柱子的三个侧面弹出柱中心线，每一面又需分为上、中、下三点，并画小三角形“▶”标志，以便安装校正。

（3）柱长的检查与杯底找平

柱子在预制时，由于模板制作和模板变形等原因，不可能使柱子的实际尺寸与设计尺寸一样，为了解决这个问题，往往在浇筑基础时把杯形基础底面高程降低 2～5cm，然后用钢尺从牛腿顶面沿柱边量到柱底，根据这根柱子的实际长度，用 1∶2 水泥砂浆在杯底进行找平，使牛腿面符合设计高程。

（4）安装柱子时的竖直校正

如图 6-13 所示，柱子插入杯口后，首先应使柱身基本竖直，再令其侧面所弹的中心线与基础轴线重合。用钢楔初步固定，然后进行竖直校正。校正时用两架经纬仪分别安置在柱基纵横轴线附近，离柱子的距离约为柱高的 1.5 倍。先瞄准柱子中心线的底部，然后固定照准部，再仰视柱子中心线顶部。如重合，则柱子在这个方向上就是竖直的；如不重合，应进行调整，直到柱子两个侧面的中心线都竖直为止。

由于纵轴方向上柱距很小，如图 6-14 所示，通常把仪器安置在纵轴的一侧，仪器偏离轴线的角度 β 最好不要超过 15°，在此方向上，安置一次仪器可校正数根柱子。

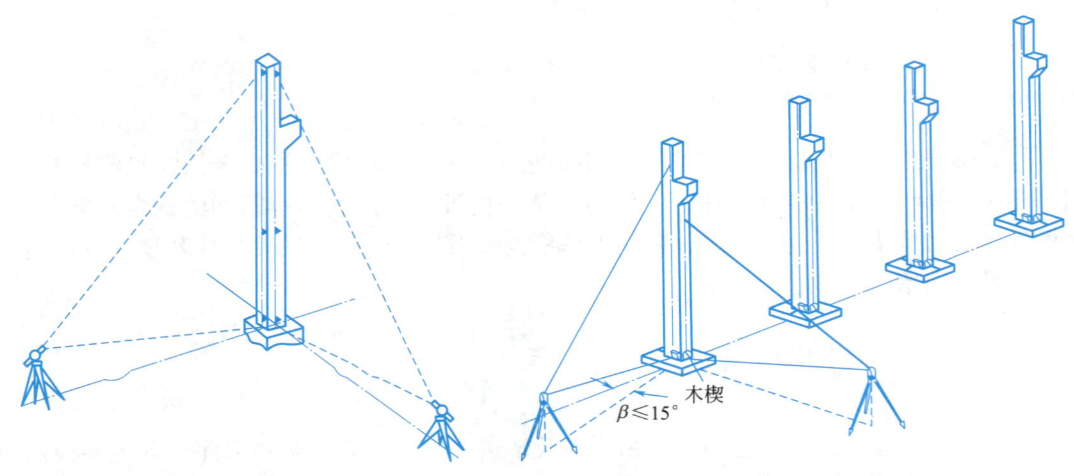

图 6-13 柱子竖直校正

图 6-14 数根柱子同时进行竖直校正

（5）柱子校正的注意事项

1）校正用的经纬仪事前应经过严格检校，因为校正柱子竖直时，往往只用盘左或盘右观测，仪器误差影响很大，操作时还应注意使照准部水准管气泡严格居中。

2）柱子在两个方向的垂直度都校正好后，应再复查平面位置，看柱子下部的中线是否仍对准基础的轴线。

3）当校正变截面的柱子时，经纬仪必须放在轴线上校正，否则容易产生差错。

4）在阳光照射下校正柱子垂直度时，要考虑温度影响，因为柱子受太阳照射后，柱子向阴面弯曲，使柱顶有一个水平位移。因此应在早晨或阴天时校正。

5）如图 6-14 所示，当安置一次仪器校正几根柱子时，仪器偏离轴线的角度最好不要超过 15°。

2. 吊车梁的安装测量

如图 6-15 所示，安装前先弹出吊车梁顶面中心线和吊车梁两端中心线，要将吊车轨道中心线投测到牛腿面上。

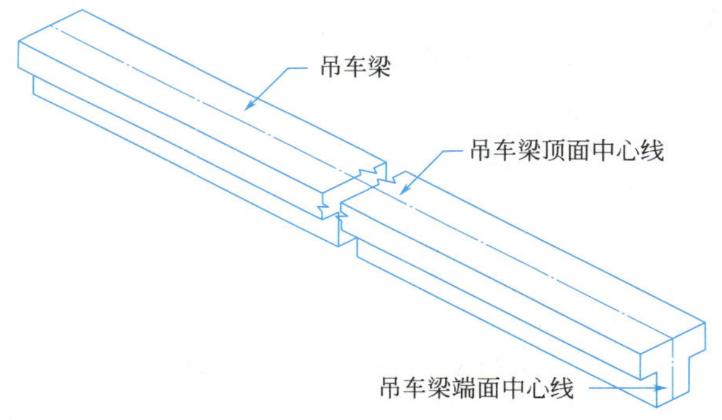

图 6-15　吊车梁安装时的中线测量

然后如图 6-16 所示，分别安置经纬仪于吊车轨道中心线的一个端点上，瞄准另一端点，仰起望远镜，即可将吊车轨道中心线投测到每根柱子的牛腿面上并弹以墨线。然后，根据牛腿面的中心线和梁端中心线，将吊车梁安装在牛腿上。吊车梁安装完后，应检查吊车梁的高程，可将水准仪安置在地面上，在柱子侧面测设＋50cm 的标高线，再用钢尺从该线沿柱子侧面向上量出至梁面的高度，检查梁面标高是否正确，然后在梁下用铁板调整梁面高程，使之符合设计要求。

吊车轨道安装测量。安装吊车轨道前，需先对梁上的中心线进行检测，此项检测多用平行线法。首先在地面上从吊车轨道中心线向厂房中心线方向量出长度 a（1m），设置吊车轨道安装辅助轴线。然后安置经纬仪于安装辅助轴线一端点上，瞄准另一端点，固定照准部，仰起望远镜投测。此时另一人在梁上移动横放的木尺，当视线正对准尺上 1m 刻划时，尺的零点应与梁面上的中线重合。如不重合应予以改正，可用撬杠移动吊车梁。

吊车轨道按中心线安装就位后，可将水准仪安置在吊车梁上，水准尺直接放在轨顶上进行检测，每隔 3m 测一点高程。

还要用钢尺或手持式电磁波测距仪检查两吊车轨道间跨距。

《钢结构工程施工质量验收标准》GB 50205—2020 规定了上述项目的检查方法和允许

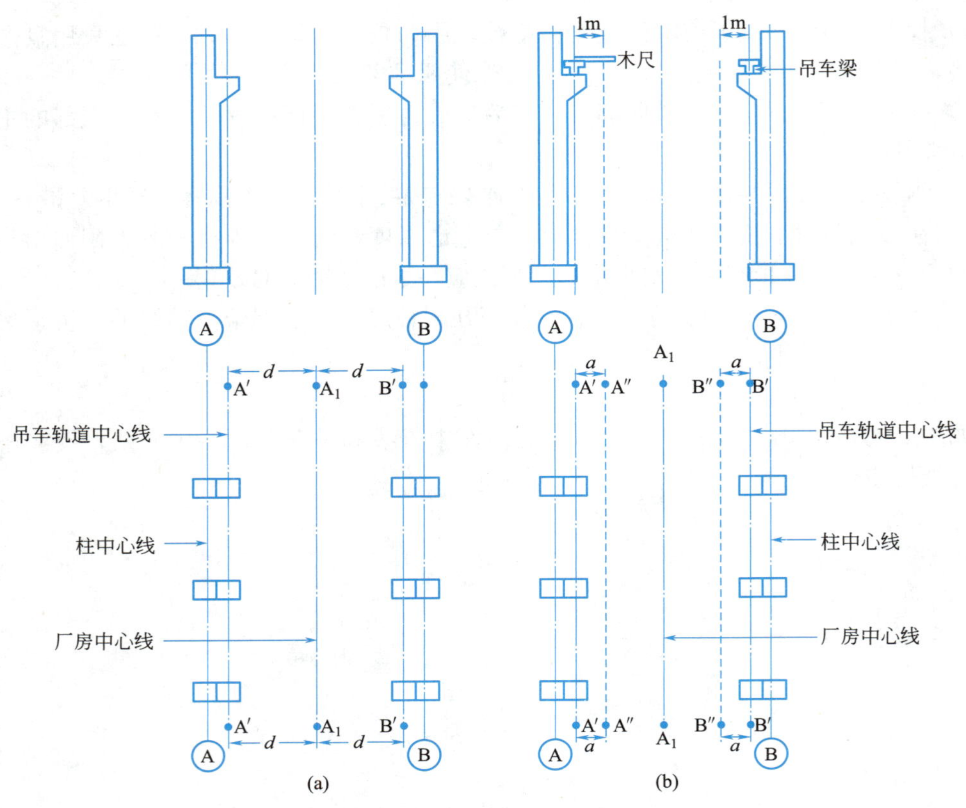

图 6-16　吊车梁的安装测量

偏差值，见表 6-3。

钢吊车梁安装部分项目允许偏差（单位：mm）　　　　**表 6-3**

项目		允许偏差	图例	检验方法
相邻两吊车梁接头部位 Δ	中心错位	3.0	Δ	用钢尺检查
	上承式顶面高差	1.0	Δ	
	下承式底面高差	1.0		
同跨间任意一截面的吊车梁中心跨距 l		±10.0	l	用经纬仪和电磁波测距仪检查；跨度小时，可用钢尺检查

续表

<table>
<tr><th colspan="2">项目</th><th>允许偏差</th><th>图例</th><th>检验方法</th></tr>
<tr><td rowspan="2">同跨间内同一横截面吊车梁顶面高差 Δ</td><td>支座处</td><td>l/1000，且不大于10.0</td><td rowspan="2"></td><td rowspan="3">用经纬仪、水准仪和钢尺检查</td></tr>
<tr><td>其他处</td><td>15.0</td></tr>
<tr><td colspan="2">同跨间内同一横截面下挂式吊车梁底面高差 Δ</td><td>10.0</td><td></td></tr>
</table>

3. 屋架的安装测量

屋架吊装前，用经纬仪或其他方法在柱顶面放出屋架定位轴线，并弹出屋架两端头的中心线，以便进行定位。

屋架吊装就位时，使屋架的中心线和柱顶上的定位线对准，允许误差为±5mm。

屋架的垂直度可用垂球或经纬仪进行检查。

用经纬仪时，可在屋架上安装三把钢板尺，如图 6-17 所示，一把钢板尺安装在屋架上弦中点附近，另外两把钢板尺分别安装在屋架的两端。自屋架几何中心沿钢板尺向外量出一定距离，一般为 500mm，并作标志。然后在地面上距屋架中心线同样距离处安置经纬仪，观测三把钢板尺上的标志是否在同一竖直面内，若屋架竖向偏差较大，则用机具校正，最后将屋架固定。

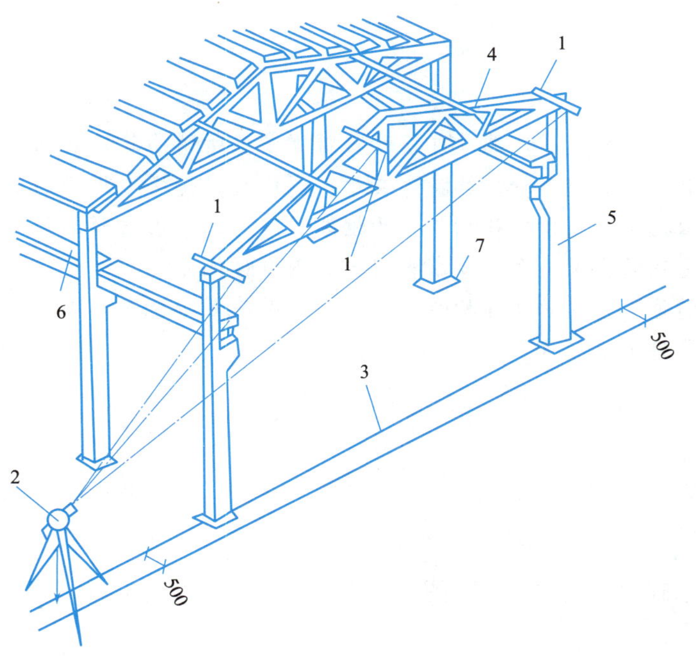

图 6-17　屋架安装测量

1—卡尺；2—经纬仪；3—定位轴线；4—屋架；5—柱；6—吊车梁；7—基础

课后讨论

1.《钢结构工程施工质量验收标准》GB 50205—2020 规定，杯形基础杯口底面标高和杯口深度允许偏差值分别是多少？

2. 柱子安装如何校正其垂直度？

3. 屋架安装如何校正其垂直度？

4. 吊车梁安装的几项重要检查参数分别是多少？

任务 6.3 高耸建筑施工测量

学习目标

1. 了解高耸建筑施工测量的特点；
2. 掌握高耸建筑定位及施工测量的方法。

高耸建筑定位测量、基础施工测量、主体施工测量。

提示

随着现代化城市的发展，高耸建筑物日益增多。所谓高耸建筑物一般指比较高大的建筑物，如烟囱、电视塔等。其特点在于：高度大，受场地限制，不便用通常的施工方法进行中心控制。高耸建筑结构多为框架式，施工常用滑模工艺，这对施工测量的精度提出了更高的要求，尤其要求严格控制垂直度偏差。

烟囱、水塔是圆台形的高耸构筑物，其特点是基础小、主体高。下面以烟囱为例介绍其施工测量的主要工作。

6.3.1 烟囱的定位、放线

1. 烟囱的定位

主要是定出基础中心的位置，如图 6-18 所示。

定位方法如下：

（1）按设计要求，利用与施工场地已有控制点或建筑物的尺寸关系，在地面上测设出烟囱的中心位置 O，即中心桩。

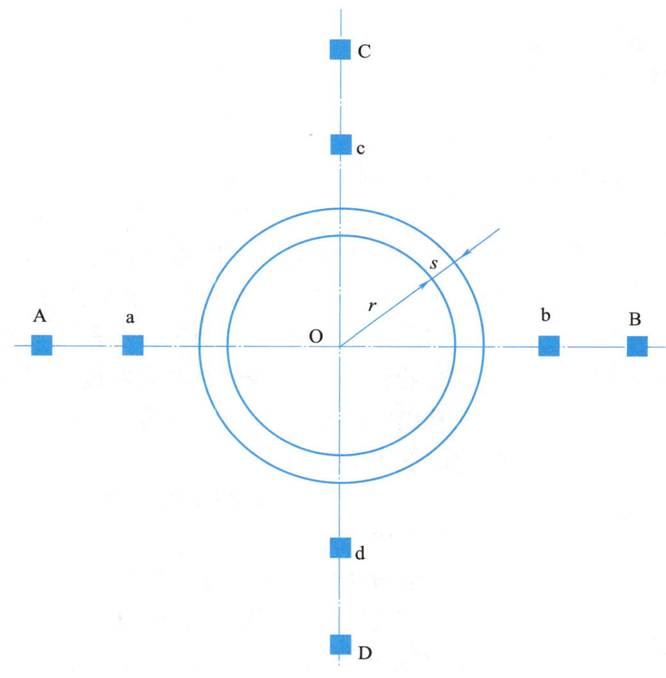

图 6-18　烟囱的定位、放线

(2) 在 O 点安置经纬仪，在施工场区外围任意位置设置一点 A 作后视点，并在视线方向上定出 a 点，倒转望远镜，通过盘左、盘右分中投点法定出 b 和 B 点；然后，顺时针测设 90°，定出 d 和 D 点，再倒转望远镜，定出 c 和 C 点，得到两条互相垂直的定位轴线 AB 和 CD。

(3) 作为永久定位控制桩的 A、B、C、D 四点，至 O 点的距离为烟囱高度的 1～1.5 倍。a、b、c、d 是施工定位桩，用于修坡和确定基础中心，应设置在尽量靠近烟囱而不影响桩位稳固的地方。

2. 烟囱的放线

以 O 点为圆心，以烟囱底部半径 r 加上基坑放坡宽度 s 为半径，在地面上用皮尺画圆，并撒出灰线，作为基础开挖的边线。

6.3.2　烟囱的基础施工测量

1. 当基坑开挖接近设计标高 0.5m 时，在基坑槽底测设高程垂直控制桩，作为检查基坑底面标高和施工垫层的依据，严禁超挖扰动基底。

2. 土方开挖完成、基槽清底抄平后，从施工定位桩拉两根工程线，用垂球把烟囱中心投测到坑底，打下木桩，钉上小钉，作为垫层的中心控制点。

3. 浇灌混凝土基础时，应在基础中心埋设定位标志盘，根据定位轴线，用经纬仪把烟囱中心投测到标志盘上，并刻上“+”字，作为施工过程中，控制筒身中心位置的依据。

6.3.3 烟囱筒身施工测量

1. 引测烟囱中心线

在烟囱施工中，应随时将中心点引测到施工的作业面上。

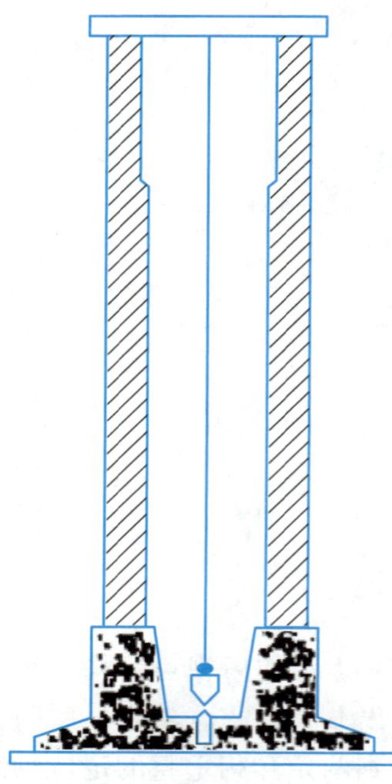

图 6-19 烟囱轴线控制

（1）在烟囱施工中，每砌一步架或每升模板一次，就必须引测一次中心线，以检核该施工作业面的中心与基础中心是否在同一铅垂线上。引测方法如下：

如图 6-19 所示，在施工作业面上固定一根枋子，在枋子中心处悬挂 8～12kg 的垂球，缓慢移动枋子，直到垂球对准基础中心“＋”字标志为止。此时，枋子中心就是该作业面的中心位置。

（2）另外，烟囱每砌筑完 10m，必须用经纬仪引测、校核一次中心线。

引测方法如下：

分别在定位控制桩 A、B、C、D 上安置经纬仪，瞄准相应的施工控制点 a、b、c、d，将轴线点投测到作业面上，并作出标记。

然后，按标记拉两条工程绳，其交点即为烟囱的中心位置，并与垂球引测的中心位置比较，以作校核。烟囱的中心偏差一般不应超过砌筑高度的 1/1000。

（3）对于高大的钢筋混凝土烟囱，应采用激光垂准仪进行铅直定位。烟囱模板每滑升一次，就定位一次。

定位方法如下：在烟囱底部的中心标志上，安置激光垂准仪，在作业面中央安置接收靶。半透明接收靶上显示的激光光斑中心，即为烟囱的中心位置。

（4）如图 6-20 所示，在检查中心线的同时，以引测的中心位置为圆心，以施工作业面上烟囱的设计半径为半径，用木尺画圆，以检查烟囱壁的位置。

2. 烟囱外筒壁收坡控制

烟囱筒壁的收坡，是用靠尺板来控制的。

如图 6-21 所示，靠尺板的形状及其两侧的斜边应严格按设计的筒壁斜度制作。使用时，把斜边贴靠在筒体外壁上，若垂球线恰好通过下端缺口，说明筒壁的收坡符合设计要求。

3. 烟囱筒体标高的控制

一般是先用水准仪，在烟囱底部的外壁上，测设出＋0.500m（或任一整分米数）的标高线。

以此标高线为准，用钢尺直接向上量取高度。

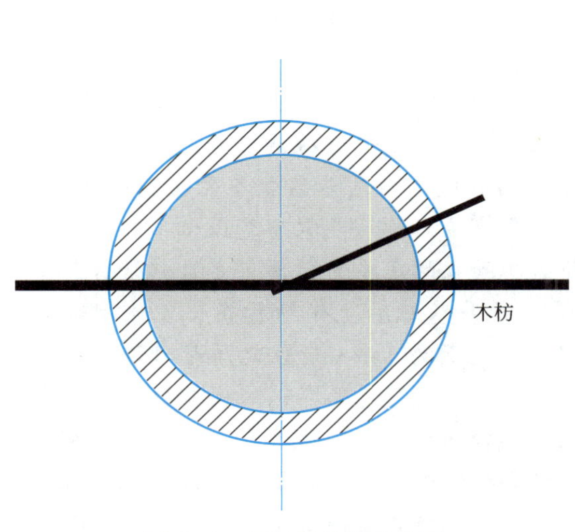

图6-20 烟囱壁位置的检查

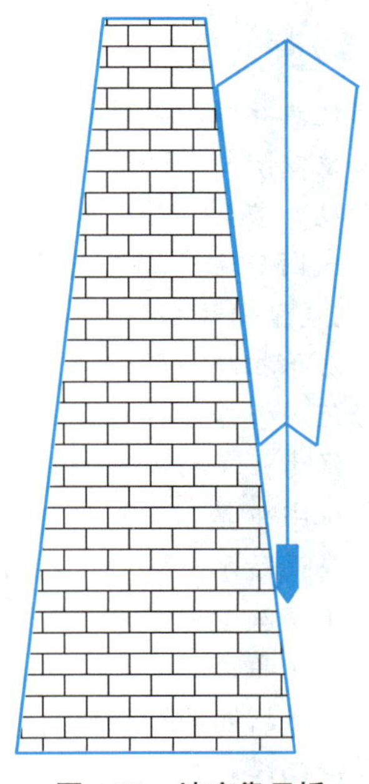

图6-21 坡度靠尺板

课后讨论

1. 烟囱定位测量如何进行?
2. 简述烟囱筒身施工测量的主要工作。

任务6.4 装饰装修工程施工测量

学习目标

1. 了解建筑装饰装修工程施工测量的现状及特点;
2. 知道建筑装饰装修工程测量工作的主要内容;
3. 能完成《住宅工程质量分户验收规程》DGJ32/TJ103—2010有关的测量工作;
4. 会进行室内、室外装饰装修工程施工测量。

关键概念

住宅工程质量分户验收规程，室内、室外装饰装修工程施工测量。

建筑物经过装饰装修后即成为成品或半成品交付业主使用，前期主体施工所遗留的质量缺陷问题必须通过这一阶段进行整改、处理、隐蔽。所以这个阶段的测量工作的精度、质量直接影响到该工程的总体质量。

我国房地产法规规定，房地产开发企业应当在商品房交付使用时向购买人提供《住宅质量保证书》和《住宅使用说明书》。工程质量保证书是房地产开发企业对所售商品房承担质量责任的法律文件，其中应当列明工程质量监督单位核验的质量等级、保修范围、保修期和保修单位等内容。开发商应当按《住宅质量保证书》的约定，承担保修责任。商品房保修期从开发商将竣工验收的房屋交付使用之日起计算。工程质量保证书中具体保修期限与保修范围是：地基基础和主体结构在合理使用寿命年限内；屋面防水为 3 年；墙面、厨房和卫生间地面为 1 年；《住宅质量保证书》一般约定地下室及管道渗漏为 1 年；墙面、顶棚抹灰层脱落为 1 年；地面空鼓开裂、大面积起沙为 1 年；门窗翘裂、五金件及卫生洁具损坏为 1 年；灯具、电器开关损坏为 6 个月；管道堵塞为 2 个月；供热供冷系统设备为一个采暖期或供冷期；其他部位、部件的保修期限，由买卖双方自行约定，并写在工程质量保证书中。房屋在保修期内出现质量问题，如经保修单位维修后导致房屋使用功能受到影响，或因主体结构质量不合格给购买人造成损失的，根据工程质量保证书，开发商应承担赔偿责任。购买人认为主体结构质量不合格的，可以向《住宅质量保证书》中注明的工程质量监督单位申请重新核验，经核验确属不合格的，购买人有权退房。

6.4.1 装饰装修测量工作的主要内容

包括室内外地面标高控制，外墙装饰垂直度控制，局部构件、线条的施工放线测量，内墙装饰平整度、垂直度测量等工作。

其中室内外地面标高控制线是保证建筑装修地面整体平整度的重要依据；砖砌体平面放线是必不可少的工作，是按图施工的前提条件。外墙装饰垂直控制线的测量精度很大程度上决定外墙的整体装修质量，是外墙抹灰、墙面砖、幕墙施工等工作的基本依据。

6.4.2 《住宅工程质量分户验收规程》DGJ32/TJ103—2010 测量部分的主要内容

住宅工程质量分户验收（以下简称分户验收），是指建设单位组织施工、监理等单位，在住宅工程各检验批、分项、分部工程验收合格的基础上，在住宅工程竣工验收前，依据国家有关工程质量验收标准，对每户住宅及相关公共部位的观感质量和使用功能等进行检查验收，并出具验收合格证明的活动。

住宅工程涉及千家万户，住宅工程质量的好坏直接关系到广大人民群众的切身利益。为进一步加强住宅工程质量管理，落实住宅工程参建各方主体质量责任，提高住宅工程质量水平，保证住宅观感质量和使用功能，维护住户的合法权益，中华人民共和国住房和城乡建设部 2009 年 12 月 22 日发布《关于做好住宅工程质量分户验收工作的通知》（建质〔2009〕291 号文），在全国范围内推行住宅工程质量分户验收制度。

1. 分户验收程序

使用表 6-4 所列测量仪器、工具，对保证住宅观感质量和使用功能的建筑设计数据进行实地测量验收。分户验收合格后，建设单位必须按户出具《住宅工程质量分户验收表》，并作为《住宅质量保证书》的附件，张贴于户内门后醒目位置，以维护业主对工程质量的知情权。

分户验收不合格，不能进行住宅工程整体竣工验收。

住宅工程质量分户验收使用检测仪器　　表 6-4

仪器(工具)名称	用途	配备数量
小锤	检查地坪、墙面、顶棚粉刷层空鼓情况	验收小组每人 1 把
钢尺	测量构件及短距离范围的尺寸	验收小组每人 1 个
便携式激光测距仪	测量室内空间净尺寸	每个验收小组不少于 1 台
漏电保护相位检测器	测量插座相位、接地	每个验收小组不少于 1 个

2. 江苏省工程建设标准《住宅工程质量分户验收规程》DGJ32/TJ103—2010 摘要

（1）室内地面

1）普通水泥楼地面（水泥混凝土、水泥砂浆楼地面）空鼓面积不大于 400mm^2，且每自然间（标准间）不多于 2 处可不计。

2）板块楼地面面层单块板块局部空鼓，面积不大于单块板材面积的 20%，且每自然间（标准间）不超过总数的 5%可不计。

3）室内楼梯踏步的宽度、高度应符合设计要求，相邻踏步高差、踏步两端高差、踏步两端宽度差不应大于 10mm，该项要求考虑装修层的高度。

（2）室内墙面

室内墙面面层与基层之间应粘结空鼓面积不大于 400cm^2，且每自然间（标准间）不多于 2 处可不计。

（3）空间尺寸（表 6-5）

室内空间尺寸的允许偏差值和允许极差值　　表 6-5

项目	允许偏差(mm)	极差(mm)	检查方法
净开间、进深	±15	18	用激光测距仪
净高度	±15	20	辅以钢卷尺检查

注：净开间、进深尺寸每个房间各测量不少于 2 处，测量部位宜在距墙角（纵横墙交界处）500mm 处及房间几何中心处。净高尺寸每个房间测量不少于 5 处，测量部位宜为房间四角距纵横墙 500mm 处及房间几何中心处。

（4）护栏和扶手工程

1）阳台、外廊、内天井及上人屋面等临空处栏杆高度不应小于 1.05m，中高层、高层建筑的栏杆高度不应低于 1.10m。

2）栏杆应采用不宜攀登的构造，栏杆各杆件须尽量向室内一侧设置。

3）楼梯扶手高度不应小于 0.9m；水平杆件长度大于 0.5m 时，其扶手高度不应小于 1.05m。

4）栏杆垂直杆件的净距不应大于 0.11m。

5）外窗台低于 0.9m，应有防护措施。

6）护栏玻璃应使用公称厚度不小于 12mm 的钢化玻璃或钢化夹层玻璃。当护栏一侧距楼地面高度 5m 及以上时，应使用钢化夹层玻璃。

（5）有排水要求的楼地面

有排水要求的房间楼地面应进行蓄水试验，蓄水深度最浅处大于 20mm，蓄水时间不少于 24h。

（6）给水管道安装

1）给水管道及配件安装质量要求：管道支架、吊架安装应平稳、牢固，其间距应符合规范；水表、阀门安装位置应便于使用和检修、不受曝晒、污染和冻结。安装螺翼式水表，表前与阀门应有不小于 8 倍水表接口直径的直线管段，表外壳距墙表面净距为 10～30mm，水表进水口中心标高按设计要求，允许偏差为±10mm。

2）通水及压力试验质量要求：给水管道末端应保持水压在 0.05～0.35MPa 范围内不渗不漏；室内各用水点放水通畅，水质清澈。保压 24h 后每户逐一打开用水点，检查卫生洁具、阀门、给水管管道及接口。

（7）排水管道安装

1）生活污水管道上设置的检查口或清扫口应在立管上每隔一层设置一个检查口，但在最底层和有卫生洁具的最高层必须设置，检查口的朝向应便于检修。安装立管，在检查口处应安装检修门。

2）在连接 3 个及 3 个以上卫生器具的污水横管上应设置清扫口。当污水管在楼板下悬吊敷设时，可将清扫口设在上一层楼地面上，污水管起点的清扫口与管道相垂直的墙面距离不得小于 200mm；若污水管起点设置堵头代替清扫口时，与墙面距离不得小于 400mm。

3）在转角小于 135°的污水横管上，应设置检查口或清扫口。

4）排水通气管不得与风道或烟道连接：通气管应高出屋面 300mm，且必须大于最大结雪厚度；在通气管出口 4m 范围以内有门、窗时，通气管应高出门、窗顶 600mm 或引向无门、窗一侧；上人屋面通气管应高出屋面 2m，并应根据防雷要求设置防雷装置。

（8）卫生器具安装

地漏位置合理，低于排水表面，地漏水封高度不小于 50mm。

（9）电气工程

1）开关、插座安装：开关为同一系列、通断位置一致，安装位置距门框边 15～20cm。

2）卫生间防护严禁设置电源插座。安装高度在 1.8m 以下的电源插座应采用安全性插座。

6.4.3　室内装饰装修工程施工测量

1. 电气线路敷设及插座、开关的定位

（1）对照设计图纸确定定位点→施工现场成品保护→根据线路走向弹线→根据弹线走向开槽→开线盒→清理渣土→电管、线盒固定→穿钢丝拉线→连接各种强弱电线线头（不可裸露在外）→封闭电槽→对强弱电进行验收测试。

（2）电气线路敷设弹线定位：根据设计图确定进户线、盒、箱、柜等电气器具的安装位置，从始端至终端（先干线后支线）找好水平或垂直线，用粉线袋沿墙壁、顶棚和地面等处，在线路的中心线进行弹线，按照设计图要求及施工验收规范规定，分匀档距并用笔标出具体位置。

（3）插座安装规定：儿童活动场所安装高度不小于1.8m；车间及试（实）验室的插座安装高度不小于0.3m；特殊场所安装插座不小于0.15m；同一室内插座安装高度一致。

（4）开关安装位置便于操作，开关边缘距门框边缘的距离为0.15～0.2m，开关距地面高度1.3m；拉线开关距地面高度2～3m，层高小于3m时，拉线开关距顶板不小于100mm，拉线出口竖直向下；床头双控开关高度在850mm左右；壁挂电视电源高度根据空间大小及电视尺寸确定，一般高度为1000～1200mm；背景音乐、温控、智能照明、电器控制弱电面板高度数值参考照明主开关，以方便控制为宜。

（5）相同型号的开关并列安装，同一室内开关安装高度一致，且控制有序不错位。并列安装的拉线开关相邻间距不小于20mm。

2. 给水排水管路、水龙头、洁具等高度的定位

（1）对照设计图纸确定定位点→施工现场成品保护→根据线路走向弹线→根据弹线对顶面固定水卡→根据弹线走向开槽→清理渣土→走线→墙顶面水管固定→检查各回路是否有误→对水路进行打压验收测试→封闭水槽→记录水管位置。

（2）一般水龙头、洁具安装测量尺寸：淋浴混水器冷热水管中心间距150mm，距地1000～1200mm；上翻盖洗衣机水口高度1200mm；电热水器给水口高度＝层净高－电热水器固定上方距顶距离－电热水器直径－200mm；水盆、菜盆给水口高度450～550mm；马桶给水口距地200mm，距马桶中心一般靠左250mm；墩布池给水口高出池本身200mm为宜；其他给水排水尺寸根据产品型号确定。

3. 地面块料面层工程施工测量

1）重新测量地面各部分尺寸，明确装饰面层的种类和厚度；

2）用水平仪在四边墙脚测出完成面标高，再弹出＋50cm墨线；

3）测出四周墙面装饰面层厚度，再弹出地面线；

4）在地上弹出十字中心线，有对称要求的要弹出对称轴，按块面的尺寸加预留缝放样分块；

5）按块料地面铺贴图弹出控制线，由于在铺贴块材时要先用半干砂浆铺底，待实际铺贴时再依这些控制线在块料面层的顶面标出铺装控制线；

6）如图6-22所示，块料面层的垂直线可按照勾股定理确定。以一基准点沿块料一边方向量出1600mm，然后在同一基准点沿与其垂直的方向量出1200mm，两端点连接长度

只要等于 2000mm 就能保证两线是垂直的，否则在保证两直角边边长正确的前提下调整两端点位置，直至其距离为 2000mm 为止。

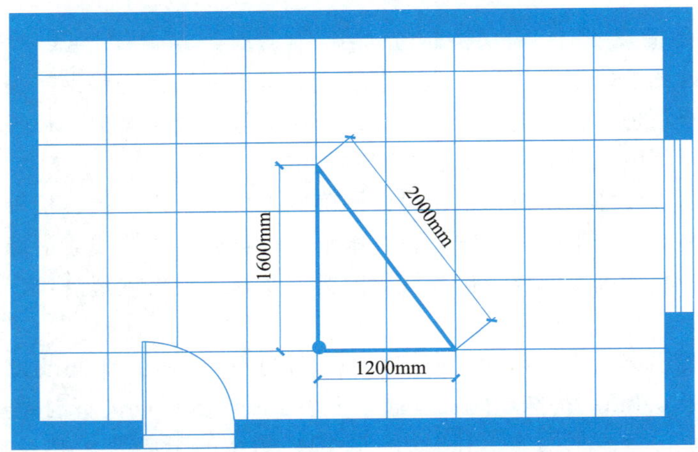

图 6-22　按照勾股定理确定块料面层的垂直线

4. 墙柱面工程

（1）一般墙面抹灰（表 6-6）

一般墙面抹灰的允许偏差和检验方法　　表 6-6

项次	项目	允许偏差(mm)		检验方法
		普通抹灰	高级抹灰	
1	立面垂直度	4	3	用 2m 垂直检测检查
2	表面平整度	4	3	用 2m 靠尺和塞尺检查
3	阴阳角方正	4	3	用直角检测尺检查
4	分格条(缝)直线度	4	3	拉 5m 线,不足 5m 拉通线,用钢直尺检查
5	墙裙、勒脚上口直线度	4	3	拉 5m 线,不足 5m 拉通线,用钢直尺检查

（2）装饰墙面抹灰（表 6-7）

装饰墙面抹灰的允许偏差和检验方法　　表 6-7

项次	项目	允许偏差(mm)				检验方法
		水刷石	斩假石	干粘石	假面砖	
1	立面垂直度	5	4	5	5	用 2m 垂直检测检查
2	表面平整度	3	3	5	4	用 2m 靠尺和塞尺检查
3	阴阳角方正	3	3	4	4	用直角检测尺检查
4	分格条(缝)直线度	3	3	—	—	拉 5m 线,不足 5m 拉通线,用钢直尺检查
5	墙裙、勒脚上口直线度					拉 5m 线,不足 5m 拉通线,用钢直尺检查

（3）饰面砖粘贴（表 6-8）

饰面砖粘贴的允许偏差和检验方法　　表 6-8

项次	项目	允许偏差（mm）		检验方法
		外墙面砖	内墙面砖	
1	立面垂直度	3	2	用 2m 垂直检测尺检查
2	表面平整度	4	3	用 2m 靠尺和塞尺检查
3	阴阳角方正	3	3	用直角检测尺检查
4	接缝直线度	3	2	拉 5m 线，不足 5m 拉通线，用钢直尺检查
5	接缝高低差	1	0.5	用钢直尺和塞尺检查
6	接缝宽度	1	1	用钢直尺检查

5. 顶棚工程

（1）顶棚装饰椭圆造型放线方法：如图 6-23 所示，确定所需椭圆长轴的长度和短轴的长度，如果长轴的长度为 A，长轴端点到短轴端点的距离为 B，那么椭圆的焦距为 $2 \cdot B - \frac{A}{2}$。根据椭圆上的点到两焦点的距离之和等于长轴的长度（即为定值）我们就可以画出椭圆了。

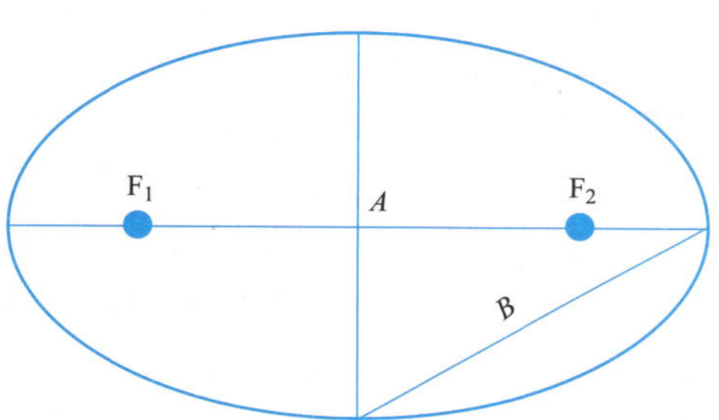

图 6-23　椭圆造型放线

（2）暗龙骨吊顶工程安装（表 6-9）

暗龙骨吊顶工程安装的允许偏差和检验方法　　表 6-9

项次	项目	允许偏差（mm）				检验方法
		纸面石膏板	金属板	矿棉板	木板、塑料板、格栅	
1	表面平整度	3	2	2	2	用 2m 靠尺和塞尺检查
2	接缝直线度	3	1.5	3	3	拉 5m 线，不足 5m 拉通线，用钢直尺检查
3	接缝高低差	1	1	1.5	1	用钢直尺和塞尺检查

（3）明龙骨吊顶工程安装（表 6-10）

明龙骨吊顶工程安装的允许偏差和检验方法　　表 6-10

项次	项目	允许偏差（mm）				检验方法
		石膏板	金属板	矿棉板	塑料板、玻璃板	
1	表面平整度	3	2	3	2	用 2m 靠尺和塞尺检查
2	接缝直线度	3	2	3	3	拉 5m 线，不足 5m 拉通线，用钢直尺检查
3	接缝高低差	1	1	2	1	用钢直尺和塞尺检查

6. 其他装饰装修工程施工测量

（1）墙、柱面分格对缝

高级装修设计中有许多墙、地面块材分格都是对缝设计的，这就需要测量的平面轴线间距尺寸要非常准确。如果稍有偏差，则墙面块材施工后，地面在施工时就很难和墙面对缝。特别是圆柱石材拼缝和地面石材拼缝对缝时，如果圆柱的测量放线不精确，或轴线距离不准，将导致圆柱石材拼不上。当然，圆柱的拼缝与地面石材的拼缝就不能对齐。

（2）异形石材施工

旋转楼梯、弧形墙、同心圆石材地面都属于异形石材施工。这对现场的测量放线提出了更高的要求，旋转楼梯需要把内外圆弧和各级踏步标高准确地放线，因为现在异形石材都要采用数控加工中心加工，加工精度很高，如果现场测量放线不准，将导致精确加工的旋转楼梯石材部件无法准确安装，所以测量放线必须按照石材加工图纸尺寸进行，误差控制在 1.0mm 以内。石材加工精度不应有负误差，而应稍有富余量。重要工程应按设计部位实际情况制定专项石材加工技术标准，以控制石材加工精度。

（3）图案、花饰的安装

对于图案、花饰墙地面的施工，由于这些材料大多用数控加工中心或水刀切割成型，加工精度极高，所以施工时首先要将图案或花饰块的尺寸、形状精确地测量、放样到施工部位。施工时应特别注意花饰、图案的轴线或控制点位，应首先施工花饰、图案，再施工邻近的石材，这样才能消除一些施工误差。设计中采用错缝连接就能很好地解决此问题。

（4）电梯门框定位和标高控制

一般情况下，大楼的电梯安装是由专业公司先行施工的，由于安装公司只进行局部放线，没有按精装地面主轴线回放，待装修单位进场放线时，常会发现电梯门框露出装饰门套的量是一边多，一边少。有的电梯不锈钢门框定位和装饰墙面无法收口。另外电梯公司安装门框的依据是土建施工的 50 线，在不少情况下，由于土建提供的 50 线精度不够，加上安装公司的施工误差，有的工程同层两处电梯厅电梯门框标高相差 20mm 以上。造成问题的主要原因是土建施工的允许误差大于精装修施工允许误差，安装公司施工中往往不使用水平仪测量校核。

（5）内外装修统一轴线控制

建筑物的内外装修一般不会同时进行，外墙施工是按外立面布局和土建尺寸进行测量放线的，而内装修是按室内基准轴线进行测量放线的。由于多数工程土建总包未能提供建筑物的基准轴线，会导致内外装饰施工单位分别测量放线会存在测量误差。这样就会导致内装和外装在门窗洞口处交接不上。特别是首层地面中心线与外幕墙大门的中心线对不齐，看起来极不协调。

（6）多层共享空间的栏杆安装与环廊偏差

许多大型公共建筑设计有多层共享空间，其中不少是圆形，其环廊的栏杆安装和墙面施工不是由一个单位施工。如果栏杆安装单位和装饰施工单位放出的共享空间平面形状不能重合，这就导致栏杆安装后突出环廊装饰面有多有少，极大地影响了装饰效果。

6.4.4 室外装饰装修工程施工测量

1. 全玻璃幕墙安装施工

放线定位是玻璃幕墙安装施工中技术难度较大的一项工作，除了要充分掌握设计要求外，还需具备丰富的工作经验。因为有些细部构造处理在设计图纸中并未明确交代，而是留给操作人员结合现场情况具体处理，特别是玻璃面积较大、层数较多的高层建筑玻璃幕墙，其放线难度更大一些。

（1）测量放线

1）幕墙定位轴线必须与主体结构的主轴线平行或垂直，以免幕墙施工和室内外装饰施工发生矛盾，造成阴阳角不方正和装饰面不平行等缺陷。

2）要使用高精度的激光水准仪、经纬仪，配合标准钢尺、重锤、水平尺等复核。对高度大于 7m 的幕墙，还应反复 2 次测量核对，以确保幕墙的垂直精度。要求上、下中心线偏差小于 2mm。

3）测量放线应在风力不大于 4 级的情况下进行，对实际放线与设计图之间的误差应进行调整、分配和缩小，不能使其积累。解决方法通常是适当调节缝隙和边框的宽度。如果发现尺寸误差较大，应及时向业主反映，以便采取重新制作一块玻璃或其他方法合理解决。

（2）放线定位

全玻璃幕墙直接将玻璃与主体结构固定，应首先将玻璃的安装位置标在地面的墨线上，然后根据外缘尺寸确定锚固点的水平位置，再逐层向上锚固安装。

2. 外墙干挂石材放样

（1）基层处理：基层处理是找到并清理外墙预埋钢板，并检查预埋钢板位置是否正确。对预埋件偏移的情况要进行补强施工，一般采用后置锚栓钢板补强，安装完成后经过抗拉拔试验验收合格方可进入下道工序。

（2）分格放线：是后续龙骨安装的依据。

1）水平横向控制线：用水准仪引测±0.000m 标高线作为主基准线，然后以楼层为单位设置横向基准线。横向分格由外墙顶面开始，以两片板材干挂高度值作为分格单位由上而下进行，并利用每层的基准线进行微调，减小误差。

2）垂直纵向控制线：首先应对原结构偏差进行一次系统测量，分析实际尺寸和设计尺寸的偏差值，如果现场实际尺寸偏差比较小，只要通过合理的分格便可以减小误差，反之就需要对结构进行处理。

用经纬仪在建筑外墙上按每隔 20m 设置一道垂直纵向基准线。根据分格尺寸（以两片板材干挂宽度值为单位）对建筑外墙面进行纵向分格，用铅垂引线，并测量上下点与基准线之间的距离，纠正偏差后弹线。纵向控制线和横向控制线构成了放线的立面控制网。

3. 外墙粉刷分割（造型）线（表 6-11）

外墙粉刷分割（造型）线质量和检验方法　　表 6-11

项次	项目	普通涂饰	高级涂饰	检验方法
1	颜色	均匀一致	均匀一致	观察
2	光泽、光滑	光泽基本均匀、光滑无挡手感	光泽均匀一致、光滑	观察、手摸检查
3	刷纹	刷纹通顺	无刷纹	观察
4	裹棱、流坠、皱皮	明显处不允许	不允许	观察
5	装饰线、分色线直线度允许偏差（mm）	2	1	拉 5m 线，不足 5m 拉通线，用钢直尺检查

课后讨论

1. 简述室内装饰装修工程施工测量的主要内容。
2. 简述室外装饰装修工程施工测量的主要内容。

任务 6.5 变形测量

学习目标

1. 知道变形测量的目的意义；
2. 知道变形监测的分类；
3. 会进行沉降观测的方法，能够编制沉降观测方案；
4. 会整理分析沉降观测成果；
5. 知道建筑物倾斜观测的方法；
6. 会基础沉降差法和激光垂准仪法测量建筑物倾斜；
7. 能进行建筑物裂缝观测；
8. 知道建筑物水平位移观测常用的方法。

关键概念

变形监测、变形损害。

6.5.1 变形监测概述

1. 变形监测的作用

建筑工程在施工过程中，随着上部荷载的增加，基础会下沉，如果产生不均匀沉降，主体会产生各种影响建筑安全的变形，变形值大到一定程度就会对建筑本身产生损害，危害到工程质量和安全，称为变形损害。为了确保工程在施工及运营过程中，不会产生严重的变形损害，对高层建筑的基坑、主体以及重要的厂房设备基础，必须进行变形监测，及时发现异常变化，对其稳定性、安全性作出判断，采取措施处理，保障工程安全，防止事故发生。

变形监测通过积累监测分析资料，能更好地解释变形的机理，验证变形的假说，为研究灾害预报的理论和方法服务；检验工程设计的理论是否正确，设计是否合理，为以后修改设计、制定设计规范提供依据，如改善建筑的物理参数、地基强度参数，以防止工程破坏事故，提高抗灾能力等。

2. 变形监测的定义

对监测对象或物体（简称变形体）进行测量，确定其空间位置随时间的变化特征，又称变形测量或变形观测。变形体上有代表性的一定数量的离散点（称监测点或目标点）的变化可以描述其变形过程。

3. 建筑物变形监测的分类

（1）移动类

主体倾斜观测、水平位移观测、裂缝观测、挠度观测、日照变形观测、风振观测、建筑场地滑坡观测等。

（2）沉降类

建筑物沉降观测、地基土分层沉降观测、建筑场地沉降观测、基坑回弹观测。

4. 建筑变形测量的级别、精度指标及其适用范围

《建筑变形测量规范》JGJ 8—2016 规定，建筑变形测量的等级、精度指标及其适用范围应符合表 6-12 的规定。

建筑变形测量的等级、精度指标及其适用范围　　表 6-12

等级	沉降监测点测站高差中误差(mm)	位移监测点坐标中误差(mm)	主要适用范围
特等	0.05	0.3	特高精度要求的变形测量
一等	0.15	1.0	地基基础设计为甲级的建筑的变形测量；重要的古建筑、历史建筑的变形测量；重要的城市基础设施的变形测量等
二等	0.5	3.0	地基基础设计为甲、乙级的建筑的变形测量；重要场地的边坡监测；重要的基坑监测；重要管线的变形测量；地下工程施工及运营中的变形测量；重要的城市基础设施的变形测量等
三等	1.5	10.0	地基基础设计为乙、丙级的建筑的变形测量；一般场地的边坡监测；一般的基坑监测；地表、道路及一般管线的变形测量；一般的城市基础设施的变形测量；日照变形测量；风振变形测量等
四等	3.0	20.0	精度要求低的变形测量

6.5.2　建筑物的沉降观测

关键概念

沉降观测、水准基点、工作基点、沉降观测点、沉降观测“五固定”原则、沉降-荷载-时间关系曲线。

1. 沉降观测的概念及程序

建筑物的沉降观测是采用水准测量的方法，连续观测设置在建筑物上的观测点与周围

水准点之间的高差变化值，来确定建筑物在垂直方向上的位移量的工作。沉降观测实质上是根据专用水准点用精密水准仪定期进行水准测量，测出建筑物上沉降观测点的高程，从而计算其下沉量。

下列建筑物和构筑物应进行系统的沉降观测：《建筑变形测量规范》JGJ 8—2016 规定的工业与民用建筑、高层建筑物、重要厂房的柱基及主要设备基础、连续性生产和受振动较大的设备基础、工业炉（如炼钢的高炉等）、高大的构筑物（如水塔、烟囱等）、人工加固的地基、回填土、地下水位较高或大孔性土地基的建筑物等。

如图 6-24 所示，沉降观测一般按照下面程序进行：

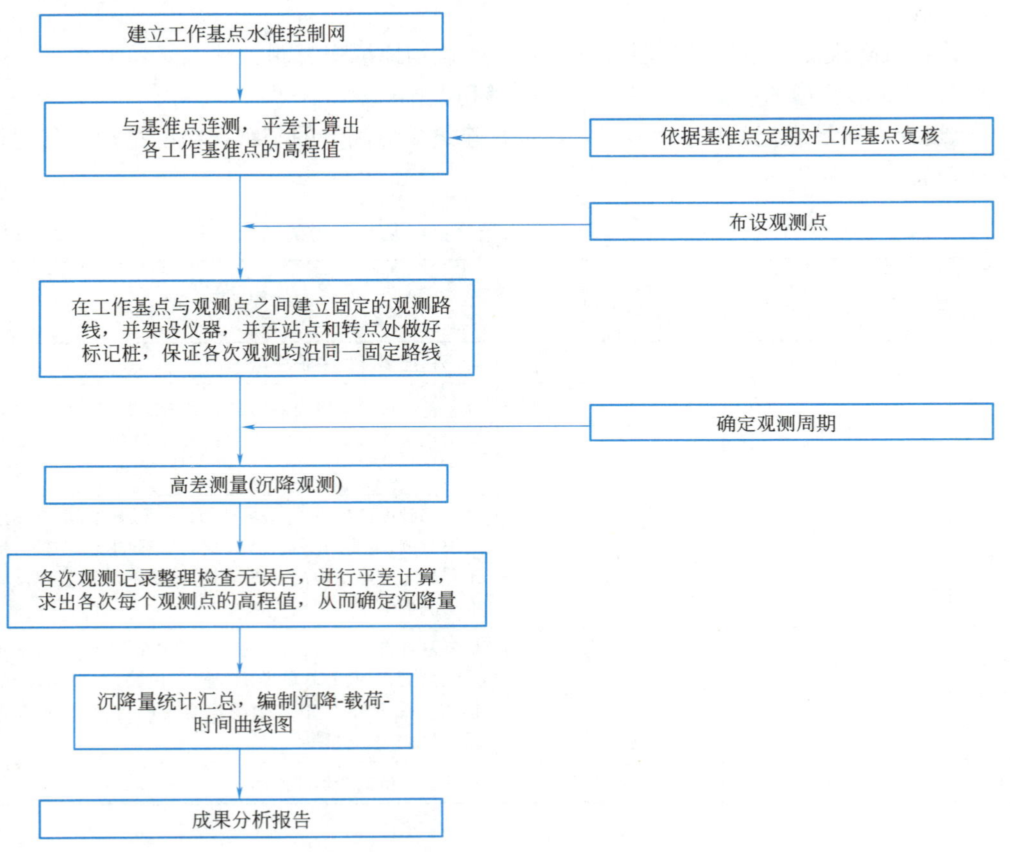

图 6-24　基础沉降观测工作程序

2. 沉降观测点的布设

沉降观测需要用水准测量的方法设置专用高程控制网，分三级布设：

（1）首级控制点为水准基点，作为沉降观测的依据，必须保证其高程在相当长的观测时期内固定不变。

（2）次级控制点为工作基点，作为日常观测的引测起始点，确保在观测期间内高程不受施工影响而变化，一般设置在稳定的永久性建筑物墙体或基础上。

水准基点和工作基点统称专用水准点。

（3）第三级是沉降观测点，又称变形点。是设置在建筑物上能反映其沉降特征地点的固定标志，这些点在施工和运营过程中其高程可能会发生变化，通过其高程的变化来了解建筑物的沉降状态。

专用水准点及沉降观测点的设置：

（1）专用水准点的设置

专用水准点应布设在施工建筑应力影响范围之外且不受打桩、机械施工和开挖等操作影响，坚实稳固的基岩层或原状土层中；离开地下管道至少 5m；底部埋设深度至少要在冰冻线及地下水位变化范围以下 0.5m；为了提高沉降观测的精度，专用水准点离开沉降观测点的距离不应大于 100m。

建筑物的沉降观测是依据埋设在建筑物附近的水准点进行的，为了相互校核并防止由某个水准点的高程变动而造成的差错，测区水准基点数不应少于 3 个；小测区且确认点位稳定可靠时，水准基点数不得少于 2 个，工作基点不得少于 1 个。

工作基点位置与邻近建筑物的距离不得小于建筑物基础深度的 1.5 倍。

专用水准点的形式一般可选用混凝土普通标石。

水准标石埋设后，一般 15 天后达到稳定后方可开始观测。

（2）沉降观测点的设置

观测点设置的数量与位置，应能全面反映建筑物的沉降情况，并应考虑便于立尺、没有立尺障碍，同时注意保护观测点不致在施工过程中受到损坏。一般沿建筑物周边布设，其位置通常设在建筑物的四角点，纵横墙连接处，平面及立面有变化处，沉降缝两侧，地基、基础、荷载有变化处等。

1）建筑物的四角、大转角处及沿外墙每 10～15m 处或每隔 2～3 根柱基上；

2）高层建筑物、新旧建筑物、纵横墙等交接处的两侧；

3）建筑物裂缝和沉降缝两侧、基础埋深相差悬殊、人工与天然地基接壤、不同结构分界及填挖方分界处；

4）宽度大于等于 15m 或小于 15m 但地质复杂以及膨胀土地区的建筑物，在承重内隔墙中部设内墙点，在室内地面中心及四周设地面点；

5）邻近堆置重物处、受振动有显著影响的部位及基础下的暗浜（沟）处；

6）在框架结构建筑物每个或部分柱基上或沿纵横轴线设点；

7）筏形基础、箱形基础底板或接近基础的结构部分的四角处及其中部位置；

8）重型设备基础和动力设备基础的四角、基础形式或埋深改变处以及地质条件变化处两侧；

9）电视塔、烟囱、水塔、油罐、炼油塔、高炉等高耸建筑物，沿周边在与基础轴线相交的对称位置上布点，点数不少于 4 个。

（3）沉降观测点的形式

沉降观测点的形式和设置方法应根据工程性质和施工条件来确定。观测点的标志形式有墙上观测点、钢筋混凝土柱上的观测点（一般布设在基础上 0.3～0.5m 的高度处）和基础上的观测点。为使点位牢固稳定，观测点埋入的部分应大于 10cm；观测点的上部须为半球形状或有明显的突出之处，这样放置标尺均为同一标准位置；观测点外端须与墙身、柱身保持至少 4cm 的距离，以便标尺可对任意方向垂直置尺。观测点按其与墙、柱连接方式与埋设位置的不同，有以下几种形式：

1）现浇柱式观测点

如图 6-25 所示，用厚度不小于 10mm 长宽为 100mm×100mm 的钢板作为预埋件，埋入柱子里，拆模后将直径 ϕ18～20mm 的不锈钢或铜，一端弯成 90°角，顶部加工成球状焊接在预埋钢板上，形成沉降观测点。

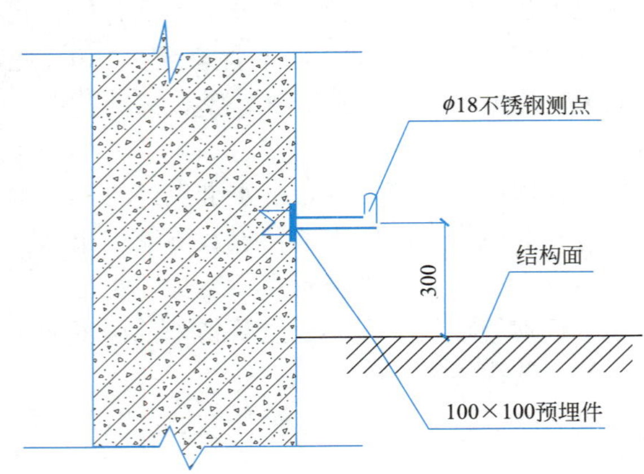

图 6-25　现浇柱式观测点

2）隐蔽式观测点

如图 6-26 所示，螺栓式隐蔽标志适用于在墙体上埋设。

观测时旋进标身，观测完毕后卸下标身，旋进保护盖以便保护标志。

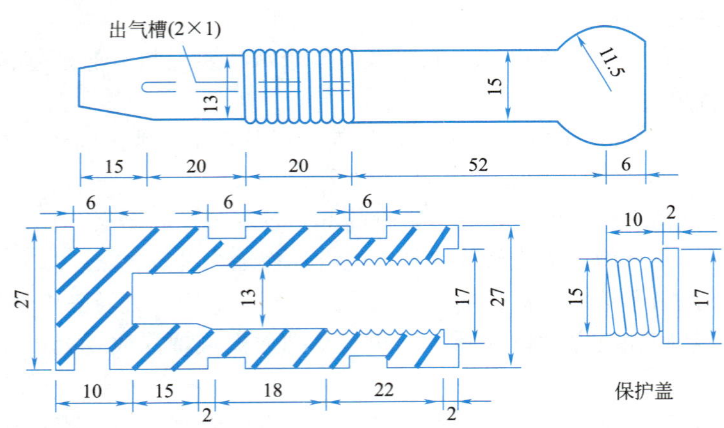

图 6-26　螺栓式隐蔽标志及其几何尺寸（单位：mm）

3. 沉降观测的时间、方法及精度要求

（1）观测时间

一般在结构增加一层或增加较大荷重之后（如浇灌基础、回填土、安装柱子和厂房屋架、砌筑砖墙、设备安装、设备运转、烟囱高度每增加 15m 左右等）要进行沉降观测。施工中，如果中途停工时间较长，应在停工时和复工前进行观测。当基础附近地面荷重突然增加，周围大量积水，暴雨及地震后，或周围大量挖方等可能导致沉降发生的情况时，

均应观测。竣工后要按沉降量的大小，定期进行观测。开始可隔1～2个月观测一次，以每次沉降量在5～10mm以内为限度，否则要增加观测次数。以后，随着沉降量的减小，可逐渐延长观测周期，直至沉降稳定为止。

建筑物投入使用后，可按沉降速度参照表6-13所列观测周期，定期进行观测，直到每日沉降量小于0.01mm时停止。

沉降观测周期表　　表6-13

沉降速度(mm/d)	观测周期	沉降速度(mm/d)	观测周期
>0.3	半个月	0.02～0.05	六个月
0.1～0.3	一个月	0.01～0.02	一年
0.05～0.1	三个月	<0.01	停止

（2）沉降观测的方法

在观测点和水准点埋设完毕并稳定后，根据水准点的位置与整个观测点布设情况，详细拟定观测路线、仪器架设位置，要在既考虑观测距离又顾及后视、中间视、前视的距离不等差较小的原则下，合理地观测到全部观测点。

观测过程中要重视第一次观测的成果，因为首次观测的高程值是以后各次观测用以进行比较的依据。若初测精度低，会造成后续观测数据上的矛盾。为保证初测精度，首次观测宜进行两次，每次均布设成闭合水准路线，以闭合差来评定观测精度。

（3）沉降观测的仪器及作业方式

当采用水准测量进行沉降观测时，所用仪器级别和标尺类型应符合表6-14的规定。

水准仪级别和标尺类型　　表6-14

等级	水准仪级别	标尺类型
一等	DS05	因瓦条码标尺
二等	DS05	因瓦条码标尺、玻璃钢条码标尺
	DS1	因瓦条码标尺
三等	DS05、DS1	因瓦条码标尺、玻璃钢条码标尺
	DS3	玻璃钢条码标尺
四等	DS1	因瓦条码标尺、玻璃钢条码标尺
	DS3	玻璃钢条码标尺

沉降观测水准测量的作业方式应符合表6-15的规定。

观测视线长度、前后视距差、视线高度及重复测量次数、观测限差等要求应符合《建筑变形测量规范》JGJ 8—2016中第4.2.3条的规定。

（4）沉降观测的精度

为保证沉降观测的精度，减小仪器工具、设站等方面的误差，一般使用同一台仪器及同一根标尺，每次在固定位置架设仪器，采用固定观测几个观测点和固定转点位置的方法。同时应注意尽量使前后视距相等，以减小i角误差的影响。沉降观测时，从水准点开始，组成闭合或附合路线逐点观测。

沉降观测的作业方式　　表 6-15

沉降观测等级	基准点测量、工作基点联测及首期沉降观测			其他各期沉降观测			观测顺序
	DS05 级别仪器	DS1 级别仪器	DS3 级别仪器	DS05 级别仪器	DS1 级别仪器	DS3 级别仪器	
一等	往返测	—	—	往返测或单程双测站	—	—	奇数站：后→前→前→后 偶数站：前→后→后→前
二等	往返测	往返测或单程双测站	—	单程观测	单程双测站	—	奇数站：后→前→前→后 偶数站：前→后→后→前
三等	单程双测站	单程双测站	往返测或单程双测站	单程观测	单程观测	单程双测站	后→前→前→后
四等	—	单程双测站	往返测或单程双测站	—	单程观测	单程双测站	后→前→前→后

4. 沉降观测的成果整理

沉降观测应有专用的外业手簿，并需将建筑物、构筑物施工情况详细注明、随时整理，其主要内容包括：建筑物平面图及观测点布置图，基础的长度、宽度与高度；挖槽或钻孔后发现的地质土壤及地下水情况；施工过程中荷重增加情况；建筑物观测点周围工程施工及环境变化的情况；建筑物观测点周围笨重材料及重型设备堆放的情况；施测时所引用的水准点号码、位置、高程及其有无变动的情况；地震、暴雨日期及积水的情况；裂缝出现日期，裂缝开裂长度、深度、宽度的尺寸和位置示意图等。如中间停止施工，还应将停工日期及停工期间现场情况加以说明。

每次观测完毕后，应及时检查手簿，精度合格后，调整闭合差，推算各点的高程，与上次所测高程进行比较，计算出本次沉降量及累积沉降量，并将观测日期、荷载情况填入观测成果表中，提交委托单位。

为了预估下一次观测点沉降的大约数值和沉降过程是否渐趋稳定或已经稳定，可绘制沉降、荷载、时间三者的关系曲线。

以荷载（上半轴）、沉降量（下半轴）为纵轴，时间为横轴，根据每次观测日期和每次下沉量按比例画出荷载、沉降量各点的位置，然后将横轴上下各点分别连接起来，形成上下两条曲线，在横轴下的沉降量曲线一端注明观测点号码，便画成“荷载-沉降-时间关系曲线”图。

如图 6-27 所示，全部观测完成后，应汇总每次观测成果，绘制“沉降-荷载-时间关系曲线”图，横轴以月、旬或天数为单位；纵轴的上方表示荷载的增加，纵轴的下方表示沉降量的增加。这样可以清楚地描述出建筑物在施工过程中随时间及荷载的增加而发生沉降的情况。

5. 沉降观测的注意事项

（1）在施工期间，沉降观测点被毁的情况经常发生，为此一方面可以适当地加密沉降观测点，对重要的位置如建筑物的四角可布置双点；另一方面观测人员应经常注意观测点的变动情况，如有损坏应及时设置新的观测点。

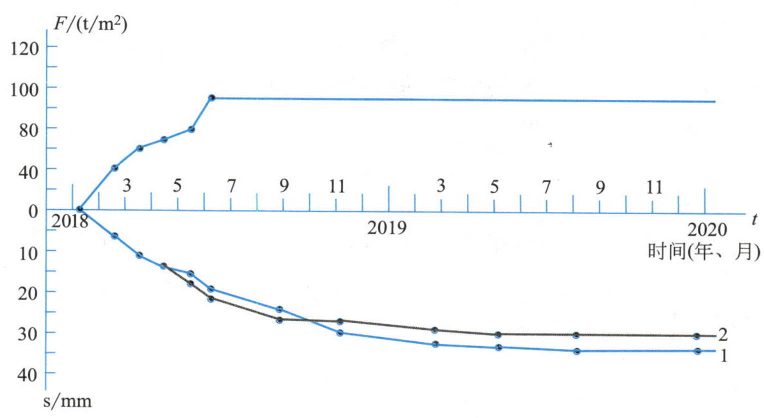

图 6-27　沉降-荷载-时间关系曲线

(2) 建筑物的沉降量应随着荷重的加大及时间的延长而增加，但有时却出现回升现象，这时需要具体分析回升现象的原因。可能是因水准基点下沉，测出的结果就是建筑物反常上升。

(3) 建筑物的沉降观测是一项较长期的系统的观测工作，为了保证观测结果更有对比性，应尽可能地做到：①水准基点、工作基点和沉降观测点，点位要稳定。因为如果点位新增或破坏了，就无法与前面相同的点位观测值进行比较，也就失去观测的意义了。②所用仪器、设备要稳定。因为不同的仪器设备，观测结果总会存在一些差异。③观测人员要稳定。因为前期固定下来的人员已经对测量过程比较了解，细节问题也可以注意到位，如果经常性地更换人员，难免会造成一些细节把握不到位，导致观测结果出现问题。④观测时的环境条件基本一致。因为只有在相同环境下，测绘出的数据才可以更好地来做对比。⑤观测路线、镜位、程序和方法要固定。

以上措施在客观上能尽量减少观测误差的不定性，使所测的结果具有统一的趋向性，保证各次观测结果与首次观测结果的可比性更一致，使所观测的沉降量更真实，此即为“五固定”原则。

6.5.3　建筑物的倾斜观测

经纬仪投影法、基础沉降差法、激光垂准仪法、测角前方交会法。

用测量仪器来测定建筑物的基础和主体结构倾斜变化的工作，称为倾斜观测。常用的方法有基础沉降差法、激光垂准仪法、测角前方交会法等。

1. 基础沉降差法

适用于整体刚度较好的建筑物的倾斜观测。如图 6-28 所示，建筑物的基础倾斜观测，一般采用精密水准测量的方法，定期测出基础两端点的沉降量差值 Δh，再根据两点间的距离 L，即可计算出基础的倾斜度：

$$i=\frac{\Delta h}{L} \tag{式 6-1}$$

利用基础沉降量差值，还可以推算出主体偏移值。如图 6-29 所示，用精密水准测量建筑物基础两端点的沉降量差值 Δh，再根据建筑物的宽度 L 和高度 H，推算出该建筑物主体的偏移值 ΔD，即：

$$\Delta D=\frac{\Delta h}{L}H \tag{式 6-2}$$

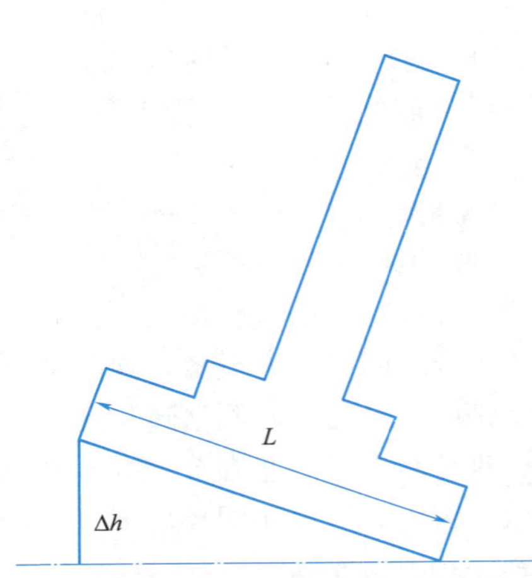

图 6-28　基础沉降差值进行倾斜观测

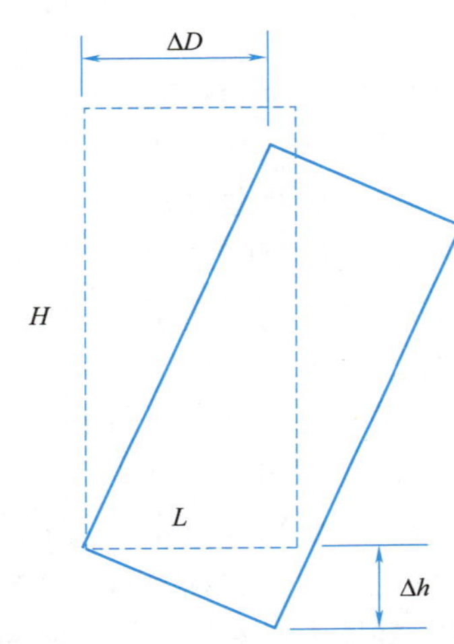

图 6-29　基础倾斜观测测定建筑物的偏移值

2. 激光垂准仪法

6-3
全站仪
倾斜观测

适用于建筑物顶部与底部间有竖向通道的建筑物。如图 6-30 所示，在建筑物竖向通道底部的地面埋设观测点，在该点上安置激光垂准仪（精确对中与整平），在通道顶部安置接收靶，根据铅垂光束投射到接收靶的光斑，移动接受靶使其中心与光斑重合，之后固定接受靶（观测期间要固定，不可移动），完成首次观测。

下次观测时，在顶部接收靶上直接读取出光斑距接受靶中心的两位移量 Δu、Δv（或用直尺量出光斑与中心点的偏移量），则该建筑物倾斜度与倾斜方向角如下：

$$i=\frac{\sqrt{\Delta u^2+\Delta v^2}}{h},\ \alpha=\arctan\frac{\Delta v}{\Delta u} \tag{式 6-3}$$

式中　h——地板观测点到接受靶的铅垂距离。

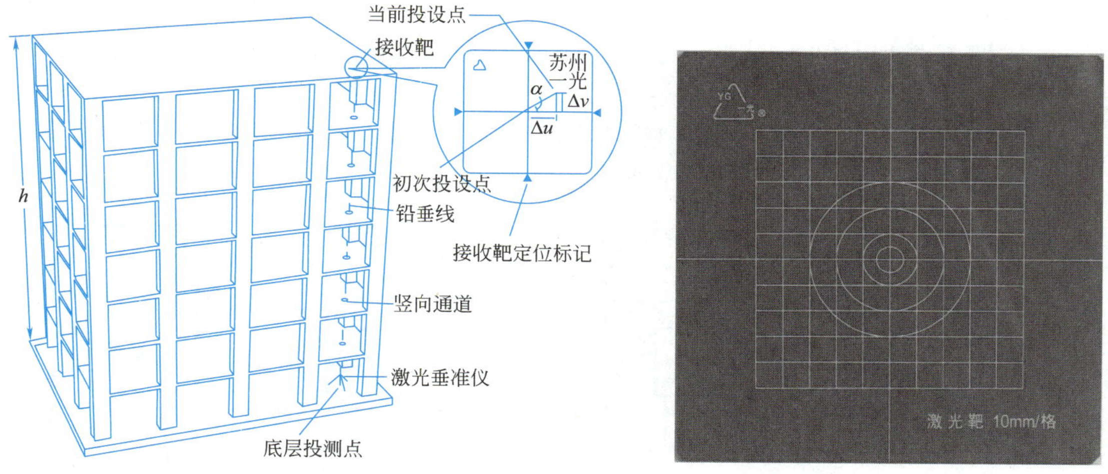

图 6-30 激光垂准仪法进行建筑物倾斜观测

6.5.4 建筑物的裂缝观测

关键概念

混凝土建筑、土坝、混凝土坝裂缝观测。石膏板标志法、白铁皮标志法、变形点标志法。

提示

建筑物产生裂缝时，为了了解其现状和掌握其发展情况，应该进行观测，以便根据这些资料分析其裂缝产生的原因和它对建筑物安全的影响，及时地采取有效措施加以处理。当建筑物多处发生裂缝时，应先对裂缝进行编号，然后分别观测裂缝的位置、走向长度、宽度等项目。

裂缝的宽度量测精度不应低于1.0mm，长度量测精度不应低于10.0mm，深度量测精度不应低于3.0mm。

对混凝土建筑物裂缝观测的位置、走向以及长度的观测，一般有三种方法：石膏板标志法、白铁皮标志法和变形点标志法。

1. 石膏板标志法

用厚10mm，宽约50～80mm的石膏板（长度视裂缝大小而定），固定在裂缝的两侧。当裂缝继续发展时，石膏板也随之开裂，从而观察裂缝继续发展的情况。

2. 白铁板标志法（镀锌薄钢皮标志法）

（1）如图6-31所示，用两块白铁皮，一片取100mm×300mm的大矩形，固定在裂缝的一侧。

（2）另一片为 50mm×200mm 的小矩形，固定在裂缝的另一侧，使两块白铁皮的边缘相互平行，并使其中的一部分重叠。

（3）沿着小块白铁皮的端头，在大块白铁皮的表面，涂上红色“▶”油漆，如图 6-31（a）所示。

（4）如果裂缝继续发展，两块白铁皮将逐渐拉开，此时小块白铁皮端头至白铁皮上“▶”之间的距离，即为裂缝宽度 h，如图 6-31（b）所示。

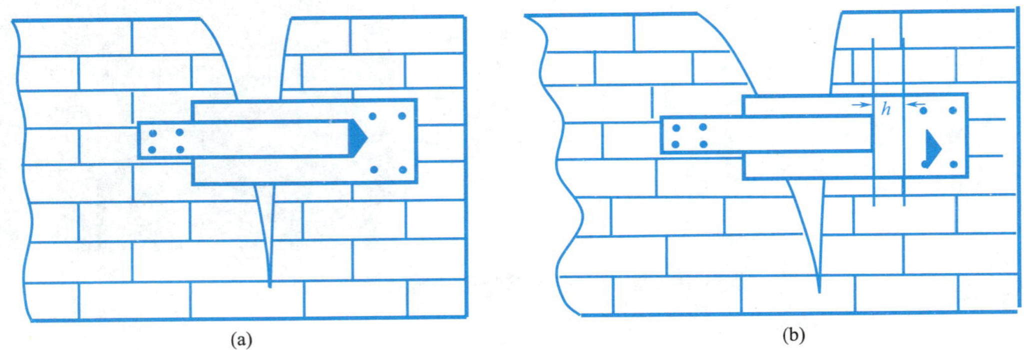

图 6-31　镀锌薄钢板标志法进行建筑物裂缝观测

3. 变形点标志法

如图 6-32 所示，在裂缝两侧埋设带有十字刻划的标志点，按规定观测周期测定两测点之间的距离，根据各次所测间距差来判断裂缝的发展情况。

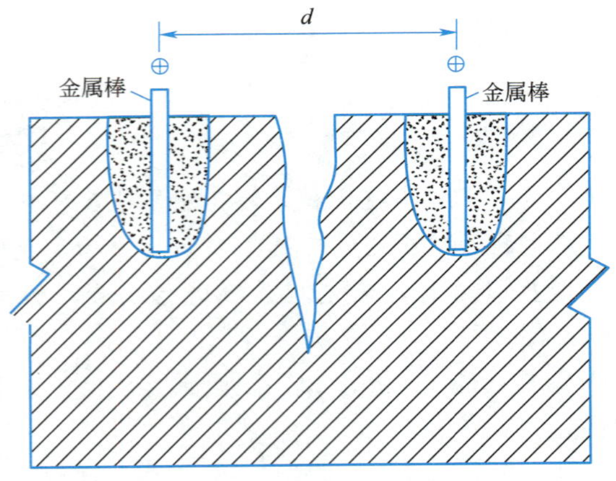

图 6-32　变形点标志法进行建筑物裂缝观测

6.5.5　建筑物的水平位移观测

基准线法、GNSS 方法、极坐标法。

测定建筑物的平面位置随时间而移动的大小及方向的工作叫位移观测。建筑物水平位移按坐标系统可分为横向水平位移、纵向水平位移及特定方向的水平位移。横向水平位移和纵向水平位移可通过监测点的坐标测量获得，特定方向的水平位移可直接测定。水平位移的基准点应选择在建筑变形以外的区域。水平位移监测点应选在建筑的墙角、柱基及一些重要位置，标志可采用墙上标志，具体形式及其埋设应根据现场条件和观测要求确定。水平位移观测应根据现场作业条件，采用全站仪测量、卫星导航定位测量、激光测量或近景摄影测量等方法进行。水平位移观测的周期，应符合下列规定：

（1）施工期间，可在建筑每加高 2～3 层观测 1 次；主体结构封顶后，可每 1～2 月观测 1 次。

（2）使用期间，可在第一年观测 3～4 次，第二年观测 2～3 次，第三年后每年观测 1 次，直至稳定为止。

（3）若在观测期间发现异常或特殊情况，应提高观测频率。

根据场地条件，一般可采用基准线法、几何大地测量方法（包括导线法、测边交会法、测角前方交会法）、极坐标法、GNSS 监测网观测等方法进行建筑水平位移观测。

1. 基准线法

对于只要求测定建筑物在某特定方向上的位移量时，首先建立一条垂直于该方向的基准线，在建筑物上埋设一些观测标志，定期测量观测标志偏离该基准线的距离，就可了解建筑物随时间的位移情况。这种水平位移观测方法，称为基准线法。

建筑物的位移值一般都很小，对位移值的观测精度要求很高，因而对基准线端点的设置、对中装置构造、觇牌设计及观测程序等均采取一些提高精度的措施。

（1）观测墩

一般采用钢筋混凝土结构的观测墩。观测墩底座部分直接浇筑在基岩上，以确保其稳定性。为了减少仪器与觇牌的安置误差，在观测墩顶面埋设固定的强制对中设备，它能使仪器及觇牌的偏心误差小于 0.1mm。

（2）觇牌图案形状、尺寸及颜色

基准线法的主要误差来源之一是照准误差，研究觇牌形状、尺寸及颜色对于提高基准线的观测精度具有重要意义。一般地说，觇牌设计应考虑以下五个方面：

1）反差大：用不同颜色的觇牌所进行的试验表明，以白色作底色，以黑色作图案的觇牌效果最好。白色与红色配合，虽能获得较好的反差，但它相对前者而言易使观测者产生疲劳。

2）没有相位差：采用平面觇牌可以消除相位差，在基准线观测中一般采用平面觇牌。

6-4 基准线水平位移监测

3）图案应对称。

4）应有适当的参考面积：为了精确照准，应使十字丝两边有足够的比较面积，同心圆环图案对精确照准是不利的。

5）便于安置：所设计的觇牌应能随意安置，亦即当觇牌有一定倾斜时仍能保证精确照准。

试验表明，双线标志（白底，标志为黑色）是比较合适的图案。在觇牌的分划板倾斜时，观测者仍可通过十字丝两边楔形面积的比较达到精确照准的目的。

2. 极坐标法

当基准点和位移观测点无法布在一条直线上时，可采用电磁波测距极坐标法。极坐标法比较灵活，每次只要测出各位移点的坐标，再根据本次和上次坐标的偏移量在垂直于基准线方向上的分量，就可以判断位移点的位移和方向。

课后讨论

1. 变形监测的作用是什么？
2. 变形监测的分类有哪些？
3. 《建筑变形测量规范》JGJ 8—2016 规定变形监测分几级？
4. 《建筑变形测量规范》JGJ 8—2016 规定三级变形测量其精度和适用范围是什么？
5. 沉降观测的意义是什么？沉降观测水准点分为几类？
6. 设置沉降观测点的原则是什么？
7. 沉降观测点的一般形式是什么？
8. 沉降观测周期如何确定？
9. 沉降观测精度有何要求？
10. 简述荷载、沉降、时间三者之间的关系。
11. 沉降观测的注意事项有哪些？
12. 何谓沉降观测的“五固定”？
13. 建筑物倾斜观测有哪几种方法？
14. 基础沉降差法观测建筑物沉降的原理是什么？
15. 如何使用激光垂准仪对建筑物进行倾斜观测？
16. 混凝土建筑裂缝观测常用的方法有哪些？
17. 简述基准线法进行建筑物水平位移观测的原理。
18. 建筑物的水平位移观测包括哪几种方法？

任务 6.6 装配式建筑施工测量与智能化工程测量

学习目标

1. 了解装配式建筑施工测量的主要工作内容；
2. 知道什么是智能化工程测量。

关键概念

装配式建筑施工测量、智能化工程测量。

提示

（1）装配式建筑作为一种新型的建造方式，以其高效、环保、节约资源的优势，逐渐受到广泛关注。装配式建筑通过在工厂预制构件，然后在现场进行装配，大大缩短了施工周期，提高了材料利用率，减少了建筑垃圾和浪费，符合可持续发展的理念。这种建筑方式不仅在技术上具有诸多优势，而且符合国家绿色发展和可持续发展理念，成为建筑行业的重要发展方向。

装配式建筑行业的发展现状显示出了强劲的增长势头。中国装配式建筑新建面积从 2017 年的 1.6 亿 m^2 增长至 2022 年的 12.35 亿 m^2，复合增长率为 33.9%。江苏省作为装配式建筑示范城市之一，其装配式建筑占同期新开工建筑面积的比例已经从 2015 年的 3%上升到了 2023 年的 41.0%。这些数据显示出装配式建筑在各地的普及和应用速度在加快。

未来发展趋势方面，装配式建筑将继续优化技术和工艺，提高质量和耐用性，降低成本，使得更多的人能够享受到这种环保、健康的居住方式。同时，随着人们对绿色环保生活的追求日益增强，装配式建筑有望成为未来建筑行业的重要发展方向之一。政策支持也将推动装配式建筑产业的发展和创新，促进产业的可持续发展和社会的可持续建设。

装配式建筑以其独特的优势和广阔的发展前景，正在成为建筑行业的重要转型方向，对于推动建筑行业的绿色、可持续发展具有重要意义。

（2）智能化工程测量正在快速发展，结合了人工智能、大数据、无人机测绘和遥感技术，极大地提高了测绘的精度与效率，是工程测量领域的重要发展趋势。

智能化工程测量的现状主要体现在以下几个方面：

技术创新与应用：随着技术的不断进步，工程测绘行业正经历从传统测绘向数字化、智能化测绘的跨越。现代工程测绘技术已经融合了卫星定位技术（如 GPS）、遥感技术、无人机测绘技术、三维激光扫描技术等先进手段，极大地提高了测绘的精度与效率。

政策支持与推动：政府部门对测绘行业给予了充分的关注和支持，包括资质政策的调整、技术创新的鼓励，以及对测绘数据安全和隐私保护的重视等。这些政策为测绘行业的健康发展提供了有力保障。

智能化工程测量的未来发展趋势包括：

1）新型技术应用前景展望：新型技术的应用将带来革命性的变革，提升测绘效率和准确性。特别是人工智能、大数据等技术的应用，将为工程测量带来更多的可能性。

2）市场需求增长动力：随着城市化进程的推动、政策支持与投入以及技术创新与产业升级，工程测绘行业市场需求持续增长，为智能化工程测量提供了广阔的发展空间。

3）行业整合方向预测：在可持续发展的背景下，工程测绘行业应加强技术创新与研发，优化产业结构与布局，推进绿色发展，并加强国际合作与交流。

综上所述，智能化工程测量通过结合最新技术和创新应用，不仅提高了测量效率和精度，还推动了行业的整体进步和发展。随着技术的不断进步和应用的深入，智能化工程测量将在未来发挥更加重要的作用。

6.6.1 装配式建筑施工测量的主要内容

随着现代建筑技术的发展，装配式建筑作为一种快速、高效且环保的建筑方式，正受到越来越多的关注。与传统建筑相比，装配式建筑具有施工快速、质量可控、环保节能等优势。在装配式建筑施工过程中，工程测量起着至关重要的作用，它不仅保证了建筑结构的精确度、质量和安全性，还对整个施工过程进行控制。下面介绍装配式建筑施工中的工程测量要点。

1. 基准面与二次控制点设置

装配式建筑施工中首先需要确定一个水平稳定的基准面，并进行二次控制点的布置。基准面是整个施工过程中唯一的参照物，能够确保各个组件在正确位置连结和安装。而二次控制点则用于检验各个模块或构件在安装过程中是否符合设计要求，以及有无变形或位移现象。因此，在开始任何施工前，必须完成基准面的设置和二次控制点的布置。

2. 吊装与安装控制

吊装与安装是装配式建筑整体过程中最为重要和复杂的环节之一。在吊装过程中，工程测量的任务是确保被吊装构件与目标位置的高度、水平度和倾斜度等参数达到要求。这就需要使用精密测量仪器和设备来进行实时监控，并及时调整和纠正。同时，在安装过程中，还需要根据设计图纸进行定位、对齐和连接等操作，以确保各个构件之间的精确配合。

3. 建筑外围尺寸控制

装配式建筑的外围尺寸控制对于整个项目的顺利进行至关重要。通过激光测距仪、切割机在精确控制下对各个构件进行尺寸测量，可以确保预制构件尺寸的精确性和符合设计要求。

（1）预制组件尺寸：在生产前必须准确测量预制组件的尺寸，并确保其质量符合要求。在装配过程中，需要不断检查和修正预制组件的尺寸，以保证其与设计要求相匹配。

（2）临边尺寸：临边尺寸是指装配式建筑外墙或屋面与地基、主体结构或其他建筑物之间的距离。在施工过程中，必须通过测量定位来确定临边尺寸，并加以控制，以防止出现间隙或错位。

（3）楼层高度：楼层高度是装配式建筑的重要参数之一，对于整体结构的稳定性和美观性具有重要影响。在测量过程中，应特别注意楼层高度是否符合设计要求，并及时纠正出现的偏差。

在测量控制时，应特别注意以下几点：

（1）选择适当的测量方法：根据不同构件和场景情况，选择合适的测量仪器和方法。常用的尺寸测量工具包括激光测距仪、全站仪等，通过这些工具可以快速而准确地获取所需测量尺寸。

（2）规划合理的控制点：在装配式建筑施工中，合理布置控制点是非常重要的。控制点应选取在构件连接处或者承重点位置，以便进行后续测量和调整。同时，在设计阶段就要考虑到尺寸偏差的补偿，以提高施工效率和质量。

（3）注意材料的热胀冷缩：由于气温变化等原因，装配式建筑构件可能会发生热胀冷缩现象。因此，在尺寸测量时需要考虑到这一因素，并进行相应修正，以保证尺寸的精确度。

4. 结构垂直度、水平度控制

装配式建筑的结构垂直度、水平度和倾斜度是施工过程中需要严格控制的因素。它们不仅影响建筑外观的美观性，还直接关系到结构的稳定性和使用功能。在施工过程中，应通过精密仪器进行实时监测，并随时调整和纠正各个组件的倾斜角度或水平位置。

（1）水平度控制

水平度是指构件表面或连接部位相对于地平面或基准面的水平程度。在装配式建筑施工中，利用水平仪等专业仪器进行水平度测量非常必要，以确保构件安装后整体结构的水平度满足设计要求。只有保持构件水平，才能保证整体结构稳定和安全。水平控制要点：

① 采用水平仪：在施工过程中，可以使用水平仪对构件进行水平度检测。通过调整支撑或调整螺栓连接处进行微调，使得构件保持水平状态。

② 使用高精度水平仪：为了提高测量的精确度，可以选择采用高精度水平仪进行检测。这样可以减少误差，并能够更好地控制施工质量。

③ 加强监控：装配式建筑施工过程中，需要不断监控构件的水平状态。遇到异常情况时，立即进行调整和处理，确保整体结构的稳定性和安全性。

（2）垂直度控制

垂直度是指构件表面或连接部位相对于垂直方向的垂直程度。在装配式建筑施工中，垂直度的控制非常重要。可以使用测角仪等专业仪器进行测量，以保证构件垂直度满足规范要求。只有在垂直方向上达到要求，才能保证墙体、柱子等结构元素的正常使用和承重性能。垂直度控制的注意事项有：

① 使用垂直仪器：首先，在施工过程中应使用垂直仪器对构件进行垂直度检测。通过调整支撑或其他方法进行微调，在确保精确度的前提下使构件达到要求的垂直度。

② 考虑尺寸和形状因素：在设计阶段就应考虑到尺寸和形状因素对于垂直度控制的影响。合理安排构件尺寸和形状，以减少对垂直度的影响，并且保证施工过程中易于控制。

③ 增加监测频次：在装配式建筑施工过程中，需要加强对垂直度的监测频次。特别

是在关键节点和重要构件上进行更加细致和精确的监测，以确保整体结构的稳定性和垂直度要求。

5. 环境因素与测量修正

在装配式建筑施工中，环境因素对测量结果产生了重要影响。例如，温度、湿度等环境参数都会导致构件膨胀或收缩，进而影响其尺寸和形状。为此，在进行工程测量前必须充分考虑这些环境因素，并进行相应修正。

总之，在装配式建筑施工中，工程测量起着至关重要的作用。它能够确保装配式建筑的精确度、质量和安全性，并在施工过程中对各个环节进行有效控制。因此，无论是基准面与二次控制点的布置，还是吊装与安装、外围尺寸控制，都需要经过精密的测量与调整。只有做好这些工程测量要点，才能确保装配式建筑的顺利施工和成功交付。

6.6.2 智能化工程测量简介

随着现代电子技术与测绘技术的不断融合以及测绘技术的飞速进步，测绘技术的发展根据技术特征和服务形态可分为以下四个时代。

1. 测绘的四个时代

(1) 传统手工测绘阶段（17世纪前-20世纪中期）

也称模拟测绘，这个阶段以光学仪器为主，依赖人工观测和手工记录，测量范围局限在地表局部区域。典型工具包括经纬仪、水准仪等，劳动强度大、耗时长、精度较低，主要用于地形图测绘和工程测量。

(2) 近代光电测绘阶段（20世纪中期-20世纪80年代）

引入光电技术改进测量仪器，如电子测距仪、全站仪等，计算机开始辅助数据处理。测量效率提升，但仍需人工干预，应用范围扩展到海洋测绘和城市勘测领域。此阶段形成完整的大地测量体系，三角测量和水准测量方法广泛应用。

(3) 数字化测绘阶段（20世纪80年代-20世纪初期）

以3S技术（GPS、RS、GIS）为核心特征，实现数据采集电子化、处理计算机化和产品数字化。全球导航卫星系统替代传统控制测量，遥感技术突破天气限制，地理信息系统推动测绘成果网络化共享。典型标志包括数字地图制图技术和测绘生产流程全面数字化。

(4) 智能化测绘阶段（20世纪10年代至今）

融合人工智能、物联网和云计算技术，形成实时动态测绘能力。测量机器人实现全自动化操作，激光雷达和无人机倾斜摄影技术提升三维建模效率，北斗卫星系统支持厘米级实时定位。服务形态从数据提供转向空间信息智能服务。该阶段突破传统测绘边界，与智慧城市、自动驾驶等领域深度融合。

这四个时代反映了测绘技术的发展历程，从传统的模拟测绘到现代的数字化和信息化测绘，再到现代的高精度、高效率的测量技术，体现了科技进步对测绘领域的影响和推动作用。

2. 智能化工程测量

以马达驱动全站仪（测量机器人）测图技术、数字测图技术、无人机数字摄影测量与制图技术、三维扫描技术、自动化监测技术（多传感器集成系统监测技术）、智能化数据分析与控制技术等为代表的智能化工程测量技术支持的测绘智慧工程测量，极大提高了作业效率和测量精度，颠覆了传统工程测量的作业方式。智能化工程测量技术具有传统工程测量所不具备的优异性能和特殊功能。随着我国城市化建设进程的加快，各种高、大、重、深、特的工程建设不断增多，智能化工程测量拥有十分广阔的发展前景。

在工程施工领域中，可使用的智能测绘技术包括：

① 激光扫描：激光扫描是一种高精度的三维测量技术，可以迅速捕捉现场的几何形状和光学特性。优点是在必要时可以获取非常精确的数据，并可通过去除非必要信息等方法，对数据进行清晰化处理。缺点是成本较高。

② 立体摄影测量：立体摄影测量是一种基于数字影像的三维测量技术，通过多角度、高分辨率的影像获取、光束平差及三维重建，实现对场地的空间位置与形态的快速获取。优点是效率高，成本较低，而且数据可视化效果好。缺点是可能存在遮挡问题导致测量数据不准确。

③ 无人机测量：利用无人机技术进行测量可以航拍建筑物、构筑物等区域，获取高清晰度的图像数据，同时也可以进行高程模型的构建。优点是测量范围广泛，包含高空、难以达到的区域，且具有高效性。缺点是需要准确掌握直接测量数据的准确性。

综上所述，不同的智能测绘技术各有其优缺点。选择最适合当前工作需要的技术，以提高工作效率，是施工行业中不可或缺的智慧。

课后讨论

1. 装配式建筑施工测量的主要内容有哪些？
2. 我国测绘工作经历了哪几个时代？
3. 我国的智能测绘技术有哪些？

项目小结

本项目是本教材的点题项目，全书所有的知识都是为本项目的工程服务的，没有前面的知识积累，本项目的工程就没法进行下去。

本项目主要讲述了施工测量的基本概念、民用建筑工程施工测量、工业建筑工程施工测量、高耸建筑工程施工测量、装饰装修工程施工测量以及贯穿工程全过程的变形测量等内容。简单介绍了装配式建筑施工测量及智能化工程测量。

需进行变形监测的工程，在基础施工开始直至工程完工交付使用，以及后期运行阶段，都在长时间地进行观测，一般情况下工程施工单位不做这项工作，国家规定建议业主委托具有资质的专门机构来完成，但目前业主为了节省投资，还是会强制安排施工单位来完成。因此，我们还是要了解一下这方面的知识。

本项目学习过后，如果能激发出读者的创新精神，那才是对我们最大的褒奖。

练习题

一、填空题

1. 建筑场地的平面控制，主要是________级导线；高程控制在一般情况下，采用________等水准测量方法。

2. 建筑物定位后，在开挖基槽前一般要把轴线延长到槽外安全地点，延长轴线的方法有两种，即______________法和______________法。

3. 高层楼房建筑物轴线竖向投测的方法主要有外控法和内控法。内控法有________法和________法。

4. 建筑变形包括________和________。

5. 建筑物的位移观测包括________、________、________、挠度观测、日照变形观测、风振观测和场地滑坡观测。

6. 建筑物主体倾斜观测方法有________、________、________、________、________。

二、单选题

1. 一般来说，根据变形允许值来确定观测精度时，如果是为了确保变形体的安全，观测精度应达到允许变形值的（　　）。

A. 1/1～1/2　　B. 1/10～1/20
C. 1/20～1/30　　D. 1/2～1/10

2. 变形监测最大的特点是（　　）。

A. 观测项目多　　B. 仪器种类丰富
C. 多学科应用　　D. 周期观测

3. 一般将位于变形影响范围外的点作为监测工作的基准点，这些点组成（　　）。

A. 高程控制网　　B. 水平控制网
C. 基准网　　D. 一级网

4. 某建筑物高 120m，测得楼顶中心相对底层中心偏移了：x 方向 15mm，y 方向 20mm。则楼体倾斜度为（　　）。

A. 0.21%　　B. 0.13%　　C. 0.17%　　D. 0.34%

5. 为了对工程体变形进行科学研究，测量精度可达到（　　）mm。

A. ±5　　B. ±2　　C. ±1　　D. ±0.1

6. 对于沉降观测而言，每个监测区至少有（　　）个以上的点作为基准点。

A. 1　　B. 2　　C. 3　　D. 4

7. 作为基准点与观测点之间的联系点的是（　　）。

A. 转点　　B. 连接点　　C. 工作基点　　D. 监测点

8. 间接测量建筑物倾斜的方法实质上是通过测量（　　）来计算倾斜度。

A. 顶端偏移　　B. 建筑物挠度
C. 相对沉降　　D. 建筑物弯曲

9. 建筑物沉降监测时，水准基点与邻近建筑物的距离应大于工程基础最大宽度的（　　）倍。

A. 1　　B. 1.5　　C. 2　　D. 2.5

10.（　）是利用测量仪器及专用特制设备采用一定的监测方法对变形体的变形现象进行监视观测的一种工作，并通过这种工作确定变形体空间位置随时间变化而变化的特征。

A. 变形分析　　B. 物理解释

C. 变形监测　　D. 变形预测

三、多选题

1. 下面属于工程变形观测点的有（　）。

A. 基准点　　B. 工作基点

C. 变形监测点　　D. 图根控制点

2. 建筑物基础沉降监测的成果整理及变形分析内容包括（　）。

A. 单点沉降量　　B. 平均沉降量

C. 相对沉降量　　D. 沉降速率

3. 常用的水平位移监测方法主要有（　）。

A. 基准线法　　B. 经纬仪投影法

C. 前方交会法　　D. 导线测量法

4. 变形监测中，所布设的导线测量的特点为（　）。

A. 工作测点数量大　　B. 点位密度大

C. 边长较长　　D. 变形监测是周期性监测

5. 工程变形监测的目的是（　）。

A. 追究施工方责任　　B. 判断其是否安全

C. 必要时采取补救措施　　D. 掌握工程体的变形状况

6. 在民用建筑物布置观测点时，位置应选择在（　）。

A. 建筑物四角　　B. 承重墙处

C. 新旧建筑相接处　　D. 土质厚实处

四、简答题

1. 高层建筑轴线投测和高程传递的方法有哪些？
2. 建筑轴线控制桩的作用是什么？
3. 校正工业厂房柱子时，应注意哪些事项？
4. 建筑变形测量的目的是什么？主要包括哪些内容？
5. 沉降测量控制点是如何分类的？选设时应符合什么要求？
6. 变形观测周期是如何确定的？
7. 沉降观测设置专用水准点有何要求？
8. 沉降观测设置沉降观测点有何要求？

五、计算题

1. 在一建筑物上设置一变形观测点 P_1，通过三期观测计算出该点的平面坐标列于下表中，试在 AutoCAD 软件上展绘该点的三期观测坐标，并量出每次观测的平均位移量与方位角、总位移量与方位角。

观测周期	x(m)	y(m)
1	8009.996	4201.253
2	8009.983	4201.257
3	8009.971	4201.251

2. 地基的不均匀沉降导致建筑物发生倾斜，某建筑物的高度 $h=29.5$m，基础上的沉降观测点 A、B 间的水平距离 $L=10.506$m，用精密水准测量法观测得 A、B 两点的沉降差 $\Delta h=0.033$m，试计算该建筑物的倾斜率与顶点位移量。

3. 测得某圆形建筑物顶部中心点的坐标为 $x_T=4155.951$m、$y_T=2011.933$m，底部中心点的坐标为 $x_B=4155.647$m、$y_B=2012.069$m，试计算顶部相对于底部的倾斜位移量与方位角。

项目7 Chapter 07

工程竣工测量及施工测量方案编制

通过本项目学习，你将能够：

1. 明确工程竣工测量的目的；
2. 熟悉竣工测量的内容；
3. 掌握工程竣工总平面图的编绘方法。

素质元素

竣工测量及竣工图纸的编绘，一是为工程竣工验收服务，二是为后期工程运行维护提供技术支持。如果竣工图纸资料不准确，在后期运行维护期间，例如“解救重大灾难或恐怖袭击中的高层建筑中的人员、建筑改建扩建”等工作，将得不到及时、正确的帮助，人员安全及工程建设将面临更大的困难。因此，要认真严肃对待竣工测量，不能只是找设计单位要来设计图纸简单修改了事，一定要认真仔细，实测实量。施工测量方案是工程建设的指导性文件，必须结合工程实际情况来编制，不能把其他项目的方案拿来就用，要养成良好的工作责任心。

思维导图

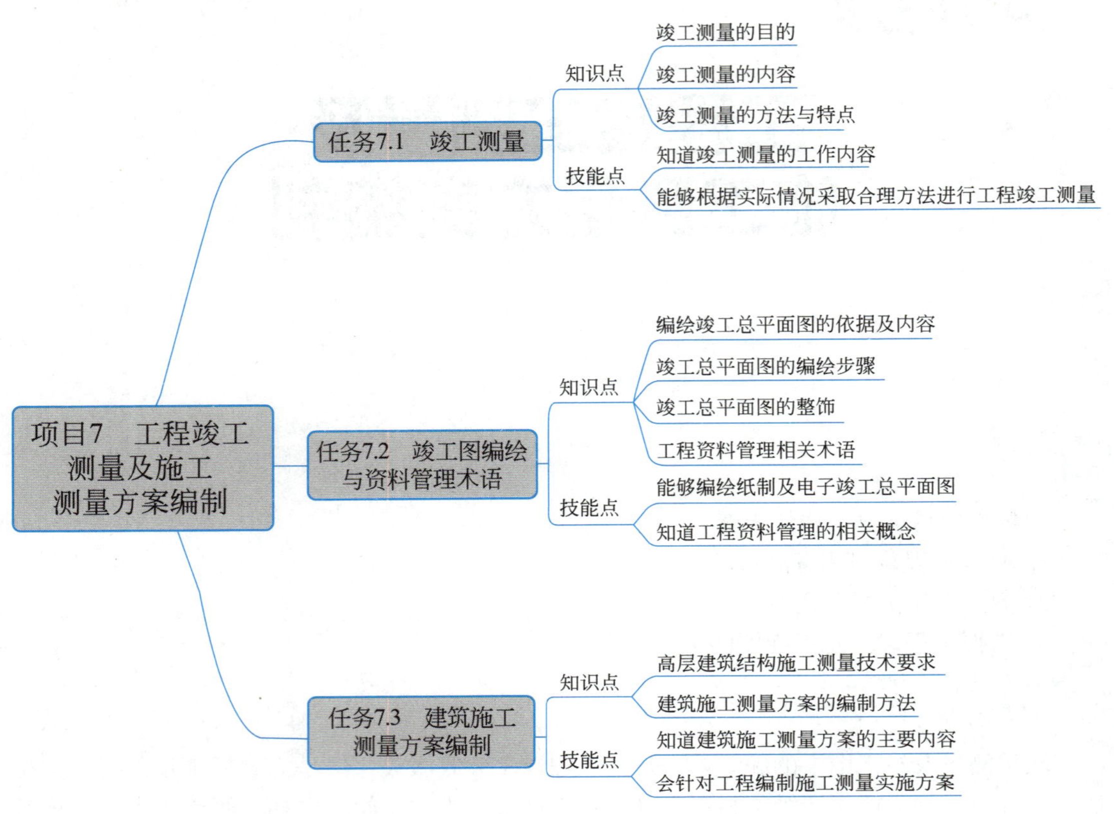

引言

所有建设工程都是根据设计图纸施工的，但在施工过程中，由于设计变更、工程变更等原因，使建（构）筑物竣工后的平面位置与原设计位置不完全一致，所以，施工单位需要编绘竣工总平面图，提交工程竣工测量成果。

本项目主要介绍竣工测量及工程竣工总平面图编绘等相关内容。

提示

建筑物竣工验收时进行的测量工作，称为竣工测量。

在每一个单项工程完成后，必须由施工单位进行竣工测量，编绘竣工总平面图，并提交该工程的竣工测量成果。

竣工总平面图的编绘，包括室外竣工测量和室内资料编制两方面内容。

如果由于施工的单位较多、工程多次转手，造成竣工测量资料不全、图面不完整或与现场情况不符时，只好进行实地施测，这样绘出的平面图，称为实测竣工总平面图。

目前，施工单位拿到的施工图纸均为用硫酸纸打印的CAD图晒图而成的蓝图，纸介质图纸的保存及绘制显得不再重要，重要的是对CAD电子图的修正及保存。竣工测量时，施工单位一般在电子图上将设计变更、工程变更等与设计图纸不符的部分依现场实际情况进行修正，补充相关资料，即得到竣工总平面图。真正使用测量仪器实地测图的情况并不多见。

任务7.1　竣工测量

学习目标

1. 明确工程竣工测量的目的；
2. 掌握竣工测量的内容。

关键概念

竣工测量、竣工图编绘。

7.1.1　竣工测量的目的

竣工测量的主要目的是检查工程竣工部位的平面位置与高程是否符合规划设计要求。作为工程验收和运营管理的基本依据，它确保建筑物、道路、桥梁等工程建设项目完工后的实际情况符合设计要求和相关法规标准，是建筑工程质量的重要保障。

竣工测量是指各种工程建设竣工、验收时所进行的测绘工作。竣工测量的最终成果就是竣工总平面图，它包括反映工程竣工时的地形现状、地上与地下各种建筑物以及各类管线平面位置与高程的总现状地形图和各类专业图等。竣工总平面图是设计总平面图在工程施工后实际情况的全面反映和工程验收时的重要依据，也是竣工后工程改建、扩建的重要基础技术资料。因此，工程参建各方均应十分重视竣工测量。

7.1.2　竣工测量的内容

竣工测量的主要内容包括室外的测量工作和室内的竣工总平面图编绘工作，其内容如下：室外测量主要用于以下几方面：(1) 主要厂房及一般建筑（构）物墙角和厂区边界围墙角的测量；(2) 架空管线支架测量；(3) 电信线路测量；(4) 地下管线测量 (5) 交通运输线路测量。

竣工测量的结果应该是准确、可靠、完整的，其数据应该可以被设计单位、监理单位、业主单位等各方所认可。竣工测量的结果对于工程的验收和结算具有重要意义，它不仅是建筑工程质量的重要保障，同时也是建筑工程的重要标志。

1. 工业厂房及一般建筑物

包括房角坐标、管线进出口的位置和高程、室内地坪及房角标高，并附房屋编号、结构层数、面积和竣工时间等资料。

2. 交通线路

包括线路起终点、转折点和交叉点的坐标，曲线元素，桥涵等构筑物的位置和高程，路面、人行道、绿化带界线等。

3. 地下管网

排水管道、电力线路、通信线路等的位置和深度测量。起终点、转折点的坐标，检修井、井盖、井底、沟槽和管顶等的高程，并附注管道及检修井的编号、名称、管径、管材、间距、坡度和流向。

4. 架空管网

包括转折点、结点、交叉点和支点的坐标，支架间距，基础面高程等。

5. 构筑物

包括矩形构筑物的四角坐标、圆形构筑物的中心坐标，基础面标高，构筑物的长度、宽度、高度或深度等。

7.1.3 竣工测量的方法与特点

竣工测量与地形测量相比较，测量方法相同，不同点如下：

1. 图根点密度大

由于增加大量地形图以外的信息，因此竣工测量图根控制点要远远多于地形测量的图根控制点。

2. 碎部点施测精度高

地形测量一般采用全站仪、GNSS-RTK甚至是无人机测量；竣工测量一般采用钢尺量距、水准仪测高差，或使用全站仪进行测量。

地形测量要求满足图解精度即可，而竣工测量一般要满足解析精度，精确至厘米。

3. 测绘内容丰富

竣工测量不仅测绘地物和地貌，重要的是还要测量场区各种隐蔽工程，如给水排水管线、热力管线、燃气管线、电力管线等。

课后讨论

1. 竣工测量的目的是什么？
2. 简述竣工测量的内容。
3. 竣工测量的特点有哪些？

任务 7.2　竣工图编绘与资料管理术语

学习目标

1. 知道工程竣工总平面图所包括的内容；
2. 会编绘竣工总平面图；
3. 知道工程资料管理术语。

关键概念

竣工总平面图编绘。

7.2.1　编绘竣工总平面图的目的及依据

工程通过竣工测量而绘制的总平面图，是工程设计总平面图在施工后实际情况的全面反映，所以设计总平面图不能完全代替竣工总平面图。

编绘竣工总平面图的目的在于：①在施工过程中可能由于设计时没有考虑到的问题而使设计有所变更，这种临时变更设计的工程现状必须通过测量反映到竣工总平面图上；②便于竣工后运营管理阶段进行各种设施的维修及事故处理，特别是为地下管道等隐蔽工程的检查和维修工作提供依据；③为工程项目的扩建提供原有各项建筑物、构筑物、地上和地下各种管线及交通线路的坐标、高程等资料；④为工程验收提供依据，也是施工单位通过竣工验收的重要技术资料。

其依据主要有：设计总平面图、单位工程平面图、工程施工图及施工说明、设计变更、工程变更、施工放样资料及竣工测量成果等。

7.2.2　编绘竣工总平面图的内容

竣工总平面图包括平面控制点、水准点、厂房、辅助设施、生活福利设施、架空及地下管线、铁路等建筑物或构筑物的坐标和高程，以及厂区内空地和未建区的地形。

厂区地上和地下所有建筑物、构筑物绘在一张竣工总平面图上时，如果线条过于密集而不醒目，可采用分类编图，如综合竣工总平面图、交通运输竣工总平面图和管线竣工总平面图等。比例尺一般采用1∶1000。如不能清楚地表示某些特别密集的地区，也可局部采用1∶500的比例尺。

7.2.3 竣工总平面图的编绘步骤

新建项目的建设工程总平面图的编绘，最好是随着工程的陆续竣工相继进行编绘。一面竣工，一面利用竣工测量成果编绘竣工总平面图。如发现地下管线的位置有问题，可及时到现场核对，使竣工图能真实反映实际情况。边竣工边编绘的优点是：当工程项目全部竣工时，竣工总平面图也大部分编制完成；既可作为交工验收的资料，又可大大减少实测工作量，从而节约了人力和物力。

1. 展绘图根控制点

将业主所提供的设计总平面图作为底图，将施工控制点展绘在绘图区。

2. 展绘竣工总平面图

按设计坐标或相对尺寸以及标高展绘竣工实际变更的部分。根据设计变更、工程变更资料展绘设计变更、工程变更的部分。对实测了竣工测量资料的部分，若竣工测量成果不超过设计值所规定的定位容许误差时，按设计值展绘；否则，按竣工测量资料展绘。

新建项目的工程竣工总平面图的编绘，最好是随着工程的陆续竣工相继进行编绘。一面竣工，一面利用竣工测量成果编绘竣工总平面图。如发现地下管线的位置有问题，可及时到现场核对，使竣工图能真实反映实际情况。边竣工边编绘的优点是：当工程项目全部竣工时，竣工总平面图也大部分编制完成；既可作为交工验收的资料，又可大大减少实测工作量，从而节约了人力和物力。

7.2.4 竣工总平面图的整饰

1. 对无变更的部分，设计原图不做改变。

2. 对有变化的部分，使用黑色线条绘出厂房工程的竣工位置，并在图上注明工程名称、坐标、高程及有关说明。

3. 用各种不同颜色的线条，绘出各种地上、地下管线中心位置，并在图上注明转折点及井位的坐标、高程及有关说明。

4. 对于直接在现场指定位置进行施工的部分、以固定地物定位施工的部分及多次变更设计而无法查对的部分等，必须进行现场实测。

7.2.5 资料管理术语

《建设工程文件归档规范（2019 年版）》GB/T 50328—2014 规定：为加强建设工程文件的归档整理工作，统一建设工程档案的验收标准，建立完整、准确的工程档案，建设工程文件的归档整理以及建设工程档案的验收应执行本规范，还应执行现行有关标准的规定。

为了更好地管理工程资料，现简要介绍相关术语。

（1）建设工程（construction project）

经批准按照一个总体设计进行施工，经济上实行统一核算，行政上具有独立组织形式，实行统一管理的建设工程基本单位。它由一个或若干个具有内在联系的单位工程所组成。

（2）建设工程文件（construction project document）

在工程建设过程中形成的各种形式的信息记录，包括工程准备阶段文件、监理文件、施工文件、竣工图和竣工验收文件，简称为工程文件。

（3）工程准备阶段文件（pre-construction document）

工程开工以前，在立项、审批、用地、勘察、设计、招标、投标等工程准备阶段形成的文件。

（4）监理文件（project supervision document）

监理单位在工程设计、施工等监理过程中形成的文件。

（5）施工文件（constructing document）

施工单位在施工过程中形成的文件。

（6）竣工图（as-built drawing）

工程竣工验收后，真实反映建设工程施工结果的图样。

（7）竣工验收文件（handing over document）

建设工程项目竣工验收活动中形成的文件。

（8）建设工程档案（project archives）

在工程建设活动中直接形成的具有归档保存价值的文字、图纸、图表、声像、电子文件等各种形式的历史记录，简称工程档案。

（9）建设工程电子文件（project electronic records）

在工程建设过程中通过数字设备及环境生成，以数码形式存储于磁带、磁盘或光盘等存储载体，依赖计算机等数字设备阅读、处理，并可在通信网络上传送的文件。

（10）建设工程电子档案（project electronic archives）

工程建设过程中形成的，具有参考和利用价值并作为档案保存的电子文件及其元数据。

（11）建设工程声像档案（project audio-visual archives）

记录工程建设活动，具有保存价值的，用照片、影片、录音带、录像带、光盘、硬盘等记载的声音、图片和影像等历史记录。

（12）整理（arrangement）

按照一定的原则，对工程文件进行挑选、分类、组合、排列、编目，使之有序化的过程。

（13）案卷（file）

由互有联系的若干文件组成的档案保管单位。

（14）立卷（filing）

按照一定的原则和方法，将有保存价值的文件分门别类整理成案卷，亦称组卷。

（15）归档（putting into record）

文件形成部门或形成单位完成其工作任务后，将形成的文件整理立卷后，按规定向本单位档案室或向城建档案管理机构移交的过程。

（16）城建档案管理机构（urban-rural development archives organization）

管理本地区城建档案工作的专门机构，以及接收、收集、保管和提供利用城建档案的城建档案馆、城建档案室。

（17）永久保管（permanent preservation）

工程档案保管期限的一种，指工程档案无限期地、尽可能长远地保存下去。

（18）长期保管（long-term preservation）

工程档案保管期限的一种，指工程档案保存到该工程被彻底拆除。

（19）短期保管（short-term preservation）

工程档案保管期限的一种，指工程档案保存 10 年以下。

课后讨论 

1. 编绘竣工总平面图的依据是什么？
2. 编绘竣工总平面图的内容有哪些？
3. 简述编绘竣工总平面图的步骤。
4. 建设工程文件归档整理术语有哪些？

任务 7.3 建筑施工测量方案编制

学习目标

1. 知道建筑工程施工测量方案所包括的内容；
2. 会编制建筑工程施工测量方案。

关键概念

编制建筑工程施工测量方案。

7.3.1 高层建筑结构施工测量技术要求

《高层建筑混凝土结构技术规程》JGJ 3—2010 第 13 章“高层建筑结构施工”的第 2 节专门对“施工测量”提出如下要求：

13.2.1 施工测量应符合现行国家标准《工程测量标准》GB 50026 的有关规定，并应根据建筑物的平面、体形、层数、高度、场地状况和施工要求，编制施工测量方案。

13.2.2 高层建筑施工采用的测量器具，应按国家计量部门的有关规定进行检定、校准，合格后方可使用。测量仪器的精度应满足下列规定：

1　在场地平面控制测量中，宜使用测距精度不低于±（3mm+2×10^{-6}×D）、测角精度不低于±5″级的全站仪或测距仪（D 为测距，以毫米为单位）；

2　在场地标高测量中，宜使用精度不低于 DSZ3 的自动安平水准仪；

3　在轴线竖向投测中，宜使用±2″级激光经纬仪或激光自动铅直仪。

13.2.3　大中型高层建筑施工项目，应先建立场区平面控制网，再分别建立建筑物平面控制网；小规模或精度高的独立施工项目，可直接布设建筑物平面控制网。控制网应根据复核后的建筑红线桩或城市测量控制点准确定位测量，并应作好桩位保护。

1　场区平面控制网，可根据场区的地形条件和建筑物的布置情况，布设成建筑方格网、导线网、三角网、边角网或 GPS 网。建筑方格网的主要技术要求应符合表 13.2.3-1 的规定。

建筑方格网的主要技术要求　　表 13.2.3-1

等级	边长(m)	测角中误差(″)	边长相对中误差
一级	100～300	5	1/30000
二级	100～300	8	1/20000

2　建筑物平面控制网宜布设成矩形，特殊时也可布设成十字形主轴线或平行于建筑外廓的多边形。其主要技术要求应符合表 13.2.3-2 的规定。

建筑物平面控制网的主要技术要求　　表 13.2.3-2

等级	测角中误差(″)	边长相对中误差
一级	$7''/\sqrt{n}$	1/30000
二级	$15''/\sqrt{n}$	1/20000

注：n 为建筑物结构的跨数。

13.2.4　应根据建筑平面控制网向混凝土底板垫层上投测建筑物外廓轴线，经闭合校测合格后，再放出细部轴线及有关边界线。基础外廓轴线允许偏差应符合表 13.2.4 的规定。

基础外廓轴线尺寸允许偏差　　表 13.2.4

长度 L、宽度 B(m)	允许偏差(mm)
$L(B)\leqslant30$	±5
$30<L(B)\leqslant60$	±10
$60<L(B)\leqslant90$	±15
$90<L(B)\leqslant120$	±20
$120<L(B)\leqslant150$	±25
$L(B)>150$	±30

13.2.5　高层建筑结构施工可采用内控法或外控法进行轴线竖向投测。首层放线验收

后，应根据测量方案设置内控点或将控制轴线引测至结构外立面上，并作为各施工层主轴线竖向投测的基准。轴线的竖向投测，应以建筑物轴线控制桩为测站。竖向投测的允许偏差应符合表 13.2.5 的规定。

轴线竖向投测允许误差　　表 13.2.5

项目		允许偏差(mm)
每层		3
总高 H(m)	$H\leqslant 30$	5
	$30<H\leqslant 60$	10
	$60<H\leqslant 90$	15
	$90<H\leqslant 120$	20
	$120<H\leqslant 150$	25
	$150<H$	30

13.2.6　控制轴线投测至施工层后，应进行闭合校验。控制轴线应包括：

1　建筑物外廓轴线；

2　伸缩缝、沉降缝两侧轴线；

3　电梯间、楼梯间两侧轴线；

4　单元、施工流水段分界轴线。

施工层放线时，应先在结构平面上校核投测轴线，再测设细部轴线和墙、柱、梁、门窗洞口等边线，放线的允许偏差应符合表 13.2.6 的规定。

施工层放线允许偏差　　表 13.2.6

项目		允许偏差(mm)
外廓主轴线长度 L(m)	$L\leqslant 30$	±5
	$30<L\leqslant 60$	±10
	$60<L\leqslant 90$	±15
	$L>90$	±20
细部轴线		±2
承重墙、梁、柱边线		±3
非承重墙边线		±3
门窗洞口线		±3

13.2.7　场地标高控制网应根据复核后的水准点或已知标高点引测，引测标高宜采用附合测法，其闭合差不应超过 $\pm 6\sqrt{n}$ mm（n 为测站数）或 $\pm 20\sqrt{L}$ mm（L 为测线长度，以千米为单位）。

13.2.8　标高的竖向传递，应从首层起始标高线竖直量取，且每栋建筑应由三处分别向上传递。当三个点的标高差值小于 3mm 时，应取其平均值；否则应重新引测。标高的允许偏差应符合表 13.2.8 的规定。

标高竖向传递允许偏差 表 13.2.8

项目		允许偏差(mm)
每层		±3
总高 H(m)	$H \leqslant 30$	±5
	$30 < H \leqslant 60$	±10
	$60 < H \leqslant 90$	±15
	$90 < H \leqslant 120$	±20
	$120 < H \leqslant 150$	±25
	$H > 150$	±30

13.2.9 建筑物围护结构封闭前，应将外控轴线引测至结构内部，作为室内装饰与设备安装放线的依据。

13.2.10 高层建筑应按设计要求进行沉降、变形观测，并应符合国家现行标准《建筑地基基础设计规范》GB 50007 及《建筑变形测量规范》JGJ 8 的有关规定。

7.3.2 建筑施工测量方案的编制

施工测量方案应根据实际情况确定，一般应包括以下内容：

（1）工程概况：场地位置、面积与地形情况，工程总体布局、建筑面积、层数与高度，结构类型，施工工期、本工程的特点与对施工的特殊要求。

（2）施工测量基本要求：场地、建筑物与建筑红线的关系，定位条件及工程设计、施工对测量精度与进度的要求。

（3）场地准备测量：根据设计总平面图与施工现场总平面布置图，确定拆迁次序与范围，测定需要保留的原有地下管线、地下建（构）筑物与名贵树木的树冠范围，完成场地平整与暂设工程定位放线工作内容。

（4）起始依据点校测：对起始依据点（包括建筑红线桩点、水准点）或原有地上、地下建（构）筑物，均应进行校测。

（5）场区控制网测设：根据场区情况、设计与施工的要求，按照便于施工、控制全面又能长期保留的原则，测设场区平面控制网与高程控制网。

（6）建筑物定位与基础施工测量：建筑物定位与主要轴线控制桩、扩坡桩、基桩的定位与监测，基础开挖与±0.000m 以下各层施工测量。

（7）±0.000m 以上施工测量：首层、非标准层与标准层的结构测量放线、竖向控制与标高传递。

（8）室内外装饰与安装测量：会议室、大厅、外饰面、玻璃幕墙等室内外装饰测量。各种管线、电梯、旋转餐厅等的安装测量。

（9）竣工测量与变形观测：竣工现状总图的编绘与各单项工程竣工测量，根据设计与施工要求的变形观测的内容、方案及要求完成。

（10）验线工作：明确各分项工程测量放线后，应由哪一级验线及验线的内容。

（11）施工测量工作的组织与管理：根据施工安排制定施工测量工作进度计划，使用仪器型号、数量，附属工具、记录表格等用量计划，测量人员与组织等。

项目小结

本项目主要介绍工程竣工测量及竣工图编绘的内容。根据编者的了解，目前大部分工程的竣工图都是在业主提供的原始电子设计图基础上，由施工单位将设计变更、工程变更等内容修改完善而形成竣工图，并不影响竣工验收，实地测绘的少之又少。

练习题

1. 竣工测量的目的是什么？有哪些主要内容？
2. 编绘竣工总图的目的是什么？
3. 竣工总平面图编绘的步骤是什么？
4. 资料管理术语主要有哪些？
5. 建筑施工测量方案编制主要有哪些内容？

项目8 Chapter 08

地形图识读及使用

知识目标

通过本项目学习，你将能够：

1. 能识读大比例尺地形图；
2. 知道比例尺精度的概念及其重要作用；
3. 掌握使用地形图的能力；能够从地形图上量取两点间距离、高差、方位角；借助CAD软件精确计算图上面积；能绘制指定方向的横断面图；会按指定坡度设计最短路线。

素质元素

地形图识读及使用是为工程设计和建设服务的，识读及使用的正确性对工程设计及建设影响很大。进行工程项目设计需要识读地形图，以便在合适的位置进行工程定位，如果地形图识读不准确，可能会导致设计位置错误。曾经就有设计人员不懂测量坐标，而使用数学坐标来设计工程定位位置，导致所设计的工程定位在一座已有建筑上，闹了大笑话。对于地形图，图上与实地之间不管是距离还是面积，都会随着比例尺的改变而改变，图上微小的差值会导致实地数据的巨大差值。因此，做事一定要仔细认真，要从多方面进行复核，养成良好的责任意识，锻炼严谨的工作作风。

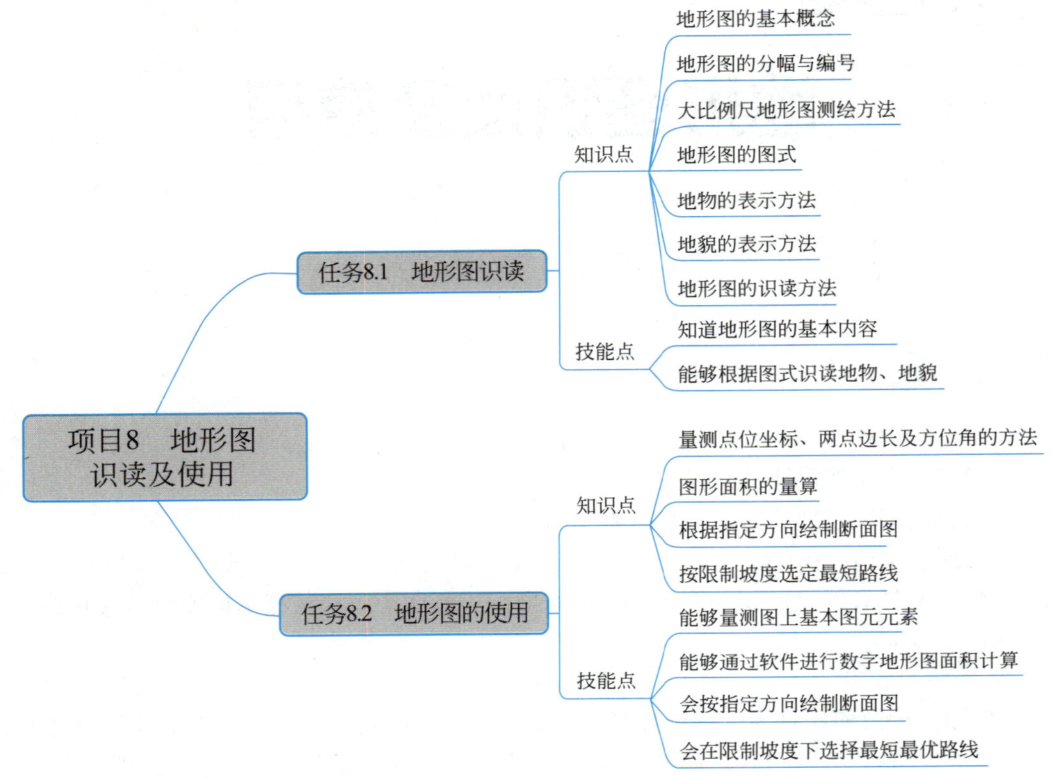

引言

为了更好地理解工程定位图纸，正确地将设计师的设计思想实现在施工现场，了解一定的地形图知识很有必要，也能使你更好地进行场地土方平衡工作。

本项目主要介绍地形图的识读及使用的基本知识。

任务 8.1 地形图识读

学习目标

1. 掌握地形图及地形图测绘的概念；
2. 掌握比例尺精度及其作用；
3. 了解地形图分幅及地形图图式。

地形图、比例尺精度、地形图图式。

提示

本任务相关的现行规范有：《工程测量标准》GB 50026—2020、《国家基本比例尺地图图式 第 1 部分：1∶500 1∶1000 1∶2000 地形图图式》GB/T 20257.1—2017。

8.1.1　地形图的基本概念

地形图是表示一定范围内地面点的平面位置和地表起伏形态的正射投影图。它包含自然环境、人文社会、地理等要素和信息，能够较全面、客观地反映地面情况。因此，地形图是国土整治、资源勘察、城乡规划、土地利用、环境保护、工程设计、矿藏采掘、河道整理等工作的重要资料依据。特别是在规划设计阶段，不仅要以地形图为底图进行总平面的布设，还要根据需要在地形图上进行一定的算量工作，以便合理地进行规划和设计。

（1）地物：是指地面上有明显轮廓的，自然形成的物体或人工建造的建筑物、构筑物，如房屋、道路、水系等。

（2）地貌：是指地面的高低起伏变化等自然形态，如高山、丘陵、平原、洼地等。

（3）地形：地物和地貌统称为地形。

（4）地形图：在图上既表示地物的平面分布状况，又用特定的符号表示地貌的起伏情况的图，称为地形图。

1. 地形图比例尺

地形图比例尺是指在地形图上某一段距离的长度与在地面上相应线段的水平距离之比，可分为数字比例尺和图示比例尺，图示比例尺又称直线比例尺。

数字比例尺用分母为整数 M，分子为 1 的分数来表示。图上任意两点的距离为 d，地面上相应的水平距离为 D，则记为：$d/D=1/M$。M 越大，比例尺越小；M 越小，比例尺越大。

如图 8-1 所示，图示比例尺绘制在数字比例尺下方。数字比例尺是在地形图上绘制出一条直线线段，用数字注记该线段上一定长度所代表地面上相应的水平距离。

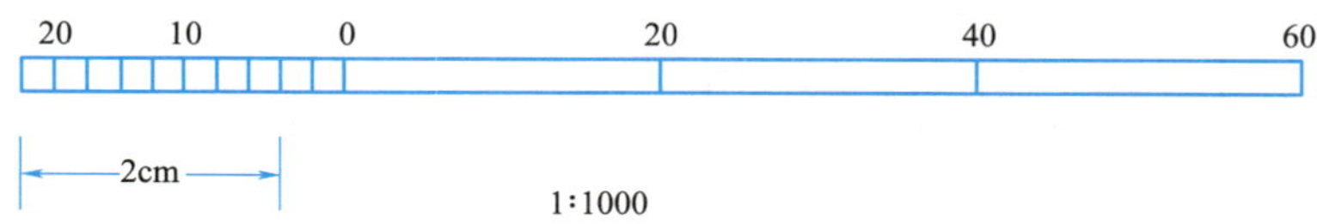

图 8-1　图示比例尺

图示比例尺的作用是便于用分规直接在图上量取直线段的水平距离，还可抵消用直尺在图上量取长度时因图纸伸缩所产生的影响。

我国《国家基本比例尺地图测绘基本技术规定》GB 35650—2017 中规定：

1∶500、1∶1000、1∶2000、1∶5000、1∶10000、1∶25000、1∶50000、1∶100000、1∶250000、1∶500000、1∶1000000 共 11 种比例尺地形图为国家基本比例尺地形图。

大比例尺地形图→1∶500、1∶1000、1∶2000、1∶5000。

中比例尺地形图→1∶10000、1∶25000、1∶50000、1∶100000。

小比例尺地形图→1∶250000、1∶500000、1∶1000000。

中比例尺地形图为国家的基本地形图，由国家专业测绘部门负责测绘，目前均用航空摄影测量方法成图。

小比例尺地形图由中比例尺地图缩小编绘而成。

城市和工程建设一般需要大比例尺地形图，即比例尺为 1∶500 和 1∶1000 的地形图，一般用全站仪、GNSS-RTK 或无人机等测绘；比例尺为 1∶2000 和 1∶5000 的地形图，一般由 1∶500 或 1∶1000 的地形图缩小编绘而成。

大面积 1∶5000～1∶500 的地形图，也用航空摄影测量方法成图。

2. 比例尺精度

正常人的肉眼在图上能分辨出的最小距离为 0.1mm，因此绘图者绘测时最多只能达到 0.1mm 的精度。我们把图纸上的 0.1mm 长度所代表的实际水平距离称为比例尺精度，用符号 ε 表示，则 $\varepsilon = 0.1M$（mm）。

8-1 大比例尺地形图测绘

例如，1∶500 的地形图其比例尺精度为 0.1×500＝50mm。

所采用的比例尺不同，比例精度也就不同。地形图精度要求越高，其表示的地形地貌也就越详细，相应的测量工作量就会成倍地增长。采用哪种比例尺应根据工程的实际需要来确定。表 8-1 是几种常用的比例尺精度及用途。

常用的比例尺精度及用途　　表 8-1

比例尺	1∶500	1∶1000	1∶2000	1∶5000	1∶10000
比例尺精度(m)	0.05	0.1	0.2	0.5	1.0
用途	大中城市市区基本图，一般用于城市详细规划、管理、地下工程竣工图和工程项目的施工设计图	小城市、城镇街区基本图，一般用于城市详细规划、管理、地下工程竣工图和工程项目的施工设计图	城市郊区基本图，一般用于城市详细规划及施工项目的初步设计	城市管辖区范围的基本图，一般用于城市总体规划、厂址选择、区域布局、方案比较等	

1. 地形图测绘：以控制测量为依据，按一定的步骤和方法将地物和地貌测定在图上，并用规定的比例尺和符号绘制成图。

2. 普通地形图：按一定比例尺绘制的正射投影图，内容有地物、地貌和注记。

8.1.2　地形图图式

地形图图式是表示地物和地貌的符号和方法。每个国家都有统一的地形图图式，我国《国家基本比例尺地图图式 第 1 部分：1∶500 1∶1000 1∶2000 地形图图式》GB/T 20257.1—2017 于 2018 年 5 月 1 日开始实施。

图式的符号与注记部分包括：4.1 定位基础、4.2 水系、4.3 居民地及设施、4.4 交通、4.5 管线、4.6 境界、4.7 地貌、4.8 植被与土质、4.9 注记。图式符号有三类：地物符号、地貌符号、注记符号。

8.1.3　地物表示方法

地物是指地面上天然或人工形成的物体。如：河流、湖泊、旱田、房屋、道路、桥梁以及建筑小品等。

8-2 地形图的分幅与编号

地物符号分为比例符号、半比例符号、非比例符号和地物注记四种。

1. 比例符号

地面上的建筑物、旱田等地物按比例尺并用规定的符号缩绘在图纸上。

2. 半比例符号

一些线状的延伸地物，如电力线、通信线、管道等，其长度可以按比例尺缩绘出来，但宽度不能按比例表示的地物符号。

3. 非比例符号

非比例符号是指一些地面上物体无法按比例尺缩绘，而用特定的符号表示其中心位置，如树、消火栓、路灯、测量控制点等。

4. 地物注记

地物注记就是对地物加以文字或者数字的说明。如：道路名称、房屋的建筑层数、地名等。

8.1.4　地貌表示方法

地貌是指地表的高度起伏形态，包括山地、丘陵、平原、洼地等。地貌在地形图中用等高线来表示，如图 8-2 所示。

1. 等高线

地面上高程相同的各相邻点所连成的闭合曲线称为等高线。

如图 8-3 所示，就像湖中的小岛，起初水面的高度为 95m 时，湖水与小岛形成一条相交的闭合曲线，这条闭合曲线的高程就为 95m；若湖水下降 5m，这时湖水与小岛相交的闭合曲线的高度就是 90m。把这些等高程曲线上的点沿着铅垂方向投影到水平面上，再按比例将水平投影缩绘到图纸上就得到了小岛的等高线图，通过等高线图我们就能了解小岛的地貌形态。

地貌的起伏状态也就决定了等高线的疏密程度。

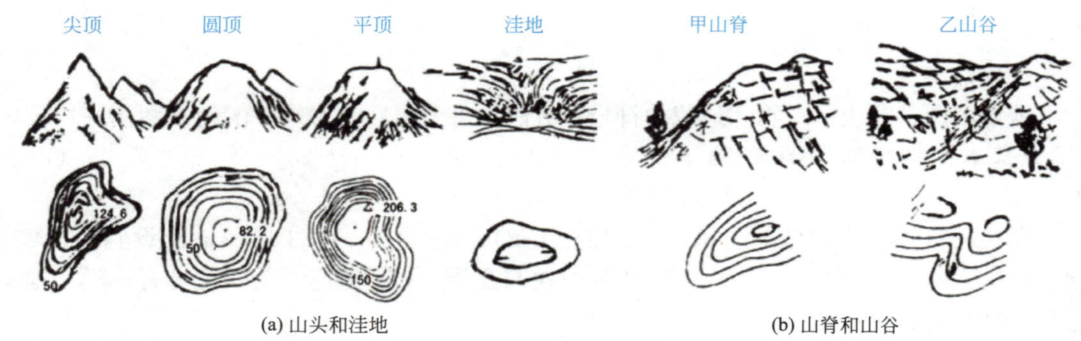

(a) 山头和洼地　　(b) 山脊和山谷

图 8-2　地貌表示方法

8-3 等高线绘制

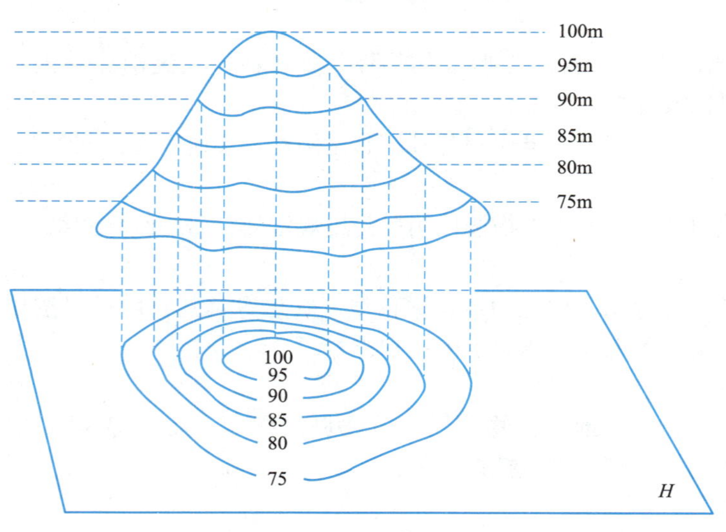

图 8-3　等高线

2. 等高距和等高线平距

两条相邻等高线间的高差称为等高距，用 h 表示。两条相邻等高线间的水平距离称为等高线平距，用 d 表示。在同一幅地形图上等高距是相同的，等高线平距则是随着地形的起伏而变化的。坡陡等高线密，等高线平距小；坡缓等高线疏，等高线平距就大。

等高距是按测图的比例尺和测区的地形类别选择的。如图 8-4 所示，图上按基本等高距绘制的等高线称为首曲线，从 0m 等高线起每隔四条首曲线加粗一条的等高线称为计曲线，在计曲线上标注高程，注记数字字头指向高程增加的方向。对于一些坡度较缓的地方，基本等高距不足以表示它的特征时，按二分之一基本等高距绘制的等高线称为间曲线，按四分之一等高距绘制的虚线称为助曲线。间曲线和助曲线都可以不闭合。

3. 典型地貌及其等高线

（1）山头与洼地

如图 8-5 所示，地貌中隆起高于四周的高地称为山地，最高处称为山头，山头的侧面为山坡，山地与平地相连处为山脚。如图 8-6 所示，洼地就是四周较高中间下陷的低地。

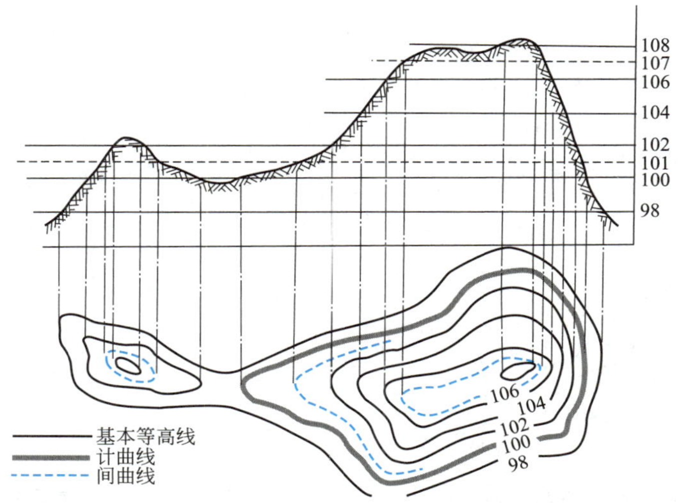

图 8-4　等高距和等高线平距

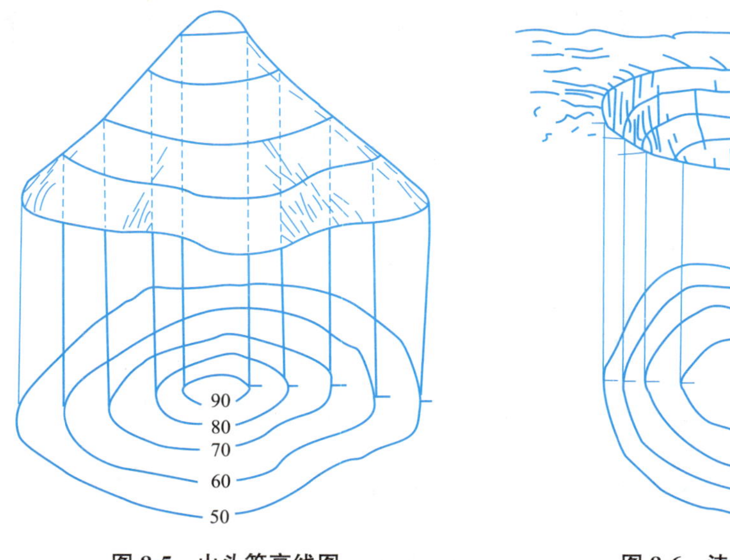

图 8-5　山头等高线图

图 8-6　洼地等高线图

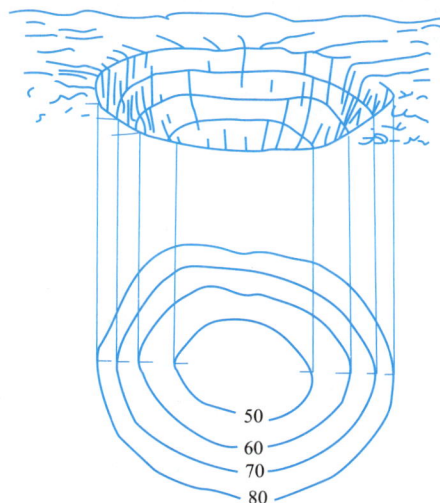

山地与洼地的等高线都是一组闭合曲线，内圈标注的高程比外圈高程高则为山头，相反则为洼地。也可以在等高线上加绘示坡线，示坡线指向坡度降低的方向。

（2）山脊与山谷

如图 8-7 所示，沿着一个方向延伸的高地称为山脊，山脊的最高棱线称为山脊线，也叫分水线，山脊的等高线是凸向低处的一组曲线。

如图 8-8 所示，两山脊之间的凹地为山谷，山谷最低点的连线称为山谷线，也叫集水线。

山脊线和山谷线统称为地性线，是地貌形态的骨架线，是描述地貌形态时的控制线。

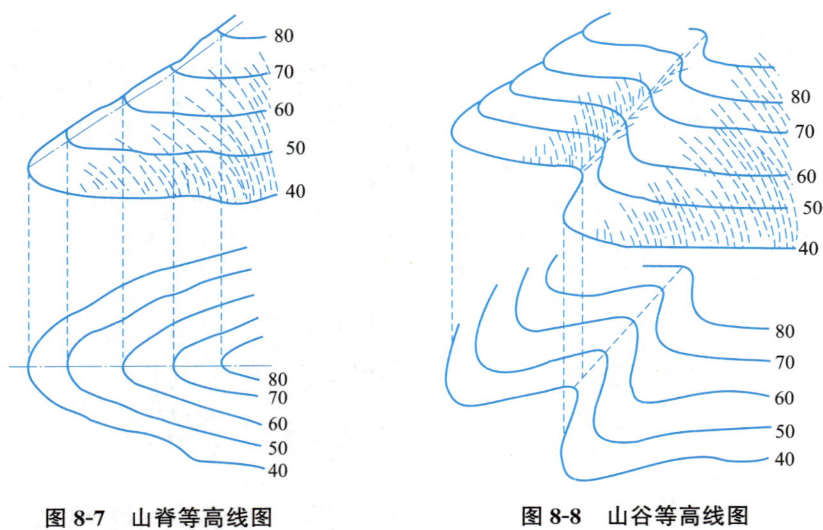

图 8-7　山脊等高线图　　　　图 8-8　山谷等高线图

（3）鞍部

如图 8-9 所示，鞍部一般指两山脊线与山谷线的交汇处，是在两山头之间呈马鞍形的低凹部位。

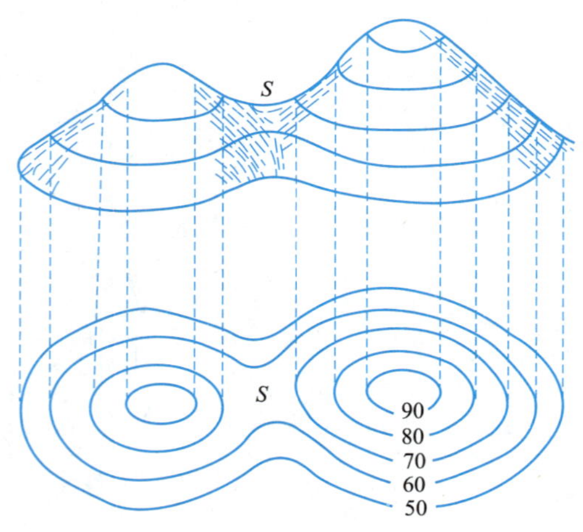

图 8-9　鞍部等高线图

（4）峭壁、断崖和悬崖

如图 8-10（a）所示的峭壁是 70°～90°近于垂直的陡坡，其等高线很密集，甚至重叠，绘图时用专用符号表示。

如图 8-10（b）所示的断崖是垂直的陡坡，等高线几乎重合，用锯齿形表示。

峭壁、断崖统称为陡崖。

如图 8-10（c）所示的悬崖是上部突出、下部凹进的陡坡。上部等高线投影到水平面，与下部的等高线相交，下部凹进的等高线用虚线表示。

（5）冲沟

因长期被雨水急流冲蚀，逐渐形成的沟壑。

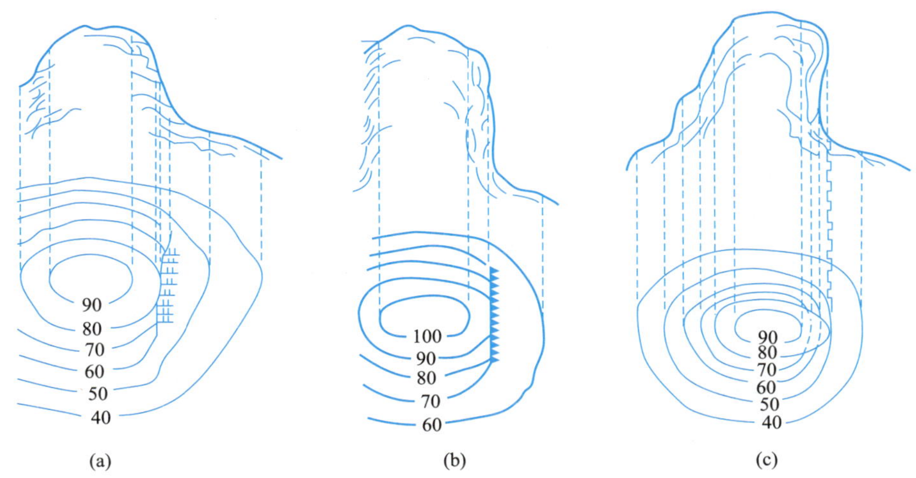

图8-10　峭壁、断崖和悬崖等高线图

4. 等高线的特性

（1）同一线上的各点高程相等；

（2）等高线是一条闭合的曲线，不能中断；如果不在同一幅图内闭合，就在相邻的其他图幅内闭合；

（3）等高线只有在陡崖或悬崖处才重合或相交；

（4）等高线经过山脊或山谷时改变方向，山脊线、山谷线与改变方向处的等高线切线垂直相交；

（5）同一幅图内，基本等高距相同，等高线平距大表示地面坡度小，等高线平距小表示地面坡度大，平距相等坡度相同；

（6）倾斜平面的等高线是一组间距相等且平行的直线。

8.1.5　地形图的识读

地形图用各种规定的图式符号和注记表示地物、地貌及其他有关资料，要正确使用地形图，首先要熟读地形图。通过对地形图上的符号和注记的阅读可以判断地貌的自然形态和地物之间的相互关系，这也是地形图阅读的主要目的。

地形图阅读主要有下几方面：

1. 图廓外信息的识读

图廓外信息主要有地形图的图号、图名、接图表、比例尺、坐标系统、高程系统、使用图式、等高距、测图时间、测绘单位以及真北、磁北和轴北之间的角度关系等。图廓信息分布在北、南、西、东四面图廓线外。

（1）图号、图名和接图表

1）图名与图号：图名，是指本图幅的名称，一般以本图幅内最重要的地名或主要单位名称来命名，注记在图廓外上方的中央；图号，即图的分幅编号，注在图名下方。如图8-11所示，图号为17.0-57.0，它由左下角纵、横坐标值组成。

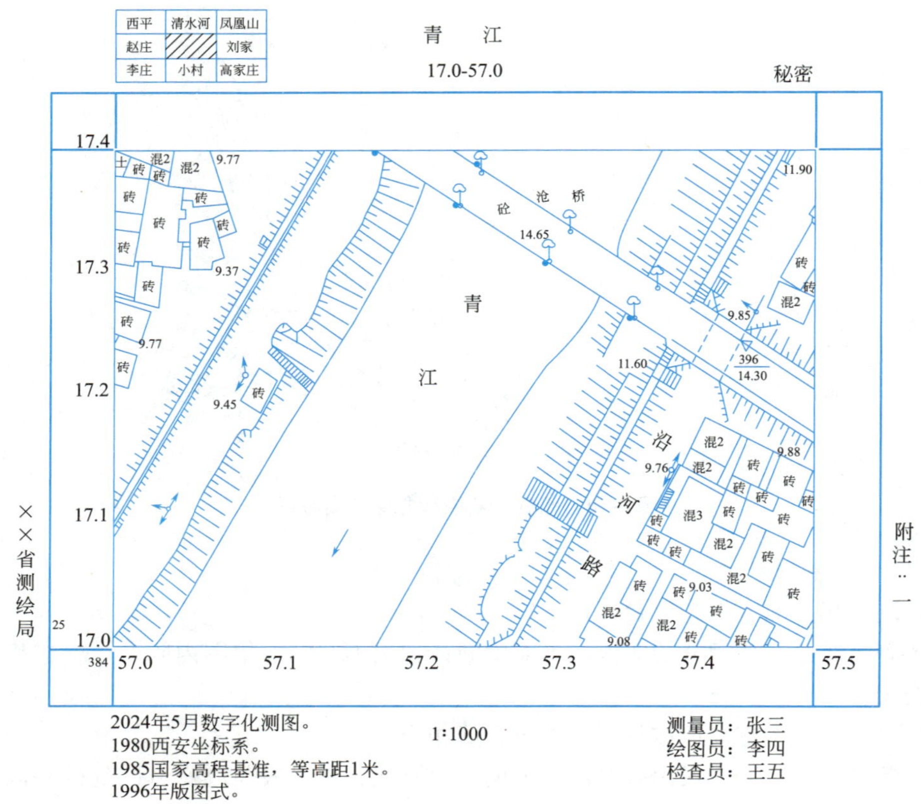

图 8-11　地形图的识读

2）接图表：地形图左上角的九宫格，说明本图幅与相邻八个方向图幅位置的相邻关系。作用是为便于查找、使用地形图。

3）图廓与坐标格网：图廓是地形图的边界，正方形图廓只有内、外图廓之分。内图廓为直角坐标格网线，外图廓用较粗的实线描绘。外图廓与内图廓之间的短线用来标记坐标值。

（2）比例尺：注记在地形图外廓的正下方。中小比例尺地形图在数字比例尺下还绘有直线比例尺。

1∶500、1∶1000 和 1∶2000 大比例尺地形图，只注明数字比例尺，不注明直线比例尺。

2. 地形图的平面坐标系统和高程系统

地形图的坐标系和高程系在南图廓外左下方用文字说明。

3. 地物与地貌的识别

先熟悉测图所用的地形图图式、规范和测图日期，然后对地物与地貌进行识别。

（1）地物的识读：按先主后次的步骤，顾及取舍的内容与标准进行地物大小、种类、位置、分布情况的识读。先识别大的居民点、主要道路和用图需要的地物，再扩大识别小居民点、次要道路、植被和其他地物。

通过分析，对主、次地物的分布情况，主要地物的位置和大小形成较全面的了解。

（2）地貌的识别：根据基本地貌等高线特征和特殊地貌（如陡崖、冲沟等）符号进行各种地貌分布和地面高低起伏状况的了解。

根据等高线走向找出山谷、山脊的位置，识别山脊、山谷地貌分布情况。根据特殊地貌符号和等高线疏密，了解地貌分布和高低起伏情况。

4. 测图时间

注明在南图廓左下方，判断地形图的现势性。

5. 三北方向线关系图

中、小比例尺地形图的南图廓线右下方，通常绘有真北、磁北和轴北之间的角度关系。

6. 文字说明

文字说明是了解图件来源和成图方法的重要资料。通常在图的下方或左、右两侧注有文字说明，内容包括测图日期、坐标系、高程基准、测量员、绘图员和检查员等。在图的右上角标注图纸的密级。

课后讨论

1. 简述地物、地貌、地形图的概念。
2. 简述比例尺精度的概念及其两个重要性质。
3. 大比例尺地形图有哪些？我国规定哪些比例尺地形图为国家基本比例尺地形图？
4. 简述解析法测绘地形图的原理。
5. 地形图矩形分幅如何编号？
6. 我国现行地形图图式的代号是什么？
7. 简述地物、地貌符号分别有哪些？
8. 简述等高线的特性。
9. 地形图的识读有哪些内容？如何进行识读？

任务8.2　地形图的使用

学习目标

1. 会量算图上点位坐标、边长、直线方向；
2. 能完成坐标法和CAD法图上面积量算；
3. 知道地形图在工程设计中的应用。

关键概念

地形图上两点间距离及方位计算、坐标法计算多边形面积、CAD法计算数字地形图及光栅多边形面积、指定方向绘制断面图、指定坡度设计最短路线。

地形图是工程建设规划和设计阶段的重要资料，在规划和设计时很多问题都需要利用地形图来解决，因而使用者必须熟悉地形图才能更好地用好地形图。

在城市用地分析方面，对已用土地的地形进行分析，在地形图上标明不同坡度的地区，地面水流方向、分水线、集水线、汇水线等，以便合理利用地形和改造原有地形。

在给水排水工程和水利工程规划设计中，使用地形图进行水厂选址、计算水库容量、确定坡度交线、计算汇水面积等。

建筑工程规划设计阶段，依据地形图进行土方平衡、估算场地平整土方量。

除了上述的部分应用，地形图的应用还有下面几项主要内容。

8.2.1 量测点位坐标、两点边长及方位角

1. 点位坐标及高程的量测

目前纸质图纸的应用极少，我们以电子图纸为例讲述。

如图 8-12 所示，使用 CAD 平台上开发的插件“南方开思 CASS 地形地籍成图软件”，利用其便捷的工程应用功能进行图上指定点 TC01 的坐标及高程量测。

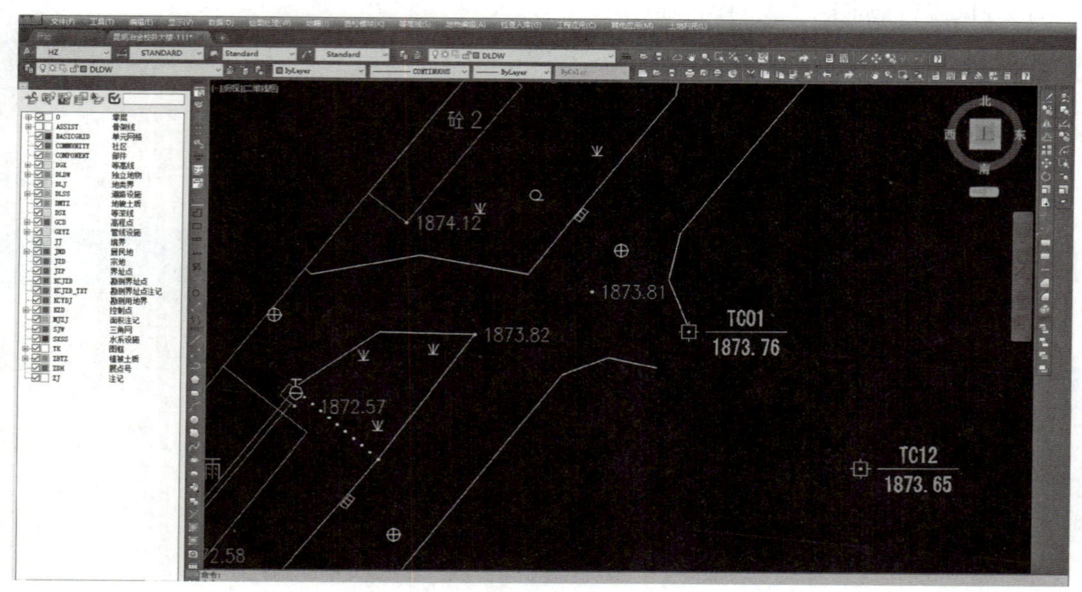

图 8-12 点位坐标量测

首先如图 8-13 所示，进行“对象捕捉”设置，点选“启用对象捕捉”“启用对象捕捉追踪”及“节点、端点、交点”等，“对象捕捉”模式选中的项目不要太多，三个为宜。

然后如图 8-14 所示，选中顶行“工程应用”菜单下的“查询指定点坐标”。

如图 8-15 所示，光标捕捉到指定 TC01 点，点击鼠标左键，在 CAD 命令行即显示所查询点的三维测量坐标。

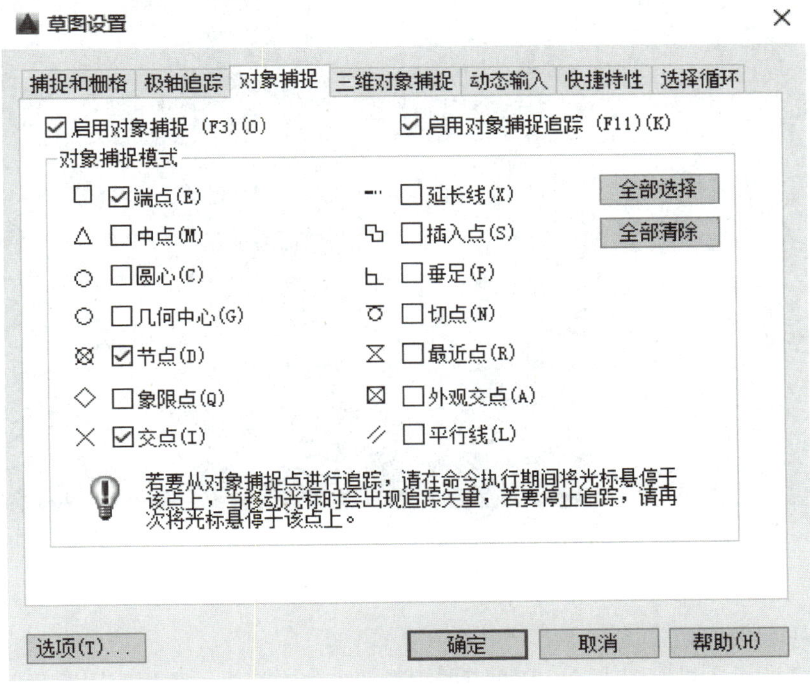

图 8-13　“对象捕捉”设置

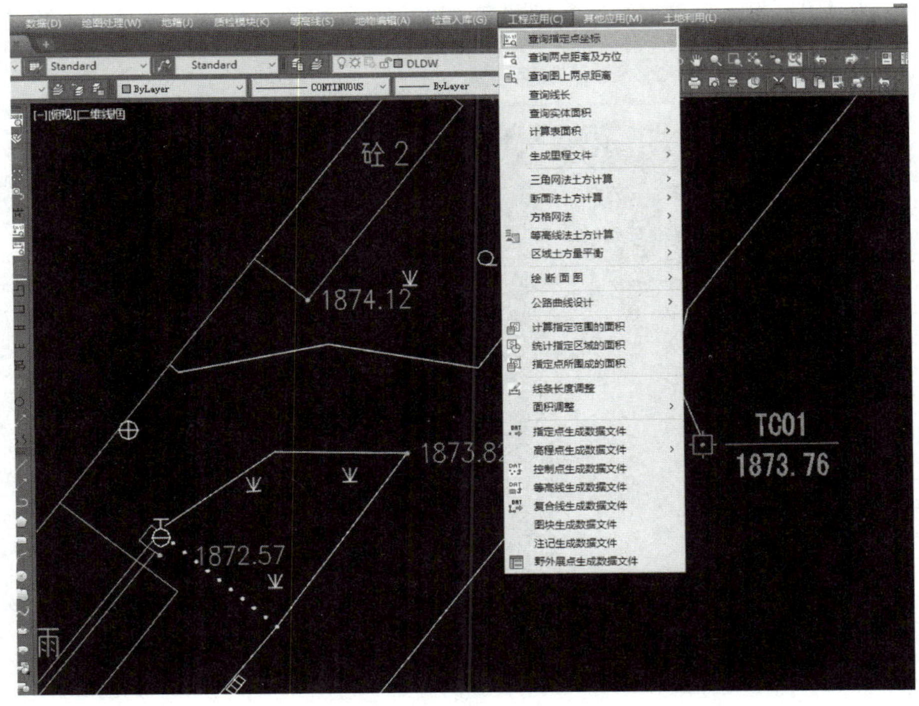

图 8-14　选择“工程应用”→“查询指定点坐标”

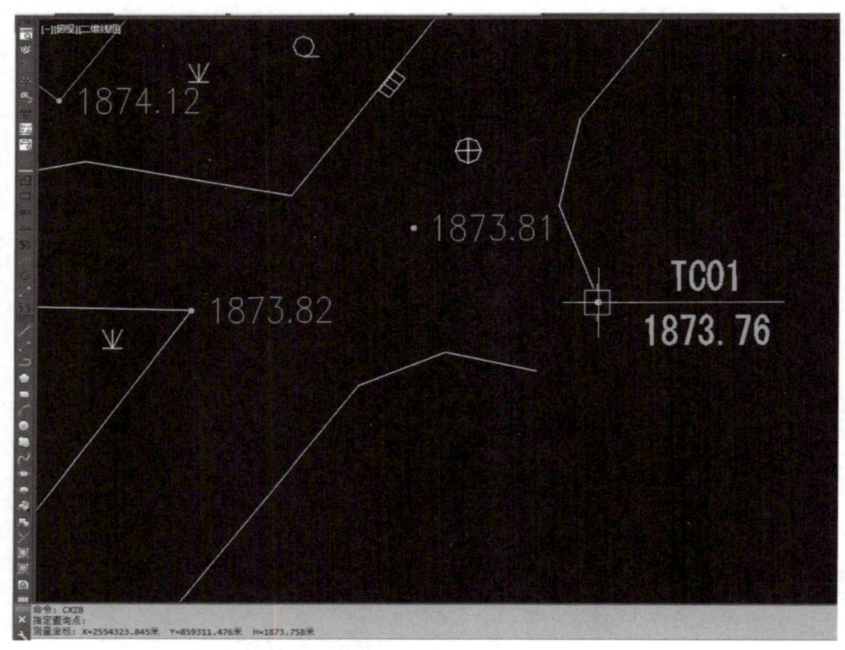

图 8-15 命令行显示所查询点三维测量坐标

2. 两点距离及方位量测

如图 8-16 所示，量取图中 A、B 两点的距离及方位，选择“工程应用”菜单中的“查询两点距离及方位”，在打开“对象捕捉”的前提下，捕捉到第一点“A”、第二点“B”，点击鼠标左键，在 CAD 命令行即显示所查询两点间的水平距离及由 A 点到 B 点的坐标方位角。

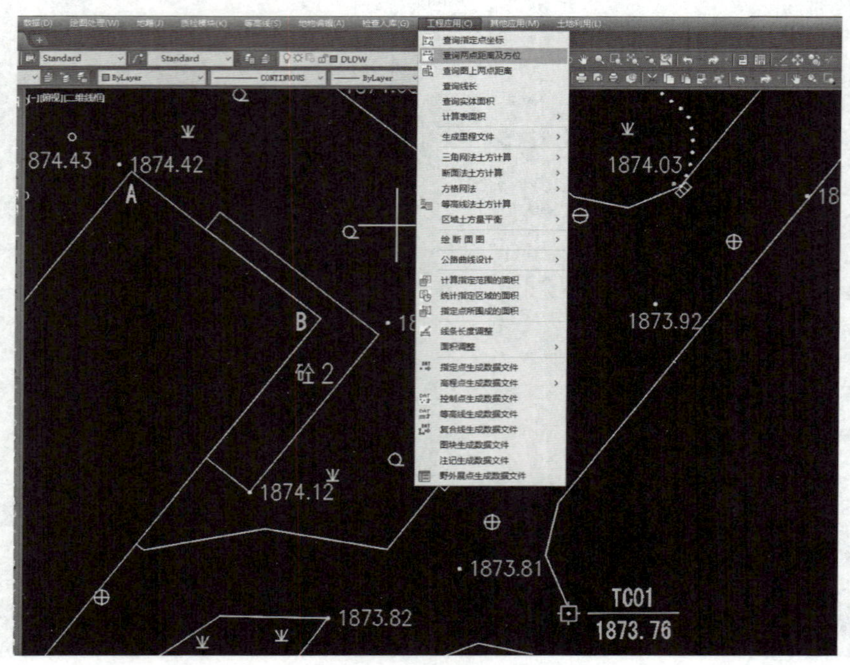

图 8-16 两点间距离及方位量测

8.2.2　图形面积的量算

高斯投影的地形图，其图形与地面相应图形是相似图形，则相似图形面积之比等于其相应边平方之比，即：

$$\frac{P'}{P}=\frac{1}{M^2}\text{ 或 }P=P'\times M^2 \qquad \text{（式 8-1）}$$

要在地形图上确定某地区的面积，首先应在图上画出其范围线，然后根据图形情况，按某一方法计算出图上面积，再换算出地上实际面积。

式（8-1）的举例证明：矩形边长为 a、b，其图上面积 $P'=ab$，则实地面积 $P=(a\times M)\times(b\times M)=ab\times M^2$。

对于数字地形图面积，可以使用坐标计算法和 CAD 软件方法来量算。

8.2.3　根据指定方向绘制断面图

修筑道路、埋设管道、建设隧道等工程设计时，需要了解某一方向上两点之间的地形起伏情况。根据断面图设计坡度，估算工程量，确定施工方案。

如图 8-17 所示，根据等高线绘制地形图上指定方向的断面图。

在地形图上作 A、B 两点连线，与各等高线相交，各交点高程为交点所在等高线的高程，A 点至各交点平距在图上用比例尺量得。

在毫米方格纸上画两条相互垂直的轴线，横轴表示平距，纵轴表示高程，在地形图上量取 A 点至各交点及地形特征点的平距，将其转绘到横轴，以相应高程作纵坐标，得到各交点在断面上的位置。

将各点连线，得到 AB 方向的纵断面图。

为更明显地表示地面高低起伏情况，一般情况下高程比例尺比平距比例尺大 5～20 倍。

8.2.4　按限制坡度选定最短路线

在山地或丘陵地区进行铁路、公路、管线工程设计时，要求在不超过某一坡度条件下，选定一条从低地 A 点到高地 B 点定出限制坡度为 i 的最短路线。

如图 8-18 所示，要求在图上 A、B 两点间修一条道路，最大允许坡度为 5%，地形图的比例尺为 1∶1000，等高距为 1m。

由坡度定义 $i=\dfrac{h}{d\cdot M}$，得路线跨过两相邻等高线的最短水平距离 $d=\dfrac{h}{i\cdot M}$，将 $h=1\text{m}$、$M=1000$、$i=5\%$代入，求得 $d=0.02\text{m}$。

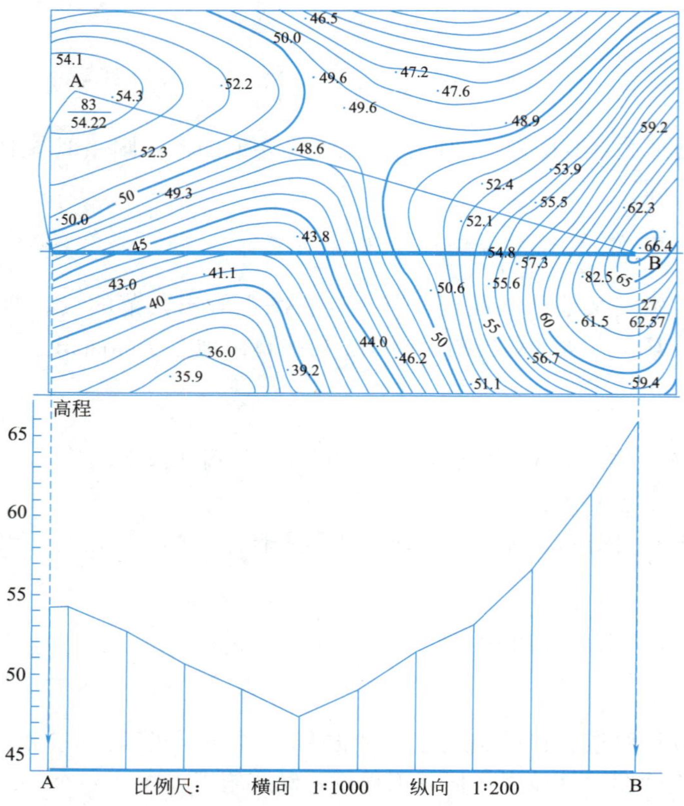

图 8-17　绘制指定方向断面图

8-5
绘制纵、横
断面图

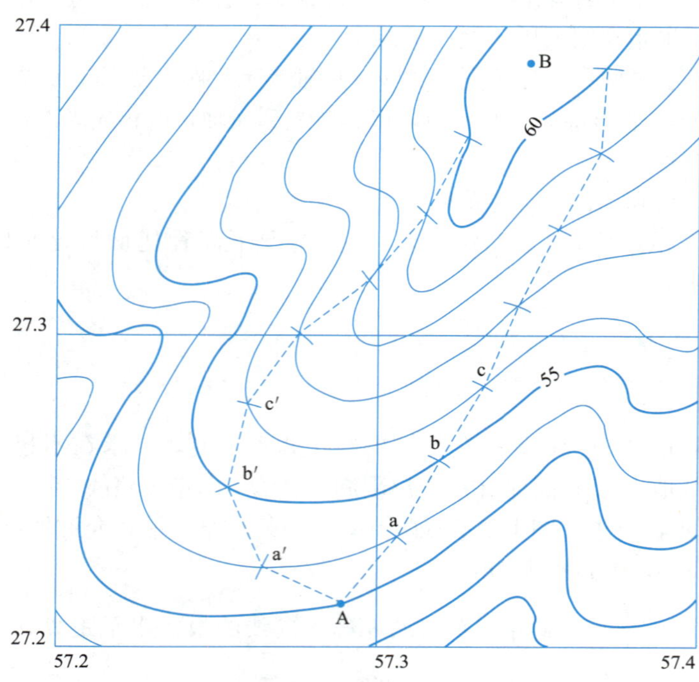

图 8-18　按指定坡度设计最短路线

在地形图上，使用圆规，以 A 点为圆心，d 为半径画弧，交 54m 等高线于 a′、a 两点。然后分别以 a′、a 两点为圆心，d 为半径画弧，交 55m 等高线于 b′、b 两点。以此类推，直至 60m 等高线。最后连接所有点，得到两条待选线路。

在两条待选线路中综合考虑地质、工程造价等情况，择优选定一条路线作为最终设计路线。

课后讨论

1. 简述图上点位坐标、两点边长及方位的量取方法。
2. 如何按给定坡度设计最短路线？
3. 简述用 CAD 软件进行面积计算的步骤。
4. 图上面积与实地面积的关系是什么？

项目小结

本项目是一个知识应用项目，主要包括地形图的相关知识，以及地形图识读、地形图应用示例等内容。

练习题

一、填空题

1. 相邻等高线之间的水平距离称为________。
2. 等高线的种类有________、________、________、________。
3. 测绘地形图时，碎部点的高程注记在点的________侧、字头应________。
4. 测绘地形图时，对地物应选择________立尺、对地貌应选择________立尺。
5. 汇水面积的边界线是由一系列________连接而成。
6. 在 1∶2000 地形图上，量得某直线的图上距离为 18.17cm，则实地长度为________m。
7. 地形图应用的基本内容包括量取________、________、________、________。
8. 等高线应与山脊线及山谷线________。
9. 绘制地形图时，地物符号分________、________和________。
10. 测图比例尺越大，表示地表现状越________。
11. 试写出下列地物符号的名称：________，________。 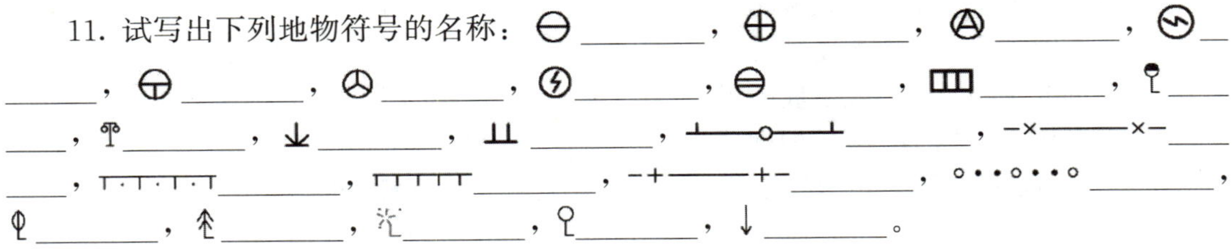
12. 典型地貌有________、________、________、________。

二、判断题

1. 地形图图式是一个企业级别的技术标准。（ ）

2. 一幅地形图内等高线可以交叉。（ ）

3. 等高距是地形图上两条相邻等高线的水平距离。（ ）

4. 土方工程一般情况下遵循土方挖填方量平衡的原则。（ ）

5. 目前计算地形图面积最常用的方法是CAD法。（ ）

三、单选题

1. 地形图是按一定的比例尺，用规定的符号表示（ ）的平面位置和高程的正射投影图。

A. 地物、地貌　　B. 房屋、道路、等高线

C. 人工建筑物、地面高低　　D. 地物、等高线

2. 地形图上如没有指北针则可根据图上（ ）判定南北方向。

A. 河流流水方向　　B. 山脉走向方向

C. 房屋方向　　D. 坐标格网

3. 既反映地物的平面位置，又反映地面高低起伏形态的正射投影图称为地形图。其上的地貌符号用（ ）表示。

A. 不同深度的颜色　　B. 晕消线

C. 等高线　　D. 示坡线

4. 山头等高线由内向外高程（ ）。

A. 减小　　B. 增大　　C. 变窄　　D. 变宽

5. 下列关于比例尺精度，说法正确的是（ ）。

A. 比例尺精度指的是图上距离和实地水平距离之比

B. 比例尺为1∶500的地形图，其比例尺精度为5cm

C. 比例尺精度与比例尺大小无关

D. 比例尺精度可以任意确定

6. 等高距是两相邻等高线之间的（ ）。

A. 高程之差　　B. 平距　　C. 间距　　D. 差距

7. 在地形图上，坐标方格网的方格大小是（ ）。

A. 50cm×50cm　　B. 40cm×50cm

C. 40cm×40cm　　D. 10cm×10cm

8. 关于等高距与坡度的关系，下列说法正确的是（ ）。

A. 等高距越大，表示坡度越大

B. 等高距越小，表示坡度越大

C. 等高线平距越大，表示坡度越小

D. 等高线平距越小，表示坡度越小

9. 一组闭合的等高线是山丘还是盆地，可根据（ ）来判断。

A. 助曲线　　B. 首曲线

C. 高程注记　　D. 计曲线

10. 地形图上用于表示各种地物的形状、大小以及它们位置的符号称为（ ）。

A. 地形符号　　B. 比例符号

C. 地物符号　　D. 地貌符号

11. 地形图比例尺的大小是以（　　）来衡量的。

A. 比例尺的分子　　B. 比例尺的倒数

C. 比例尺的比值　　D. 比例尺的精度

12. 同样大小图幅的 1∶500 与 1∶2000 两张地形图，其表示的实地面积之比是（　　）。

A. 1∶4　　B. 1∶16　　C. 4∶1　　D. 16∶1

13. 在 1∶500 比例尺的地形图上，一个 20cm×30cm 的区域所对应的实地面积是（　　）m^2。

A. 600　　B. 1500　　C. 15000　　D. 7500

14. 下图中虚线或字母表示地形部位。下列选项中，地形部位名称排序与图序相符的是（　　）。

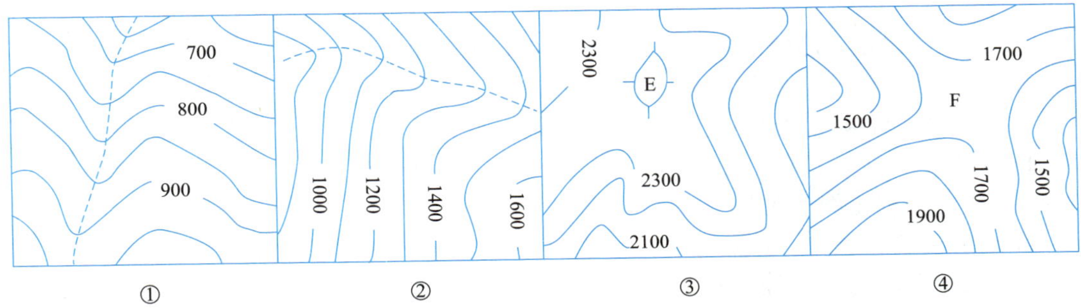

A. ①山谷，②山脊，③鞍部，④山头

B. ①山谷，②山谷，③山顶，④鞍部

C. ①山谷，②山脊，③山顶，④鞍部

D. ①山脊，②山脊，③山顶，④鞍部

15. 对下列比例尺相同的等高线地形图，判断正确的是（　　）。

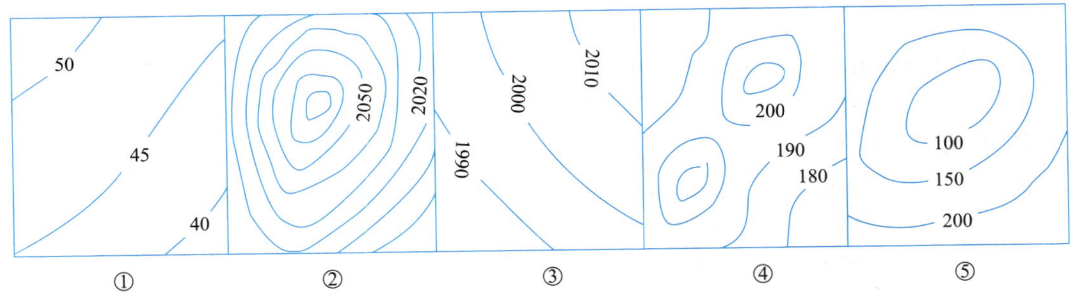

A. 坡度由大到小为②⑤④③①

B. 坡度由大到小为②④⑤③①

C. 坡度由大到小为①③④②⑤

D. 坡度由大到小为⑤②④③①

16. 在地形图上有陡坡、缓坡、山顶、盆地、峡谷，关于甲乙丙丁的判断正确的是（　　）。

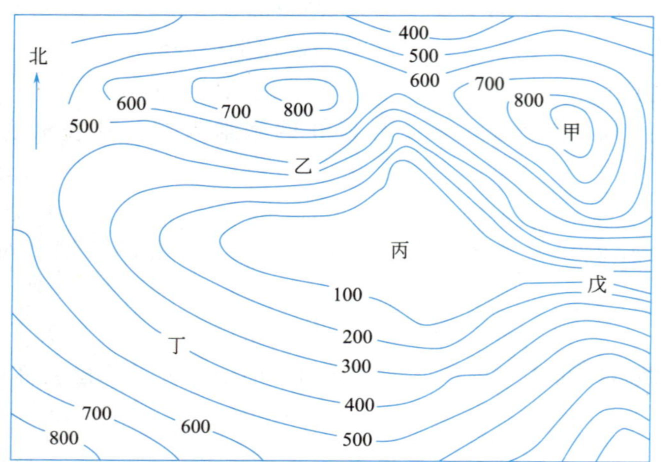

A. 甲处是山顶，乙处是陡坡，丙处是盆地，丁处是缓坡
B. 甲处是山谷，乙处是陡坡，丙处是盆地，丁处是缓坡
C. 甲处是山谷，乙处是陡坡，丙处是盆地，丁处是缓坡
D. 甲处是山顶，乙处是缓坡，丙处是盆地，丁处是陡坡

17. 下列四种比例尺地形图，比例尺最大的是（　　）。
A. 1∶5000　B. 1∶2000　C. 1∶1000　D. 1∶500

18. 在地形图上有高程分别为 26m、27m、28m、29m、30m、31m、32m 的等高线，则需加粗的等高线为（　　）m 等高线。
A. 26、31　B. 27、32　C. 29　D. 30

19. 高差与水平距离之（　　）为坡度。
A. 和　B. 差　C. 比　D. 积

20. 在地形图上，量得 A 点高程为 21.17m，B 点高程为 16.84m，AB 距离为 279.50m，则直线 AB 的坡度为（ ）。
A. 6.8%　B. 1.5%　C. −1.5%　D. −6.8%

21. 地形图的比例尺用分子为 1 的分数形式表示时，（ ）。
A. 分母大，比例尺大，表示地形详细
B. 分母小，比例尺小，表示地形概略
C. 分母大，比例尺小，表示地形详细
D. 分母小，比例尺大，表示地形详细

22. 1∶2000 地形图的比例尺精度是（　　）。
A. 0.2cm　B. 2cm　C. 0.2m　D. 2m

23. 展绘控制点时，应在图上标明控制点的（　　）。
A. 点号与坐标　B. 点号与高程
C. 坐标与高程　D. 高程与方向

24. 在 1∶1000 地形图上，设等高距为 1m，现量得某相邻两条等高线上 A、B 两点间的图上距离为 0.01m，则 A、B 两点的地面坡度为（　　）。

A. 1%　　B. 5%　　C. 10%　　D. 20%

25. 道路纵断面图的高程比例尺通常比水平距离比例尺（　　）。

A. 小 1 倍　　B. 小 10 倍　　C. 大 1 倍　　D. 大 10 倍

26. 山脊线也称（　　）。

A. 示坡线　　B. 集水线　　C. 山谷线　　D. 分水线

27. 下列比例尺地形图中，比例尺最小的是（　　）。

A. 1∶2000　　B. 1∶500　　C. 1∶10000　　D. 1∶5000

四、多选题

1. 根据地物的形状、大小和描绘方法的不同，地物符号可分为（　　）。

A. 比例符号　　B. 非比例符号　　C. 半比例符号　　D. 注记

2. 同一幅地形图上（　　）。

A. 等高距是相同的　　B. 等高线平距与等高距是相等的

C. 等高线平距不可能是相等的　　D. 等高距是不相同的

3. 地形图上等高线的分类为（　　）。

A. 示坡线　　B. 计曲线　　C. 首曲线　　D. 间曲线

4. 下列选项属于地物的是（　　）。

A. 悬崖　　B. 铁路　　C. 黄河　　D. 长城

5. 下列关于等高线，说法正确的是（　　）。

A. 等高线在任何地方都不会相交

B. 等高线指的是地面上高程相同的相邻点连接而成的闭合曲线

C. 等高线稀疏，说明地形平缓

D. 等高线与山脊线、山谷线正交

E. 等高线密集，说明地形平缓

6. 下面选项中不属于地性线的是（　　）。

A. 山脊线　　B. 山谷线　　C. 山脚线　　D. 等高线

7. 下面属于地貌的要素有（　　）。

A. 道路　　B. 平原　　C. 高山　　D. 洼地

8. 大比例尺地形图的比例有（　　）。

A. 1∶10000　　B. 1∶25000　　C. 1∶5000　　D. 1∶2000

9. 地形图面积计算目前常用的方法有（　　）。

A. 几何图形法　　B. 三角形法　　C. CAD 法　　D. 坐标计算法

10. 我国基本比例尺地形图的分幅方法有（　　）。

A. 梯形分幅　　B. 三角形分幅

C. 矩形分幅　　D. 平行四边形分幅

五、名词解释

1. 等高线

2. 等高距

3. 地物

4. 地貌

5. 地形

六、简答题

1. 比例尺精度是如何定义的？有何作用？

2. 等高线有哪些特性？

3. 测绘地形图前，如何选择地形图的比例尺？

4. 地形图比例尺的表示方法有哪些？国家基本比例尺地形图有哪些？何为大、中、小比例尺？

5. 地形图上表示地貌的主要方法是绘制等高线，等高线、等高距、等高线平距是如何定义的？等高线可以分为哪些类型？如何绘制等高线？

七、计算题

1. 如图所示为碎部点的平面位置和高程，勾绘等高距为 1m 的等高线，加粗并注记 45m 高程的等高线。

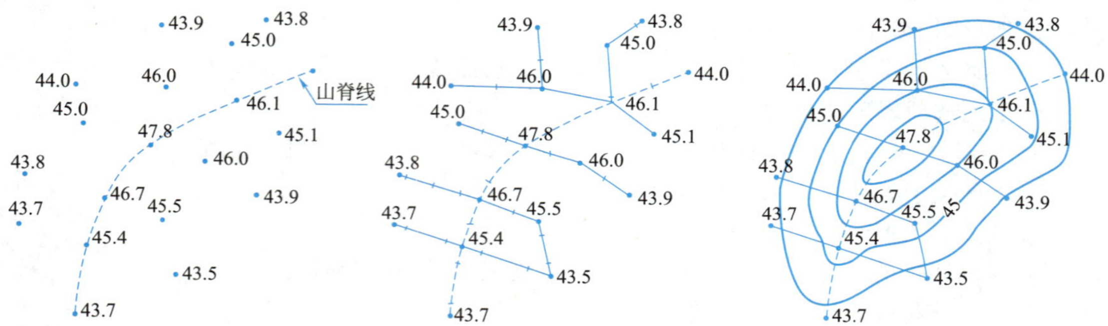

2. 已知七边形顶点的平面坐标见下表，用 CAD 法计算其周长与面积。

点号	X	Y
1	2502244.059	383717.328
2	2502248.993	383728.244
3	2502248.862	383730.466
4	2502224.706	383759.283
5	2502201.822	383779.342
6	2502162.552	383784.145
7	2502140.939	383758.153

参考文献

[1] 覃辉．建筑工程测量［M］．2版．北京：中国建筑工业出版社，2013.
[2] 李生平，陈伟清．建筑工程测量［M］．3版．武汉：武汉理工大学出版社，2008.
[3] 李祥武，李俊锋．一种三角高程测量新方法［J］．海洋测绘，2009，29（1）：73-75.
[4] 全志强．建筑工程测量［M］．北京：测绘出版社，2010.
[5] 林玉祥．控制测量技术［M］．北京：测绘出版社，2013.
[6] 朱健，吴献丰，卜璞．智能工程测量［M］．北京：中国建筑工业出版社，2023.